朝倉数学大系 10

砂田利一・堀田良之・増田久弥 [編集]

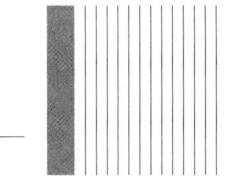

線形双曲型偏微分方程式
−初期値問題の適切性−

西谷達雄 [著]

朝倉書店

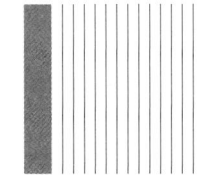

〈朝倉数学大系〉
編集委員

砂田利一
明治大学教授
東北大学名誉教授

堀田良之
東北大学名誉教授

増田久弥
東京大学名誉教授
東北大学名誉教授

ま え が き

　P を $\mathbb{R}^n$ の点 $\bar{x}$ の近傍で定義された m 階単独の偏微分作用素，$t = t(x)$ は $\bar{x}$ の近傍で定義された実数値関数で $t(\bar{x}) = 0$ とする．また P は超曲面 $\{t(x) = 0\}$ に関して $\bar{x}$ で非特性的，すなわち $(Pt^m)(\bar{x}) \neq 0$ を満たしているとする．m 個の関数の組 $u_0(x), \ldots, u_{m-1}(x)$ が $\bar{x}$ のある近傍と $H = \{t(x) = 0\}$ との共通部分で与えられたとき，$\bar{x}$ の適当な近傍で $Pu = 0$ を満たし，ν を H の単位法線として，H 上では $(\partial/\partial\nu)^j u(x) = u_j(x)$, $j = 0, \ldots, m-1$ を満たす $u(x)$ を $\bar{x}$ の適当な近傍で求める問題を，初期値問題あるいは Cauchy 問題という．$(u_0, \ldots, u_{m-1})$ を初期データあるいは単に初期値と呼び H を初期平面という．いま $\{t(x) = \tau\}$ を時刻 τ の同時刻面と考えれば，初期値問題は $Pu = 0$ を満たす u の時間発展を求める問題である．初期値のクラス E が与えられたとき，E に属するすべての初期値に対して初期値問題の解が一意に存在するならば，P に対する初期値問題は $\bar{x}$ で t 方向に E 適切であるといい，このとき微分作用素 P は $\bar{x}$ で t 方向に双曲型であるという．ここでは E として C^∞ のクラス，あるいは Gevrey クラスと呼ばれる，実解析的関数の空間よりは十分に広いが，すべての導関数がある一定の規則で評価される関数のクラスを考える．本書では適切性の定義として，十分小さなすべての τ について $\{t(x) = \tau\}$ を初期面とする初期値問題が一意可解である，というように少し強めたものを採用する．この適切性は，時刻 τ より過去では 0 の外力項 $f(x)$ に対して $Pu = f$ を満たし，時刻 τ より過去ではやはり 0 であるような u が一意に存在することと同値になる．これは $f(x)$ を時刻 τ' より未来で変化させても時刻 τ' より過去では $u(x)$ に変化はない，ということであり未来は過去に影響を与えない，という「因果律」が成り立つことをいっている．したがって t 方向に双曲型である微分作用素とは，時間 t に関して因果律を満たす現象を記述する微分作用素といってもよい．本書では $t = t(x)$ はあらかじめ与えられているとして，どのような微分作用素が t 方向に双曲型なのか，という問についての基本的な結果を解説した．

　もう少し詳しく内容について述べよう．局所座標系 $x = (x_1, \ldots, x_n)$ を $t(x) = x_1$ となるように選ぶと
$$P = \sum_{|\alpha| \leq m} a_\alpha(x) D^\alpha$$
と表される．ここで $D = (D_1, D_2, \ldots, D_n)$, $D_j = -i\partial/\partial x_j$, $D^\alpha = D_1^{\alpha_1} \cdots D_n^{\alpha_n}$,

$\alpha \in \mathbb{N}^n$, $|\alpha| = \sum_{j=1}^n \alpha_j$ で $a_{(m,0,\ldots,0)}(\bar{x}) \neq 0$ である．また $a_\alpha(x)$, $|\alpha| = m$ を係数とする ξ の m 次多項式

$$p(x,\xi) = \sum_{|\alpha|=m} a_\alpha(x) \xi^\alpha$$

は P の主シンボルと呼ばれる．1937 年の論文で I.G.Petrowsky は今日，狭義双曲型作用素と呼ばれる，dx_1 方向の特性根すなわち $p(x,\xi_1,\xi') = 0$ の根 ξ_1 がすべて実で (x,ξ'), $\xi' = (\xi_2,\ldots,\xi_n) \neq 0$ について一様に異なる一般高階の微分作用素に対してエネルギー評価を導き，初期値問題が C^∞ のクラスで x_1 方向に適切であることを証明した（時間方向 x_1 は 1 つ固定するので以下「x_1 方向」を省略する）．その後 J.Leray によってより簡単な方法でエネルギー評価が導かれ，さらに存在定理も込めて Gårding によって簡略化された．本書では狭義双曲型作用素の初期値問題について特異性の伝播も込めて第 4 章と第 5 章で解説する．一方で初期値問題が十分に広いクラスで適切となるためには特性根がすべて実であることが必要であり，この証明を第 1 章で与えた．このように根がすべて実である多項式を双曲型多項式と呼び第 2 章と第 3 章で双曲型多項式の基本的な性質を解説した．第 2 章ではエネルギー評価を求める代表的な方法を 1 変数双曲型多項式を用いて解説し，第 3 章では双曲型多項式の根がパラメーターに関して Lipschitz 連続であることの証明を与えた．

　1960 年代から重複する特性根をもつ微分作用素に対する初期値問題の適切性に関する研究が始まり，1970 年代の前半にかけて主として重複度一定の実特性根をもつ場合が研究された[*1)]．一般の重複特性根をもつ微分作用素に対しての本格的な研究が始まるのは 1970 年代の後半であり，V.Ja.Ivrii と V.M.Petkov の C^∞ 適切性に関する仕事と M.D.Bronshtein の Gevrey クラスでの適切性の仕事がその契機となった．本書では第 6 章以降で，重複する特性根——多重特性点——をもつ微分作用素の初期値問題に関しての 1970 年代以降の主要な進展のうち

- 任意の低階に対して初期値問題が C^∞ 適切となる微分作用素の特徴づけ，
- 初期値問題が C^∞ 適切となるための Ivrii-Petkov-Hörmander 条件，
- 実特性根をもつ微分作用素に対する Gevrey クラスでの初期値問題の適切性

について解説した．$p(x,\xi)$ を P の主シンボルとするとき Hamilton 方程式

$$dx_j/ds = \partial p(x,\xi)/\partial \xi_j, \quad d\xi_j/ds = -\partial p(x,\xi)/\partial x_j$$

の解曲線でその上で $p(x,\xi) = 0$ となるものは陪特性帯と呼ばれる．微分方程式 $Pu = 0$ の解の特異性が「陪特性帯に沿って伝播する」という主張は現代の線形偏微分方程式研究の指導原理であるが，多重特性点は Hamilton 方程式の特異点でありこの原理か

[*1)] 特性根の重複度が一定の場合の初期値問題の適切性に関する研究は J.Chazarain: Opérateurs hyperboliques à charactéristiques de multiplicité constante, Ann. Inst. Fourier, **24** (1974) 173-202 と H.Flaschka and G.Strang: The correctness of the Cauchy problem, Adv. Math. **6** (1971) 347-379 で一応の完成をみた．

らだけでは何の情報も得られない．そこで多重特性点で Hamilton 方程式を線形化し，この線形化写像—Hamilton 写像—を考えることになる．

　実双曲型多項式の多重特性点で Hamilton 写像が 0 でない実固有値をもつときこの点を実効的双曲，そうでないとき非実効的双曲型と呼ぶ．P の主シンボルが高々 2 次の特性点しかもたず，かつこれらの 2 次特性点が実効的双曲型であることが，P に対する初期値問題が低階にかかわらず C^∞ 適切であるための必要十分条件である．第 10, 12, 13 章で実効的双曲型特性点をもつ微分作用素の初期値問題を詳しく解説する．

　上に述べたことから主シンボルが非実効的双曲型特性点をもつとき，初期値問題が C^∞ 適切であるためには低階が何らかの条件を満たさなければならない．この条件が Ivrii-Petkov-Hörmander 条件と呼ばれるもので，P の m および $m-1$ 階部分から決まる副主表象が各非実効的双曲型特性点で実で，かつその絶対値が Hamilton 写像の純虚数固有値の絶対値の和以下である，と述べられる．この証明を第 14 章で与える．

　第 3 章で示した特性根のパラメーターに関する Lipschitz 連続性を用いると，P を適当に変換した作用素に対して擬微分作用素の Weyl-Hörmander calculus の運用が可能になり，特性根が実という仮定のみで Gevrey クラス係数の高階微分作用素に対し，Gevrey クラスでの初期値問題の適切性が示される．この証明を第 15 章で与える．

　他の章の内容について簡単に触れると，第 6 章では Hamilton 写像や伝播錐，超局所時間関数，実効的双曲型特性点など多重特性点に関する基本的な概念を解説した後に本書で証明する結果を紹介した．第 7 章は双曲型 2 次形式の symplectic 基底に関する標準形を求めることにあてた．第 8 章では最大特性根の定める Hamilton-Jacobi 方程式と広義の特性曲線との関係を利用して解の依存領域（あるいは決定領域）の精密な評価を与えた．第 9 章では擬微分作用素の Weyl-Hörmander calculus を，異なる metric で定義される擬微分作用素の積に重点をおいて紹介した．第 11 章では第 3 章で証明した特性根のパラメーターに関する Lipschitz 連続性から従う双曲型多項式の基本性質について述べた．

　本書を読むための予備知識としては関数解析や Sobolev 空間の初歩を仮定しているが，証明なしに利用する場合にはそのつど参考文献を挙げておいたので必要なら参考にしていただきたい．また本書では擬微分作用素を用いた推論や評価を多用するのでこれに不慣れな読者にとっては少々抵抗があるかもしれないが，擬微分作用素に関して必要となる定義や結果はすべて 4.1 節および 4.2 節と第 9 章にまとめておいたので，まずはこれらを認めて「使って慣れる」という立場で読み進めていただくことを希望する．

　終わりに本書を書くことをお勧めくださった井川 満先生には執筆の遅延をお詫びするとともに執筆の機会をいただき，さらに大変有益なご助言をいただきましたことを心より感謝します．

　　　2015 年 8 月

西谷達雄

目　　次

1. 初期値問題の適切性 ·· 1
   1.1 適切性と因果律 ·· 1
   1.2 初期値問題の可解性 ·· 9

2. 双曲型多項式 I ·· 15
   2.1 Nuij の近似定理 ·· 15
   2.2 Bézout 形式と多項式の根の分離 ·· 18
   2.3 Leray の symmetrizer ·· 22
   2.4 双曲型多項式の局所化 ·· 26
   2.5 特性根の微分可能性 ·· 30

3. 双曲型多項式 II ··· 34
   3.1 双曲型多項式の双曲錐 ·· 34
   3.2 双曲錐の半連続性 ·· 38
   3.3 特性根の Lipschitz 連続性 ··· 42

4. 特異性の伝播と陪特性帯 ·· 47
   4.1 擬微分作用素の calculus ··· 47
   4.2 L^2 有界性 ··· 54
   4.3 波面集合 ·· 57
   4.4 1 階双曲型作用素 ·· 60
   4.5 陪特性帯 ·· 62

5. 狭義双曲型作用素 ··· 69
   5.1 特異性の伝播 ··· 69
   5.2 狭義双曲型作用素とエネルギー評価 ··· 71
   5.3 狭義双曲型でない 2 階双曲型作用素の例 ·· 78

6. Hamilton 写像と初期値問題 · · · · · · 84
- 6.1 多重特性点と適切性 · · · · · · 84
- 6.2 伝播錐と超局所時間関数 · · · · · · 88
- 6.3 2 次特性点の分類と初期値問題 · · · · · · 92
- 6.4 実効的双曲性 · · · · · · 96
- 6.5 超局所時間関数に関する標準形 · · · · · · 100

7. 双曲型 2 次形式 · · · · · · 104
- 7.1 symplectic ベクトル空間上の 2 次形式 · · · · · · 104
- 7.2 補題 6.3.3 の証明 · · · · · · 107
- 7.3 座標変換に関する 1 補題 · · · · · · 112
- 7.4 正定値 2 次形式に関する 1 補題 · · · · · · 114

8. 広義 Hamilton 流 · · · · · · 117
- 8.1 広義特性曲線 · · · · · · 117
- 8.2 広義特性曲線と Hamilton-Jacobi 方程式 · · · · · · 120
- 8.3 依存領域と決定領域 · · · · · · 129

9. 擬微分作用素 · · · · · · 132
- 9.1 表象の Gauss 型変換 · · · · · · 132
- 9.2 Gauss 型変換の剰余項評価 · · · · · · 136
- 9.3 Weyl-Hörmander calculus · · · · · · 141
- 9.4 擬微分作用素の有界性 · · · · · · 147

10. 局所双曲型エネルギー評価と初期値問題 · · · · · · 149
- 10.1 局所双曲型エネルギー評価と解の一意性 · · · · · · 149
- 10.2 局所双曲型エネルギー評価と解の存在 · · · · · · 151
- 10.3 超局所双曲型エネルギー評価 · · · · · · 156
- 10.4 実効的双曲型特性点をもつ微分作用素の初期値問題 · · · · · · 160

11. 双曲型シンボルの評価 · · · · · · 166
- 11.1 双曲型シンボルの評価 I · · · · · · 166
- 11.2 双曲型シンボルの評価 II · · · · · · 172

12. シンボル $T^{-M} \# P \# T^M$ の漸近表現 · · · · · · 181
- 12.1 超局所時間関数とシンボルクラス · · · · · · 181
- 12.2 予備的な合成 · · · · · · 186

- 12.3 超局所時間関数の高次冪シンボル 194
- 12.4 高次冪シンボルの合成 198
- 12.5 $T^{-M}\#P\#T^M$ の漸近表現 210

13. 実効的双曲型特性点での超局所双曲型エネルギー評価 216
- 13.1 $Q(z)$ の定義と $p(z;H_\Lambda)$ の $Q(z)$ による分離 216
- 13.2 シンボル $T^{-M}\#P\#T^M$ の評価 222
- 13.3 超局所双曲型エネルギー評価 226

14. Ivrii-Petkov-Hörmander 条件 234
- 14.1 簡 単 な 例 234
- 14.2 漸近的座標変換 237
- 14.3 漸近解の構成（定理 6.3.3 の証明） 243
- 14.4 定理 6.3.3 の証明（続き） 251

15. Gevrey クラスでの初期値問題 254
- 15.1 合 成 公 式 254
- 15.2 合成シンボルの評価 262
- 15.3 解の存在定理 269
- 15.4 依存領域の評価 274

お わ り に 280
 参 考 文 献 281
索　　引 283

第 1 章　初期値問題の適切性

　初期値問題が適切であるとは粗くいえば考えている微分作用素の記述する現象において「因果律」が成り立つことである．この適切性の定義では，擾乱の有限伝播性よりも（一見）ずっと弱い，未来は過去に影響を与えない，という因果律を満たす解の一意存在を要請する．この因果律を満たす一意解の存在の要請はある種の不等式で表現される．逆にこの不等式から初期値問題の因果律を満たす解の一意存在が従う．章の最後では初期値問題が適切であるためには微分作用素の主シンボルの特性根が実でなければならないことも示す．この特性根が実であることの必要性は因果律を満たす（一意性を要求しない）解の可解性の要請のみから従う．

1.1　適切性と因果律

　P を $\bar{x} \in \mathbb{R}^n$ の近傍で定義された m 階の偏微分作用素，$t = t(x)$ は $\bar{x}$ の近傍で定義された滑らかな実数値関数で $t(\bar{x}) = 0$ とする．また P は超曲面 $\{t(x) = 0\}$ に関して $\bar{x}$ で非特性的，すなわち $(Pt^m)(\bar{x}) \neq 0$ を満たしているとする．局所座標系 $x = (x_1, x') = (x_1, x_2, \ldots, x_n)$ を $t(x) = x_1$, $\bar{x} = 0$ と選ぶと P は

$$P = \sum_{|\alpha| \leq m} \tilde{a}_\alpha(x) D^\alpha$$

と書ける．ここで多重指数 $\alpha = (\alpha_1, \ldots, \alpha_n) \in \mathbb{N}^n$ に対して $|\alpha| = \alpha_1 + \cdots + \alpha_n$,

$$D^\alpha = D_1^{\alpha_1} \cdots D_n^{\alpha_n}, \quad D_j = \frac{1}{i}\frac{\partial}{\partial x_j}$$

である．また $\tilde{a}_\alpha(x)$ は原点の近傍で定義された C^∞ 関数である．本書では $\mathbb{N}$ は 0 以上の整数の集合を表すものとする．$(Px_1^m)(0) \neq 0$ より D_1^m の係数は $x = 0$ で 0 でないのでこの係数で P を割ると

$$P = \sum_{|\alpha| \leq m} a_\alpha(x) D^\alpha = D_1^m + \sum_{|\alpha| \leq m, \alpha_1 < m} a_\alpha(x) D^\alpha = \sum_{j=0}^{m} P_j \qquad (1.1.1)$$

と表される．$a_\alpha(x)$ は原点の近傍 Ω で C^∞ で P_j は P の j 次斉次部分，すなわち

$P_j = \sum_{|\alpha|=j} a_\alpha(x) D^\alpha$ である．最初に初期値問題の適切性の簡潔な定義を与える．そのためにまずいくつかの関数空間を導入する．

定義 1.1.1 急減少関数の空間 $\mathcal{S}(\mathbb{R}^n)$ を $u(x) \in C^\infty(\mathbb{R}^n)$ で任意の $\alpha, \beta \in \mathbb{N}^n$ に対して $\sup_{x \in \mathbb{R}^n} |x^\alpha \partial_x^\beta u(x)| < +\infty$ を満たすものの全体として定義する．

$u(x) \in \mathcal{S}(\mathbb{R}^n)$ に対してその Fourier 変換を
$$\hat{u}(\xi) = \int e^{-i\langle x, \xi \rangle} u(x) dx$$
とする．以下よく使う L^2 型の Sobolev 空間を導入しよう[*1]．
$$H^s(\mathbb{R}^n) = H^s = \{u \in \mathcal{S}'(\mathbb{R}^n) \mid \langle \xi \rangle^s \hat{u}(\xi) \in L^2(\mathbb{R}^n)\}$$
は内積
$$(u, v)_s = (\langle D \rangle^s u, \langle D \rangle^s v) = \int \langle \xi \rangle^{2s} \hat{u}(\xi) \overline{\hat{v}(\xi)} d\xi$$
で Hilbert 空間となる．ここで $\langle \xi \rangle = \sqrt{1 + |\xi|^2}$ である．ノルムは
$$\|u\|_s^2 = \int \langle \xi \rangle^{2s} |\hat{u}(\xi)|^2 d\xi$$
で与えられる．特に $s = 0$ のときは単に $(\cdot, \cdot)$, $\|\cdot\|$ と書くことにする．$H^{-\infty} = \cup_s H^s$, $H^\infty = \cap_s H^s$ とおく．$\omega \subset \mathbb{R}^n$ が開集合で $s \in \mathbb{N}$ のときは
$$H^s(\omega) = \{u \in L^2(\omega) \mid D^\alpha u \in L^2(\omega), \forall |\alpha| \leq s\}$$
である．

定義 1.1.2 P に対する初期値問題が原点の近傍で x_1 方向に C^∞ 適切であるとは，ある正数 ϵ と原点の近傍 ω があって，任意の $|\tau| \leq \epsilon$ と $x_1 < \tau$ で 0 となる任意の $f(x) \in C_0^\infty(\omega)$ に対して $Pu = f$ を ω で満たし，$x_1 < \tau$ では 0 となる $u(x) \in H^\infty(\omega)$ がただ 1 つ存在することである．ここで $H^\infty(\omega) = \cap_{k=0}^\infty H^k(\omega)$ である．

定義から容易に従うことであるが $u \in H^\infty(\omega)$ が $x_1 < \tau$ で 0 かつ $Pu \in C_0^\infty(\omega)$ が $x_1 < t$ $(\tau < t < \epsilon)$ で 0 ならば u は $x_1 < t$ でも 0 である．実際定義より $Pv = Pu$ を ω で満たし $x_1 < t$ で 0 となる $v \in H^\infty(\omega)$ が存在する．$P(u - v) = 0$ であり $u - v$ は $x_1 < \tau$ で 0 であるから一意性より $u = v$ が従い u も $x_1 < t$ で 0 である．いま $Pu = f$ とし f に $x_1 > t$ で擾乱を加えたものを g として $Pv = g$ なる v を考えると $P(u - v) = f - g$ は $x_1 < t$ で 0 であるからいま確かめたように $x_1 < t$ で $u = v$ となる．すなわち f に加えた $x_1 > t$ での擾乱は u の $x_1 < t$ での状態に影響を与えない．

[*1] 例えば [24] の第 2 章参照．

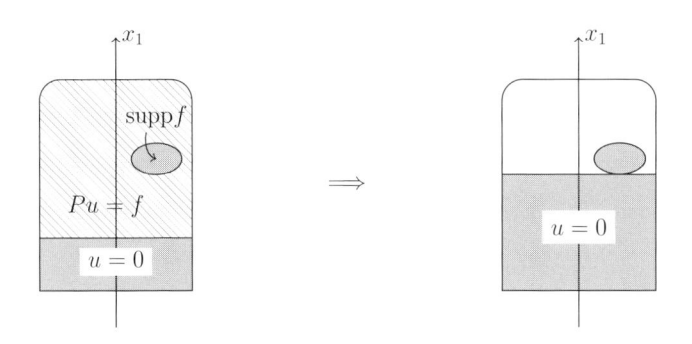

定義 1.1.2 は初期超平面の族 $x_1 = \tau$, $|\tau| < \epsilon$ に初期値を与えて，その初期値をとる解の一意存在を要請する古典的な定義と同値である．

補題 1.1.1 P に対する初期値問題が原点の近傍で x_1 方向に C^∞ 適切であるとする．このとき任意の $f(x) \in C_0^\infty(\omega)$ および $u_j(x') \in C_0^\infty(\omega \cap \{x_1 = \tau\})$ に対して次の古典的な初期値問題

$$\begin{cases} Pu = f & \text{in } \omega \cap \{x_1 > \tau\}, \\ D_1^j u(\tau, x') = u_j(x'), & j = 0, 1, \ldots, m-1 \end{cases} \quad (1.1.2)$$

は一意的な解 $u \in H^\infty(\omega)$ をもつ．

［証明］ $Pu = f$ を x_1 で微分することによって $u_j(x')$, $j = 0, \ldots, m-1$ と f から $j = m, m+1, \ldots$ に対して $u_j(x') = D_1^j u(\tau, x')$ を求めることができる．Borel の補題[*2)]から $\tilde{u} \in C_0^\infty(\omega)$ ですべての $j \in \mathbb{N}$ に対して $D_1^j \tilde{u}(\tau, x') = u_j(x')$ となるものが存在する．明らかに $\{x_1 = \tau\}$ 上ですべての $j \in \mathbb{N}$ に対して $D_1^j(P\tilde{u} - f) = 0$ が成立している．g を $x_1 > \tau$ では $g = P\tilde{u} - f$ で $x_1 < \tau$ では 0 で定義すると $g \in C_0^\infty(\omega)$ である．仮定より ω で $Pv = g$ を満たし $x_1 < \tau$ では 0 となる $v \in H^\infty(\omega)$ が存在する．したがって

$$\begin{cases} P(\tilde{u} - v) = f & \text{in } \omega \cap \{x_1 > \tau\}, \\ D_0^j(\tilde{u} - v) = u_j(x') & \text{on } \omega \cap \{x_1 = \tau\} \end{cases}$$

が成立し $\tilde{u} - v \in H^\infty(\omega)$ が求める (1.1.2) の解である． □

逆に $g \in C_0^\infty(\omega)$ は $x_1 < 0$ で $g = 0$ を満たすとして (1.1.2) で $f = 0$, $u_j(x') = 0$, $j = 0, \ldots, m-2$ および $u_{m-1}(x') = g(\tau, x')$ としたときの解を $w(x; \tau)$ とする．このとき $\epsilon > 0$ が存在して $u(x)$ を

[*2)] 例えば [7] の第 I 章参照．

$$u(x) = \int_{-\epsilon}^{x_1} w(x_1, x'; \tau) d\tau$$

と定義すると $u(x)$ は $|x_1| < \epsilon$ で $Pu = g$ を満たし $x_1 < 0$ では 0 である.

定義 1.1.3 $H^p(\mathbb{R}^n)$ の元を $\{x \in \mathbb{R}^n \mid x_1 < t\}$ に制限して得られる空間を $\bar{H}^p(\{x_1 < t\})$ で表し,この空間にノルムを

$$\|u\|_{\bar{H}^p(\{x_1<t\})} = \inf_v \|v\|_p$$

で与える.ここで下限は $x_1 < t$ で u と一致するすべての $v \in H^p(\mathbb{R}^n)$ にわたるものとする.

$C_0^\infty(\mathbb{R}^n)$ は $H^p(\mathbb{R}^n)$ で稠密であるから $C_0^\infty(\mathbb{R}^n)$ の元を $\{x_1 < t\}$ に制限して得られる空間 $\bar{C}_0^\infty(\{x_1 < t\})$ も $\bar{H}^p(\{x_1 < t\})$ で稠密である.

命題 1.1.1 P に対する初期値問題が原点の近傍で x_1 方向に C^∞ 適切であるとする.このとき次の性質を満たす正数 ϵ と原点の近傍 ω が存在する;ω に含まれる任意のコンパクト集合 K と任意の $p \in \mathbb{N}$ に対して $C > 0, q \in \mathbb{N}$ が存在し

$$\|u\|_{\bar{H}^p(\{x_1<t\})} \leq C\|Pu\|_{\bar{H}^q(\{x_1<t\})} \tag{1.1.3}$$

がすべての $u \in C_0^\infty(K \cap \{x_1 \geq -\epsilon\})$ および $|t| < \epsilon$ に対して成立する.

(1.1.3) は $\operatorname{supp} u \subset \{x_1 \geq -\epsilon\}$ なる u が $Pu = 0$ を $x_1 < t$ で満たしていれば $x_1 < t$ で $u = 0$ であることを示しており因果律を不等式で表現したものといえる.

[証明] V を $K \subset V \Subset \omega$ なる[*3]開集合とし $V_{-\epsilon} = V \cap \{x_1 > -\epsilon\}$ とする.任意の $f \in C_0^\infty(\overline{V_{-\epsilon}})$ に対して ω で $Pu = f$ を満たし $x_1 \leq -\epsilon$ では 0 となる $u \in H^\infty(\omega)$ がただ 1 つ存在する.この f を u に対応させる写像を T で表そう;$T: C_0^\infty(\overline{V_{-\epsilon}}) \ni f \mapsto u \in H^\infty(\omega)$. $H^\infty(\omega)$ は可算個のセミノルム $\|\cdot\|_{H^p(\omega)}$, $p = 0, 1, \ldots$ をもつ Fréchet 空間[*4]である.同等な位相は次の距離でも与えられる.

$$d(u, v) = \sum_{p=0}^\infty \frac{1}{2^p} \frac{\|u-v\|_{H^p(\omega)}}{1 + \|u-v\|_{H^p(\omega)}}.$$

T のグラフが閉であることをみよう.いま $C_0^\infty(\overline{V_{-\epsilon}}) \ni f_j \to f$ in $C_0^\infty(\overline{V_{-\epsilon}})$ かつ $Tf_j = u_j \to u$ in $H^\infty(\omega)$ とする.$Pu_j = f_j$ であるから $Pu = f$ であり,また $x_1 \leq -\epsilon$ で $u = 0$ であることも明らかである.解の一意性から $Tf = u$ が従い T のグラフは閉である.したがって Banach の closed graph theorem[*4]から T は連続写像である.ゆえに任意の $p \in \mathbb{N}$ に対して 0 の近傍 $\{u \in H^\infty(\omega) \mid \|u\|_{H^p(\omega)} < 1\}$ の逆像は 0 の近傍であるから $\delta > 0$ と $q \in \mathbb{N}$ が存在して

[*3] すなわち V は ω で相対コンパクト.

[*4] 例えば [24] の第 2 章参照.

$$f \in C_0^\infty(\overline{V_{-\epsilon}}), \ \|f\|_{H^q(V)} < \delta \Longrightarrow \|Tf\|_{H^p(V)} < 1$$

が成立する．任意の $f \in C_0^\infty(\overline{V_{-\epsilon}})$ に対して $\delta f/\|f\|_{H^q(V)}$ の $H^q(V)$ ノルムは δ 以下であるから，解の一意性より，$f \in C_0^\infty(\overline{V_{-\epsilon}})$ について ω で $Pu = f$ を満たし $x_1 \leq -\epsilon$ で 0 となる $u \in H^\infty(\omega)$ は

$$\|u\|_{H^p(\omega)} \leq \delta^{-1}\|f\|_{H^q(V)} \tag{1.1.4}$$

を満たすことが従う．

$u \in C_0^\infty(K \cap \{x_1 \geq -\epsilon\})$ としよう．$\chi \in C_0^\infty(V)$ を K 上で 1 とし，$g \in \mathcal{S}(\mathbb{R}^n)$ を $x_1 < t$ では Pu と一致するものとする．仮定より $x_1 \leq -\epsilon$ では 0 で，ω で $Pv = \chi g$ を満たす $v \in H^\infty(\omega)$ が存在する．定義 1.1.2 の後で注意したように v は $x_1 < t$ では u に一致する．したがって

$$\|u\|_{\bar{H}^p(\{x_1 < t\})} \leq C\|v\|_{H^p(\omega)} \leq C_0\|\chi g\|_{H^q(V)} \leq C_0'\|g\|_{H^q(\mathbb{R}^n)}$$

が $x_1 < t$ で Pu に一致する任意の $g \in \mathcal{S}(\mathbb{R}^n)$ について成立する．したがって

$$\|u\|_{\bar{H}^p(\{x_1 < t\})} \leq C_0'\|Pu\|_{\bar{H}^q(\{x_1 < t\})}$$

となって結論を得る． $\square$

系 1.1.1 P に対する初期値問題が原点の近傍で x_1 方向に C^∞ 適切であるとする．このとき原点の近傍 ω と正数 $\epsilon > 0$ があって任意のコンパクト集合 $K \subset \omega$ に対し $C > 0$ および $p \in \mathbb{N}$ が存在し

$$|u|_{C^0(K \cap \{x_1 < t\})} \leq C|Pu|_{C^p(K \cap \{x_1 < t\})}$$

が任意の $u \in C_0^\infty(K \cap \{x_1 \geq -\epsilon\})$ および $|t| < \epsilon$ に対して成立する．ここで $|u|_{C^p(K)} = \sup_{x \in K, |\alpha| \leq p} |\partial_x^\alpha u(x)|$ である．

［証明］ $u \in C_0^\infty(K)$ とし，v を $x_1 < t$ では u に一致する任意の $v \in C_0^\infty(\mathbb{R}^n)$ を考える．このとき Sobolev の埋め込み定理[*5)]から

$$|u|_{C^0(K \cap \{x_1 < t\})} \leq |v|_{C^0(\mathbb{R}^n)} \leq C\|v\|_{H^{[n/2]+1}(\mathbb{R}^n)}$$

であり，したがって $|u|_{C^0(K \cap \{x_1 < t\})} \leq C\|u\|_{\bar{H}^{[n/2]+1}(K \cap \{x_1 < t\})}$ を得る．ゆえに命題 1.1.1 を適用すればよい． $\square$

定義 1.1.4 (1.1.1) の P に対し，P の半双線形形式 $\int u\bar{v}dx, u, v \in C_0^\infty(\mathbb{R}^n)$ に関する随伴作用素 P^* を

$$P^*u = D_1^m u + \sum_{|\alpha| \leq m, \alpha_0 < m} D^\alpha(\overline{a_\alpha(x)}u), \ u \in C_0^\infty(\Omega)$$

で定義する．

[*5)] 例えば [24] の第 2 章参照．

(1.1.3) は因果律を不等式で表現したものであった．わずか一行の簡単なこの不等式には多くのことが含まれている．例えば P^* に対して不等式 (1.1.3) で時間の向きを逆にしたものが成り立つとすると次のように因果律を満たす解の存在が従う．

命題 1.1.2 $p \in \mathbb{R}, q \in \mathbb{R}, C > 0$ が存在して
$$\|u\|_{\bar{H}^p(\{x_1 > t\})} \le C\|P^*u\|_{\bar{H}^q(\{x_1 > t\})}$$
が任意の $u \in C_0^\infty(\Omega \cap \{x_1 < \epsilon\})$ に対して成立するとする．このとき $\operatorname{supp} f \subset \{x_1 \ge t\}$ なる任意の $f \in H^{-p}(\mathbb{R}^n)$ に対して $\operatorname{supp} u \subset \{x_1 \ge t\}$ で $\Omega \cap \{t < x_1 < \epsilon\}$ で $Pu = f$ を満たす $u \in H^{-q}(\mathbb{R}^n)$ が存在する．

［証明］　一般性を失わずに $t = 0$ としてよい．$X = \{x \mid x_1 > 0\}$ とおき $\bar{X}$ でその閉包を表すものとする．$\dot{H}^p(\bar{X})$ を
$$\dot{H}^p(\bar{X}) = \{u \in H^p(\mathbb{R}^n) \mid \operatorname{supp} u \subset \bar{X}\}$$
で定義される $H^p(\mathbb{R}^n)$ の閉部分空間とする．$C_0^\infty(X)$ が $\dot{H}^p(\bar{X})$ で稠密であることは標準的な議論から容易に分かる．次の半双線形形式
$$(u, v) = \int_{\mathbb{R}^n} u\bar{v} dx, \ \ u \in C_0^\infty(\{x_1 > 0\}), \ v \in \bar{C}_0^\infty(\{x_1 > 0\})$$
を考えよう．このとき $x_1 > 0$ で $w = v$ なる任意の $w \in C_0^\infty(\mathbb{R}^n)$ および任意の $u \in C_0^\infty(\{x_1 > 0\})$ について $|(u, v)| \le \|u\|_{H^p(\mathbb{R}^n)}\|w\|_{H^{-p}(\mathbb{R}^n)}$ であることより $|(u, v)| \le \|u\|_{\dot{H}^p(\bar{X})}\|v\|_{\bar{H}^{-p}(X)}$ が成立する．したがって連続性よりこの半双線形形式は $\dot{H}^p(\bar{X}) \times \bar{H}^{-p}(X)$ に一意的に拡張される．次に $H^p(\mathbb{R}^n)$ と $H^{-p}(\mathbb{R}^n)$ はこの半双線形形式（の拡張）に関して互いに双対であるから部分空間 $\dot{H}^p(\bar{X})$ の双対空間は $H^{-p}(\mathbb{R}^n)$ の元 v で
$$(u, v) = 0, \ \forall u \in \dot{H}^p(\bar{X}) \Longrightarrow v = 0$$
を満たすもの全体からなる．すなわち $v \in \bar{H}^{-p}(X)$ である．したがって $\dot{H}^p(\bar{X})$ と $\bar{H}^{-p}(X)$ はこの半双線形形式（の拡張）に関して互いに双対である．

仮定より任意の $C_0^\infty(\Omega \cap \{x_1 < \epsilon\})$ に対して $\|u\|_{\bar{H}^p(X)} \le C\|P^*u\|_{\bar{H}^q(X)}$ が成り立っている．$\operatorname{supp} f \subset \{x_1 \ge 0\}$ なる $f \in H^{-p}(\mathbb{R}^n)$ を考える．したがって $f \in \dot{H}^{-p}(\bar{X})$ である．さて
$$T : E = \{P^*u \mid u \in C_0^\infty(\Omega \cap \{x_1 < \epsilon\})\} \ni P^*u \mapsto (f, u)$$
を考えよう．$|(f, u)| \le \|f\|_{\dot{H}^{-p}(\bar{X})}\|u\|_{\bar{H}^p(X)} \le C\|f\|_{\dot{H}^{-p}(\bar{X})}\|P^*u\|_{\bar{H}^q(X)}$ であるから Hahn-Banach の定理[*6)]より T は $\bar{H}^q(X)$ 上の連続線形汎関数に拡張される．したがって双対性からある $w \in \dot{H}^{-q}(\bar{X})$ が存在して $T(\cdot) = (w, \cdot)$ が成立する．特に E

[*6)] 例えば [18] の第 3 章参照．

上では
$$(f,u) = (w, P^*u), \quad \forall u \in C_0^\infty(\Omega \cap \{x_1 < \epsilon\}) \tag{1.1.5}$$
が成り立つ．w は $w \in H^{-q}(\mathbb{R}^n)$ かつ $\operatorname{supp} w \subset \{x_1 \geq 0\}$ であった．また (1.1.5) で $u \in C_0^\infty(\Omega \cap \{0 < x_1 < \epsilon\})$ と選ぶと $\Omega \cap \{0 < x_1 < \epsilon\}$ で $Pw = f$ であることが分かる．すなわち w は求める解である． □

$\lambda > 0$ を正のパラメーターとし微分作用素 P_λ を
$$P_\lambda = \sum_{|\alpha| \leq m} a_\alpha(y(\lambda) + \lambda^{-\sigma}x)(\lambda^\kappa \eta(\lambda) + \lambda^\sigma D)^\alpha$$
と定義する．ここで $\sigma = (\sigma_1, \ldots, \sigma_n) \in \mathbb{Q}_+^n$, $\lambda^{-\sigma}x = (\lambda^{-\sigma_1}x_1, \ldots, \lambda^{-\sigma_n}x_n)$, $\lambda^\sigma D = (\lambda^{\sigma_1}D_1, \ldots, \lambda^{\sigma_n}D_n)$ で $y(\lambda), \eta(\lambda)$ は $\lambda = \infty$ の近傍で定義された $\mathbb{R}^n$ 値の連続関数とする．ここで $\mathbb{Q}_+$ は正の有理数の全体である．これは [9] で初期値問題の適切性に関する必要条件の考察で有効に用いられた「漸近的座標変換」をさらに一般にしたものである．

補題 1.1.2 P に対する初期値問題は原点の近傍で C^∞ 適切であるとし，また $y(\infty) = 0$ とする．このとき任意のコンパクト集合 $W \subset \mathbb{R}^n$ および任意の正数 $T > 0$ に対して $C > 0, \bar{\lambda} > 0$ および $p \in \mathbb{N}$ が存在し
$$|u|_{C^0(W \cap \{x_1 \leq t\})} \leq C\lambda^{(\kappa+\bar{\sigma})p}|P_\lambda u|_{C^p(W \cap \{x_1 \leq t\})}$$
が任意の $u \in C_0^\infty(W)$, $\lambda \geq \bar{\lambda}$, $|t| < T$ に対して成立する．ここで $\bar{\sigma} = \max_j \sigma_j$ である．

［証明］ $u \in C_0^\infty(K)$ とし $v(x) = e^{i\lambda^\kappa \langle \eta(\lambda), x \rangle}u(x) \in C_0^\infty(K)$ とおき
$$\tilde{P} = e^{-i\lambda^\kappa \langle \eta(\lambda), x \rangle}Pe^{i\lambda^\kappa \langle \eta(\lambda), x \rangle} = \sum_{|\alpha| \leq m} a_\alpha(x)(\lambda^\kappa \eta(\lambda) + D)^\alpha$$
とおくと系 1.1.1 より
$$\begin{aligned}|v|_{C^0(K \cap \{x_1 \leq t\})} &= |u|_{C^0(K \cap \{x_1 \leq t\})} \leq C|Pv|_{C^p(K \cap \{x_1 \leq t\})} \\ &= C|e^{i\lambda^\kappa \langle \eta(\lambda), x \rangle}\tilde{P}u|_{C^p(K \cap \{x_1 \leq t\})} \leq C'\lambda^{\kappa p}|\tilde{P}u|_{C^p(K \cap \{x_1 \leq t\})}\end{aligned} \tag{1.1.6}$$
が成立する．原点のコンパクト近傍 K で $\inf\{x_1 \mid x \in K\} > -\epsilon$ となるものを 1 つ選ぶ．$W \subset \mathbb{R}^n$ を与えられたコンパクト集合とする．$y(\infty) = 0$ に注意すると $\lambda \geq \lambda_1$ のとき任意の $u \in C_0^\infty(W)$ に対して
$$u(\lambda^\sigma(x - y(\lambda))) \in C_0^\infty(K)$$
が成立するように λ_1 がとれる．$v(x) = u(\lambda^\sigma(x - y(\lambda)))$ および $t(\lambda) = \lambda^{-\sigma_1}s + y_1(\lambda)$ とおく．λ_2 を $\lambda \geq \lambda_2$ かつ $|s| < T$ なら $|t(\lambda)| < \epsilon$ が成立するように選ぶと (1.1.6) より $\lambda \geq \max\{\lambda_1, \lambda_2\}$ のとき

$$|v|_{C^0(K\cap\{x_1\leq t(\lambda)\})} \leq C\lambda^{\kappa p}|\tilde{P}v|_{C^p(K\cap\{x_1\leq t(\lambda)\})}$$

が従う．局所座標系を $z = \lambda^\sigma(x - y(\lambda))$ に変えると

$$|u|_{C^0(W\cap\{x_1\leq s\})} \leq C'\lambda^{\kappa p+\bar{\sigma} p}|P_\lambda u|_{C^p(W\cap\{x_1\leq s\})}$$

が成立する．これが示すべきことであった． □

ここで狭義双曲型作用素の定義を思い出しておく．最高次部分 P_m で D_j を ξ_j で置き換えた $\xi = (\xi_1, \ldots, \xi_n)$ の m 次多項式

$$p(x, \xi) = \xi_1^m + \sum_{|\alpha|=m, \alpha_1 < m} a_\alpha(x)\xi^\alpha$$

を P の主シンボルと呼ぶ．A を n 次実正則行列として新しい局所座標系 $y = Ax$ を選ぶと座標系 y では P の主シンボルは $p(A^{-1}y, {}^t A\xi)$ で与えられることに注意しよう．

定義 1.1.5 原点の近傍 Ω が存在し，特性根，すなわち $p(x, \xi_1, \xi') = 0$ の ξ_1 に関する根，がすべての (x, ξ'), $\xi' \neq 0$, $x \in \Omega$ に対して実で相異なるとき P は原点の近傍で x_1 方向に狭義双曲型であると呼ばれる．また $p(x, \xi)$ を狭義双曲型多項式であるという．

一般高階の狭義双曲型作用素に対する初期値問題は I.G.Petrovsky によって初めて考察され[7]．Fourier 解析的な手法でエネルギー評価を導くことにより任意の低階に対して初期値問題が C^∞ 適切であることが示された．この論文は非常に難解で，L.Gårding によると初めて変数係数の高階微分作用素の解析に Fourier 変換を用いたのが Petrowsky であり，またこの結果が理解され再証明されるまでには 20 年を要した，ということである．その後 J.Leray により，方程式を 1 階の系に帰着させその系を対称化して近似解の一様なエネルギー評価を導き，この評価より近似解の収束を示す，という手順でこの事実が厳密に再証明された [20]．Gårding は近似解を用いずエネルギー評価と関数解析的な手法で解の存在を直接に示した[8]．その後 Petrovsky の元々の方法は A.P.Calderón と A.Zygmund の特異積分作用素を用いることによって一般にも理解可能なものとなった[9]．本書では第 5 章で擬微分作用素を用いて 1 階の方程式に帰着させる中間的な方法でこの事実を証明する．

定理 1.1.1 P は原点の近傍で x_1 方向に狭義双曲型であるとする．このとき原点近傍で定義された任意の $m - 1$ 階以下の微分作用素 Q に対して，$P + Q$ に対する初期値問題は原点の近傍で x_1 方向に C^∞ 適切である．

---

[7] I.G.Petrovsky: Über das Cauchysche Problem für Systeme von partiellen Differentialgleichungen, Mat. Sbornik **2:5** (1937) 815-870.

[8] L.Gårding: Solution directe du problème de Cauchy pour les équations hyperboliques, Coll. Int. CNRS. Nancy (1956) 71-90.

[9] S.Mizohata: Systèmes hyperboliques, J. Math. Soc. Japan **11** (1959) 205-233.

本書では以下常に x_1 方向を時間方向とするので,「x_1 方向に」をしばしば省略することがある. また単に適切といえば C^∞ 適切のこととする.

定義 1.1.6 原点近傍で定義された $m-1$ 階以下の任意の微分作用素 Q に対して, $P+Q$ に対する初期値問題が原点の近傍で C^∞ 適切となるとき P は原点の近傍で強双曲型であるという.

この定義によれば

系 1.1.2 狭義双曲型作用素は強双曲型である.

1.2 初期値問題の可解性

初期値問題が適切となるための一般的な必要条件についても, 特性根が単純なときは P.D.Lax によって[*10], 一般の場合は溝畑[*11]によって特性根が実であることの必要性 (Lax-Mizohata の定理) が示された.

定理 1.2.1 P に対する初期値問題は原点の近傍で適切とする. このとき原点の近傍 V があって特性根 ξ_1 は任意の $x \in V$ および任意の $\xi' \in \mathbb{R}^n$ に対して実である. すなわち $\theta = (1, 0, \ldots, 0)$ とすると

$$p(x, \xi - i\theta) \neq 0, \quad \forall x \in V, \forall \xi \in \mathbb{R}^n \tag{1.2.7}$$

が成立する.

[証明] $x = 0$ として示せば十分である. ある $\bar{\xi}' \in \mathbb{R}^{n-1}$ に対して

$$p(0, \xi_1, \bar{\xi}') = 0$$

が $\operatorname{Im} \bar{\xi}_1 \neq 0$ なる根 $\bar{\xi}_1$ をもつと仮定して初期値問題が原点の近傍で適切でないことを示す. $p(x, \xi)$ は ξ について m 次斉次であるから $\bar{\xi}'$ の代わりに適当な $a \in \mathbb{R}$ について $a\bar{\xi}'$ を考えれば

$$\operatorname{Im} \bar{\xi}_1 = -1$$

と仮定してよい. ある μ に対して $\bar{\xi}'_\mu \neq 0$ であるから初期値問題の適切性が座標 x_1 を不変にする限り局所座標系の選び方にはよらないことに注意して新しい局所座標系を

$$y_1 = x_1, \quad y_2 = \langle x', \bar{\xi}' \rangle + x_1 \operatorname{Re} \bar{\xi}_1, \quad y_j = x_j \ (j \neq 2, \mu), \quad y_\mu = x_2$$

[*10] P.D.Lax: Asymptotic solutions of oscillatory initial value problem, Duke Math. J. **24** (1957) 627-646.
[*11] S.Mizohata: Some remarks on the Cauchy problem, J. Math. Kyoto Univ. **1** (1961) 109-127.

と選ぶと
$$\bar{\xi}' = (1, 0, \ldots, 0), \quad \bar{\xi}_1 = -i$$
としてよい．したがってある $r \in \mathbb{N}, r \geq 1$ が存在して
$$p(0, \xi_1, \xi_2, 0, \ldots, 0) = (\xi_1 + i\xi_2)^r g(\xi_1, \xi_2), \quad g(-i, 1) \neq 0 \tag{1.2.8}$$
と書ける．さて $\nu(>r)$ を十分大にとって λ に依存する「漸近的座標変換」
$$y_j = \lambda^{2\nu} x_j \ (j = 1, 2), \quad y_j = \lambda^\nu x_j \ (j \geq 3)$$
を考えよう．したがってこの新しい座標系では $\tilde{\nu} = (2\nu, 2\nu, \nu, \ldots, \nu)$ として
$$P_\lambda = \sum_{|\alpha| \leq m} a_\alpha(\lambda^{-\tilde{\nu}} y)(\lambda^{\tilde{\nu}} D)^\alpha$$
を考えることになる．一般に $O(\lambda^{-k})$ で係数が $O(\lambda^{-k})$ である高々 m 階の微分作用素を表すことにする．任意の $N \in \mathbb{N}$ に対して係数 $a_\alpha(x)$ を N 次まで $x = 0$ の周りで Taylor 展開し $a_\alpha(x) = a_{\alpha N}(x) + r_{\alpha N}(x), r_{\alpha N}(x) = O(|x|^N)$ と書き，それぞれを係数とする微分作用素を $P_N = \sum_{|\alpha| \leq m} a_{\alpha N}(x) D^\alpha, R_N = \sum_{|\alpha| \leq m} r_{\alpha N}(x) D^\alpha$ と書くとき $\sum_{|\alpha| \leq m} r_{\alpha N}(\lambda^{-\tilde{\nu}} y)(\lambda^{\tilde{\nu}} D)^\alpha = O(\lambda^{-(N-2m)\nu})$ は明らかであり，N を十分大に選ぶと以下の証明においてこの項は無視できるので，はじめから P_N を考えることとし，したがって以下係数は x の多項式であるとする．このとき
$$\lambda^{-2m\nu}(P_\lambda - p(0, \lambda^{\tilde{\nu}} D)) = O(\lambda^{-\nu})$$
は明らかである．$p(0, \xi) - p(0, \xi_1, \xi_2, 0, \ldots, 0) = \sum_{j=3}^n \xi_j p_j(\xi)$ と書けるから
$$p(0, \lambda^{\tilde{\nu}} D) = \lambda^{2m\nu}(D_1 + iD_2)^r g(D_1, D_2) + O(\lambda^{2m\nu - \nu})$$
も明らかである．ゆえに
$$\lambda^{-2m\nu} P_\lambda = (D_1 + iD_2)^r g(D_1, D_2) + O(\lambda^{-\nu})$$
が従う．ここで
$$D_1 + iD_2 = \frac{1}{i}\left(\frac{\partial}{\partial y_1} + i\frac{\partial}{\partial y_2}\right)$$
は $z = y_1 + iy_2$ 平面での Cauchy-Riemann 作用素であることに注意しよう．さて
$$\psi = -i(y_1 + iy_2) - i(y_1 + iy_2)^2$$
は z の多項式で $y_1 \leq 0$ かつ $|z|$ が十分小のとき
$$\psi(0) = 0, \quad \mathsf{Im}\,\psi = -y_1 - y_1^2 + y_2^2 \geq |z|^2$$
が成立する．いま
$$\varphi(y) = \psi(y_1 + iy_2) + i(y_3^2 + \cdots + y_n^2)$$
と定義すると $(D_1 + iD_2)\varphi = 0$ は明らかでさらに正数 $c > 0$ と $\delta > 0$ がとれて

$$\operatorname{Im}\varphi(y) \geq c|y|^2 \tag{1.2.9}$$

が $y_1 \leq 0, |y| \leq \delta$ に対して成立する.

以下 $P_\lambda u = 0$ を満たす解を

$$u = \sum_{j=0}^{\infty} e^{i\lambda\varphi(y)} v_j(y) \lambda^{-j} \tag{1.2.10}$$

の形で探そう.

$$\begin{cases} e^{-i\lambda\varphi}(D_1 + iD_2)e^{i\lambda\varphi} = D_1 + iD_2, \\ e^{-i\lambda\varphi}g(D_1, D_2)e^{i\lambda\varphi} = \lambda^{m-r}g(\partial\varphi/\partial y_1, \partial\varphi/\partial y_2) + O(\lambda^{m-r-1}) \end{cases}$$

に注意すると

$$\lambda^{-2m\nu}e^{-i\lambda\varphi}P_\lambda e^{i\lambda\varphi} = \lambda^{m-r}a(D_1 + iD_2)^r + O(\lambda^{m-r-1})$$

が従う. ここで $a = g(\partial\varphi/\partial y_1, \partial\varphi/\partial y_2)$ であり, したがって $a(0) = g(-i, 1)$ より原点の近傍で $a \neq 0$ である. まとめると

$$\lambda^{-2m\nu}e^{-i\lambda\varphi}P_\lambda e^{i\lambda\varphi} \sum_{j=0} v_j \lambda^{-j}$$
$$= \lambda^{m-r} \sum_{j=0}^{*} \{a(D_1 + iD_2)^r v_j - F_j(y, v_0, \ldots, v_{j-1})\} \lambda^{-j}$$

を得る. ここで $F_0 = 0$ で $F_j(y, v_0, \ldots, v_{j-1})$ は y と $v_0, \ldots, v_{j-1}$ の導関数達の多項式である. したがって (1.2.10) の v_j は

$$\begin{cases} a(D_1 + iD_2)^r v_0 = 0, \\ a(D_1 + iD_2)^r v_j = F_j(y, v_0, \ldots, v_{j-1}), \quad j \geq 1 \end{cases} \tag{1.2.11}$$

を解くことで得られる. $v_0 = 1$ と選ぶ. Cauchy-Kowalevsky の定理[*12]によれば原点の近くで定義された滑らかな $v_j(y), j \geq 1$ で (1.2.11) を満たすものが存在する. したがって任意の N に対して N_1 を適当に選び

$$u_\lambda^{(N)} = \sum_{j=0}^{N_1} e^{i\lambda\varphi} v_j(y) \lambda^{-j}$$

とおくと

$$e^{-i\lambda\varphi}P_\lambda u_\lambda^{(N)} = O(\lambda^{-N}) \tag{1.2.12}$$

が成立する. $\chi \in C_0^\infty(\mathbb{R}^n)$ を原点の近傍では 1 で χ の台の近傍では (1.2.9) と (1.2.12) が成立しているものとする.

$$P_\lambda \chi u_\lambda^{(N)} = \chi P_\lambda u_\lambda^{(N)} + [P_\lambda, \chi] u_\lambda^{(N)}$$

と書くとき, $[P_\lambda, \chi]$ の係数が 0 でなく, かつ $y_1 \leq 0$ なる y では, (1.2.9) よりある

[*12] 例えば [24] の第 4 章参照.

$c_1 > 0$ について $-\operatorname{Im}\varphi(y) \leq -c_1$ が成立することに注意すると
$$\left| P_\lambda \chi u_\lambda^{(N)} \right|_{C^p(K\cap\{y_1\leq 0\})} \leq C_N \lambda^{-N+p}$$
が成り立つ．ここで $K = \operatorname{supp}\chi$ とした．一方で $\varphi(0) = 0$ よりある $c_2 > 0$ に対して
$$\left| \chi u_\lambda^{(N)} \right|_{C^0(K\cap\{x_1\leq 0\})} \geq c_2$$
が成り立つ．したがって N を十分大にとると補題 1.1.2 の不等式に反する．すなわち初期値問題は適切でない．したがって主張が示された． □

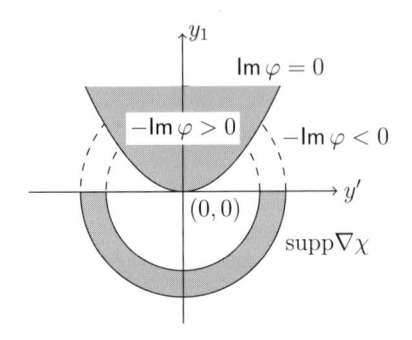

以上の結果を考慮して次の定義をしよう．

定義 1.2.1 $p(\xi)$ を $\xi \in \mathbb{R}^n$ の m 次斉次多項式とする．このとき $p(\xi)$ が $\theta \in \mathbb{R}^n$ 方向に双曲型（多項式）であるとは $p(\theta) \neq 0$ でかつ任意の $\xi \in \mathbb{R}^n$ に対して
$$p(\xi + t\theta) \Longrightarrow \operatorname{Im} t \neq 0$$
を満たすこととする．単に双曲型多項式というときは $(1, 0, \ldots, 0)$ 方向に双曲型のこととする．また $\zeta \in \mathbb{R}$ の多項式 $P(\zeta)$ のすべての根が実であるとき，この多項式 $P(\zeta)$ を双曲型多項式と呼ぶ．

最高次の係数が実数である双曲型多項式 $P(\zeta)$ の係数は実であることに注意しよう．
上の定理 1.2.1 では初期値問題が原点の近傍で C^∞ 適切となることを仮定したが，じつは特性根が実であることは初期値問題が C^∞ 空間あるいはさらに狭い空間で局所的に可解（解の一意性は仮定しない）であるために必要である．以下このことについて少し触れる．C^∞ 空間より狭い代表的な空間として Gevrey クラスと呼ばれる空間を導入しよう．

定義 1.2.2 $s \geq 1$ とし V を $\mathbb{R}^n$ の開集合とする．このとき $f(x) \in C^\infty(V)$ が Gevrey クラス s であるとは任意のコンパクト集合 $K \subset V$ に対して正定数 C, A が存在し

$$|D^\alpha f(x)| \leq CA^{|\alpha|}(|\alpha|!)^s, \ x \in K$$

がすべての $\alpha \in \mathbb{N}^n$ について成立することである．V 上で Gevrey クラス s の関数全体を $\gamma^{(s)}(V)$ で表すことにする．また $\gamma_0^{(s)}(V) = \gamma^{(s)}(V) \cap C_0^\infty(V)$ とおく．特に $\gamma^{(1)}(V) = C^\omega(V)$ は V で実解析的な関数全体を表す．

初期値問題も少し一般にして，$0 \leq \mu \leq m-1$ に対して次の一般化された初期値問題を考えよう．

$$\begin{cases} Pu = 0, \\ D_1^j u(0, x') = 0, \ 0 \leq j \leq \mu - 1, \\ D_1^\mu u(0, x') = \phi(x'). \end{cases} \quad (1.2.13)$$

初期値（境界値）としては $\mu + 1$ 個与えている．このとき[*13]

定理 1.2.2 特性方程式 $p(0, \xi_1, \xi') = 0$, $\xi' = (1, 0, \ldots, 0) \in \mathbb{R}^{n-1}$ は μ 個の実根と $m - \mu \ (\geq 1)$ 個の実でない根をもつと仮定する．V を原点の近傍とするとき次が成立する．

(i) 係数は $C^\infty(V)$ とする．このとき正数列 $\{C_n\}_{n=1}^\infty$ が存在して次が成立する：$\phi(x') = g(x_2)$ を原点の近傍で定義された連続関数とし，一般化された初期値問題 (1.2.13) が原点のある近傍で C^m 級の解をもつとする．このとき $g(x_2)$ は原点の近くで C^∞ で

$$\limsup_{n \to \infty} (|g^{(n)}(0)|/C_n)^{1/n} \leq 1$$

が成立する．ここで $g^{(n)}(0) = (d/dx_2)^n g(0)$ である．

(ii) $1 < s < \infty$ とし，係数は $\gamma^{(s)}(V)$ であるとする．このとき正数 A が存在して次を満たす：$\phi(x') = g(x_2)$ を原点の近傍で定義された連続関数とし，一般化された初期値問題 (1.2.13) が原点のある近傍で C^m 級の解をもつとする．このとき $g(x_2)$ は原点の近くで Gevrey クラス s であり，さらに

$$\limsup_{n \to \infty} (|g^{(n)}(0)|/(n!)^s)^{1/n} \leq A$$

が成立する．

(iii) 係数は $C^\omega(V)$ であるとする．このとき正数 A が存在して次を満たす：$\phi(x') = g(x_2)$ を原点の近傍で定義された連続関数とし，一般化された初期値問題 (1.2.13) が原点の近傍 $B_r = \{x' \mid |x'| < r\}$ で定義された C^m 級の解をもつとする．このとき $g(x_2)$ は原点の近くで実解析的で，さらに

$$\limsup_{n \to \infty} (|g^{(n)}(0)|/n!)^{1/n} \leq A/r$$

[*13] 以下の結果については T.Nishitani: On the Lax-Mizohata theorem in the analytic and Gevrey classes, J. Math. Kyoto Univ. **18** (1978) 509-521 および A note on the local solvability of the Cauchy problem, J. Math. Kyoto Univ. **24** (1984) 281-284 参照．

が成立する．

系 1.2.1 係数は $C^\infty(V)$ (あるいは $\gamma^{(s)}(V), 1 < s < \infty$) とする．このとき初期値問題 (1.2.13), $\mu = m - 1$, が任意の $\phi(x') \in C^\infty(\mathbb{R}^{n-1})$ に (あるいは $\gamma^{(s)}(\mathbb{R}^{n-1}), 1 < s < \infty$) に対して原点の近傍で C^m 級の解を有するためには特性方程式 $p(0, \xi_1, \xi') = 0$ が任意の $\xi' \in \mathbb{R}^{n-1}$ に対して実根のみをもつことが必要である．

P は m 階とし，(1.2.7) が成立しているとする．このとき初期値問題は Gevrey クラス $1 \leq s \leq m/(m-1)$ で局所可解である (もちろん係数は $\gamma^{(s)}(V)$ とする)．これは M.D.Bronshtein によって 1980 年に示された [2]．これは本書の主題の 1 つであり第 15 章でこの事実を証明する．

系 1.2.2 係数は $C^\omega(V)$ とする．原点の近傍 $U \subset V$ が存在して初期値問題 (1.2.13), $\mu = m - 1$, が任意の $\phi(x') \in C^\omega(\mathbb{R}^{n-1})$ に対して U で定義された C^m 級の解をもつとする．このとき特性方程式 $p(0, \xi_1, \xi') = 0$ は任意の $\xi' \in \mathbb{R}^{n-1}$ に対して実根のみをもつ．

逆に P の係数は $C^\omega(V)$ とし，(1.2.7) が成立しているとする．このとき原点の近傍 U が存在し，初期値問題は $C^\omega(\mathbb{R}^{n-1})$ に属する任意の初期値に対して $C^\omega(U)$ の解をもつ．これは Bony-Schapira の定理[*14]として知られている．

[*14] J.M.Bony and P.Schapira: Existence et prolongement des solutions analytiques des systèmes hyperboliques non strictes, C. R. Acad. Sci. Paris, Sér. A-B **274** (1972) A86-A89.

第2章 双曲型多項式 I

初期値問題が適切であることを示すにはエネルギー評価を導くことが基本である．エネルギー評価を求める方法としては対象とする微分作用素 P に対して適当な微分作用素 Q を選び (Pu, Qu) に部分積分を行う方法と，微分作用素を1階の系に帰着させこの系を対称化する symmetrizer を求め元の問題を対称系の問題に帰着させる方法が代表的である．ここでは P に対してどのように Q をみつけるか，あるいは P を1階化した系についてどのように symmetrizer をみつけるかを1変数の双曲型多項式を用いてその考え方を素朴な形で紹介する．任意の双曲型多項式は純粋双曲型多項式でいくらでも近似できること，また双曲型多項式の局所化を定義し局所化が再び双曲型多項式であることも示す．最後の節ではパラメーターを含む双曲型多項式について特性根のパラメーターに関する滑らかさについての予備的な考察を行う．パラメーターに対する滑らかさについての基本結果は次章で詳しく扱う．

2.1 Nuij の近似定理

次の補題から始めよう．

補題 2.1.1 $P(\zeta)$ を m 次双曲型多項式とする．このとき $d^j P(\zeta)/d\zeta^j$, $0 \leq j \leq m-1$ も双曲型多項式である．また任意の実数 s について $(1+sd/d\zeta)P(\zeta) = P(\zeta) + sP'(\zeta)$ も双曲型多項式となる．

［証明］ $d^j P(\zeta)/d\zeta^j$ が双曲型多項式であることは，「$P(\zeta)$ のすべての零点が複素平面のある半平面（境界を含めた）に含まれているなら $P'(\zeta) = dP(\zeta)/d\zeta$ の零点もすべて同じ平面に含まれる」という Lucas の定理[*1]から容易に分かる．次に $P(\zeta) = k(\zeta - \alpha_1)(\zeta - \alpha_2)\cdots(\zeta - \alpha_m)$, $\alpha_j \in \mathbb{R}$ と書くと $s \in \mathbb{R}$ のとき

$$\operatorname{Im} \frac{P(\zeta) + sP'(\zeta)}{P(\zeta)} = s\sum_{i=1}^{m} \operatorname{Im} \frac{1}{\zeta - \alpha_i} = -s \operatorname{Im} \zeta \sum_{i=1}^{m} \frac{1}{|\zeta - \alpha_i|^2}$$

[*1] 例えば L.Ahlfors: Complex Analysis, McGraw-Hill (1979) 第2章参照．

であり $s\,\mathrm{Im}\,\zeta \neq 0$ のとき上式の右辺は 0 とならないので $P(\zeta) + sP'(\zeta)$ に関する主張が従う. □

$P(\zeta)$ を双曲型多項式とするとき $P(\zeta) + sP'(\zeta) = 0$ の根はすべて実であること, さらには零点の位置に関するより詳しいことが補題 2.1.1 によらずとも次のようにして分かる. まず

$$P(\zeta) = \prod_{j=1}^{r}(\zeta - \lambda_j)^{r_j}, \quad \lambda_1 < \lambda_2 < \cdots < \lambda_r, \quad \sum_{j=1}^{r} r_j = m$$

と書こう. λ を λ_j のいずれかとし $P(\zeta) = (\zeta - \lambda)^l Q(\zeta)$ とおく. ここで $Q(\lambda) \neq 0$ である. $s > 0$ としよう.

$$\frac{P(\zeta) + sP'(\zeta)}{P(\zeta)} = 1 + s\frac{l}{\zeta - \lambda} + s\frac{Q'(\zeta)}{Q(\zeta)}$$

であるから $\lambda = \lambda_1$ と選び $\zeta \uparrow \lambda_1$, $\zeta \to -\infty$ としたときの右辺の符号を考えると $P(\zeta) + sP'(\zeta)$ が $(-\infty, \lambda_1)$ 内に少なくとも 1 つ零点をもつことが容易に分かる. 同様にして λ_k, λ_{k+1} を隣り合う 2 つの零点とするとき $P(\zeta) + sP'(\zeta)$ は $(\lambda_k, \lambda_{k+1})$ 内に少なくとも 1 つの零点をもつ. 重複度を込めた零点の個数を勘定すると次のことが分かる:

 (i) $s > 0$ とする. このとき $P(\zeta) + sP'(\zeta)$ は λ_j を重複度 $r_j - 1$ の零点とし, 各開区間 $(\lambda_j, \lambda_{j+1})$, $j = 0, 1, \ldots, r-1$ $(\lambda_0 = -\infty)$ 内にちょうど 1 つ単純な零点をもつ.

 (ii) $s < 0$ とする. このとき $P(\zeta) + sP'(\zeta)$ は λ_j を重複度 $r_j - 1$ の零点とし, 各開区間 $(\lambda_j, \lambda_{j+1})$, $j = 1, \ldots, r$ $(\lambda_{r+1} = +\infty)$ 内にちょうど 1 つ単純な零点をもつ.

上で考察したことから $(1 + sd/d\zeta)P(\zeta)$ は双曲型多項式で, $s \neq 0$ のとき根の重複度は高々 $m - 1$ である. この操作を繰り返すと, $Q(\zeta;s) = (1 + sd/d\zeta)^m P(\zeta)$ とおくとき, 実の $s \neq 0$ に対して $Q(\zeta;s)$ は m 個の相異なる実の零点をもつことが分かる. 同様にして $(1 + sd/d\zeta)(1 - sd/d\zeta)P(\zeta) = (1 - s^2 d^2/d\zeta^2)^2 P(\zeta)$ は双曲型多項式で, $s \neq 0$ のとき根の重複度は高々 $m - 2$ である. したがって

$$(1 - s^2 d^2/d\zeta^2)^{[m/2]} P(\zeta)$$

は $s \neq 0$ に対して m 個の相異なる実の零点をもつ. ここで $[k]$ は k を超えない最大の整数を表すものとする.

以上の考察を多変数の多項式に適用しよう. $P(\xi_1, \xi_2, \ldots, \xi_n)$ を m 次斉次多項式で $(1, 0, \ldots, 0)$ 方向に双曲型とする. すなわち $P(\xi_1, \xi_2, \ldots, \xi_n) = 0$ の ξ_1 に関する根はすべての $\xi' = (\xi_2, \ldots, \xi_n) \in \mathbb{R}^{n-1}$ に対して実であるとする. ここで記号を簡略化して P に対して $T_{k,s} P$ を

$$(T_{k,s} P)(\xi) = (1 + s\xi_k \partial/\partial\xi_1) P(\xi), \quad s \in \mathbb{R}, \quad k = 2, \ldots, n$$

で定義し $Q(\xi;s)(\xi) = (T_{n,s}^m \cdots T_{2,s}^m P)(\xi)$ とおく．このとき任意の $s \neq 0$, 任意の $\xi' \neq 0$ に対して $Q(\xi;s) = 0$ は ξ_1 に関して m 個の相異なる実根をもつ．実際 $\xi' \neq 0$ を任意に選び固定する．したがってある $k \geq 2$ について $\xi_k \neq 0$ である．まず $(T_{k-1,s}^m \cdots T_{2,s}^m P)(\xi)$ は ξ_1 の多項式として実の零点のみをもつことに注意する．したがって上の考察より $(T_{k,s}^m(T_{k-1,s}^m \cdots T_{2,s}^m P))(\xi) = 0$ は ξ_1 の多項式として m 個の実の相異なる零点をもつ．$T_{n,s}^m \cdots T_{k+1,s}^m$ は零点の重複度を増やすことはないので $Q(\xi;s) = 0$ が m 個の相異なる実根をもつことが分かる．したがって定義 1.1.5 によれば $Q(\xi;s)$ は $s \neq 0$ のとき狭義双曲型多項式である[*2]．また $\tilde{Q}(\xi;s)$ を

$$\tilde{Q}(\xi;s) = (1 - s^2|\xi'|^2 \partial^2/\partial \xi_1^2)^{[m/2]} P(\xi)$$

とおくと $\tilde{Q}(\xi;s)$ は ξ の m 次斉次多項式であり，$\tau = |\xi'|^{-1}\xi_1$ として

$$(1 - s^2|\xi'|^2 \partial^2/\partial \xi_1^2)^{[m/2]} P(\xi) = |\xi'|^m (1 - s^2 \partial^2/\partial \tau^2)^{[m/2]} P(\tau, \xi'|\xi'|^{-1})$$

に注意すると $\tilde{Q}(\xi;s)$ も $s \neq 0$ のとき狭義双曲型多項式である．

命題 2.1.1 $Q(\xi;s)$ および $\tilde{Q}(\xi;s)$ は $s \neq 0$ のとき狭義双曲型多項式である．

また $s \to 0$ のとき $Q(\xi;s), \tilde{Q}(\xi;s) \to P(\xi)$ は明らかであるから

定理 2.1.1 任意の斉次双曲型多項式は狭義双曲型多項式の極限である．

ここで

$$(1 + sd/d\zeta)^{l-1} P(\zeta) = \prod_{j=1}^m (\zeta - \lambda_j^l(s)), \quad \lambda_1^l(s) \leq \lambda_2^l(s) \leq \cdots \leq \lambda_m^l(s)$$

$l = 1, \ldots, m$ とおいて $\{\lambda_j^l(s)\}$ が l とともにどのように分離されてゆくか，もう少し詳しくみてみよう．$s < 0$ のときも同様なので $s > 0$ と仮定する．まず

$$h_l(\zeta, s) = \frac{(1 + sd/d\zeta)^l P(\zeta)}{(1 + sd/d\zeta)^{l-1} P(\zeta)} = 1 + s \sum_{k=1}^m \frac{1}{\zeta - \lambda_k^l(s)}$$

であるから $\lambda_1^l(s), l \geq 2, s > 0$ が常に単純根であることに注意すると上の (i) を導いたのと同じ議論で $s > 0$ のとき

$$\lambda_1^{l+1}(s) \leq \lambda_1^l(s) \leq \lambda_2^{l+1}(s) \leq \cdots \leq \lambda_m^{l+1}(s) \leq \lambda_m^l(s),$$
$$\lambda_1^l(s) < \lambda_2^l(s) < \cdots < \lambda_{l-1}^l(s) < \lambda_l^l(s) \leq \cdots \leq \lambda_m^l(s)$$

となる．ここで $\lambda_k^l(s), 1 \leq k \leq l-1$ は単純根である．いま正数 $c_l > 0$ があって

$$\lambda_k^l(s) - \lambda_{k-1}^l(s) \geq c_l s, \quad k = 2, \ldots, l \tag{2.1.1}$$

が成立していると仮定する．$h_1(\lambda_1^1 - s, s) < 0$ より $\lambda_1^2(s) \leq \lambda_1^1 - s$ で，また $\lambda_2^2(s) \geq \lambda_1^1$

[*2] W.Nuij: A note on hyperbolic polynomials, Math. Scand. **23** (1968) 69-72.

であるから $\lambda_2^2(s) - \lambda_1^2(s) \geq s$ となり, (2.1.1) は $l = 2$ に対しては成立している. $2 \leq k \leq l$ として $0 < \delta \leq c_l$ のとき次は容易に確かめられる.

$$h_l(\lambda_k^l(s) - \delta s, s) \leq 1 + \frac{s(k-1)}{\lambda_k^l(s) - \delta s - \lambda_{k-1}^l(s)} - \frac{1}{\delta} \leq 1 + \frac{k-1}{c_l - \delta} - \frac{1}{\delta}.$$

したがって $\delta = \left(k + c_l - \sqrt{(k+c_l)^2 - 4c_l}\right)/2 > 0$ と選ぶと $h_l(\lambda_k^l(s) - \delta s, s) \leq 0$ となって $\lambda_k^{l+1}(s) \leq \lambda_k^l(s) - \delta s$ が成立する. ゆえに

$$c_{l+1} = \min_{2 \leq k \leq l} \left(k + c_l - \sqrt{(k+c_l)^2 - 4c_l}\right)/2 > 0$$

とおくと $\lambda_{k+1}^{l+1}(s) - \lambda_k^{l+1}(s) = \lambda_{k+1}^{l+1}(s) - \lambda_k^l(s) + \lambda_k^l(s) - \lambda_k^{l+1}(s) \geq \lambda_k^l(s) - \lambda_k^{l+1}(s) \geq c_{l+1}s$ が $k = 1, \ldots, l$ に対して成立する. したがって帰納法によって $l = m$ に対しても (2.1.1) が成立する.

補題 2.1.2 $(1 + sd/d\zeta)^{m-1} P(\zeta) = \prod_{j=1}^m (\zeta - \lambda_j(s))$ とおく. ここで $\lambda_1(s) \leq \lambda_2(s) \leq \cdots \leq \lambda_m(s)$ である. このとき $c > 0$ が存在して実の s に対して

$$\lambda_{k+1}(s) - \lambda_k(s) \geq c|s|, \quad j = 1, \ldots, m-1$$

が成立する.

2.2 Bézout 形式と多項式の根の分離

$(\zeta, \bar{\zeta})$ の多項式 $h(\zeta, \bar{\zeta}) = \sum_{i,j=1}^{m-1} h_{ij} \zeta^i \bar{\zeta}^j$, $h_{ij} \in \mathbb{C}$ が与えられたとき, この多項式に対して $z = (z_0, z_1, \ldots, z_{m-1}) \in \mathbb{C}^m$ の 2 次形式

$$\hat{h}(z, \bar{z}) = \sum_{i,j=0}^{m-1} h_{ij} z_i \bar{z}_j$$

を考える. また ζ の多項式 $p(\zeta) = \sum_{j=1}^m a_j \zeta^j$ には $z = (z_0, z_1, \ldots, z_m) \in \mathbb{C}^{m+1}$ の 1 次式

$$\hat{p}(z) = \sum_{j=0}^m a_j z_j$$

を対応させることにする. さて $D_t = -id/dt$ として $h(\zeta, \bar{\zeta})$ に対応する微分 2 次形式

$$\hat{h}(Du, \overline{Du}) = \sum_{i,j=0}^{m-1} h_{ij} D_t^i u \cdot \overline{D_t^j u}$$

を考えよう. ここで $Du = (u, D_t u, \ldots, D_t^{m-1} u, D_t^m u)$ である. また ζ の多項式 $p(\zeta)$ に対しては

$$\hat{p}(Du) = \sum_{j=0}^m a_j D_t^j u = p(D_t) u$$

であることに注意しよう. $g(\zeta,\bar{\zeta}) = (\zeta-\bar{\zeta})h(\zeta,\bar{\zeta})$ とすると

$$D_t \hat{h}(Du, \overline{Du}) = \sum_{i,j=0}^{m-1} h_{ij}(D_t^{i+1}u \cdot \overline{D_t^j u} - D_t^i u \cdot \overline{D_t^{j+1}u})$$

から

$$D_t \hat{h}(Du, \overline{Du}) = \hat{g}(Du, \overline{Du}) \tag{2.2.2}$$

となることは明らかである. いま実の多項式 $p_i(\zeta)$ があって $g(\zeta,\bar{\zeta})$ が $g(\zeta,\bar{\zeta}) = p_1(\zeta)p_2(\bar{\zeta})$ と書けるとすると $\hat{g}(z,\bar{z}) = \hat{p}_1(z)\hat{p}_2(\bar{z})$ であるから[*3)]

$$\hat{g}(Du, \overline{Du}) = p_1(D_t)u \cdot \overline{p_2(D_t)u}$$

となり $|\hat{g}(Du,\overline{Du})|$ は $|p_1(D_t)u||\overline{p_2(D_t)u}|$ で評価される. (2.2.2) の右辺を $p(D_t)u$ を用いて評価したいので $g(\zeta,\bar{\zeta})$ が

$$g(\zeta,\bar{\zeta}) = p(\zeta)q(\bar{\zeta}) + p(\bar{\zeta})r(\zeta)$$

と書ける場合を考える. ここで $q(\zeta), r(\zeta)$ は実多項式とする. $g(\zeta,\bar{\zeta}) = (\zeta-\bar{\zeta})h(\zeta,\bar{\zeta})$ において $\zeta = \bar{\zeta}$ とおくと $r(\zeta) = -q(\zeta)$ となり

$$g(\zeta,\bar{\zeta}) = p(\zeta)q(\bar{\zeta}) - p(\bar{\zeta})q(\zeta), \quad h(\zeta,\bar{\zeta}) = \frac{p(\zeta)q(\bar{\zeta}) - p(\bar{\zeta})q(\zeta)}{\zeta - \bar{\zeta}} \tag{2.2.3}$$

となる.

定義 2.2.1 $p(\zeta), q(\zeta)$ を ζ の多項式とする. このとき

$$h_{p,q}(\zeta,\bar{\zeta}) = \frac{p(\zeta)q(\bar{\zeta}) - p(\bar{\zeta})q(\zeta)}{\zeta - \bar{\zeta}}$$

を p と q の Bézout 形式と呼ぶ.

以下, 双曲型多項式 $p(\zeta)$ と適当な q との Bézout 形式を考える. $p(\zeta)$ は双曲型多項式であるから

$$p(\zeta) = \prod_{j=1}^{s}(\zeta-\lambda_{(j)})^{r_j}, \quad \lambda_{(j)} \in \mathbb{R}, \quad \sum_{j=1}^{s} r_j = m$$

と書ける. また $p(\zeta)$ を単に

$$p(\zeta) = \prod_{j=1}^{m}(\zeta-\lambda_j)$$

とも書く. ここで $\{\lambda_1,\ldots,\lambda_m\} = \{\lambda_{(1)},\ldots,\lambda_{(1)},\lambda_{(2)},\ldots,\lambda_{(2)},\ldots\}$ である. 次に q としては $\hat{h}_{p,q}(Du,\overline{Du})$ が非負値となるように, さらに (可能ならば)

$$p_k(\zeta) = \prod_{j=1, j\neq k}^{m}(\zeta-\lambda_j)$$

[*3)] $g(\zeta,\bar{\zeta}) = p_1(\zeta,\bar{\zeta})p_2(\zeta,\bar{\zeta})$ でも一般には $\hat{g}(z,\bar{z}) = \hat{p}_1(z,\bar{z})\hat{p}_2(z,\bar{z})$ は成立しない.

とするとき適当な正数 $C > 0$ に対して

$$C\hat{h}_{p,q}(Du, \overline{Du}) \geq \sum_{k=1}^{m} |p_k(D_t)u|^2 = \sum_{k=1}^{m} |\hat{p}_k(Du)|^2$$

すなわち $C\hat{h}_{p,q}(z, \bar{z}) \geq \sum_{k=1}^{m} |\hat{p}_k(z)|^2$ が成立するように選びたい．まず次の定義を導入する．

定義 2.2.2 $q(\zeta)$ を $m-1$ 次の多項式とする．$\lambda_{(1)} < \mu_1 < \lambda_{(2)} < \cdots < \mu_{s-1} < \lambda_{(s)}$ があって $q(\zeta)$ が

$$q(\zeta) = c \prod_{j=1}^{s} (\zeta - \lambda_{(j)})^{r_j - 1} \prod_{j=1}^{s-1} (\zeta - \mu_j) \quad (c > 0)$$

と書けるとき $q(\zeta)$ は $p(\zeta)$ を分離するという．

証明は省略するがこのとき次が成立する．

命題 2.2.1 $q(\zeta)$ は $p(\zeta)$ を分離するとする．このとき $c > 0$ が存在して

$$\hat{h}_{p,q}(z, \bar{z}) \geq c \sum_{k=1}^{m} |\hat{p}_k(z)|^2, \quad z \in \mathbb{C}^m \tag{2.2.4}$$

が成立する．逆に $q(\zeta)$ を $m-1$ 次実多項式としある $c > 0$ について (2.2.4) が成立するとすると $q(\zeta)$ は $p(\zeta)$ を分離する．

補題 2.2.1 $p(\zeta)$ を双曲型多項式とする．このとき $p'(\zeta)$ は $p(\zeta)$ を分離する．

［証明］まず

$$p(\zeta) = \prod_{j=1}^{s} (\zeta - \lambda_{(j)})^{r_j}$$

と書こう．ζ の多項式 $a(\zeta)$, $b(\zeta)$ を

$$p'(\zeta) = \left(\prod_{j=1}^{s} (\zeta - \lambda_{(j)})^{r_j - 1} \right) b(\zeta), \quad p(\zeta) = \left(\prod_{j=1}^{s} (\zeta - \lambda_{(j)})^{r_j - 1} \right) a(\zeta)$$

で定めると

$$\frac{p'(\zeta)}{p(\zeta)} = \sum_{k=1}^{s} \frac{r_k}{\zeta - \lambda_{(k)}} = \frac{b(\zeta)}{a(\zeta)}$$

である．$\zeta \uparrow \lambda_{(k)}$ のとき $b(\zeta)/a(\zeta) \downarrow -\infty$, また $\zeta \downarrow \lambda_{(k)}$ のとき $b(\zeta)/a(\zeta) \uparrow +\infty$ は明らかである．$a(\zeta)$ は開区間 $(\lambda_{(k)}, \lambda_{(k+1)})$ で 0 にならないので

$$b(\lambda_{(k)})b(\lambda_{(k+1)}) < 0$$

が従う．ゆえに $b(\zeta)$ は $(\lambda_{(k)}, \lambda_{(k+1)})$ 内に少なくとも 1 つ零点をもつ．$b(\zeta)$ は $s-1$ 次であるからこの零点はただ 1 つで，したがって $p'(\zeta)$ が $p(\zeta)$ を分離することが分かる． □

系 2.2.1 $p(\zeta)$ は狭義双曲型多項式とし $q(\zeta)$ は $p(\zeta)$ を分離するとする．いま $r(\zeta)$ を任意の $m-1$ 次多項式とするとき $C > 0$ が存在して
$$C\hat{h}_{p,q}(z,\bar{z}) \geq |\hat{r}(z)|^2$$
が成立する．

［証明］ $p(\zeta)$ が狭義双曲型多項式であるから Lagrange の補間公式によると
$$r(\zeta) = \sum_{k=1}^{m} c_k p_k(\zeta)$$
と書ける．したがって $\hat{r}(z) = \sum_{k=1}^{m} c_k \hat{p}_k(z)$ より
$$|\hat{r}(z)|^2 \leq \left(\sum_{k=1}^{m} |c_k|^2\right)\left(\sum_{k=1}^{m} |\hat{p}_k(z)|^2\right)$$
に注意すると命題 2.2.1 から主張は明らかである． □

$q(\zeta)$ として $q(\zeta) = p'(\zeta)$ と選んだときを考えよう．補題 2.2.1 より $p'(\zeta)$ は $p(\zeta)$ を分離する．さらにこのとき

補題 2.2.2 ある $c > 0$ が存在して
$$\hat{h}_{p,p'}(z,\bar{z}) = \sum_{k=1}^{m} |\hat{p}_k(z)|^2 \geq c|\hat{p}'(z)|^2$$
が成立する．

［証明］ まず等式の部分を示そう．次のことに注意する．
$$p(\zeta)p'(\bar{\zeta}) = \frac{\partial}{\partial \bar{\zeta}}(p(\zeta)p(\bar{\zeta})), \quad p(\bar{\zeta})p'(\zeta) = \frac{\partial}{\partial \zeta}(p(\bar{\zeta})p(\zeta)).$$
したがって $(\partial/\partial\bar{\zeta} - \partial/\partial\zeta)(\zeta - \lambda_j)(\bar{\zeta} - \lambda_j) = \zeta - \bar{\zeta}$ に注意すると
$$h_{p,q}(\zeta,\bar{\zeta}) = \left(\frac{\partial}{\partial\bar{\zeta}}\prod_{j=1}^{m}(\zeta-\lambda_j)(\bar{\zeta}-\lambda_j) - \frac{\partial}{\partial\zeta}\prod_{j=1}^{m}(\zeta-\lambda_j)(\bar{\zeta}-\lambda_j)\right)\Big/(\zeta-\bar{\zeta})$$
$$= \sum_{k=1}^{m}\prod_{j=1,j\neq k}^{m}|\zeta-\lambda_j|^2 = \sum_{k=1}^{m}|p_k(\zeta)|^2$$
が成り立つ．ここで $|p_k(\zeta)|^2 = p_k(\zeta)p_k(\bar{\zeta})$ に注意すれば最初の等式が従う．次に不等式の部分は
$$p'(\zeta) = \sum_{k=1}^{m}\prod_{j=1,j\neq k}^{m}(\zeta-\lambda_j) = \sum_{k=1}^{m}p_k(\zeta)$$
より $\hat{p}'(z) = \sum_{k=1}^{m}\hat{p}_k(z)$ であるから明らかである． □

さて (2.2.3) から

$$\frac{d}{dt}\hat{h}_{p^{(j)},p^{(j+1)}}(Du,\overline{Du}) = -2\mathsf{Im}(p^{(j)}(D_t)u \cdot \overline{p^{(j+1)}(D_t)u})$$
$$\leq 2|p^{(j)}(D_t)u||p^{(j+1)}(D_t)u| \qquad (2.2.5)$$

であるから上式に $e^{-2\gamma t}$ を乗じて $(-\infty, t)$ で積分すると, u は t が負の十分大なところでは 0 であるとして

$$e^{-2\gamma t}\hat{h}_{p^{(j)},p^{(j+1)}}(Du,\overline{Du}) + \gamma \int_{-\infty}^{t} e^{-2\gamma s}\hat{h}_{p^{(j)},p^{(j+1)}}(Du,\overline{Du})ds$$
$$\leq 2\int_{-\infty}^{t} e^{-2\gamma s}|p^{(j)}(D_t)u||p^{(j+1)}(D_t)u|ds$$

が成立する. ここで右辺を Cauchy-Schwarz の不等式を使って評価し, 補題 2.2.2 を適用すると, ある正数 $C_j > 0$, $\gamma_j > 0$ があって $\gamma \geq \gamma_j$ のとき

$$\gamma^2 \int_{-\infty}^{t} e^{-2\gamma s}|p^{(j+1)}(D_t)u|^2 ds \leq C_j \int_{-\infty}^{t} e^{-2\gamma s}|p^{(j)}(D_t)u|^2 ds \qquad (2.2.6)$$

が成立する. また $j = r-1$ のときは

$$\gamma \int_{-\infty}^{t} e^{-2\gamma s}\hat{h}_{p^{(r-1)},p^{(r)}}(Du,\overline{Du})ds$$
$$\leq \gamma \int_{-\infty}^{t} e^{-2\gamma s}|p^{(r)}(D_t)u|^2 ds + \gamma^{-1}\int_{-\infty}^{t} e^{-2\gamma s}|p^{(r-1)}(D_t)u|^2 ds$$

と評価する. (2.2.6) の $j = 0, \ldots, r-1$ と上式から

$$\gamma^{2r}\int_{-\infty}^{t} e^{-2\gamma s}\hat{h}_{p^{(r-1)},p^{(r)}}(Du,\overline{Du})ds \leq C_r \int_{-\infty}^{t} e^{-2\gamma s}|P(D_t)u|^2 ds$$

が従う. いま $p(\zeta) = 0$ の根の重複度は高々 r とする. このとき $p^{(r-1)}(\zeta)$ は狭義双曲型多項式であるから系 2.2.1 より $|u(t)|^2 \leq C\hat{h}_{p^{(r-1)},p^{(r)}}(Du,\overline{Du})$ が成り立ち, したがって $\gamma^{2r}\int_{-\infty}^{t} e^{-2\gamma s}|u(s)|^2 ds \leq C\int_{-\infty}^{t} e^{-2\gamma s}|P(D_t)u|^2 ds$ である. いま

$$e^{-2\gamma t}P(D_t)e^{2\gamma t} = P(D_t - i\gamma) = P_\gamma(D_t)$$

と書くと $\gamma^{2r}\int_{-\infty}^{t}|v(s)|^2 ds \leq C\int_{-\infty}^{t}|P_\gamma v|^2 ds$ が成り立つ. すなわち t が負の十分大なところでは 0 となる任意の $v \in C^\infty(\mathbb{R})$ に対して

$$\gamma^r\|v\|_{L^2(-\infty,t)} \leq C\|P_\gamma v\|_{L^2(-\infty,t)}$$

が成立する.

2.3 Leray の symmetrizer

微分方程式 $p(D_t)u = D_t^m u + a_1 D_t^{m-1}u + \cdots + a_m u = 0$ を $U =$

${}^t(u, D_t u, \ldots, D_t^{m-1} u)$ とおいて系に書き換えると $D_t U = AU$ となる．ここで

$$A = \begin{bmatrix} 0 & 1 & & 0 \\ \vdots & & \ddots & \\ 0 & 0 & & 1 \\ -a_m & -a_{m-1} & \cdots & -a_1 \end{bmatrix} \quad (2.3.7)$$

でありこのタイプの行列はしばしば Sylvester 型行列と呼ばれる．以下 A を $p(\zeta)$ に対応する Sylvester 行列と呼ぶことにする．このとき，もちろん $p(\zeta) = \det(\zeta I - A)$ である．$p(\zeta) = 0$ の根がすべて実数のとき，この A に対する symmetrizer すなわち正定値対称行列 B で BA が対称となる B をみつけよう．

$$R = \begin{bmatrix} 1 & 1 & \cdots & 1 \\ \lambda_1 & \lambda_2 & \cdots & \lambda_m \\ \vdots & \vdots & \cdots & \vdots \\ \lambda_1^{m-1} & \lambda_2^{m-1} & \cdots & \lambda_m^{m-1} \end{bmatrix}$$

とおく（Vandermonde 行列）．ここで $p(\zeta) = \prod_{j=1}^{m}(\zeta - \lambda_j)$ である．定義から明らかなように

$$AR = R \begin{bmatrix} \lambda_1 & & \\ & \ddots & \\ & & \lambda_m \end{bmatrix}$$

である．λ_i がすべて相異なるとすると $\det R = \prod_{i>j}(\lambda_i - \lambda_j) \neq 0$ であり，R^{-1} が存在し，$R^{-1}AR$ は対角行列であり特に対称である．したがって ${}^t R\, {}^t A\, {}^t R^{-1} = R^{-1}AR$ より $(R\,{}^t R)\,{}^t A = A(R\,{}^t R)$ が成立する．したがって $S = R\,{}^t R$ と書くとき AS が対称であり S も対称であるから

$$S^{-1}A = S^{-1}(AS)S^{-1}$$

も対称である．一方 $S = (s_{ij})$ と書くとき $s_{ij} = \sum_{k=1}^{m} \lambda_k^{i+j}$ は明らかであり，したがって $(\lambda_1, \ldots, \lambda_m)$ の対称式で s_{ij} は $(a_1, \ldots, a_m)$ の多項式となる．$B = (\det S)S^{-1}$ とおくと $\det S = (\det R)^2 > 0$ より B は正定値で BA は対称である．B は S の余因子行列であるから B の各成分も $(a_1, \ldots, a_m)$ の多項式となる．この B は Leray によって狭義双曲型作用素に対するエネルギー不等式を導く際に有効に用いられた [20]．

次に $p(\zeta) = \zeta^m + a_1 \zeta^{m-1} + \cdots + a_m = \prod_{j=1}^{m}(\zeta - \lambda_j)$ と $p'(\zeta)$ の Bézout 形式 $h_{p,p'}(\zeta, \bar{\zeta})$ と symmetrizer の関係を調べよう．

$$\sigma_{l,k} = \sum_{1 \leq j_1 < \cdots < j_l \leq m,\, j_p \neq k} \lambda_{j_1} \cdots \lambda_{j_l}$$

とおくと $\hat{p}_k(z) = \sum_{i=1}^{m}(-1)^{m-i} \sigma_{m-i,k} z_{i-1}$ であり補題 2.2.2 より $h_{p,p'}$ に対応する

2次形式は
$$\hat{h}_{p,p'}(z,\bar{z}) = \sum_{i,j} h_{ij} z_{i-1} \bar{z}_{j-1} = \sum_{k=1}^{m} |\hat{p}_k(z)|^2$$
を満たす．したがって h_{ij} は
$$h_{ij} = \sum_{k=1}^{m} (-1)^{i+j} \sigma_{m-i,k} \sigma_{m-j,k}$$
で与えられる．一方 Bézout 形式の定義から h_{ij} が $(a_1,\ldots,a_m)$ の多項式であることは明らかである．この非負定値対称行列 $H = (h_{ij})$ を考察しよう．${}^{co}R = (r_{ij})$ で R の余因子行列を表し $\Delta(\lambda_1,\ldots,\lambda_k)$ で $\lambda_1,\ldots,\lambda_k$ の差積を表すことにすると，${}^{co}R$ の (i,j) 成分 r_{ij} が $\Delta_i = \Delta(\lambda_1,\ldots,\lambda_{i-1},\lambda_{i+1},\ldots,\lambda_m)$ で割り切れることは容易に分かる．すなわち
$$r_{ij} = c_{ij}(\lambda_1,\ldots,\lambda_{i-1},\lambda_{i+1},\ldots,\lambda_m)\Delta_i$$
と書ける．ここで r_{ij} は $(\lambda_1,\ldots,\lambda_{i-1},\lambda_{i+1},\ldots,\lambda_m)$ の $m(m-1)/2-j+1$ 次の交代式であり Δ_i は $(m-1)(m-2)/2$ 次の交代式であるから c_{ij} は $m-j$ 次の対称式である．ゆえに $(\lambda_1,\ldots,\lambda_{i-1},\lambda_{i+1},\ldots,\lambda_m)$ の基本対称式の多項式である．Δ_i は各 $\lambda_l, l \neq i$ に関して $m-2$ 次であり，$j \neq m$ なら r_{ij} は $\lambda_l, l \neq i$ に関して $m-1$ 次であるから c_{ij} は $\lambda_l, l \neq i$ について 1 次となり
$$(-1)^{i+j} \sigma_{m-j,i}$$
であることが分かる．したがって $C = (c_{ij})$ とおくと ${}^t C C = (h_{ij}) = H$ である．ここで $D = \mathrm{diag}(\Delta_1,\ldots,\Delta_m)$ とおくと $C = D^{-1}({}^{co}R) = (\det R) D^{-1} R^{-1}$ であり，したがって
$$CAC^{-1} = D^{-1}(R^{-1}AR)D$$
で $R^{-1}AR$ および D は対角行列であったから CAC^{-1} も対角行列となる．$S = R\,{}^t R$ に対して行った議論を繰り返すと
$$HA$$
も対称行列となることが分かる．また $C = (\det R) D^{-1} R^{-1}$ から
$$C = \mathrm{diag}\left(\pm \prod_{k \neq 1}(\lambda_1 - \lambda_k), \pm \prod_{k \neq 2}(\lambda_2 - \lambda_k), \ldots, \pm \prod_{k \neq m}(\lambda_m - \lambda_k)\right) R^{-1} \tag{2.3.8}$$
となり，したがって $|\det C| = |\prod_{j=1}^{m} \prod_{k \neq j}^{m}(\lambda_k - \lambda_j)|/|\Delta| = |\Delta|$ である．これから $\det H = \Delta^2$ となる．まとめておくと

補題 2.3.1 $p(\zeta)$ と $p'(\zeta)$ の Bézout 形式の表現行列 H は $p(\zeta)$ に対応する Sylvester 行列の symmetrizer であり $\det H = \Delta(\lambda_1,\ldots,\lambda_m)$ である．

これらの symmetrizer B や H は $p(\zeta)$ が狭義双曲型多項式でなければ正定値とはならない．定理 2.1.1 によれば任意の双曲型多項式は狭義双曲型多項式の極限である．この事実を利用して $p(\zeta)$ が必ずしも狭義双曲型多項式でないときに $p(\zeta)$ に対応する Sylvester 行列の「近似」symmetrizer の族を構成してみよう．$p(\zeta) = 0$ の根の重複度は高々 r であるとしよう．$\epsilon > 0$ として $p_\epsilon(\zeta) = (1-\epsilon\partial/\partial\zeta)^{r-1}p(\zeta) = \prod_{j=1}^m (\zeta-\lambda_j(\epsilon))$, $\lambda_1(\epsilon) \leq \cdots \leq \lambda_m(\epsilon)$ とおくと，補題 2.1.2 より $p_\epsilon(\zeta)$ は狭義双曲型多項式で ϵ によらない $c > 0$ があって

$$\lambda_{j+1}(\epsilon) - \lambda_j(\epsilon) \geq c\epsilon, \quad j = 1, \ldots, m-1 \qquad (2.3.9)$$

が成立している．さらに重複度の仮定から

$$\prod_{j=1, j\neq k}^m |\lambda_j(\epsilon) - \lambda_k(\epsilon)| \geq c\epsilon^{r-1}, \quad k = 1, \ldots, m \qquad (2.3.10)$$

が成り立つ．$p_\epsilon(\zeta) = p(\zeta) + c_1'\epsilon p'(\zeta) + \cdots + c_{r-1}'\epsilon^{r-1}p^{(r-1)}$ であるから

$$p(\zeta) = p_\epsilon(\zeta) + c_1\epsilon p_\epsilon^{(1)}(\zeta) + \cdots + c_m\epsilon^m p_\epsilon^{(m)}(\zeta)$$

と書ける．ここで $p(\zeta)$, $p_\epsilon(\zeta)$ に対応する Sylvester 行列を A, A_ϵ と書くと

$$A = A_\epsilon + c_1\epsilon A_{1,\epsilon} + \cdots + c_m\epsilon^m A_{m,\epsilon}$$

であり，$A_{j,\epsilon}$ は最後の行が $p_\epsilon^{(j)}(\zeta)$ の係数からなり他の行はすべて 0 である．p_ϵ から決まる C, H をそれぞれ C_ϵ, H_ϵ と書くと $H_\epsilon A_\epsilon$ は対称であり，また (2.3.8), (2.3.10) および $|z| \leq C|R_\epsilon^{-1}z|$ に注意するとある $c > 0$ があって $|C_\epsilon z| \geq c\epsilon^{r-1}|z|$ であるから

$$c^2\epsilon^{2(r-1)}I \leq H_\epsilon$$

が成立する．$H_\epsilon A - A^* H_\epsilon = \sum_{j=1}^m c_j\epsilon^j(H_\epsilon A_{j,\epsilon} - A_{j,\epsilon}^* H_\epsilon) = K_\epsilon$ で，さらに ϵ によらない $C > 0$ があって

$$|(K_\epsilon z, z)| \leq C\epsilon(H_\epsilon z, z)$$

が成立する．実際定義から容易に分かるように $A_{j,\epsilon}R_\epsilon$ の最後の行は $(p_\epsilon^{(j)}(\lambda_1(\epsilon)), \ldots, p_\epsilon^{(j)}(\lambda_m(\epsilon)))$ で他の行はすべて 0 である．したがって C_ϵ の定義と (2.3.8) から

$$A_{1,\epsilon} = KC_\epsilon,$$
$$A_{2,\epsilon} = \sum_{p\neq q}(\lambda_p(\epsilon) - \lambda_q(\epsilon))^{-1}K_{pq}C_\epsilon,$$
$$A_{3,\epsilon} = \sum(\lambda_{i_1}(\epsilon) - \lambda_{i_2}(\epsilon))^{-1}(\lambda_{i_3}(\epsilon) - \lambda_{i_4}(\epsilon))^{-1}K_{i_1 i_2 i_3 i_4}C_\epsilon,$$
$$\cdots\cdots$$

などと書ける．ここで K_{pq} などは定数行列である．したがって (2.3.9) より

$$|\epsilon^j(H_\epsilon A_{j,\epsilon}z, z)| \leq \epsilon C|C_\epsilon z||H_\epsilon z| = \epsilon C|C_\epsilon z|^2 = \epsilon C(H_\epsilon z, z)$$

が成立する．

命題 2.3.1 $p(\zeta)$ を双曲型多項式とし $p(\zeta) = 0$ の根の重複度は高々 r とする. A を $p(\zeta)$ に対応する Sylvester 行列とする. このとき a_j と $\epsilon > 0$ の多項式を成分とする正定値対称行列の族 $\{H_\epsilon\}_{\epsilon>0}$ で

$$|((H_\epsilon A - A^* H_\epsilon)z, z)| \leq \epsilon C(H_\epsilon z, z), \quad \epsilon^{2(r-1)} I \leq CH_\epsilon$$

を満たすものがある. ここで $C > 0$ は ϵ によらない定数である[*4].

Sylvester 行列 A_ϵ に対応する Leray の symmetrizer を B_ϵ とすると $B_\epsilon = {}^t C_\epsilon D^2 C_\epsilon$ より $B_\epsilon \geq c\epsilon^{(m-1)(m-2)+2(r-1)} I$ である. $\phi_\epsilon(t) = (H_\epsilon U(t), U(t))$ とおくと

$$\frac{d}{dt}\phi_\epsilon(t) = -2\mathsf{Im}((H_\epsilon A - A^* H_\epsilon)U(t), U(t)) \leq \epsilon C \phi_\epsilon(t)$$

である. いま $T \geq 1$ を任意に固定して $0 \leq t \leq T$ で考えよう. 上の微分不等式より

$$\phi_\epsilon(t) \leq \phi_\epsilon(0) e^{\epsilon C t}$$

を得るので $\epsilon = T^{-1}$ と選ぶと, $\phi_\epsilon(t) \geq c\epsilon^{2(r-1)}|U(t)|^2$ より $0 \leq t \leq T$ に対して

$$|U(t)| \leq C_1 \sqrt{\phi_\epsilon(0)} \epsilon^{-(r-1)} \leq C_2 T^{r-1}$$

が成立する. この事実は $P(D_t)u = 0$ が定数係数常微分方程式なので, 解の表現式から直ちに従うことであるが, 解の表現式を用いずとも示せることが分かる. さらに例えば $U(0) \in \mathrm{Ker}\, H$ としよう. ここで H は $p(\zeta)$ と $p'(\zeta)$ の Bézout 形式の表現行列である. H_ϵ は ϵ の多項式であるから $H_\epsilon = H + \epsilon H_1 + \cdots$ である. このとき $(H_\epsilon U(0), U(0)) \geq 0$ から $(H_1 U(0), U(0)) = 0$ でもある. したがって $\phi_\epsilon(0) \leq \epsilon^2 C_3^{-2}$ となり上の議論を繰り返すと

$$|U(t)| \leq C_4 T^{r-2}, \quad 0 \leq t \leq T$$

の成立することも分かる.

2.4 双曲型多項式の局所化

ここではパラメーターを含む双曲型多項式について考察する.

$$f(t, s) = t^r + f_1(s)t^{r-1} + \cdots + f_r(s)$$

を $f_i(s) \in C^\infty(J)$ を係数とする t の r 次多項式とする. ここで J は原点を含む $\mathbb{R}$ 上の開区間とし, さらに t の方程式として $f(t, s) = 0$ は任意の $s \in J$ について実根の

[*4] 別の構成法による同様の正値対称行列の族が P.D'Ancona and S.Spagnolo: Quasi-symmetrization of hyperbolic systems and propagation of the analytic regularity, Boll. Unione Mat. Ital. Sez. B Artic. Ric. Mat. (8) **1** (1998) 169-185 で与えられている.

みをもつとする．いま $t=0$ は $f(t,0)=0$ の r 重根であるとしよう．すなわち

$$f_i(0) = 0, \quad i=1,\ldots,r \tag{2.4.11}$$

を仮定する．

補題 2.4.1 (2.4.11) が成り立っているとする．このとき $i=1,\ldots,r$ に対して $f_i(s) = O(|s|^i)$, $s \to 0$ であり

$$f(\mu t, \mu s) = \mu^r \bigl(f_{(0,0)}(t,s) + O(\mu)\bigr), \; \mu \to 0$$

で $f_{(0,0)}(t,s)$ を定義すると $f_{(0,0)}(t,s)$ は (t,s) の r 次斉次多項式で $(1,0)$ 方向に双曲型である．すなわち任意の $s \in \mathbb{R}$ に対して $f_{(0,0)}(t,s) = 0$ は実根のみをもつ．

［証明］ 最初に $f_i(s) = O(|s|^i)$ を示そう．$\sigma_j \in \mathbb{N}$ を $f_j(s) = c_j s^{\sigma_j} + o(|s|^{\sigma_j})$, $c_j \neq 0$ であるように選ぶ．任意の k について $f_i(s) = O(|s|^k)$ のときは σ_j を十分大にとっておくことにする．

$$\min_{1 \leq j \leq r} \frac{\sigma_j}{j} = \lambda = \frac{p}{q} > 0$$

とおく．ここで p と q は互いに素である．$0 < \lambda < 1$ として矛盾を導こう．$t = w|s|^\lambda$ とおくと $f(t,s) = 0$ は

$$0 = \sum_{j=0}^{r} w^j |s|^{j\lambda} f_{r-j}(s) = 0, \quad f_0(s) = 1$$

となる．$|s|^{-r\lambda}$ を両辺に乗じて $0 = \sum_{j=0}^{r} w^j f_{r-j}(s)|s|^{-\lambda(r-j)} = 0$ が従う．ここで $s \to \pm 0$ として次を得る．

$$\sum_{j=0}^{r} w^j a_{r-j}^\pm = 0, \quad a_{r-j}^\pm = \lim_{s \to \pm 0} |s|^{-\lambda(r-j)} f_{r-j}(s). \tag{2.4.12}$$

以下この w の方程式が実でない根をもつことを示そう．そうすると Rouché の定理より十分小な s に対しては $f(t,s) = 0$ が実でない根をもつことになって矛盾を生ずる．まず $q > 2$ としよう．仮定より $a_j^\pm \neq 0$ となる $1 \leq j \leq r$ が存在する．このとき $\sigma_j q = jp$ よりある $n \in \mathbb{N}$ があって $j = nq$ となる．したがって (2.4.12) は

$$w^r + a_1^\pm w^{r-q} + \cdots + a_l^\pm w^{r-lq} = 0 \tag{2.4.13}$$

となる．w^r をくくり出すと $w^r\bigl(1 + a_1^\pm w^{-q} + \cdots + a_l^\pm w^{-lq}\bigr) = 0$ で $W = w^{-q}$ とおくと

$$a_l^\pm W^l + \cdots + a_1^\pm W + 1 = 0 \tag{2.4.14}$$

を得る．この方程式は $W \neq 0$ なる根をもつので $q > 2$ より $w^q = 1/W$ から実でない根 w を得る．

次に $q = 2$ のとき，すなわち $p = 1$ のときを考えよう．$q > 2$ のときと同様にして

2.4 双曲型多項式の局所化

$W = w^{-2}$ とおくと (2.4.13) は (2.4.14) に帰着される. $f_{2k}(s) = s^k(c_{2k} + o(1))$ であるから (2.4.14) において k が偶数なら $a_k^+ = a_k^-$, 奇数なら $a_k^+ = -a_k^-$ である. すなわち W と $-W$ は同時に根である. したがって $W \neq 0$ のとき $w^2 = 1/W$ あるいは $w^2 = -1/W$ から実でない根 w を得る.

次に $f_{(0,0)}(t,s)$ が t 双曲型多項式であることを確かめよう. $t = ws$ とおいて $f(t,s) = 0$ に代入すると

$$s^{-r}f(t,s) = w^r + a_1 w^{r-1} + \cdots + a_r + sg(w,s)$$
$$= f_{(0,0)}(w,1) + sg(w,s) = 0$$

を得る. $f(t,s) = 0$ は十分小な任意の s について実根のみをもつので, Rouché の定理を考慮すると $f_{(0,0)}(w,1) = 0$ も実根のみをもつ. したがって $f_{(0,0)}(t,s) = s^r f_{(0,0)}(t/s, 1)$ に注意すると, $f_{(0,0)}(t,s) = 0$ が任意の s について実根のみをもつことが従う. □

以上の考察を係数が $x \in \mathbb{R}^n$ に依存する多項式に一般化しよう. U を $\mathbb{R}^n$ の原点の近傍とし

$$P(t,x) = t^r + f_1(x)t^{r-1} + \cdots + f_r(x)$$

を考えよう. ここで $f_i(x) \in C^\infty(U)$ とする.

定義 2.4.1 $F(z)$ を $\hat{z} \in \mathbb{R}^N$ の近傍で定義された C^∞ 関数とし $F(\hat{z}) = 0$ とする. このとき

$$F(\hat{z} + \mu z) = \mu^r(F_{\hat{z}}(z) + O(\mu)), \quad \mu \to 0, \quad F_{\hat{z}}(z) \not\equiv 0$$

で $F_{\hat{z}}(z)$ を定義し, $F(z)$ の $\hat{z}$ における局所化と呼ぶ. $F_{\hat{z}}(z)$ は $F(z)$ の $z = \hat{z}$ における Taylor 展開の最初の非自明な項に他ならない.

補題 2.4.2 $P(t,x)$ は任意の $x \in U$ に対して双曲型多項式であるとし $f_i(0) = 0$, $i = 1, \ldots, r$ とする. このとき

$$(\partial/\partial x)^\alpha f_j(0) = 0, \quad |\alpha| \leq j - 1 \tag{2.4.15}$$

が成立する. さらに $P(t,x)$ の $(0,0)$ における局所化 $P_{(0,0)}(t,x)$ は, (t,x) の r 次斉次多項式で任意の x に対して双曲型多項式である. すなわち $P_{(0,0)}(t,x)$ は $(1,0,\ldots,0)$ 方向に双曲型である.

[証明] $y \in \mathbb{R}^n, y \neq 0$ を任意に固定して $P(t,sy) = f(t,s;y)$ を考える. 十分小さな $|s|$ に対して $f(t,s;y)$ は双曲型多項式である. 補題 2.4.1 より

$$(d/ds)^k f_j(sy)|_{s=0} = \langle y, \partial/\partial x \rangle^k f_j(0) = 0, \quad k \leq j - 1$$

が成立する. y は任意であったから (2.4.15) が従う. 次に

$$P(\mu t, \mu x) = f(\mu t, \mu; x) = \mu^r\big(f_{(0,0)}(t,1;x) + O(\mu)\big)$$

に注意すると $P_{(0,0)}(t,x) = f_{(0,0)}(t,1;x)$ である．補題 2.4.1 より $f_{(0,0)}(t,1;x)$ は t の双曲型多項式であったから $P_{(0,0)}(t,x)$ もそうである． □

ここで本書で何度か使う Weierstrass の予備定理[*5]を，その主張だけを少し一般的な形で述べておく．

定理 2.4.1 $g(t,z)$ は $\mathbb{C}^{1+n}$ の原点の近傍で正則で，さらに $(0,0)$ で

$$g = \frac{\partial}{\partial t}g = \cdots = \left(\frac{\partial}{\partial t}\right)^{k-1}g = 0, \quad \left(\frac{\partial}{\partial t}\right)^k g \neq 0 \tag{2.4.16}$$

を満たしているとする．このとき g は一意的に次のように分解される．

$$g(t,z) = c(t,z)\{t^k + a_1(z)t^{k-1} + \cdots + a_k(z)\}.$$

ここで $c(t,z), a_j(z)$ は $(0,0)$ および 0 で正則であり，また $c(0,0) \neq 0$, $a_j(0) = 0$ である．また $g(t,z)$ が t の多項式なら $c(t,z)$ も t の多項式である．

次にパラメーターつきの Weierstrass の予備定理[*5]を述べておく．

定理 2.4.2 U は $\mathbb{R}^k$ の開集合とし，$g(t,x,\xi)$ は $|t| < 2r$, $|x| < \delta$, $\xi \in U$ で定義されており，t については $|t| < 2r$ で正則であるとする．また

$$\partial_x^\alpha \partial_\xi^\beta g(t,x,\xi) \in C^0(\{|t| < 2r\} \times \{|x| < \delta\} \times U), \ |\alpha| \leq M, \ |\beta| \leq L$$

を満たすとする．さらに

$$\left(\frac{\partial}{\partial t}\right)^j g(0,0,\xi) = 0, \ 0 \leq j \leq k-1, \ \left(\frac{\partial}{\partial t}\right)^k g(0,0,\xi) \neq 0, \ \xi \in U$$

が成立しているとする．いま $K \subset U$ を任意のコンパクト集合とするとき $\bar{r} > 0$, $\bar{\delta} > 0$ および K を含む開集合 $W \subset U$ があって

$$g(t,x,\xi) = c(t,x,\xi)\{t^k + a_1(x,\xi)t^{k-1} + \cdots + a_k(x,\xi)\}$$

が $|t| < \bar{r}$, $|x| < \bar{\delta}$, $\xi \in W$ で成立する．ここで $c(t,x,\xi), a_j(t,x,\xi)$ は t について正則で $c(0,0,\xi) \neq 0$, $a_j(0,\xi) = 0$, $\xi \in W$ で $|\alpha| \leq M$, $|\beta| \leq L$ について

$$\begin{cases} \partial_x^\alpha \partial_\xi^\beta c(t,x,\xi) \in C^0(\{|t| < \bar{r}\} \times \{|x| < \bar{\delta}\} \times W), \\ \partial_x^\alpha \partial_\xi^\beta a_j(x,\xi) \in C^0(\{|x| < \bar{\delta}\} \times W) \end{cases}$$

を満たす．

次に局所化を行う零点の次数と多項式の次数が必ずしも同じでない場合を考えておこう．$P(t,x) = t^m + f_1(x)t^{m-1} + \cdots + f_m(x)$ は任意の $x \in U$ に対して双曲型であるとする．

$$(\partial/\partial t)^k P(\hat{t},\hat{x}) = 0, \ k = 0, 1, \ldots, r-1, \ (\partial/\partial t)^r P(\hat{t},\hat{x}) \neq 0 \tag{2.4.17}$$

を仮定しよう．

[*5] 証明については例えば [7] の第 VII 章参照．

命題 2.4.1 (2.4.17) が成立しているとする．このとき
$$(\partial/\partial t)^j (\partial/\partial x)^\alpha P(\hat{t},\hat{x}) = 0, \quad j + |\alpha| \leq r-1$$
が成立する．さらにこのとき局所化 $P_{(\hat{t},\hat{x})}(t,x)$ は (t,x) の r 次斉次多項式で $(1,0,\ldots,0) \in \mathbb{R}^{n+1}$ 方向に双曲型である．

[証明] まず $\hat{x}$ の近傍 V があって $x \in V$ のとき定理 2.4.2 より
$$P(t,x) = Q(t,x)R(t,x)$$
と書ける．ここで Q, R は $x \in V$ のときそれぞれ r および $m-r$ 次の t の双曲型多項式であり，さらに
$$(\partial/\partial t)^k Q(\hat{t},\hat{x}) = 0, \quad k = 0, \ldots, r-1, \quad R(\hat{t},\hat{x}) \neq 0$$
が成立している．$Q(\hat{t}+t, \hat{x}+x)$ に補題 2.4.2 を適用すると
$$(\partial/\partial t)^j (\partial/\partial x)^\alpha Q(\hat{t},\hat{x}) = 0, \quad j + |\alpha| \leq r-1$$
が分かり最初の主張が得られる．次に
$$P(\hat{t}+\mu t, \hat{x}+\mu x) = \mu^r R(\hat{t},\hat{x}) Q_{(\hat{t},\hat{x})}(t,x) + O(\mu^{r+1})$$
であるから $P_{(\hat{t},\hat{x})}(t,x) = R(\hat{t},\hat{x}) Q_{(\hat{t},\hat{x})}(t,x)$ は $(1,0,\ldots,0)$ 方向に双曲型である．□

この命題は双曲型多項式という性質がその局所化に「遺伝」することを主張している．

2.5 特性根の微分可能性

再び双曲型多項式 $P(t,x) = t^m + f_1(s)t^{m-1} + \cdots + f_m(s)$ を考えよう．

補題 2.5.1 $f_i(s)$ は J で実解析的であるとする．このとき正数 $\delta > 0$ と $|s| < \delta$ で実解析的な m 個の $\lambda_j(s)$ があって
$$P(t,s) = \prod_{j=1}^{m}(t - \lambda_j(s))$$
と書ける．

[証明] まず $P(t,s) = 0$ の根は次のように s の Puiseux 級数で表されることに注意しよう[6]．
$$t(s) = \sum_{j=0}^{\infty} a_j s^{j/h}, \quad 0 < |s| < r.$$

---

[6] 例えば L.Ahlfors: Complex Analysis, McGraw-Hill (1979) 第 8 章参照．

ここで h はある自然数である．s が実で $0 < |s| < r$ のとき各 k について $a_k s^{k/h}$ は実数値をとることを確かめよう．実際そうでないとしてそのような最小の k をとるとある $s \in \mathbb{R}$, $0 < |s| < r$ に対して $\arg(a_k s^{k/h}) \notin \pi\mathbb{Z}$ であるが一方で $\arg(a_k s^{k/h})$ は $|s|$ にはよらないので，ある $c > 0$ が存在して

$$|\mathrm{Im}(a_k s^{k/h})| \geq c|s|^{k/h}$$

が成立する．したがって $|\mathrm{Im}\, t(s)| \geq c|s|^{k/h}(1 + o(1))$ となって $t(s)$ が実であることに反する．以上より $a_j s^{j/h}$ が $s > 0$ および $s < 0$ で実数値となることからある $n, p, p' \in \mathbb{Z}$ に対して

$$\arg a_j + 2nj\pi/h = p\pi, \quad \arg a_j + (2n+1)j\pi/h = p'\pi$$

となる．したがって $j/h = p' - p \in \mathbb{Z}$ でこれより $a_j s^{j/h} = a_j s^{p'-p}$ であり $t(s)$ は s の冪級数である．したがって $t(s)$ は s の解析関数である． □

次に $f_i(s) \in C^\infty(J)$ のときを考察しよう．$P(t, 0) = 0$ の相異なる根を τ_j, $j = 1, \ldots, l$ とし，その重複度を r_j とする．このとき $P(t, s)$ は定理 2.4.2 より

$$P(t, s) = P_1(t, s) \cdots P_l(t, s)$$

と分解される．ここで $P_j(t, s)$ は t の r_j 次の双曲型多項式で $t = \tau_j$ は $P_j(t, 0) = 0$ の重複度 r_j の根である．τ_j の近くの根を調べるには $P_j(\tau_j + t, s) = 0$ を調べればよいので，あらためて $P(t, s) = P_j(\tau_j + t, s)$, $r_j = m$ とおく．このとき $P(t, 0) = t^m$ で

$$P(st, s) = s^m \big(P_{(0,0)}(t, 1) + sR(t, s)\big)$$

と書くと補題 2.4.1 より $P_{(0,0)}(t, 1)$ は双曲型多項式で，したがって

$$P_{(0,0)}(t, 1) = \prod_{j=1}^{\tilde{l}} (t - \lambda_j)^{\tilde{r}_j}$$

と書ける．ここで λ_j, $j = 1, \ldots, \tilde{l}$ は実で相異なる．いま $C(\lambda_j; \epsilon)$ で λ_j を中心とする半径 ϵ の円を表すとすると，ある $c > 0$ があって十分小さな ϵ に対して $C(\lambda_j; \epsilon)$ 上で $|P_{(0,0)}(t, 1)| \geq c\epsilon^{\tilde{r}_j}$ が成り立つ．ゆえに $s_0(\epsilon) > 0$ が存在して $|s| \leq s_0(\epsilon)$ のとき

$$|sR(t, s)| < |P_{(0,0)}(t, 1)|, \quad t \in C(\lambda_j; \epsilon)$$

が成立する．したがって Rouché の定理より $s \neq 0$ のとき $P(st, s) = 0$ は $C(\lambda_j; \epsilon)$ 内にちょうど $\tilde{r}_j$ 個の根をもつ．これらの根はすべて実であるからその大きさに従って

$$\lambda_{j1}(s) \leq \lambda_{j2}(s) \leq \cdots \leq \lambda_{j\tilde{r}_j}(s)$$

と番号づけることにする．このとき $|\lambda_{jk}(s) - \lambda_j| \leq \epsilon$ であるから $\lambda_{jk}(s)$ は $s = 0$ で連続である．いま $t_{jk}(s) = s\lambda_{jk}(s)$ とおくと $P(t_{jk}(s), s) = 0$ でありまた $s \to 0$ の

とき
$$\frac{t_{jk}(s) - t_{jk}(0)}{s} = \lambda_{jk}(s) \to \lambda_j$$
であるから $t_{jk}(s)$ は $s=0$ で微分可能である．さらにその微係数
$$\{(dt_{jk}/ds)(0) \mid j = 1, \ldots, \tilde{l}, k = 1, \ldots, \tilde{r}_j\}$$
は集合として $P_{(0,0)}(t,1) = 0$ の根の全体に一致する．以上のことをまとめると

命題 2.5.1 $f_j(s) \in C^\infty(J)$ とし，$P(t,s)$ は任意の $s \in J$ に対して双曲型多項式とする．このとき正数 $\delta > 0$ と $|s| < \delta$ で連続かつ $s = 0$ では微分可能な m 個の $t_j(s)$ があって
$$P(t,s) = \prod_{j=1}^m (t - t_j(s)), \quad t_1(s) \leq t_2(s) \leq \cdots \leq t_m(s)$$
と書ける．さらに
$$\{(dt_j/ds)(0) \mid j = 1, \ldots, m\} = \{t \mid P_{(0,0)}(t,1) = 0\}$$
である．

次に $P(t,x) = t^m + f_1(x)t^{m-1} + \cdots + f_m(x)$ を考えよう．ここで $f_i(x)$ は開集合 $U \subset \mathbb{R}^n$ 上の関数とし $P(t,x)$ は任意の $x \in U$ に対して双曲型多項式とする．

系 2.5.1 $f_i(x)$ は U 上で実解析的とする．$\hat{x} \in U$ とし e_μ は μ 番目の成分が 1 の単位ベクトルとする．このとき $\delta > 0$ と $|s| < \delta$ で定義された m 個の実解析的な $\lambda_j(s; \hat{x}, e_\mu)$ が存在し
$$P(t, \hat{x} + se_\mu) = \prod_{j=1}^m (t - \lambda_j(s; \hat{x}, e_\mu)), \quad \lambda_1(s; \hat{x}, e_\mu) \leq \cdots \leq \lambda_m(s; \hat{x}, e_\mu)$$
と書ける．

系 2.5.2 $f_i(x) \in C^\infty(U)$ とする．$\hat{x} \in U$ とし e_μ を μ 番目の成分が 1 の単位ベクトルとする．このとき $\delta > 0$ と $|s| < \delta$ で定義され，$s = 0$ では微分可能な m 個の連続関数 $\lambda_j(s; \hat{x}, e_\mu)$ が存在し
$$P(t, \hat{x} + se_\mu) = \prod_{j=1}^m (t - \lambda_j(s; \hat{x}, e_\mu)), \quad \lambda_1(s; \hat{x}, e_\mu) \leq \cdots \leq \lambda_m(s; \hat{x}, e_\mu)$$
と書ける．

さて系 2.5.2 より
$$\frac{\partial P(t,x)/\partial x_\mu}{P(t,x)} = -\sum_{k=1}^m \frac{d\lambda_k}{ds}(0; x, e_\mu) \frac{1}{t - \lambda_k(0; x, e_\mu)}$$

であるから $\operatorname{Im} t \neq 0$ として
$$\left|\frac{\partial P(t,x)/\partial x_\mu}{P(t,x)}\right| \leq \frac{1}{|\operatorname{Im} t|} \sum_{k=1}^m \left|\frac{d\lambda_k}{ds}(0;x,e_\mu)\right|$$
が従う．$|d\lambda_k(0;x,e_\mu)/ds|$ が $\hat{x}$ の近傍で有界になること，すなわち任意の $\hat{x}$ に対してその近傍 U と正数 $C > 0$ があって
$$|d\lambda_k(0;x,e_\mu)/ds| \leq C,\ x \in U,\ k=1,\ldots,m,\ \mu=1,\ldots,n$$
の成立することが Bronshtein によって示された [1]．この証明は 3.3 節で与える．これによって $\hat{x}$ の近傍で
$$\left|\frac{\partial P(t,x)/\partial x_\mu}{P(t,x)}\right| \leq \frac{C}{|\operatorname{Im} t|}$$
の成り立つことが分かる．

第3章 双曲型多項式 II

斉次双曲型多項式に対してその双曲錐を定義する．この双曲錐や局所化の基本性質および異なる2方向（双曲錐に属する）に関する特性根の間の大小関係を，本書で必要となる範囲に限って [3] に従って解説する．ある点での局所化の双曲錐に含まれるコンパクト集合を考えると，この点の十分近くでの局所化の双曲錐はこのコンパクト集合を含む．この局所化双曲型多項式の双曲錐に関する半連続性を [31] に従って示す．この半連続性から Bronshtein による双曲型多項式の根のパラメーターに関する Lipschitz 連続性が従う．この Lipschitz 連続性は双曲型多項式の特性根の滑らかさに関する基本結果であり第6章および第11章でも重要となる．

3.1 双曲型多項式の双曲錐

$p(\xi)$ を $\xi \in \mathbb{R}^n$ の m 次斉次多項式で $\theta = (1, 0, \ldots, 0) \in \mathbb{R}^n$ 方向に双曲型とする．このとき定義 1.2.1 より

$$\xi \in \mathbb{R}^n, \ \mathsf{Im}\, t \neq 0 \Longrightarrow p(\xi + t\theta) \neq 0 \tag{3.1.1}$$

であり，したがって

$$p(\xi + s\theta) = p(\theta) \prod_{k=1}^{m} (s + \lambda_k(\xi, \theta)) \tag{3.1.2}$$

と書くとき $\lambda_k(\xi, \theta)$ は実数値で ξ に関して1次斉次である．

定義 3.1.1 p の双曲錐 $\Gamma(p, \theta)$ を集合

$$\{\xi \mid p(\xi) \neq 0\}$$

の θ を含む連結成分として定義する．

(3.1.2) より $(1+s)^m = \prod_{k=1}^m (s + \lambda_k(\theta, \theta))$ であるから $\lambda_k(\theta, \theta) > 0$ は明らかである．次に $\xi \in \Gamma(p, \theta)$ とし，θ と ξ を結ぶ $\Gamma(p, \theta)$ 内の曲線を $\Xi(s)$ とすると再び (3.1.2) より $p(\Xi(s)) = p(\theta) \prod_{k=1}^m \lambda_k(\Xi(s), \theta)$ であり，$\lambda_k(\xi, \theta)$ は ξ に関して連続な

ので $\lambda_k(\xi,\theta) > 0$ が従う．すなわち
$$\xi \in \Gamma(p,\theta) \iff \lambda_k(\xi,\theta) > 0, \ k = 1, \ldots, m$$
が成立する．

補題 3.1.1 p は θ 方向に双曲型とし $\eta \in \Gamma(p,\theta)$ とする．このとき
$$\xi \in \mathbb{R}^n, \ \mathrm{Im}\, t \leq 0, \ \mathrm{Im}\, s \leq 0, \ \mathrm{Im}(t+s) < 0 \Longrightarrow p(\xi + t\eta + s\theta) \neq 0$$
が成立する．特に p は η 方向に双曲型である．

[証明] λ を実で $\lambda \geq 1$ としよう．$\mathrm{Im}\, s < 0$ とする．このとき (3.1.1) より多項式
$$t \mapsto \lambda^{-m} p(\xi + t\lambda\eta + (s + (i(1-\lambda))\theta)), \ \xi \in \mathbb{R}^n \tag{3.1.3}$$
は実の零点をもたない．したがって (3.1.3) の複素上半平面にある零点と複素下半平面にある零点の数は $\lambda \geq 1$ によらない．$\lambda \to \infty$ とすると多項式 (3.1.3) は
$$p(t\eta - i\theta) = p(\theta) \prod (-i + t\lambda_k(\eta,\theta))$$
に近づく．一方 $\eta \in \Gamma(p,\theta)$ であるから $\lambda_k(\eta,\theta)$ はすべて正である．したがって多項式 (3.1.3) の零点はすべて複素下半平面にあることが分かる．$\lambda = 1$ とおけば望む結論が得られる．$\mathrm{Im}\, s = 0$ のときは十分小さな $\epsilon > 0$ に対して $\eta - \epsilon\theta \in \Gamma(p,\theta)$ であるから $\mathrm{Im}\, t < 0$ に注意して同じ議論を繰り返せば
$$p(\xi + t\eta + s\theta) = p(\xi + s\theta + t(\eta - \epsilon\theta) + t\epsilon\theta) \neq 0$$
が従う． $\square$

補題 3.1.2 p を θ 方向に双曲型である斉次多項式とする．このとき $\Gamma(p,\theta)$ は凸である．

[証明] まず $\Delta_\theta = \{\xi \in \mathbb{R}^n \mid p(\xi + t\theta) = 0 \Longrightarrow t < 0\}$ とおき $\Gamma(p,\theta) = \Delta_\theta$ であることを示そう．$\theta \in \Delta_\theta$ および Δ_θ が開集合であることは明らかである．いま $\xi \in \overline{\Delta_\theta}$ かつ $p(\xi) \neq 0$ としよう．$\xi \in \overline{\Delta_\theta}$ より
$$p(\xi + t\theta) = 0 \Longrightarrow t \leq 0$$
であるが，$p(\xi) \neq 0$ より $t < 0$ すなわち $\xi \in \Delta_\theta$ である．したがって Δ_θ は $\{\xi \mid p(\xi) \neq 0\}$ の中で閉集合である．ゆえに $\Gamma(p,\theta) \subset \Delta_\theta$ が従う．次に $\xi \in \Delta_\theta$ とすると $0 < \epsilon \leq 1$ に対して定義より
$$p(\epsilon\xi + (1-\epsilon)\theta) = \epsilon^m p(\xi + (1-\epsilon)\epsilon^{-1}\theta) \neq 0$$
が成り立ち，ξ と θ を結ぶ線分上で $p \neq 0$ となり $\xi \in \Gamma(p,\theta)$．すなわち $\Delta_\theta \subset \Gamma(p,\theta)$ が従う．ゆえに $\Gamma(p,\theta) = \Delta_\theta$ が得られた．

次に $\Gamma(p,\theta)$ が凸であることを示そう．$\tilde{\eta}, \eta \in \Gamma(p,\theta)$ とする．補題 3.1.1 より p は

$\eta \in \Gamma(p, \theta)$ 方向に双曲型である．$\{\xi \mid p(\xi) \neq 0\}$ における η の連結成分は $\Gamma(p, \theta)$ であるから上の議論を繰り返して

$$\{\xi \mid p(\xi + t\eta) = 0 \Longrightarrow t < 0\} = \Gamma(p, \theta)$$

が従う．ここで $0 \leq s \leq 1$ として $p(s\tilde{\eta} + (1-s)\eta + t\eta) = 0$ とすると $1 - s + t < 0$，すなわち $t < -(1-s) \leq 0$ が従うので $s\tilde{\eta} + (1-s)\eta \in \Gamma(p, \theta)$ である．すなわち $\Gamma(p, \theta)$ は凸である． □

系 3.1.1 $\theta = (1, 0, \ldots, 0)$, $\xi = (\xi_1, \xi_2, \ldots, \xi_n) = (\xi_1, \xi')$ とし $p(\xi_1, \xi') = p(\theta) \prod_{j=1}^{m}(\xi_1 - \lambda_j(\xi'))$ と書くとき

$$\Gamma(p, \theta) = \{\xi \mid \xi_1 > \max_j \lambda_j(\xi')\}$$

である．

［証明］ 補題 3.1.2 の証明より $\Gamma(p, \theta) = \{\xi \mid p(\xi + t\theta) = 0 \Longrightarrow t < 0\}$ であったからこれより明らかである． □

補題 3.1.3 p を ξ の斉次多項式で θ 方向に双曲型とし，また $\eta \in \mathbb{R}^n$ とする．このとき多項式

$$s, t \mapsto p(\xi + t\eta + s\theta)$$

は次のように分解される．

$$p(\xi + t\eta + s\theta) = p(\theta) \prod_{k=1}^{m}(s + \lambda_k(\xi + t\eta, \theta)).$$

ここで関数

$$t \in \mathbb{R}, \quad t \mapsto \lambda_k(\xi + t\eta, \theta)$$

は実解析的で $t = \infty$ に単純な極をもち

$$\lambda_k(\xi + t\eta, \theta) = t\lambda_k(\eta, \theta) + O(1), \quad t \to \infty \tag{3.1.4}$$

が成立する．ここで $\eta \in \Gamma(p, \theta)$ のとき

$$c_k = \frac{d}{dt}\lambda_k(\xi + t\eta, \theta)|_{t=0} > 0$$

でありまた $\eta \in \overline{\Gamma}(p, \theta)$ のとき

$$c_k = \frac{d}{dt}\lambda_k(\xi + t\eta, \theta)|_{t=0} \geq 0$$

が成り立つ．

［証明］ $t_0 \in \mathbb{R}$ を任意に固定する．このとき補題 2.5.1 より $\lambda_k(\xi + t\eta, \theta)$ は t_0 の周りで解析的である．t_0 は任意であったから解析接続より $\lambda_k(\xi + t\eta, \theta)$ は t につい

て解析的である.
$$\begin{aligned}p(\xi+t\eta+s\theta)&=p(\theta)\prod(s+\lambda_k(\xi+t\eta,\theta))\\&=t^m p(t^{-1}\xi+\eta+t^{-1}s\theta)=p(\theta)\prod(s+t\lambda_k(\eta+t^{-1}\xi,\theta))\end{aligned} \quad (3.1.5)$$
であり,また上で示したように $\lambda_k(\eta+t\xi,\theta)$ は $t=0$ の周りで解析的であるから
$$\lambda_k(\xi+t\eta,\theta)=\lambda_k(\eta,\theta)t+O(1),\quad t\to\infty$$
が従う.次に $\eta\in\Gamma(p,\theta)$ とする.補題 3.1.1 より $\operatorname{Im}t\leq 0,\operatorname{Im}s\leq 0$ かつ $\operatorname{Im}(t+s)<0$ のとき
$$p(\xi+t\eta+s\theta)=p(\theta)\prod(s+\lambda_k(\xi+t\eta,\theta))\neq 0$$
であるから
$$\operatorname{Im}t<0\Longrightarrow\operatorname{Im}\lambda_k(\xi+t\eta,\theta)<0$$
が従う.$\lambda_k(\xi+t\eta,\theta)$ を $t=0$ の周りで Taylor 展開すると上の主張は $c_k>0$ のときのみ可能である.同様の議論によって $\eta\in\overline{\Gamma}(p,\theta)$ のとき $c_k\geq 0$ であることが分かる. □

次の補題は,p の局所化 p_ξ の双曲錐は p の双曲錐を含むことを主張している.

補題 3.1.4 任意の $\xi\in\mathbb{R}^n$ に対して p の局所化 p_ξ は θ 方向に双曲型である.また双曲錐について
$$\Gamma(p,\theta)\subset\Gamma(p_\xi,\theta)$$
が成立する.

[証明] $\eta\in\Gamma(p,\theta)$ とするとき補題 3.1.3 より $t\to 0$ のとき
$$\begin{aligned}p(\xi+t\eta)&=p(\theta)\prod_{k=1}^m\lambda_k(\xi+t\eta,\theta)\\&=p(\theta)\prod_{k=1}^m\{\lambda_k(\xi,\theta)+tc_k+O(t^2)\}\end{aligned} \quad (3.1.6)$$
と書くことができる.ここで $c_k=c_k(\eta,\xi,\theta)>0$ である.この式を
$$p(\xi+t\eta)=t^r\bigl(p_\xi(\eta)+O(t)\bigr),\quad t\to 0$$
と比較して
$$p_\xi(\eta)=p(\theta)\left[\prod_{\lambda_k(\xi,\theta)\neq 0}\lambda_k(\xi,\theta)\right]\prod_{\lambda_k(\xi,\theta)=0}c_k$$
を得る.したがって
$$\eta\in\Gamma(p,\theta)\Longrightarrow p_\xi(\eta)\neq 0 \quad (3.1.7)$$

が成り立つ．p_ξ が θ 方向に双曲型であることは補題 2.4.1 から従うがここでは別の方法で確かめる．定義より $t \to 0$ のとき
$$t^{m-r} p(t^{-1}\xi + \eta + s\theta) \to p_\xi(\eta + s\theta)$$
である．一方 η が実のとき多項式 $s \mapsto t^{m-r} p(t^{-1}\xi + \eta + s\theta)$ は $\operatorname{Im} s < 0$ に零点をもたない．したがって Rouché の定理によれば多項式 $s \mapsto p_\xi(\eta + s\theta)$ は $\operatorname{Im} s < 0$ に零点をもたない．(3.1.7) より $p_\xi(\theta) \neq 0$ であるから $p_\xi(\cdot)$ は θ 方向に双曲型である．次に (3.1.7) から $\Gamma(p,\theta) \subset \{\eta \mid p_\xi(\eta) \neq 0\}$ であり $\Gamma(p,\theta)$ および $\Gamma(p_\xi,\theta)$ は連結であるから $\Gamma(p,\theta) \subset \Gamma(p_\xi,\theta)$ が従う． □

3.2 双曲錐の半連続性

最初に Malgrange の予備定理[*1)]を述べよう．

定理 3.2.1 U と V はそれぞれ $\mathbb{R}^p$ と $\mathbb{C}^q$ の開集合とする．$g(t,x,\xi,\eta)$ は $|t| \leq r$, $|x| \leq \delta$, $(\xi,\eta) \in U \times V$ で定義されており η については正則で，さらに以下を満たすとする．
$$\begin{cases} (\frac{\partial}{\partial t})^l g(t,x,\xi,\eta) \in C^0(\{|t| \leq r\} \times \{|x| \leq \delta\} \times U \times V), & 0 \leq l \leq 2k+3, \\ (\frac{\partial}{\partial t})^j g(0,0,\xi,\eta) = 0, & 0 \leq j \leq k-1, \\ (\frac{\partial}{\partial t})^k g(0,0,\xi,\eta) \neq 0, & (\xi,\eta) \in U \times V. \end{cases}$$
いま $K \subset U$, $L \subset V$ を任意のコンパクト集合とするとき，$\bar{r} > 0$, $\bar{\delta} > 0$ および $K \times L$ を含む開集合 W，さらに
$$\begin{cases} (\frac{\partial}{\partial t})^l c(t,x,\xi,\eta) \in C^0(\{|t| \leq \bar{r}\} \times \{|x| \leq \bar{\delta}\} \times W), & 0 \leq l \leq k, \\ a_j(x,\xi,\eta) \in C^0(\{|x| \leq \bar{\delta}\} \times W) \end{cases}$$
を満たす η については正則な $c(t,x,\xi,\eta)$, $a_j(x,\xi,\eta)$ が存在して
$$g(t,x,\xi,\eta) = c(t,x,\xi,\eta)\{t^k + a_1(x,\xi,\eta)t^{k-1} + \cdots + a_k(x,\xi,\eta)\}$$
が成立する．ここで $c(0,0,\xi,\eta) \neq 0$, $a_j(0,\xi,\eta) = 0$, $(\xi,\eta) \in W$ である．

双曲型多項式の局所化の双曲錐は局所化を行う点に関して次の意味で半連続である．

定理 3.2.2 $P(t,x) = t^m + a_1(x)t^{m-1} + \cdots + a_m(x)$ を双曲型多項式とし，また $a_j(x) \in C^{2r+3}(\{|x| < \delta\})$ とする．$t = 0$ は $P(t,0) = 0$ の重複度 r の根とする．$K \subset \Gamma(P_{(0,0)},\theta)$, $\theta = (1,0,\ldots,0)$ を任意のコンパクト集合とするとき正数 $\delta_0 > 0$ がとれて $|t| < \delta_0$, $|x| < \delta_0$ を満たす任意の (t,x) に対して

[*1)] 証明については例えば [7] の第 VII 章参照．

$$K \subset \Gamma(P_{(t,x)}, \theta)$$

が成立する．

以下記号を簡単にするために $\Gamma_{(t,x)} = \Gamma(P_{(t,x)}, \theta)$ と書くことにする．まず定理 2.4.2 で $P(t,x)$ を，$t=0$ を r 次の零点とする双曲型多項式と，$(t,x) = (0,0)$ の近くでは 0 にならない $m-r$ 次の双曲型多項式との積に分解することによって，最初から P は r 次であるとしてよい．したがって

$$P(t,x) = t^r + a_1(x)t^{r-1} + \cdots + a_r(x), \quad a_j(0) = 0$$

と仮定できる．ここで $a_j(x) \in C^{2r+3}(\{|x| < \delta\})$ である．$\hat{K}$ で K の凸包を表すことにすると $\hat{K} \subset \Gamma_{(t,x)}$ を示せば十分である．いま仮に $\hat{K} \not\subset \Gamma_{(t,x)}$ であるとし $(\hat{\tau}, \hat{\xi}) \in \hat{K}$ かつ $(\hat{\tau}, \hat{\xi}) \notin \Gamma_{(t,x)}$ なる $(\hat{\tau}, \hat{\xi})$ を選んで

$$P_{(t,x)}((1-s)\theta + s(\hat{\tau}, \hat{\xi})) \tag{3.2.8}$$

を考える．これは $s=0$ のとき正であるが仮定よりある $\hat{s}$, $0 < \hat{s} \leq 1$ で 0 となる．$(1-\hat{s})\theta + \hat{s}(\hat{\tau}, \hat{\xi})$ を改めて $(\hat{\tau}, \hat{\xi})$ と書こう．したがって $P_{(t,x)}(\hat{\tau}, \hat{\xi}) = 0$ である．

$$P(t+\lambda\tau, x+\lambda\xi) = \sum_{l=0}^{r} \left(\sum_{j+|\alpha|=l} \frac{1}{j!\alpha!} \partial_t^j \partial_\xi^\alpha P(t,x) \tau^j \xi^\alpha \right) \lambda^l + O(\lambda^{r+1})$$

$$= \sum_{l=0}^{r} \lambda^l p_l(t,x,\tau,\xi) + O(\lambda^{r+1})$$

と書くと左辺はある $\nu \in \mathbb{N}$, $\nu \geq 1$ に対して $\lambda^\nu (P_{(t,x)}(\tau,\xi) + O(\lambda))$ に等しいので，$p_l(t,x;\tau,\xi) = 0$, $l = 0, 1, \ldots, \nu-1$ かつ $p_\nu(t,x;\tau,\xi) = P_{(t,x)}(\tau,\xi)$ であることが分かる．したがって $\xi = \hat{\xi}$ として

$$\sum_{l=0}^{r} \left(\sum_{j+|\alpha|=l} \frac{1}{j!\alpha!} \partial_t^j \partial_\xi^\alpha P(t,x) \tau^j \hat{\xi}^\alpha \right) (i\sigma)^l$$

$$= (i\sigma)^\nu \left(P_{(t,x)}(\tau, \hat{\xi}) + \sum_{l=\nu+1}^{r} (i\sigma)^{l-\nu} p_l(t,x;\tau,\hat{\xi}) \right) \tag{3.2.9}$$

を得る．$P_{(t,x)}(\hat{\tau}, \hat{\xi}) = 0$ であったから上式の右辺を 0 にする σ の Puiseux 級数 $\tau(\sigma)$ で $\tau(0) = \hat{\tau}$ を満たすものが存在する．一方で左辺は $P(t+\lambda\tau, x+\lambda\xi)$ の $\lambda = 0$ の周りでの r 次までの Taylor 展開で $\lambda = i\sigma$ としたものである．この r 次までの Taylor 展開は $(\hat{\tau}, \hat{\xi})$ 方向に双曲型であることが期待され，もしそうであれば $c > 0$ と $\tilde{r}$ があって

$$\left| \sum_{l=0}^{r} \left(\sum_{j+|\alpha|=l} \frac{1}{j!\alpha!} \partial_t^j \partial_\xi^\alpha P(t,x) \hat{\tau}^j \hat{\xi}^\alpha \right) (i\sigma)^l \right| \geq c|\sigma|^{\tilde{r}}$$

が成立し，これより矛盾が従う．以下実際にこのことが正しいことを示す．

$$g(t,x,\tau,\xi,\lambda) = P(t+\lambda\tau, x+\lambda\xi)$$

とおくと $\bar{\lambda} > 0$, $\bar{t} > 0$, $\bar{x} > 0$, $M > 0$ があって g は $|\lambda| < \bar{\lambda}$, $|t| < \bar{t}$, $|x| < \bar{x}$, $|\tau|, |\xi| < M$ で定義される. $\bar{\lambda}$ を小さくとれば M はいくらでも大きくとれることに注意しよう. いまコンパクト集合 $L \subset \Gamma_{(0,0)}$ が与えられているとしよう. M を L が $\{(t,\xi) \mid |\tau|, |\xi| < M\}$ に含まれるように選ぼう. このとき

$$g(0,0,\tau,\xi,\lambda) = \lambda^r P_{(0,0)}(\tau,\xi) + O(\lambda^{r+1}), \quad \lambda \to 0$$

で, また L の開近傍 U を $(\tau,\xi) \in U$ のとき $P_{(0,0)}(\tau,\xi) \neq 0$ となるように選んでおく. したがって $(\tau,\xi) \in U$ のとき

$$\partial_\lambda^j g(0,0,\tau,\xi,0) = 0, \ 0 \le j \le r-1, \ \partial_\lambda^r g(0,0,\tau,\xi,0) \neq 0$$

である. ゆえに Malgrange の予備定理（定理 3.2.1）を適用すると $\delta_0 > 0$ と開集合 $L \subset W \subset U$ があって $|t| \le \delta_0$, $|x| \le \delta_0$, $(\tau,\xi) \in W$ のとき

$$P(t+\lambda\tau, x+\lambda\xi) = c(t,x,\tau,\xi,\lambda)p(t,x,\tau,\xi,\lambda) \tag{3.2.10}$$

が成立する. ここで

$$p(t,x,\tau,\xi,\lambda) = \lambda^r + a_1(t,x,\tau,\xi)\lambda^{r-1} + \cdots + a_r(t,x,\tau,\xi)$$

で, $(\tau,\xi) \in W$ に対し $c(0,0,\tau,\xi,0) \neq 0$, $a_j(0,0,\tau,\xi) = 0$ である. さらに c と a_j は (t,τ) の正則関数である. (3.2.10) において λ の代わりに $i\sigma$ を代入したい. p は λ の多項式であり問題ないが c には一般には代入できないので Taylor 展開で近似することにし

$$\tilde{c}(t,x,\tau,\xi,\lambda;z) = \sum_{j=0}^{r} \frac{1}{j!} \partial_\lambda^j c(t,x,\tau,\xi,\lambda) z^j, \quad z \in \mathbb{C}$$

を考え

$$\tilde{P}(t,x,\tau,\xi,\lambda;i\sigma) = \tilde{c}(t,x,\tau,\xi,\lambda;i\sigma)p(t,x,\tau,\xi,\lambda+i\sigma)$$

とおく.

補題 3.2.1 $L \subset \Gamma_{(0,0)}$ をコンパクト集合とする. このとき $\delta_1 > 0$ が存在して $|t| \le \delta_1$, $\operatorname{Im} t \le 0$, $|x| \le \delta_1$, $(\tau,\xi) \in L$, $\operatorname{Im} \lambda < 0$ に対して

$$p(t,x,\tau,\xi,\lambda) \neq 0 \tag{3.2.11}$$

が成立する.

［証明］ $P(t+\lambda,x) = c(t,x,1,0,\lambda)p(t,x,1,0,\lambda)$ であるから $0 \le j \le r$ について

$$\partial_\lambda^j P(t+\lambda,x) = \partial_\lambda^j \bigl(c(t,x,1,0,\lambda)p(t,x,1,0,\lambda)\bigr)$$

$$= \left(\frac{1}{i}\frac{\partial}{\partial\sigma}\right)^j \bigl(\tilde{c}(t,x,1,0,\lambda;i\sigma)p(t,x,1,0,\lambda+i\sigma)\bigr)\Big|_{\sigma=0}$$

$$= \left(\frac{1}{i}\frac{\partial}{\partial \sigma}\right)^j \tilde{P}(t,x,1,0,\lambda;i\sigma)\Big|_{\sigma=0}$$

である．これを

$$P(t+\lambda+i\sigma, x) = \sum_{j=0}^{r} \frac{1}{j!} \partial_\lambda^j P(t+\lambda, x)(i\sigma)^j + O(|\sigma|^{r+1})$$

に代入して

$$P(t+\lambda+i\sigma, x) = \tilde{P}(t,x,1,0,\lambda;i\sigma) + O(|\sigma|^{r+1}) \tag{3.2.12}$$

を得る．次に

$$|p(t,x,1,0,\lambda+i\sigma)| \geq c|\sigma|^r, \ \operatorname{Im} t \leq 0,\ \sigma < 0 \tag{3.2.13}$$

を示そう．実際 $\operatorname{Im} t \leq 0,\ \sigma < 0$ のとき

$$|P(t+\lambda+i\sigma, x)| \geq |\operatorname{Im} t + \sigma|^r$$

は明らかであるから，(3.2.12) より $c > 0$ があって $|\tilde{P}(t,x,1,0,\lambda;i\sigma)| \geq c|\sigma|^r$ が成立する．$\tilde{c}(t,x,1,0,\lambda;0) = c(t,x,1,0,\lambda)$ であるから (3.2.13) が成り立つ．

さて (3.2.11) が成り立たないとしよう．このとき $(\tilde{\tau},\tilde{\xi}) \in L$ があって $p(t,x,\tilde{\tau},\tilde{\xi},\lambda) = 0$, $\operatorname{Im} t \leq 0$ は $\operatorname{Im} \lambda < 0$ なる根をもつ．必要なら t を取り替えることによって $p(t,x,\tilde{\tau},\tilde{\xi},\lambda) = 0$ は $\operatorname{Im} t < 0$ なる t について $\operatorname{Im} \lambda < 0$ なる根をもつとしてよい．$(\tau(s),\xi(s))$ を θ と $(\tilde{\tau},\tilde{\xi})$ を結ぶ任意の曲線とする．$\lambda_j(s)$ を $p(t,x,\tau(s),\xi(s),\lambda) = 0$ の根とし $\Lambda(s) = \min_j \operatorname{Im} \lambda_j(s)$ とおく．$\Lambda(s)$ は連続で (3.2.13) より $\Lambda(0) \geq 0$ であり，また仮定より $\Lambda(1) < 0$ である．したがって

$$p(t,x,\tau(\tilde{s}),\xi(\tilde{s}),\tilde{\lambda}) = 0,\ \operatorname{Im}\tilde{\lambda} = 0$$

を満たす $\tilde{s},\tilde{\lambda}$ がある．$\operatorname{Im} t < 0$ であるから (3.2.10) に注意すると P が双曲型多項式であることに反する． □

この補題から直ちに従うこととして

系 3.2.1 $L \subset \Gamma_{(0,0)}$ をコンパクト集合とする．このとき $c > 0,\ \delta_1 > 0$ が存在して $\sigma < 0,\ |t| \leq \delta_1,\ |x| \leq \delta_1,\ (\tau,\xi) \in L$ のとき

$$|\tilde{P}(t,x,\tau,\xi,0;i\sigma)| \geq c|\sigma|^r$$

が成立する．

［証明］いま

$$p(t,x,\tau,\xi,\lambda) = \prod_{j=1}^{r}(\lambda - \lambda_j(t,x,\tau,\xi))$$

と書くと補題 3.2.1 より $\operatorname{Im} \lambda_j(t,x,\tau,\xi) \geq 0$ であるから $c > 0$ が存在して $|p(t,x,\tau,\xi,i\sigma)| \geq c|\sigma|^r$ が成立する．一方 $\tilde{c}(t,x,\tau,\xi,0;i\sigma) = c(t,x,\tau,\xi,0) + O(|\sigma|)$ であるから主張は明らかである． □

補題 3.2.2 次が成立する.

$$\sum_{l=0}^{r}\left(\sum_{j+|\alpha|=l}\frac{1}{j!\alpha!}\partial_t^j\partial_\xi^\alpha P(t,x)\tau^j\xi^\alpha\right)(i\sigma)^l \tag{3.2.14}$$
$$=\tilde{P}(t-\sigma\mathsf{Im}\,\tau,x,\mathsf{Re}\,\tau,\xi,0;i\sigma)+O(|\sigma|^{r+1}).$$

［証明］ $\tilde{P}(t,x,\tau,\xi,\lambda;0)=P(t+\lambda\tau,x+\lambda\xi)$ であるから

$$\partial_\lambda^j\tilde{P}(t,x,\tau,\xi,0;0)=\sum_{k+|\alpha|=j}\frac{j!}{k!\alpha!}\partial_t^k\partial_x^\alpha P(t,x)\tau^k\xi^\alpha,\ 0\le j\le r$$

となる. これから

$$\sum_{\mu+\nu=l}\frac{1}{\mu!\nu!}\partial_t^\nu\partial_\lambda^\mu\tilde{P}(t,x,\tau,\xi,0;0)\zeta^\nu$$
$$=\sum_{j+|\alpha|=l}\frac{1}{j!\alpha!}\partial_t^j\partial_x^\alpha P(t,x)(\tau+\zeta)^j\xi^\alpha$$

が成り立ち，さらに左辺は

$$\frac{1}{l!}\left(\frac{1}{i}\frac{\partial}{\partial\sigma}\right)^l\tilde{P}(t+i\sigma\zeta,x,\tau,\xi,0;i\sigma)\big|_{\sigma=0}$$

に等しい. $(i\sigma)^l$ を乗じて $l=0,1,\ldots,r$ について加えると

$$\sum_{l=0}^{r}(i\sigma)^l\sum_{j+|\alpha|=l}\frac{1}{j!\alpha!}\partial_t^j\partial_x^\alpha P(t,x)(\tau+\zeta)^j\xi^\alpha$$
$$=\tilde{P}(t+i\sigma\zeta,x,\tau,\xi,0;i\sigma)+O(|\sigma|^{r+1})$$

が成立する. ζ に $i\mathsf{Im}\,\tau$ を τ に $\mathsf{Re}\,\tau$ を代入して望む式を得る. □

［定理 3.2.2 の証明］ $\tau(0)=\hat{\tau}$ で

$$P_{(t,x)}(\tau(\sigma),\hat{\xi})+\sum_{l=\nu+1}^{r}(i\sigma)^{l-\nu}p_l(t,x;\tau(\sigma),\hat{\xi})=0$$

を満たす $\tau(\sigma)$ が存在する. $L\subset\Gamma_{(0,0)}$ を $\hat{K}\Subset L$ と選んでおいて系 3.2.1 を適用すると

$$\left|\tilde{P}(t-\sigma\mathsf{Im}\,\tau(\sigma),x,\mathsf{Re}\,\tau(\sigma),\hat{\xi},0;i\sigma)\right|\ge c|\sigma|^r$$

が成立するが (3.2.9) および (3.2.14) よりこれは矛盾である. ゆえに主張が示された. □

3.3 特性根の Lipschitz 連続性

最初に双曲型多項式の根は Lipschitz 連続であるという Bronshtein による基本結果

を定理 3.2.2 を利用して示そう. Bronshtein による素朴な原証明も大変興味深い [1]. ぜひ参照してほしい.

t の多項式
$$P(t,x) = t^m + a_1(x)t^{m-1} + \cdots + a_m(x)$$
を考えよう. $m = 2$ のときは $P(t,x) = 0$ の根は $t = -a_1(x)/2 \pm \sqrt{q(x)}/2$, $q(x) = a_1(x)^2 - 4a_2(x) \geq 0$ であり, Glaeser の不等式から $|\alpha| = 1$ に対して
$$|\partial_x^\alpha \sqrt{q(x)}| = |\partial_x^\alpha q(x)|/2\sqrt{q(x)} \leq C \sup_{x, |\alpha|=2} |\partial_x^\alpha q(x)|$$
が成り立つから, 根の Lipschitz 連続性はこの場合は Glaeser の不等式に他ならない.

この節でも $\Gamma_{(t,x)} = \Gamma(P_{(t,x)}, \theta)$ と書くことにする. さて $P(t,0) = t^m$ としよう. $\delta > 0$ があって $P(t, x + sy)$ は任意の y, $|y| = 1$, $|x| < \delta$, $|s| < \delta(x)$ について定義される. 系 2.4.1 より $s = 0$ で微分可能な $t_1(s; x, y) \leq t_2(s; x, y) \leq \cdots \leq t_m(s; x, y)$ が存在して
$$P(t, x + sy) = \prod_{j=1}^m (t - t_j(s; x, y))$$
と書ける.

補題 3.3.1 正数 $C > 0$ および $\delta_1 > 0$ が存在して任意の $|x| < \delta_1$, $|y| = 1$ に対して
$$\left|\frac{d}{ds} t_j(0; x, y)\right| \leq C$$
が成立する.

［証明］ $T_k(x)$, $k = 1, \ldots, j(x)$ を $P(t, x) = 0$ の相異なる根とする. 2.5 節で示したように
$$\left\{\frac{d}{ds} t_j(0; x, y) \,\bigg|\, t_j(0; x, y) = T_k(x)\right\} = \left\{P_{(T_k(x), x)}(t, y) = 0 \text{ の根}\right\} \quad (3.3.15)$$
である. ここでは違う方法でこの事実を確かめておこう. まず
$$P(T_k(x) + st, x + sy) = s^{r_k(x)}(P_{(T_k(x), x)}(t, y) + O(s))$$
である. ここで $r_k(x)$ は $T_k(x)$ の重複度である. 左辺は
$$\prod_{t_j(0,x,y) \neq T_k(x)} (st - (t_j(s; x, y) - T_k(x)))$$
$$\times \prod_{t_j(0,x,y) = T_k(x)} (st - (t_j(s; x, y) - T_k(x)))$$
である. この式を $s^{r_k(x)}$ で割って $s \to 0$ とすると
$$\prod_{t_j(0;x,y) \neq T_k(x)} (t_j(0; x, y) - T_k(x)) \prod_{t_j(0;x,y) = T_k(x)} \left(t - \frac{d}{ds} t_j(0; x, y)\right)$$

に収束するがこれは $P_{(T_k(x),x)}(t,y)$ に等しいので (3.3.15) が従う.

$\theta \in \Gamma_{(0,0)}$ であるから $c > 0$ を十分小に選ぶことによって $K = \{(t,x) \mid |t-1| \le c, |x| \le c\} \subset \Gamma_{(0,0)}$ が成立する. $T_k(x)$ は x について連続なので任意の $\delta_0 > 0$ に対して $\delta_1 > 0$ があって $|x| < \delta_1$ なら $|T_k(x)| \le \delta_0$ としてよい. ゆえに定理 3.2.2 より $|x| < \delta_1$ のとき

$$K \subset \Gamma_{(T_k(x),x)}$$

が従う. $P_{(T_k(x),x)}(t,y) = 0$ としよう. したがって $(t,y) \notin \Gamma_{(T_k(x),x)}$ である. $\Gamma_{(T_k(x),x)}$ は錐であるから $t > 0$ のとき $(1, y/t) \notin \Gamma_{(T_k(x),x)}$ で, したがって $(1, y/t) \notin K$, すなわち $|y| > ct$ が成立する. $t < 0$ なら $P_{(T_k(x),x)}(-t,-y) = 0$ より同様に $|y| > c|t|$ が従う. よって補題の主張が示された. □

定理 3.3.1 $P(t,x) = t^m + a_1(x)t^{m-1} + \cdots + a_m(x)$ を双曲型多項式とする. このとき

$$P(t,x) = \prod_{j=1}^{m}(t - \lambda_j(x)), \ \ \lambda_1(x) \le \lambda_2(x) \le \cdots \le \lambda_m(x)$$

と書ける. ここで $\lambda_j(x)$ は局所 Lipschitz 連続である.

［証明］ e_μ を μ 番目の成分が 1 である単位ベクトルとする. $s = 0$ で微分可能な $\lambda_1(s; x, e_\mu) \le \lambda_2(s; x, e_\mu) \le \cdots \le \lambda_m(s; x, e_\mu)$ があって

$$P(t, x + se_\mu) = \prod_{j=1}^{m}(t - \lambda_j(s; x, e_\mu))$$

と書ける. $\lambda_j(x + se_\mu) = \lambda_j(s; x, e_\mu)$ より $\partial \lambda_j(x)/\partial x_\mu = (d\lambda_j/ds)(0; x, e_\mu)$ となり, $\lambda_j(x)$ は各点で偏微分可能であり, さらに補題 3.3.1 より $|x| < \delta_1$ のとき

$$|\partial \lambda_j(x)/\partial x_\mu| \le C, \ \ \mu = 1, \ldots, n$$

が成り立つので $\lambda_j(x)$ は局所 Lipschitz 連続である. □

次に $(\tau, \xi) \in \Gamma_{(0,0)}$ のとき $P((t,x) + \lambda(\tau, \xi)) = 0$ が実根のみをもつことを確かめておく.

補題 3.3.2 $P(t,x) = t^m + a_1(x)t^{m-1} + \cdots + a_m(x)$ を双曲型多項式とする. ここで $a_j(x) \in C^{2r+3}(\{|x| < \delta\})$ とする. $t = 0$ を $P(t,0) = 0$ の重複度 r の根とし $L \subset \Gamma_{(0,0)}$ をコンパクト凸集合とする. このとき正数 $\delta > 0$ があって $|(t,x)| < \delta$, $(\tau, \xi) \in L$ のとき

$$\begin{cases} P(t + \lambda\tau, x + \lambda\xi) = c(t, x, \tau, \xi, \lambda) \prod_{j=1}^{r}(\lambda - \mu_j(t, x, \tau, \xi)), \\ \mu_1(t, x, \tau, \xi) \le \mu_2(t, x, \tau, \xi) \le \cdots \le \mu_r(t, x, \tau, \xi) \end{cases}$$

と書ける. ここで $|(t,x)| < \delta$, $(\tau, \xi) \in L$ のとき $c(t, x, \tau, \xi, \lambda) \ne 0$ である. また $\mu_j(t, x, \tau, \xi)$ は実数値で (t, x, τ, ξ) について連続である.

［証明］ 記号を簡略化して $z = (t,x)$, $\phi = (\tau,\xi)$ と書くことにする．W は $L \subset W \Subset \Gamma_{(0,0)}$ を満たす開集合としよう．

$$\begin{cases} \partial_\lambda^j P(z+\lambda\phi)|_{z=0,\lambda=0} = 0, & j < r, \\ \partial_\lambda^r P(z+\lambda\phi)|_{z=0,\lambda=0} = P_{(0,0)}(\phi) \neq 0, & \phi \in W \end{cases}$$

であるから Malgrange の予備定理（定理 3.2.1）によれば

$$P(z+\lambda\phi) = c(z,\phi,\lambda)(\lambda^r + a_1(z,\phi)\lambda^{r-1} + \cdots + a_r(z,\phi))$$
$$= c(z,\phi,\lambda)p(z,\phi,\lambda)$$

と書くことができる．ここで $|z| < \delta$, $|\lambda| < \delta$, $\phi \in L$ のとき $c(z,\phi,\lambda) \neq 0$ であり，また $\phi \in L$ に対して $a_j(0,\phi) = 0$ である．補題 3.2.1 から $|z| \leq \delta_1$, $\phi \in L$, $\text{Im}\,\lambda < 0$ のとき $p(z,\phi,\lambda) \neq 0$ である．$a_j(z,\phi)$ は実数値であることより任意の $|z| \leq \delta_1$, $\phi \in L$ について $p(z,\phi,\lambda) = 0$ は実根のみをもつことが分かる．したがって $\mu_j(t,x,\tau,\xi)$ は実数値である． □

さて再び p を ξ の m 次斉次多項式で θ 方向に双曲型とし $\eta \in \Gamma(p,\theta)$ とする．補題 3.1.1 より

$$\begin{cases} p(\zeta + t\eta) = p(\eta)\prod_{j=1}^m (\iota + \lambda_j(\xi,\eta)), \\ \lambda_1(\xi,\eta) \leq \lambda_2(\xi,\eta) \leq \cdots \leq \lambda_m(\xi,\eta) \end{cases}$$

と書ける．$\lambda_j(\xi,\theta)$ は ξ について 1 次斉次で $|\xi| = 1$ はコンパクト集合であるから $\lambda_j(\xi,\theta)$ の Lipschitz 連続性（定理 3.3.1）より

$$\sup_\xi |\nabla_\xi \lambda_j(\xi,\theta)| = C_j < +\infty \tag{3.3.16}$$

は有限である．

補題 3.3.3 $\eta \in \Gamma(p,\theta)$ とするとき任意の $\xi \in \mathbb{R}^n$ に対して

$$|\lambda_i(\xi,\theta)| \leq C_i|\eta||\lambda_i(\xi,\eta)|$$

が成立する．ここで C_i は (3.3.16) の正数である．

［証明］ (3.1.5) より

$$p(\xi+t\eta) = p(\theta)\prod \lambda_k(\xi+t\eta,\theta)$$

である．補題 3.1.3 より $(d/dt)\lambda_k(\xi+s\eta+t\eta,\theta)|_{t=0} = (d/ds)\lambda_k(\xi+s\eta,\theta) > 0$ が任意の $s \in \mathbb{R}$ について成立するから $\lambda_k(\xi+t\eta,\theta)$ は t の狭義単調増加関数で (3.3.16) より

$$0 < d\lambda_k(\xi+t\eta,\theta)/dt \leq |\langle \nabla_\xi \lambda_k(\xi+t\eta,\theta),\eta\rangle| \leq C_k|\eta| \tag{3.3.17}$$

である．また (3.1.4) より $|t| \to \infty$ のとき $\lambda_k(\xi+t\eta,\theta) = t\lambda_k(\eta,\theta) + O(1)$ で $\lambda_k(\eta,\theta) > 0$ であるから $t \mapsto \lambda_k(\xi+t\eta,\theta)$ のグラフは t 軸と 1 点で交わり，この点

が $-\lambda_k(\xi,\eta)$ を与える. いま $\lambda_k(\xi,\theta) > 0$ とすると (3.3.17) より $-\lambda_k(\eta,\theta)$ は直線 $\lambda_k(\xi,\theta) + C_k|\eta|t$ と t 軸との交点より左にあるので $-\lambda_k(\eta,\theta) \leq -\lambda_k(\xi,\theta)/C_k|\eta|$ である. すなわち
$$\lambda_k(\xi,\theta) \leq C_k|\eta|\lambda_k(\eta,\theta)$$
が成立する. $\lambda_k(\xi,\theta) < 0$ のときも同様にして $|\lambda_k(\xi,\theta)| \leq C_k|\eta||\lambda_k(\eta,\theta)|$ を得る. $\lambda_k(\xi,\theta) = 0$ のときは自明であるから以上で主張が示された. □

第4章 特異性の伝播と陪特性帯

偏微分方程式の解の特異性が「陪特性帯に沿って伝わる」という事実は現代の線形偏微分方程式研究の指導原理の1つであり陪特性帯は本書でもしばしば登場する. そこでこの章では $S_{1,0}$ クラスの擬微分作用素と波面集合の定義およびその簡単な性質の紹介の後で, 最も簡単な場合にこの事実を証明し陪特性帯の現れる様子をみることにする. これに関連して正準変換とその簡単な性質にも触れることにする. 証明を省略した主張については例えば [8][19] などを参照してほしい.

4.1 擬微分作用素の calculus

まずシンボルのクラスを導入する.

定義 4.1.1 m を実数とするとき $S^m = S^m(\mathbb{R}^n \times \mathbb{R}^n)$ で任意の $\alpha, \beta \in \mathbb{N}^n$ に対して
$$|a|_{\alpha,\beta} = \sup_{x,\xi} \left|(1+|\xi|)^{-m+|\alpha|} a^{(\alpha)}_{(\beta)}(x,\xi)\right|$$
が有限な関数 $a(x,\xi) \in C^\infty(\mathbb{R}^n \times \mathbb{R}^n)$ の全体を表す. ここで
$$a^{(\alpha)}_{(\beta)}(x,\xi) = \partial_\xi^\alpha \partial_x^\beta a(x,\xi)$$
である. S^m は $|a|_{\alpha,\beta}$ をセミノルムとして Fréchet 空間となる. このとき S^m で $a_n \to a$ とは 任意の α, β に対して $|a_n - a|_{\alpha,\beta} \to 0$ の成立することである. $\ell \in \mathbb{N}$ に対して $|u|_\ell = \sum_{|\alpha+\beta| \le \ell} |u|_{\alpha,\beta}$ とおく. また $S^{-\infty} = \cap S^m$, $S^\infty = \cup S^m$ と定義する.

定義より $a \in S^m$ なら $a^{(\alpha)}_{(\beta)} \in S^{m-|\alpha|}$ であり $b \in S^{m'}$ に対して $ab \in S^{m+m'}$ は明らかである.

$a \in S^m$ とし $\chi \in C_0^\infty(\mathbb{R}^n)$ は原点の近傍で恒等的に1とする. このとき $\epsilon > 0$ に対して $\chi(\epsilon\xi) a(x,\xi) \in S^{-\infty}$, $(1-\chi(\epsilon\xi)) a(x,\xi) \in S^m$ であり, また $\epsilon \to 0$ のとき S^{m+1} で $\chi(\epsilon\xi) a(x,\xi) \to a(x,\xi)$, $(1-\chi(\epsilon\xi)) a(x,\xi) \to 0$ である.

命題 4.1.1 $a_j \in S^{m_j}$, $j = 0, 1, 2, \ldots$ とし，$m_0 > m_1 > m_2 > \cdots$, $m_j \to -\infty$ とする．このとき $a \in S^{m_0}$ で任意の $k \in \mathbb{N}$ に対して
$$a - \sum_{j<k} a_j \in S^{m_k}$$
を満たすものがある．これを $a \sim \sum_0^\infty a_j$ と書く．

[証明] $\chi \in C_0^\infty(\mathbb{R}^n)$ を $x = 0$ の近傍で $\chi = 1$ とする．$\epsilon \to 0$ のとき S^1 で $1 - \chi(\epsilon \cdot) \to 0$ であるから $\epsilon_j > 0$ を
$$|\partial_\xi^\alpha \partial_x^\beta (1 - \chi(\epsilon_j \xi)) a_j(x, \xi)| \leq 2^{-j}(1 + |\xi|)^{m_j + 1 - |\alpha|}, \quad |\alpha + \beta| \leq j$$
が成り立つように選べる．$A_j(x, \xi) = (1 - \chi(\epsilon_j \xi)) a_j(x, \xi) \in S^{m_j}$ とおく．$\epsilon_j \to 0$ と仮定してよいので和 $a = \sum A_j$ は局所有限であり $a \in C^\infty$ となる．したがって α, β, k が与えられたとき N を $|\alpha + \beta| \leq N$, $m_N + 1 \leq m_k$ と選ぶと
$$\left|\partial_\xi^\alpha \partial_x^\beta \left(a(x, \xi) - \sum_{j<N} A_j(x, \xi)\right)\right| \leq (1 + |\xi|)^{m_k - |\alpha|}$$
が成立する．したがって特に $a \in S^{m_0}$ である．$a_j - A_j = \chi(\epsilon_j \xi) a_j(x, \xi) \in S^{-\infty}$ であるから $a - \sum_{j<k} a_j = a - \sum_{j<N} A_j + \sum_{j<k}(A_j - a_j) + \sum_{k \leq j < N} A_j$ と書いて結論が従う． □

定義 4.1.2 S^m_{phg} を $a \in S^m$ で
$$a \sim \sum_0^\infty a_j(x, \xi)$$
を満たすものの全体とする．ただしここで $a_j \in S^{m-j}$ は $|\xi| > 1$ で ξ について $m - j$ 次正斉次である．すなわち $a_j(x, t\xi) = t^{m-j} a_j(x, \xi)$, $|\xi| > 1$, $t > 1$ を満たすものとする．

$a_j(x, \xi) \in C^\infty(\mathbb{R}^n \times (\mathbb{R}^n \setminus \{0\}))$ は ξ について $m - j$ 次斉次で $|\xi| \geq 1$ で S^{m-j} の評価を満たすものとする．このとき命題 4.1.1 の証明を繰り返すと $\tilde{a} \in S^m$ で適当な $\delta > 0$ について $\tilde{a} - (1 - \chi(\delta \xi)) \sum_{j<k} a_j \in S^{m-k}$ を任意の $k \in \mathbb{N}$ に対して満たすものが存在する．この場合も定義 4.1.2 にならって $\tilde{a} \sim \sum_{j=0}^\infty a_j$ と書くことにする．したがって定義 4.1.2 における $a_j(x, \xi)$ を斉次性によって $|\xi| \leq 1$ にまで拡張したものを $\tilde{a}_j(x, \xi)$ とすれば $a \sim \sum_{j=0}^\infty \tilde{a}_j$ でもある．

まず $a(x, \xi) \in S^m$ をシンボルとする擬微分作用素を定義しよう．

定義 4.1.3 $a \in S^m$ とする．$u \in \mathcal{S}$ に対し
$$\mathrm{Op}^t(a) u(x) = (2\pi)^{-n} \int e^{i\langle x-y, \xi \rangle} a((1-t)x + ty, \xi) u(y) dy d\xi$$
で擬微分作用素 $\mathrm{Op}^t(a)$ を定義する．ただしここで $0 \leq t \leq 1$ である．このとき

$\mathrm{Op}^t(a)u \in \mathcal{S}$ で $S^m \times \mathcal{S} \ni (a,u) \mapsto \mathrm{Op}^t(a)u$ は連続である．$\mathrm{Op}^t(a)$ を $a(x,\xi)$ の t–量子化と呼ぶ．特に $t = 1/2$ のとき Weyl 量子化といい特に断らなければ単に $\mathrm{Op}(a)$ あるいは $a(x,D)$ と書く．$\mathrm{Op}S^m$ で S^m のシンボルをもつ擬微分作用素の全体を表す．$A \in \mathrm{Op}S^m$ に対して $A = \mathrm{Op}^t(a)$ となる $a(x,\xi) \in S^m$ を A の t–シンボルという．$A = \mathrm{Op}^{1/2}(a)$ のときは $a(x,\xi)$ を A の Weyl シンボル，あるいは単にシンボルといい $\sigma(A)$ で表す．$a \in S^m_{phg}$ とするとき $a_0(x,\xi)$ を $\mathrm{Op}(a)$ の主シンボルと呼ぶ．

弱い形の定義は $u, v \in \mathcal{S}(\mathbb{R}^n)$ に対して

$$\begin{aligned}
&\langle \mathrm{Op}^s(a)u, v \rangle \\
&= (2\pi)^{-n} \int e^{i\langle x-y, \xi\rangle} a((1-s)x + sy, \xi) u(y) v(x) dy dx d\xi \\
&= (2\pi)^{-n} \int e^{i\langle x, \xi\rangle} a(y, \xi) u(y - (1-s)x) v(y + sx) dx dy d\xi \\
&= \int a(y, \xi) w(y, \xi) dy d\xi = \langle a, w \rangle
\end{aligned} \tag{4.1.1}$$

で与えられる．ここで

$$w(y, \xi) = (2\pi)^{-n} \int e^{i\langle x, \xi\rangle} u(y - (1-s)x) v(y + sx) dx$$

とした．$w(y, \xi) \in \mathcal{S}(\mathbb{R}^{2n})$ であり，任意の ℓ に対して，ℓ', ℓ'' があって $|w|_\ell \leq C|u|_{\ell'}|v|_{\ell''}$ が成立する．(4.1.1) の右辺で $a_j \in \mathcal{S} \in \mathcal{S}'$ で a に収束するように選ぶことにより，任意の $a \in \mathcal{S}'$ に対して $\langle \mathrm{Op}^s(a)u, v \rangle$ が $\langle \mathrm{Op}^s(a_j)u, v \rangle$ の極限として定義される．$\mathrm{Op}^s(a)$ は $\mathcal{S}(\mathbb{R}^n)$ から $\mathcal{S}'(\mathbb{R}^n)$ への連続な写像となる．

以下本書では断らなければ常に Weyl 量子化を使う．また $\langle x, \xi \rangle$ の代わりに $x\xi$ とも書く．$a(x,\xi)$ が ξ によらないとき，すなわち $a(x,\xi) = a(x)$ ならば

$$a(x, D)u(x) = a(x)u(x)$$

である．実際

$$(2\pi)^{-n} \int e^{-iy\xi} d\xi = \delta(y) \tag{4.1.2}$$

に注意すると

$$\begin{aligned}
&(2\pi)^{-n} \int e^{i(x-y)\xi} a\left(\frac{x+y}{2}\right) u(y) dy d\xi \\
&= (2\pi)^{-n} \int e^{-iy\xi} a\left(x + \frac{y}{2}\right) u(x+y) dy d\xi \\
&= (2\pi)^{-n} \int e^{-iy\xi} d\xi \int a\left(x + \frac{y}{2}\right) u(x+y) dy \\
&= \left\langle \delta(y), a\left(x + \frac{y}{2}\right) u(x+y) \right\rangle = a(x)u(x)
\end{aligned}$$

である．また $a(x,\xi) = a(\xi)$ のときは

$$a(x,D)u(x) = a(D)u(x) = (2\pi)^{-n}\int e^{ix\xi}a(\xi)\hat{u}(\xi)d\xi$$

となる.

補題 4.1.1 $a(x,\xi) \in S^m$ とすると $b(x,\xi) \in S^m$ が存在して $b(x,D) = \mathrm{Op}^0(a)$ となる. ここで $b(x,\xi)$ は

$$b(x,\xi) = (2\pi)^{-n}\int e^{iy\eta}a\left(x+\frac{y}{\sqrt{2}},\xi+\frac{\eta}{\sqrt{2}}\right)dyd\eta \tag{4.1.3}$$

で与えられる. また任意の $N \in \mathbb{N}$ について

$$b(x,\xi) = \sum_{|\alpha|<N}\frac{i^{|\alpha|}}{2^{|\alpha|}\alpha!}\partial_x^\alpha\partial_\xi^\alpha a(x,\xi) + r(x,\xi), \quad r \in S^{m-N}$$

が成立する. 特に

$$b(x,\xi) = a(x,\xi) + \frac{i}{2}\sum_{j=1}^n\frac{\partial^2 a}{\partial x_j \partial \xi_j}(x,\xi) + r(x,\xi), \quad r \in S^{m-2}$$

である. また $a(x,\xi)$ が ξ の m 次多項式なら $b(x,\xi)$ もそうで

$$b(x,\xi) = \sum_{|\alpha|\leq m}\frac{i^{|\alpha|}}{2^{|\alpha|}\alpha!}\partial_x^\alpha\partial_\xi^\alpha a(x,\xi)$$

である.

P を $\mathbb{R}^n$ 上の m 階の微分作用素とし $P = \sum_{|\alpha|\leq m}(x)D^\alpha$ とする. $P(x,\xi) = \sum_{|\alpha|\leq m}a_\alpha(x)\xi^\alpha$ とおくとき定義 4.1.3 によると $P = \mathrm{Op}^0(P(x,\xi))$ で $P(x,\xi)$ は P の 0-シンボルである. 一方補題 4.1.1 より

$$P = \mathrm{Op}(\tilde{P}(x,\xi)), \quad \tilde{P}(x,\xi) = \sum_{|\alpha|\leq m}\frac{i^{|\alpha|}}{2^{|\alpha|}\alpha!}\partial_x^\alpha\partial_\xi^\alpha P(x,\xi)$$

となり $\tilde{P}(x,\xi)$ が P の Weyl シンボルである. $P(x,\xi)$ と $\tilde{P}(x,\xi)$ の ξ に関する最高次部分はともに $p(x,\xi) = \sum_{|\alpha|=m}a_\alpha(x)\xi^\alpha$ で P の主シンボルである. このように P の t-シンボルの最高次部分は t によらず P の主シンボルであるが ξ に関する低階部分は t によって一般には異なる.

[補題 4.1.1 の証明][*1] $b(x,D)$ の定義式に (4.1.3) を代入すると

$$b(x,D)u = (2\pi)^{-n}\int e^{i(x-y)\xi}b\left(\frac{x+y}{2},\xi\right)u(y)dyd\xi$$

$$= (2\pi)^{-n}\int e^{i(x\xi-y\xi+z\zeta)}a\left(\frac{x+y}{2}+\frac{z}{\sqrt{2}},\xi+\frac{\zeta}{\sqrt{2}}\right)u(y)dyd\xi dzd\zeta$$

[*1] 証明において積分の順序交換を自由に行うがこれは振動積分の定義に立ち戻ると正当化される. 例えば [19] 参照.

$$= (2\pi)^{-n} \int e^{i((x-y-z)\xi+z\zeta)} a\left(\frac{x+y+z}{2},\zeta\right) u(y) dy d\xi dz d\zeta$$

$$= (2\pi)^{-n} \int e^{iz\zeta} a(x,\zeta) u(x-z) dz d\zeta$$

$$= (2\pi)^{-n} \int e^{i(x-z)\zeta} a(x,\zeta) u(z) dz d\zeta = \mathrm{Op}^0(a) u$$

より (4.1.3) は明らかである. 次に

$$a\left(x+\frac{y}{\sqrt{2}}, \xi+\frac{\eta}{\sqrt{2}}\right) = \sum_{|\alpha|<N} \frac{2^{-|\alpha|/2}}{\alpha!} \partial_\xi^\alpha a\left(x+\frac{y}{\sqrt{2}}, \xi\right) \eta^\alpha$$
$$+ N \sum_{|\alpha|=N} \frac{2^{-|\alpha|/2}}{\alpha!} \int_0^1 (1-\theta)^{N-1} \partial_\xi^\alpha a\left(x+\frac{y}{\sqrt{2}}, \xi+\theta\frac{\eta}{\sqrt{2}}\right) \eta^\alpha d\theta$$

と書き (4.1.3) に代入し η^α に関して部分積分を行った後で (4.1.2) を適用すると

$$b(x,\xi) = \sum_{|\alpha|<N} \frac{i^{|\alpha|}}{2^{|\alpha|}\alpha!} \partial_x^\alpha \partial_\xi^\alpha a(x,\xi) - \frac{1}{(2\pi)^n} \sum_{|\alpha|=N} \frac{Ni^N}{2^N \alpha!}$$
$$\times \int e^{iy\eta} dy d\eta \int_0^1 (1-\theta)^{N-1} \partial_\xi^\alpha \partial_x^\alpha a\left(x+\frac{y}{\sqrt{2}}, \xi+\theta\frac{\eta}{\sqrt{2}}\right) d\theta$$

を得る. 右辺第 2 項が S^{m-N} に属することを確かめて証明が終わる. □

$u, v \in \mathcal{S}$ に対して半双線形形式

$$(u,v) = \int_{\mathbb{R}^n} u(x)\overline{v(x)} dx$$

を考えると

$$\int \overline{v(x)} dx \int e^{i(x-y)\xi} a\left(\frac{x+y}{2}, \xi\right) u(y) dy d\xi$$
$$= \int u(y) dy \overline{\int e^{i(y-x)\xi} \bar{a}\left(\frac{x+y}{2}, \xi\right) v(x) dx d\xi}$$

であるから次のことが従う.

命題 4.1.2 $a \in S^m$ とすると

$$(a(x,D)u, v) = (u, \bar{a}(x,D)v), \quad u, v \in \mathcal{S}$$

が成立する. すなわち $a(x,D)^* = \bar{a}(x,D)$ である.

$\mathcal{S} \ni v \mapsto \bar{a}(x,D)v$ が $\mathcal{S}$ で連続なので $(a(x,D)u, v) = (u, \bar{a}(x,D)v)$, $v \in \mathcal{S}$ によって $u \in \mathcal{S}'$ に対しても $a(x,D)u$ が定義される. $a(x,\xi), b(x,\xi) \in \mathcal{S}(\mathbb{R}^{2n})$ とする. $\mathrm{Op}^s(a)\mathrm{Op}^s(b) = \mathrm{Op}^s(c)$ であるとして $c(x,\xi)$ を求めてみよう. $\mathrm{Op}^s(a)$ の Schwartz 核を $K_a(x,y)$ とすると

4.1 擬微分作用素の calculus

$$K_a(x,y) = (2\pi)^{-n}\int e^{i\langle x-y,\xi\rangle}a((1-s)x+sy,\xi)d\xi,$$

$$a(x,\xi) = \int e^{-i\langle \xi,t\rangle}K_a(x+st,x-(1-s)t)dt$$

であるから $\mathrm{Op}^s(b)\mathrm{Op}^s(a)$ の Schwartz 核は

$$\int b((1-s)x+sz,\zeta)a((1-s)z+sy,\tau)e^{i\langle x-z,\zeta\rangle+i\langle z-y,\tau\rangle}dzd\zeta d\tau$$

となる．したがって $\mathrm{Op}^s(c) = \mathrm{Op}^s(b)\mathrm{Op}^s(a)$ とするとき $c(x,\xi)$ は

$$\int b((1-s)x+sz+(1-s)st,\zeta)a((1-s)z+sx-s(1-s)t,\tau)e^{iE}dzd\zeta d\tau dt$$

で与えられる．ただし

$$E = \langle x-z+st,\zeta\rangle + \langle z-x+(1-s)t,\tau\rangle - \langle t,\xi\rangle$$
$$= \langle x-z+st,\zeta-\xi\rangle + \langle z-x+(1-s)t,\tau-\xi\rangle$$

である．$0 < s < 1$ として $\zeta - \xi \to \zeta$, $\tau - \xi \to \tau$, $s(z-x+(1-s)t) \to z$, $(1-s)(z-x-st) \to t$ と変換すると変換のヤコビアンは $(-1)^n s^{-n}(1-s)^{-n}$ で, 積分は

$$s^{-n}(1-s)^{-n}\int b(X+Y)a(X+Z)e^{is^{-1}\langle z,\tau\rangle - i(1-s)^{-1}\langle t,\zeta\rangle}dzd\zeta d\tau dt$$

となる．ただし記号を簡単にするため $X = (x,\xi)$, $Y = (z,\zeta)$, $Z = (t,\tau)$ と書いた．ここで $f(x,y) \in \mathcal{S}(\mathbb{R}^{2n})$ に対して

$$\int f(x,y)e^{-is\langle x,y\rangle}dxdy = s^{-n}\int \hat{f}(\xi,\eta)e^{is^{-1}\langle \xi,\eta\rangle}d\xi d\eta$$

に注意するとこの積分は

$$\int f(X,\hat{Y},\hat{Z})e^{i\sigma_s(\hat{Y},\hat{Z})}d\hat{Y}d\hat{Z}$$

に等しい．ただし $\sigma_s(\hat{Y},\hat{Z}) = (1-s)\langle \hat{t},\hat{\zeta}\rangle - s\langle \hat{z},\hat{\tau}\rangle$ で

$$f(X,\hat{Y},\hat{Z}) = \int b(X+Y)a(X+Z)e^{-i\langle \hat{Y},Y\rangle - i\langle \hat{Z},Z\rangle}dYdZ$$
$$= e^{i\langle X,\hat{Y}\rangle + i\langle X,\hat{Z}\rangle}\widehat{ba}(\hat{Y},\hat{Z})$$

である．したがって

$$c(x,\xi) = \left[e^{i\sigma_s(D_Y,D_Z)}b(Y)a(Z)\right]_{Y=X,Z=X}$$

となる．この式は $s = 0$, $s = 1$ のときも正しい．

定義 4.1.4 $a(x,\xi), b(x,\xi) \in C^\infty(\mathbb{R}^n \times \mathbb{R}^n)$ に対して a と b の Poisson 括弧式 $\{a,b\}$ を

$$\{a,b\} = \sum_{j=1}^n \left(\frac{\partial a}{\partial \xi_j}\frac{\partial b}{\partial x_j} - \frac{\partial a}{\partial x_j}\frac{\partial b}{\partial \xi_j}\right)$$

で定義する．

定理 4.1.1 $a_j \in S^{m_j}$, $j=1,2$ とする. このとき $\mathcal{S}$ あるいは $\mathcal{S}'$ 上の作用素として $a_1(x,D)a_2(x,D) \in \mathrm{Op}S^{m_1+m_2}$ である. すなわち $b \in S^{m_1+m_2}$ があって
$$a_1(x,D)a_2(x,D) = b(x,D)$$
が成立する. ここで $b(x,\xi)$ は
$$b(x,\xi) = e^{i(D_\xi D_y - D_x D_\eta)/2} a_1(x,\xi)a_2(y,\eta)|_{\eta=\xi, y=x}$$
で与えられ任意の $N \in \mathbb{N}$ に対して
$$b(x,\xi) - \sum_{|\alpha+\beta|<N} \frac{(-1)^{|\alpha|}}{(2i)^{|\alpha+\beta|}\alpha!\beta!} a_{1(\alpha)}^{(\beta)}(x,\xi) a_{2(\beta)}^{(\alpha)}(x,\xi) \in S^{m_1+m_2-N}$$
が成り立つ. 特に $N=2$ のとき
$$b(x,\xi) - \left(a_1(x,\xi)a_2(x,\xi) + \frac{1}{2i}\{a_1,a_2\}(x,\xi) \right) \in S^{m_1+m_2-2}$$
である. この $b(x,\xi)$ を $(a_1 \# a_2)(x,\xi)$ と書く.

系 4.1.1 $a_j \in S^{m_j}$, $j=1,2$ とする. このとき $[a_1(x,D), a_2(x,D)] = a_1(x,D)a_2(x,D) - a_2(x,D)a_1(x,D) \in \mathrm{Op}S^{m_1+m_2-1}$ で, さらに
$$\sigma([a_1(x,D), a_2(x,D)]) - \frac{1}{i}\{a_1, a_2\} \in S^{m_1+m_2-3}$$
である.

系 4.1.2 $a(x,\xi) \in S^m$ を実数値シンボルとする. このとき次が成立する.
$$\sigma\bigl(a(x,D)^2\bigr) - a(x,\xi)^2 \in S^{2m-2}.$$

系 4.1.3 $\phi \in S^l$, $a \in S^m$ とする. このとき
$$\sigma\bigl(\phi(x,D)a(x,D)\phi(x,D)\bigr) - \phi(x,\xi)^2 a(x,\xi) \in S^{m+2l-2}$$
である.

定理 4.1.2 $a \in S^m$ とし $c>0$, $C>0$ が存在して $|\xi|>C$ で $|a(x,\xi)| > c|\xi|^m$ が成立しているとする. このとき $b \in S^{-m}$ で
$$a(x,D)b(x,D) - I \in \mathrm{Op}S^{-\infty}, \quad b(x,D)a(x,D) - I \in \mathrm{Op}S^{-\infty}$$
を満たすものが存在する. 逆に $b \in S^{-m}$ が $a(x,D)b(x,D) - I \in \mathrm{Op}S^{-\infty}$ を満たすとする. このとき $c>0$, $C>0$ が存在して $|\xi|>C$ で $|a(x,\xi)| > c|\xi|^m$ が成立する.

［証明］ $a(x,D)$ の代わりに $a(x,D)\langle D \rangle^{-m} \in \mathrm{Op}S^0$ を考えることによって $m=0$ としてよい. 実際いま $\tilde{b} \in S^0$ が $a(x,D)\langle D \rangle^{-m}\tilde{b}(x,D) - I \in \mathrm{Op}S^{-\infty}$ を満たせば $b(x,D) = \langle D \rangle^{-m}\tilde{b}(x,D) \in \mathrm{Op}S^{-m}$ が求めるものである. $|a(x,\xi)| \geq c>0$, $|\xi| \geq C$ とする. いま $F(z) \in C^\infty(\mathbb{C})$ を $|z|>c/2$ では $F(z) = 1/z$ であり $\mathbb{C}$ 全体で

$|f(z)| \geq c' > 0$ を満たすものとする. $b(x,\xi) = F(a(x,\xi))$ とおくと $b(x,\xi) \in S^0$ である. $\mathrm{supp}\,(a(x,\xi)b(x,\xi)-1) \subset \{|\xi| \leq C\}$ であるから $a(x,D)b(x,D) = I - r(x,D)$ と書くと $r \in S^{-1}$ である. $b(x,D)r(x,D)^j = b_j(x,D) \in \mathrm{Op}S^{-j}$ とおくと命題 4.1.1 から $\tilde{b} \sim \sum_{j=0}^\infty b_j(x,\xi)$ なる $\tilde{b} \in S^0$ が存在する. このとき $a(x,D) \sum_{j<k} b_j(x,D) = I - r(x,D)^k$ であるから

$$a(x,D)\tilde{b}(x,D) - I$$
$$= a(x,D)\tilde{b}(x,D) - a(x,D)\sum_{j<k} b_j(x,D) - r(x,D)^k$$
$$= a(x,D)\left(\tilde{b}(x,D) - \sum_{j<k} b_j(x,D)\right) - r(x,D)^k$$

である. ところで $\tilde{b} - \sum_{j<k} b_j \in \mathrm{Op}S^{-k}$ および $r(x,D)^k \in \mathrm{Op}S^{-k}$ であるから最初の主張が証明された.

逆については $a(x,D)b(x,D) - I \in \mathrm{Op}S^{-\infty}$ から $a(x,\xi)b(x,\xi) - 1 \in S^{-1}$ であることに注意しよう. したがって $|a(x,\xi)b(x,\xi)-1| < 1/2$ が $|\xi| > C$ で成立する. ゆえに $1/2 < |a(x,\xi)b(x,\xi)| \leq C|a(x,\xi)|$ が成り立ち $|a(x,\xi)| \geq c > 0$ が従う. □

4.2　L^2 有 界 性

作用素 $\langle D \rangle$ について $\langle D \rangle^s \langle D \rangle^t = \langle D \rangle^{s+t}$, $(\langle D \rangle^s u, \langle D \rangle^t v) = (\langle D \rangle^{s+t} u, v) = (u, \langle D \rangle^{s+t} v)$ などは明らかである. また $\mathcal{S}(\mathbb{R}^n)$ および $C_0^\infty(\mathbb{R}^n)$ は $H^s(\mathbb{R}^n)$ で稠密である.

定理 4.2.1 $a(x,\xi) \in S^0$ とする. このとき $a(x,D)$ は $L^2(\mathbb{R}^n)$ 上で有界である.

補題 4.2.1 $K(x,y)$ を $\mathbb{R}^n \times \mathbb{R}^n$ 上の連続関数とし

$$\sup_y \int |K(x,y)|dx \leq C, \quad \sup_x \int |K(x,y)|dy \leq C$$

とする. このとき $K(x,y)$ を核とする積分作用素は $L^2(\mathbb{R}^n)$ で有界でそのノルムは C 以下である.

［証明］Cauchy-Schwarz の不等式から

$$|Ku(x)|^2 \leq \int |K(x,y)||u(y)|^2 dy \int |K(x,y)|dy$$
$$\leq C \int |K(x,y)||u(y)|^2 dy$$

が成り立つ. この不等式を x で積分して

$$\int |Ku(x)|^2 dx \leq C \int\int |K(x,y)||u(y)|^2 dxdy \leq C^2 \int |u(y)|^2 dy$$

より結論を得る. □

［定理 4.2.1 の証明］　まず $a \in S^{-n-1}$ とする. $a(x,D)$ の核

$$K(x,y) = \int e^{i(x-y)\xi} a\left(\frac{x+y}{2}, \xi\right) d\xi$$

は $\mathbb{R}^n \times \mathbb{R}^n$ で連続で

$$|K(x,y)| \leq \int \left|a\left(\frac{x+y}{2}, \xi\right)\right| d\xi \leq C$$

を満たす. また

$$(x-y)^\alpha K(x,y) = \int e^{i(x-y)\xi} (i\partial_\xi)^\alpha a\left(\frac{x+y}{2}, \xi\right) d\xi$$

であるから $(1+|x-y|)^{n+1}|K(x,y)| \leq C$ となり補題 4.2.1 から $a(x,D)$ は $L^2(\mathbb{R}^n)$ で有界である.

次にある $\delta > 0$ に対して $a \in S^{-\delta}$ なら $a(x,D)$ は $L^2(\mathbb{R}^n)$ 有界であることをみよう. まず $a \in S^{-(n+1)/2}$ なら

$$\|a(x,D)u\|^2 = (a(x,D)u, a(x,D)u) = (b(x,D)u, u)$$

と書くと $b(x,D) = a(x,D)^* a(x,D) \in \mathrm{Op}S^{-n-1}$ で L^2 で有界であるから $\|a(x,D)u\|^2 \leq \|b(x,D)u\|\|u\| \leq C\|u\|^2$ が従う. 次に同じ議論を繰り返して $a \in S^{-(n+1)/4}$ なら有界が分かる. 以下同じ議論を $k((n+1)/2^k < \delta)$ 回繰り返して $a(x,D)$ が L^2 有界であることが分かる. 最後に $a \in S^0$ として $a(x,D)$ が $L^2(\mathbb{R}^n)$ 有界となることを示そう. $M > 0$ を $M > \sup |a(x,\xi)|^2$ と選び $b(x,\xi) = \sqrt{M - |a(x,\xi)|^2} \in S^0$ とおく. ここで

$$b(x,D)^* b(x,D) = M - a(x,D)^* a(x,D) + r(x,D), \quad r \in S^{-1}$$

であるから $u \in \mathcal{S}$ に対して

$$\begin{aligned}
\|a(x,D)u\|^2 &= (a(x,D)u, a(x,D)u) = (a(x,D)^* a(x,D)u, u) \\
&= M\|u\|^2 - \|b(x,D)u\|^2 + (r(x,D)u, u) \\
&\leq M\|u\|^2 + \|r(x,D)\|\|u\|^2 \leq C\|u\|^2
\end{aligned}$$

となって証明が終わる. □

系 4.2.1　$a \in S^m$ とする. このとき $C > 0$ があって

$$\|a(x,D)u\|_s \leq C\|u\|_{s+m}, \quad \forall u \in \mathcal{S}$$

が成立する.

[証明] いま $\langle D \rangle^s a(x,D) \langle D \rangle^{-s-m} \in \mathrm{Op} S^0$ に注意すると
$$\|a(x,D)u\|_s = \|\langle D \rangle^s a(x,D) u\| = \|\langle D \rangle^s a(x,D) \langle D \rangle^{-s-m} (\langle D \rangle^{s+m} u)\|$$
$$\leq C \|\langle D \rangle^{s+m} u\| = C\|u\|_{s+m}$$
となって結論を得る. □

次に強形 Gårding 不等式を述べよう.

定理 4.2.2 $a(x,\xi) \in S^m$ で $a(x,\xi) \geq 0$ とする. このとき $C > 0$ が存在して
$$(a(x,D)u, u) \geq -C\|u\|^2_{(m-1)/2}, \quad \forall u \in \mathcal{S}$$
が成立する.

系 4.2.2 $a(x,\xi) \in S^m_{phg}$ で $\operatorname{Re} a_0(x,\xi) \geq 0$ とする. このとき
$$\operatorname{Re}(a(x,D)u, u) \geq -C\|u\|^2_{(m-1)/2}, \quad \forall u \in \mathcal{S}$$
が成立する.

[証明] 実際 $\sigma(a(x,D) + a(x,D)^*) = a(x,\xi) + \bar{a}(x,\xi) = 2\operatorname{Re} a(x,\xi)$ から
$$2\operatorname{Re}(a(x,D)u, u) = (a(x,D)u, u) + (u, a(x,D)u)$$
$$= ((a(x,D) + a(x,D)^*)u, u) = 2((\operatorname{Re} a)(x,D)u, u)$$
である. ここで $\operatorname{Re} a(x,\xi) - \operatorname{Re} a_0(x,\xi) \in S^{m-1}$ に注意すればよい. □

強形 Gårding 不等式は行列値シンボルの擬微分作用素に対しても成立する.

定理 4.2.3 $a = (a_{ij}(x,\xi))$ を $a_{ij}(x,\xi) \in S^m$ を成分とする $N \times N$ 行列値シンボルとする. $(a_{ij}(x,\xi))$ が Hermite 非負定値のとき
$$(a(x,D)u, u) \geq -C\|u\|^2_{(m-1)/2}, \quad \forall u \in \mathcal{S}^N$$
が成立する. 対称部分 $a(x,\xi) + a(x,\xi)^*$ が非負定値なら
$$\operatorname{Re}(a(x,D)u, u) \geq -C\|u\|^2_{(m-1)/2}, \quad \forall u \in \mathcal{S}^N$$
が成立する.

最後に Fefferman-Phong の不等式を述べる.

定理 4.2.4 $a(x,\xi) \in S^m$ で $a(x,\xi) \geq 0$ とすると $C > 0$ が存在して
$$(a(x,D)u, u) \geq -C\|u\|^2_{(m-2)/2}, \quad \forall u \in \mathcal{S}$$
が成立する.

系 4.2.3 $a \in S^m_{phg}$ で $a_0(x,\xi) + a_1(x,\xi) \geq 0$ とする. このとき
$$\operatorname{Re}(a(x,D)u, u) \geq -C\|u\|^2_{(m-2)/2}, \quad \forall u \in \mathcal{S}$$
が成立する.

4.3 波面集合

定義 4.3.1 $u \in \mathcal{D}'(\mathbb{R}^n)$ とする. u が x_0 のある近傍で C^∞ のとき x_0 は u の特異台に属さないという. $x_0 \notin \text{sing supp}\, u$ と書くことにする. 同値な条件として x_0 のある近傍では u に一致する $v \in C_0^\infty(\mathbb{R}^n)$ が存在することである. あるいはさらに同値な条件として, x_0 のある近傍で u に一致するコンパクト台の関数 v で, その Fourier 変換 $\hat{v}$ が任意の $N \in \mathbb{N}$ に対して

$$|\hat{v}(\xi)| \leq C_N \langle \xi \rangle^{-N}$$

を満たすものが存在することである.

定義 4.3.2 $(x_0, \xi_0), \xi_0 \in \mathbb{R}^n \setminus \{0\}$ が u の波面集合に属さないとは x_0 のある近傍で u と一致するコンパクト台の関数 v と ξ_0 の錐近傍 Γ が存在して任意の $N \in \mathbb{N}$ に対して正数 C_N が存在し

$$|\hat{v}(\xi)| \leq C_N \langle \xi \rangle^{-N}, \quad \xi \in \Gamma$$

の成立することである. 同値な条件として x_0 のある近傍で 1 となる $\chi \in C_0^\infty(\mathbb{R}^n)$ と ξ_0 の錐近傍 Γ が存在し, 任意の $N \in \mathbb{N}$ に対し

$$|\mathcal{F}(\chi u)(\xi)| \leq C_N \langle \xi \rangle^{-N}, \quad \xi \in \Gamma$$

の成立することである. $WF(u)$ は $\mathbb{R}^n \times (\mathbb{R}^n \setminus \{0\})$ で閉錐集合である.

補題 4.3.1 $(x_0, \xi_0) \notin WF(u), u \in \mathcal{E}'(\mathbb{R}^n)$ とする. このとき $a_0(x_0, \xi_0) \neq 0$ なる $a \in S_{phg}^0$ で

$$a(x, D)u \in C^\infty$$

となるものが存在する. 逆も正しい.

[証明] $(x_0, \xi_0) \notin WF(u)$ とする. $x = x_0$ の近くで恒等的に 1 の $\chi \in C_0^\infty(\mathbb{R}^n)$ と ξ_0 の錐近傍 Γ がとれて, $v = \chi u$ に対し Γ で $\hat{v}(\xi) = O(|\xi|^{-N})$ が任意の N について成立する. $u = \chi u + (1-\chi)u = v + w$ とおこう. w は x_0 の近くで恒等的に 0 である. $\zeta(\xi)$ を $|\xi| \geq c > 0$ で 0 次斉次で, $\zeta(\xi_0) \neq 0$ かつ $\text{supp}\, \zeta \subset \Gamma$ となるものとしよう. $\phi(x) \in C_0^\infty$ を x_0 の近くでは $\phi = 1$ で $\phi w = 0$ となるように選ぼう. $a(x, \xi) = \phi(x) \# \zeta(\xi) \in S_{phg}^0$ とおく. $\psi(x)$ は ϕ の台上では $\psi = 1$ で $\psi w = 0$ となるものとする. このとき

$$a(x, D)\psi(x) = [a(x, D), \psi] + \psi a(x, D) = [a(x, D), \psi] + a(x, D)$$

である. ここで $[a(x, D), \psi] \in \text{Op}\, S^{-\infty}$ であるから

$$a(x,D)w = -[a(x,D),\psi]w \in C^\infty$$

となる．また $a(x,D)v = \phi(x)\mathcal{F}^{-1}(\zeta(\xi)\hat{v}(\xi))$ で $\mathcal{F}^{-1}(\zeta(\xi)\hat{v}(\xi))$ は C^∞ であるから $a(x,D)u \in C^\infty$ となる．

逆を示そう．$\operatorname{supp}\phi \times \operatorname{supp}\zeta$ 上で $a_0(x,\xi) \neq 0$ とする．a の代わりに $\tilde{\phi}(x)a(x,D)$ を考えることによって $a(x,D)u \in C_0^\infty$ としてよい．$\sum_{j=0} b_j(x,\xi)$ を

$$\left(\sum_{j=0} b_j(x,\xi)\right) \# \left(\sum_{j=0} a_j(x,\xi)\right) = \zeta(\xi)\#\phi(x)$$

が形式的に成立するように決める．命題 4.1.1 より

$$b(x,\xi) \sim \sum b_j(x,\xi)$$

となる $b(x,\xi) \in S_{phg}^0$ が存在する．$b(x,\xi)$ の x に関する台はコンパクトとしてよい．このとき仮定から $b(x,D)a(x,D)u = \zeta(D)\phi(x)u + Ru \in C_0^\infty$ である．一方 $R \in S^{-\infty}$ および $a(x,\xi)$, $b(x,\xi)$ の x に関する台の条件から $Ru \in \mathcal{S}$ となり，したがって $\zeta(D)\phi(x)u \in \mathcal{S}$ が分かる．すなわち $\zeta(\xi)\mathcal{F}(\phi u) = O(|\xi|^{-N})$ が任意の N について成立し，したがって ξ_0 の錐近傍 Γ で $|\mathcal{F}(\phi u)| \leq C_N|\xi|^{-N}$ が成り立つ． □

補題 4.3.2 $\phi \in C_0^\infty(\mathbb{R}^n)$, $u \in \mathcal{E}'(\mathbb{R}^n)$ とする．任意の N に対して Γ で $\hat{u}(\xi) = O(|\xi|^{-N})$ とする．このとき任意の N に対して Γ で $\mathcal{F}(\phi u)(\xi) = O(|\xi|^{-N})$ が成り立つ．

[証明] まず $u \in \mathcal{E}'$ よりある $C > 0$, $M > 0$ があって $|\hat{u}(\eta)| \leq C(1+|\eta|)^M$ が成立する[*2]．$v = \phi u$ とおく．$c > 0$ を正数として

$$\hat{v}(\xi) = \int \hat{\phi}(\eta)\hat{u}(\xi-\eta)d\eta = \int_{|\eta|<c|\xi|} + \int_{|\eta|\geq c|\xi|}$$
$$= \int_{|\xi-\eta|<c|\xi|} \hat{\phi}(\xi-\eta)\hat{u}(\eta)d\eta + \int_{|\eta|\geq c|\xi|} \hat{\phi}(\eta)\hat{u}(\xi-\eta)d\eta$$

と書くと $|\eta| \geq c|\xi|$ で $|\xi-\eta| \leq (1+c^{-1})|\eta|$ であるから

$$|\hat{v}(\xi)| \leq \sup_{|\xi-\eta|<c|\xi|}|\hat{u}(\eta)|\|\hat{\phi}\|_{L^1} + C(1+c^{-1})^M \int_{|\eta|\geq c|\xi|}(1+|\eta|)^M|\hat{\phi}(\eta)|d\eta$$

が成り立つ．任意の $\Gamma_1 \Subset \Gamma$ を考える．$0 < c < 1$ を

$$|\xi-\eta| < c|\xi|, \quad \xi \in \Gamma_1 \Longrightarrow \eta \in \Gamma$$

が成立するように選ぶと $\xi \in \Gamma_1$ のとき

$$(1+|\xi|)^N|\hat{v}(\xi)| \leq (1-c)^{-N}\sup_{\eta\in\Gamma}(1+|\eta|)^N|\hat{u}(\eta)|\|\hat{\phi}\|_{L^1}$$

[*2] 例えば [24] の第 2 章参照．

$$+ C(1+c^{-1})^{M+N} \int (1+|\eta|)^{N+M} |\hat{\phi}(\eta)| d\eta.$$

すなわち $\hat{v}(\xi) = O(|\xi|^{-N})$ が成立する．$\Gamma_1 \Subset \Gamma$ は任意であったから主張が示された． □

補題 4.3.3 $WF(u)$ の x 空間への射影は u の特異台に一致する．

［証明］ $x_0 \notin \text{sing supp}\, u$ ならば定義から任意の $\xi \neq 0$ に対して $(x_0, \xi) \notin WF(u)$ である．次に x_0 が $WF(u)$ の x 空間への射影に入っていないとする．すなわち任意の $|\xi| = 1$ に対して $(x_0, \xi) \notin WF(u)$ とする．したがって x_0 の近傍で $\chi_\xi \equiv 1$ なる $\chi_\xi \in C_0^\infty(\mathbb{R}^n)$ と ξ の錐近傍 Γ_ξ があって

$$\mathcal{F}(\chi_\xi u)(\eta) = O(|\eta|^{-N}), \quad \eta \in \Gamma_\xi, \quad \forall N \in \mathbb{N}$$

が成立する．$\{|\xi| = 1\}$ はコンパクトであるから $\xi^1, \ldots, \xi^p$ が存在して Γ_{ξ^i} の全体で $\mathbb{R}^n \setminus \{0\}$ を覆う．$\chi = \prod_i \chi_{\xi^i}$ とおこう．補題 4.3.2 によると $\xi \in \Gamma_{\xi^q}$ のとき $\chi u = \chi_{\xi^1} \cdots \chi_{\xi^n}(\chi_{\xi^q} u)$ として

$$\mathcal{F}(\chi u) = O(|\xi|^{-N}), \quad \forall N \in \mathbb{N}$$

が成立する．したがって χu は C^∞ である． □

補題 4.3.4 $P(x,\xi) \in S^m$ とする．$(x_0, \xi_0) \notin WF(u)$ なら $(x_0, \xi_0) \notin WF(P(x,D)u)$ である．

［証明］ $(x_0, \xi_0) \notin WF(u)$ とする．補題 4.3.1 の証明より $a \in S_{phg}^0$ で，(x_0, ξ_0) の錐近傍では $a(x,\xi) = 1$ を満たし $a(x,D)u \in C^\infty$ となるものがある．いま $b \in S_{phg}^0$ を $b_0(x_0, \xi_0) = 1$ で b の台上では $a(x,\xi) = 1$ となるものとする．このとき

$$b(x,D)Pu = Pb(x,D)u + [b(x,D), P]u$$

において $b(x,D) - b(x,D)a(x,D) \in \text{Op}S^{-\infty}$, $[b, P] - [b, P]a \in \text{Op}S^{-\infty}$ であるから

$$b(x,D)Pu = Pb(x,D)a(x,D)u + [b(x,D), P]a(x,D)u + v, \quad v \in C^\infty$$

が従う．ゆえに $b(x,D)Pu \in C^\infty$ すなわち $(x_0, \xi_0) \notin WF(Pu)$ が従う． □

$a \in S_{phg}^m$ とする．$a(x,D)$ が (x_0, ξ_0) で非特性的であるとは $a_0(x_0, \xi_0) \neq 0$ が成立することとする．また

$$\text{Char}\, a(x,D) = \{(x,\xi) \mid a_0(x,\xi) = 0\}$$

と定義する．

補題 4.3.5 $a \in S_{phg}^m$ とする．このとき

$$WF(u) \subset WF(a(x,D)u) \cup \text{Char}\, a(x,D)$$

である．

［証明］ $(x_0, \xi_0) \notin WF(a(x,D)u) \cup \operatorname{Char} a(x,D)$ とする. $b \in S_{phg}^0$ で $b(x,D)a(x,D)u \in C^\infty$, $(x_0, \xi_0) \notin \operatorname{Char} b(x,D)$ を満たすものがある. また $(x_0, \xi_0) \notin \operatorname{Char} a(x,D)$ から $(x_0, \xi_0) \notin \operatorname{Char} b(x,D)a(x,D)$. したがって $(x_0, \xi_0) \notin WF(u)$ が従う. □

補題 4.3.1 と補題 4.3.5 より
$$WF(u) = \bigcup_{a \in S_{phg}^0, a(x,D)u \in C^\infty} \operatorname{Char} a(x,D)$$
が成り立つ.

4.4　1 階双曲型作用素

この節では記号を少し変えて変数 $t \in \mathbb{R}$ を導入して次の初期値問題を考えよう.
$$\begin{cases} D_t u + \Lambda(t,x,D)u = f, & 0 < t < T,\ x \in \mathbb{R}^n, \\ u(0,x) = \phi(x), & x \in \mathbb{R}^n. \end{cases} \tag{4.4.4}$$
ここで $\Lambda(t,x,\xi) \in C^\infty([0,T], S^1)$ とし, さらに $\operatorname{Im} \Lambda(t,x,\xi) \in C^\infty([0,T]; S^0)$ とする.

補題 4.4.1　$s \in \mathbb{R}$ とする. このとき $\gamma_s > 0$ が存在して任意の $\gamma \geq \gamma_s$ および任意の $u \in C^1([0,T]; H^s) \cap C^0([0,T]; H^{s+1})$ に対して
$$\sup e^{-\gamma t}\|u(t,\cdot)\|_s \leq \|u(0,\cdot)\|_s + 2\int_0^T e^{-\gamma t}\|D_t u + \Lambda(t,x,D)u\|_s dt \tag{4.4.5}$$
が成立する.

［証明］　仮定から
$R = \Lambda(t,x,D) - \Lambda(t,x,D)^* = \Lambda(t,x,D) - \bar{\Lambda}(t,x,D) = 2i(\operatorname{Im}\Lambda)(t,x,D) \in \operatorname{Op} S^0$
である. 定理 4.2.1 より $C > 0$ が存在し $|(Ru,u)| \leq C\|u\|^2$ が成り立つ. $P = D_t + \Lambda(t,x,D)$ と書くと
$$2i\operatorname{Im}(Pu,u) = (Pu,u) - (u,Pu) = D_t\|u(t,\cdot)\|^2 + (Ru,u) \tag{4.4.6}$$
であるから両辺に $ie^{-2\gamma t}$ を乗じて
$$-2\operatorname{Im}(Pu,u)e^{-2\gamma t} \geq \frac{\partial}{\partial t}\left(e^{-2\gamma t}\|u(t,\cdot)\|^2\right) + (2\gamma - C)e^{-2\gamma t}\|u(t,\cdot)\|^2$$
を得る. $2\gamma - C \geq 0$ となるように γ を選んで 0 から t $(0 < t \leq T)$ まで積分して $[0,T]$ で sup をとると
$$M^2 = \sup_{0 \leq t \leq T} e^{-2\gamma t}\|u(t)\|^2 \leq \|u(0)\|^2 + 2M \int_0^T e^{-\gamma t}\|Pu(t)\|dt$$

が従う．ゆえに
$$\Big(M - \int_0^T e^{-\gamma t}\|Pu(t)\|dt\Big)^2 \leq \Big(\|u(0)\| + \int_0^T e^{-\gamma t}\|Pu(t)\|dt\Big)^2$$
が成立する．これから (4.4.5) の $s=0$ のときを得る．一般の s のときは
$$D_t(\langle D\rangle^s u) + \Lambda(t,x,D)(\langle D\rangle^s u) + [\langle D\rangle^s, \Lambda(t,x,D)]\langle D\rangle^{-s}(\langle D\rangle^s u) = \langle D\rangle^s f$$
と書き，系 4.1.1 より $[\langle D\rangle^s, \Lambda(t,x,D)]\langle D\rangle^{-s} \in \mathrm{Op}S^0$ に注意して $\Lambda + [\langle D\rangle^s, \Lambda]\langle D\rangle^{-s}$ を改めて Λ として同じ議論を繰り返せばよい． □

定理 4.4.1 $s \in \mathbb{R}$ とする．任意の $f \in L^1((0,T); H^s)$ および任意の $\phi \in H^s$ に対して初期値問題 (4.4.4) の一意的な解 $u \in C([0,T]; H^s)$ が存在する．またこの $u(t)$ は (4.4.5) を満たす．

[証明] 最初に一意性を示そう．$f=0$, $\phi=0$ とする．仮定 $u \in C([0,T]; H^s)$ から $\Lambda u(t) \in C([0,T]; H^{s-1})$ ゆえ $u \in C^1([0,T]; H^{s-1}) \cap C([0,T]; H^s)$ となって (4.4.5) から $u=0$ を得る．次に u の存在を示そう．$P^* = D_t + \bar{\Lambda}(t,x,D)$ であり $\mathrm{Im}\,\bar{\Lambda} = -\mathrm{Im}\,\Lambda \in C^\infty([0,T]; S^0)$ であるから (4.4.6) において $-ie^{2\gamma t}$ を乗じると十分大な γ に対し，
$$2\,\mathrm{Im}(P^*u, u)e^{2\gamma t} \geq -\frac{\partial}{\partial t}\big(e^{2\gamma t}\|u(t,\cdot)\|^2\big)$$
が成り立つ．$[t,T]$ 上で積分して補題 4.4.1 の議論を繰り返し，γ を 1 つ固定すると
$$\|v(t)\|_{-s} \leq C\|v(T)\|_{-s} + C\int_t^T \|P^*v(t)\|_{-s}dt \tag{4.4.7}$$
が成立する．$E = \{P^*v \mid v \in C_0^\infty(\{(t,x) \mid t < T\})\}$ とおいて
$$\Phi : P^*v \mapsto -i(\phi, v(0)) + \int_0^T (f,v)dt$$
なる反線形形式を考える．$P^*v = 0$ なら (4.4.7) より $v=0$ ゆえこの Φ は well-defined である．(4.4.7) より
$$|(\phi, v(0))| \leq \|\phi\|_s \|v(0)\|_{-s} \leq C\|\phi\|_s \int_0^T \|P^*v(t)\|_{-s}dt,$$
$$\Big|\int_0^T (f,v)dt\Big| \leq \sup_{0\leq t\leq T} \|v(t)\|_{-s} \int_0^T \|f\|_s dt$$
$$\leq C\int_0^T \|P^*v(t)\|_{-s}dt \int_0^T \|f(t)\|_s dt$$
と評価されるので Hahn-Banach の定理によって Φ は
$$|\Phi(g)| \leq C\int_0^T \|g(t)\|_{-s}dt$$
を満たす $L^1([0,T]; H^{-s})$ 上の反線形形式に拡張される．ゆえに $L^1([0,T]; H^{-s})$ の

双対空間 $L^\infty([0,T]; H^s)$ の元 u があって任意の $g \in L^1([0,T]; H^{-s})$ に対して
$$\Phi(g) = \int_0^T (u, g) dt$$
が成立する．ここで $g = P^* v$ と選ぶと
$$-i(\phi, v(0)) + \int_0^T (f, v) dt = \int_0^T (u, P^* v) dt \tag{4.4.8}$$
が任意の $v \in C_0^\infty(\{(t,x) \mid t < T\})$ について成立する．v を $C_0^\infty(\{(t,x) \mid 0 < t < T\})$ に制限することによって u は超関数の意味で $Pu = f$ を $(0,T) \times \mathbb{R}^n$ で満たすことが分かる．いま $f \in \mathcal{S}(\mathbb{R}^{n+1})$ と仮定すると $D_t u = -\Lambda u + f \in L^\infty([0,T]; H^{s-1})$ から $u \in C([0,T]; H^{s-1})$ が従う．再び方程式より $u \in C^1([0,T]; H^{s-2})$ が得られ，$v(0)$ が任意であることより (4.4.8) から $u(0) = \phi$ が従う．さて $\phi_\nu \in \mathcal{S}(\mathbb{R}^n)$, $f_\nu \in \mathcal{S}(\mathbb{R}^{n+1})$ を
$$\|\phi - \phi_\nu\|_s \to 0, \quad \int_0^T \|f - f_\nu\|_s dt \to 0$$
であるように選ぼう．このとき上で示したように $D_t u_\nu + \Lambda u_\nu = f_\nu$ の解 $u_\nu(t)$ で $u_\nu(0) = \phi_\nu$ を満たすものがある．ここで任意の $\tilde{s} \in \mathbb{R}$ について $u_\nu \in C([0,T]; H^{\tilde{s}-1}) \cap C^1([0,T]; H^{\tilde{s}-2})$ である．$\tilde{s} = s + 2$ と選ぶと (4.4.5) より $\nu \to \infty$ のとき u_ν は $C([0,T]; H^s)$ の Cauchy 列となるのでその極限が求める解である．証明より極限の u が (4.4.5) を満たすことは明らかである． □

系 4.4.1 任意の s に対して $\phi \in H^s$ とする．このとき (4.4.4) で $f = 0$ のときの解 u も任意の s に対して $u \in C^1([0,T]; H^s)$ である．特に t を固定するごとに $u(t, \cdot) \in C^\infty(\mathbb{R}^n)$ である．

4.5 陪特性帯

$\Lambda(t,x,\xi) \in C^\infty([0,T]; S^1_{phg})$ として初期値 $\phi \in H^{-\infty}$ に対する解 $u(t, \cdot)$ の波面集合を調べよう．初期値問題 (4.4.4) で $f = 0$ のときの解作用素を $S(t,0)$ で表そう．すなわち
$$S(t, 0) : u(0) \mapsto u(t)$$
とする．定理 4.4.1 より $S(t,0)$ は H^s から H^s へ連続である．$0 \le \tau \le T$ とし $\tilde{\Lambda}(t,x,\xi) = \Lambda(\tau - t, x, \xi)$ とおいて初期値問題 $D_t v - \tilde{\Lambda}(t,x,D) v = 0, v(0) = \phi$ を考える．定理 4.4.1 より任意の $\phi \in H^s$ に対して一意的な解 $v \in C([0,\tau]; H^s)$ が存在するが $u(t) = v(\tau - t)$ とすると $u(t)$ は $D_t u + \Lambda u = 0$ を満たし $\|u(0)\| \le C \|u(\tau)\|$ が成り立つ．すなわち
$$S(0, t) : u(t) \mapsto u(0)$$

は H^s から H^s へ連続で $S(0,t)S(t,0) = I$, $S(t,0)S(0,t) = I$ であり, $S(t,0)$, $S(0,t)$ は H^s から H^s への同型を与える. いま $(x_0, \xi_0) \in (\mathbb{R}^n \times (\mathbb{R}^n \setminus \{0\})) \setminus WF(\phi)$ とする. このとき補題 4.3.1 より $q \in S_{phg}^0$ で $q_0(x_0, \xi_0) \neq 0$ かつ $q(x, D)\phi \in C_0^\infty$ を満たすものがある. したがって特に $q(x, D)\phi \in H^\infty$ である. さて

$$Q(t) = S(t,0)q(x,D)S(0,t)$$

を考えると $0 = D_t(S(0,t)S(t,0))$ より $D_t S(0,t) = S(0,t)\Lambda$ であるから $Q(t)$ は

$$D_t Q(t) = -[\Lambda, Q] \tag{4.5.9}$$

を満たす. したがって特に $D_t(Q(t)u(t)) = -\Lambda(Q(t)u(t))$ である. $Q(0)u(0) = q(x, D)\phi \in H^\infty$ であるから系 4.4.1 より各 t について $Q(t)u(t) \in C^\infty(\mathbb{R}^n)$ である. いま $Q(t) = q(t) + R(t)$, $q(t) \in S_{phg}^1$ で R は $H^{-\infty}$ を H^∞ に写すとすると $Ru(t) \in C^\infty$ より $q(t,x,D)u \in C^\infty$ であるから補題 4.3.5 より

$$WF(u(t)) \subset \{(x,\xi) \mid q_0(t,x,\xi) = 0\}$$

が従う.

以下このことを実行しよう. (4.5.9) を満たす $Q(t)$ を $Q(t) = q(t,x,D)$, $q(t,x,\xi) \in S_{phg}^1$, $q(t) \sim \sum_0^\infty q_j(t,x,\xi)$ の形で探そう. 定義 4.1.2 の後の注意に従って $\Lambda \sim \sum_{j=0}^\infty \lambda_j$ で, $\lambda_0(t,x,\xi)$ は実数値, λ_j は $1-j$ 次斉次と仮定できる. $D_t q + [\Lambda(t,x,D), q(t,x,D)]$ の主シンボルは系 4.1.1 より

$$\frac{1}{i}\frac{\partial}{\partial t}q_0 + \frac{1}{i}\{\lambda_0(t,x,\xi), q_0(t,x,\xi)\} = \frac{1}{i}\Big(\frac{\partial}{\partial t} + \tilde{H}_{\lambda_0}\Big)q_0$$

である. ただし

$$\tilde{H}_{\lambda_0} = \sum_{j=1}^n \Big(\frac{\partial \lambda_0}{\partial \xi_j}\frac{\partial}{\partial x_j} - \frac{\partial \lambda_0}{\partial x_j}\frac{\partial}{\partial \xi_j}\Big)$$

である. 一般に $i(D_t q + [\Lambda(t,x,D), q(t,x,D)])$ のシンボルの $1-k$ 次斉次部分は

$$\partial q_k/\partial t + \{\lambda_0, q_k\} + R_k = (\partial/\partial t + \tilde{H}_{\lambda_0})q_k + R_k$$

の形をしている. ここで R_k は $C_{ij\alpha\beta}$ を定数として

$$R_k = \sum_{i+j+|\alpha+\beta|=k+1, |\alpha+\beta|\geq 1, j\leq k-1} C_{ij\alpha\beta} \partial_x^\alpha \partial_\xi^\beta \lambda_i \partial_\xi^\alpha \partial_x^\beta q_j$$

である. したがって初期値問題

$$\begin{cases} (\partial/\partial t + \tilde{H}_{\lambda_0})q_j + R_j = 0, \quad R_0 = 0, \\ q_j(0,x,\xi) = q_j(x,\xi) \end{cases}$$

を考えることになる. 容易に確かめられるように q_0 は Hamilton 方程式[*3)]

[*3)] $\tau + \lambda_0(t,x,\xi)$ の Hamilton 方程式である. 定義 4.5.3 を参照.

4.5 階特性帯

$$\frac{dx}{dt} = \frac{\partial \lambda_0(t,x,\xi)}{\partial \xi}, \quad \frac{d\xi}{dt} = -\frac{\partial \lambda_0(t,x,\xi)}{\partial x} \tag{4.5.10}$$

の解曲線の上で一定である．λ_0 は任意の k, α, β に対し $|\partial_t^k \partial_\xi^\alpha \partial_x^\beta \lambda_0(t,x,\xi)| \leq C_{k\alpha\beta}|\xi|^{1-|\alpha|}$ を満たすので ξ に関する斉次性を考慮すると任意の (y,η), $\eta \neq 0$ に対して $x(0)=y$, $\xi(0)=\eta$ なる解 $x(t,y,\eta)$, $\xi(t,y,\eta)$ が (y,η) によらず $0 \leq t \leq t_0$ で存在する[*4]．さらに $x(t;y,\eta)$, $\xi(t;y,\eta)$ は η について 0, 1 次斉次である．この操作を高々 $[T/t_0]+1$ 回繰り返すと，解は $0 \leq t \leq T$ で存在することが分かる．ここで

$$(x,\xi) = (x(t,y,\eta), \xi(t,y,\eta)) = \chi_t(y,\eta) \tag{4.5.11}$$

と書くと，$q_0(t,\chi_t(y,\eta)) = q(0,y,\eta) = q_0(y,\eta)$ であるから，$|t|$ が十分小なら χ_t の逆 χ_t^{-1} が存在することに注意して，$q_0(t,x,\xi)$ は

$$q_0(t,x,\xi) = q_0(\chi_t^{-1}(x,\xi))$$

で与えられる．q_j については

$$\frac{d}{dt} q_j(t,\chi_t(y,\eta)) + R_j(t,\chi_t(y,\eta)) = 0$$

が成立するからこれを解いて

$$q_j(t,\chi_t(y,\eta)) = q_j(y,\eta) - \int_0^t R_j(s,\chi_s(y,\eta))ds$$

から得られる．$q_j(t,x,\xi)$ は ξ について $1-j$ 次斉次で $|\xi|^{j+|\alpha|-1}\partial_x^\beta \partial_\xi^\alpha q_j(t,x,\xi)$ は (x,ξ) について一様な評価をもつ．命題 4.1.1 の証明を繰り返すと $q(t,x,\xi) \sim \sum q_j(t,x,\xi)$ を満たす $q(t,x,\xi) \in S_{phg}^1$ が存在する．このとき

$$q(0,x,\xi) - q(x,\xi) \in S^{-\infty}, \quad D_t q + [\Lambda, q] = R(t,x,D)$$

で，$R(t,\cdot)$ は $S^{-\infty}$ で有界かつ t について連続である．$K = (Q-q)S(t,0)$ とおくと $D_t K + \Lambda K = -RS(t,0)$ である．$\psi \in H^s(\mathbb{R}^n)$ とするとき $K(0)\psi = (q(x,D) - q(0,x,D))\psi \in H^\infty$ であるから，$RS(t,0)\psi \in C([0,T];H^\infty)$ に注意すると定理 4.4.1 より $K(t)\psi \in C([0,T];H^\infty)$ が従う．$S(0,t)$ は H^s から H^s への同型写像であるから $(Q-q)\psi \in H^\infty$ が従う．すなわち $Q = q + \tilde{R}$ とおくとき任意の $\psi \in H^s$ に対して $\tilde{R}\psi \in H^\infty$ である．すなわち $\tilde{R}$ は $H^{-\infty}$ を H^∞ に写す．

さて $(x,\xi) = \chi_t(x_0,\xi_0)$ なら，$q_0(t,x,\xi) = q_0(x_0,\xi_0) \neq 0$ であるから補題 4.3.1 より

$$\chi_t(x_0,\xi_0) \notin WF(u(t,\cdot))$$

が従う．すなわち $WF(u(t,\cdot)) \subset \chi_t(WF(\phi))$ が成り立つ．$u(t,\cdot)$ を初期値として $t=0$ まで解くことによって $WF(\phi) \subset \chi_t^{-1}(WF(u(t,\cdot)))$ も成立するのでまとめると

[*4] 例えば (4.5.10) を $(x,\xi/|\xi|)$ に関する方程式に書き直してみる．

定理 4.5.1 χ_t は (4.5.11) で定義される写像とする．$u \in C([0,T]; H^{-\infty}(\mathbb{R}^n))$ を初期値問題 (4.4.4) の $\phi \in H^{-\infty}(\mathbb{R}^n)$, $f=0$ に対する解とする．このとき

$$WF(u(t,\cdot)) = \chi_t(WF(\phi))$$

が成り立つ．

写像 $\chi_t : (y,\eta) \mapsto (x,\xi)$ をもう少し詳しく考察しよう．$\lambda_0(t,x,\xi) = \lambda(t,x,\xi)$ と書こう．次の初期値問題

$$\begin{cases} \partial_t \phi(t,x,\xi) + \lambda(t,x,\nabla_x\phi) = 0, \\ \phi(0,x,\xi) = \langle x,\xi \rangle \end{cases} \quad (4.5.12)$$

の解 ϕ を考える．$|t|$ が小なら $\det(\partial^2\phi/\partial\xi\partial x) \neq 0$ であるから

$$y = \nabla_\xi \phi(t,x,\eta), \ \ \xi = \nabla_x \phi(t,x,\eta) \quad (4.5.13)$$

より $\xi(t,y,\eta)$, $x(t,y,\eta)$ が決まる．この $\xi(t,y,\eta)$, $x(t,y,\eta)$ について (4.5.13) より

$$\dot\xi = \partial_t \nabla_x \phi + (\partial^2\phi/\partial x\partial x)\dot x, \ \ 0 = \partial_t \nabla_\xi \phi + (\partial^2\phi/\partial x\partial \xi)\dot x$$

が従う．ここで $\dot\xi = \partial\xi/\partial t$ である．一方 (4.5.12) より

$$\partial_t \nabla_\xi \phi(t,x,\eta) + (\partial^2\phi/\partial x\partial\xi)(\partial\lambda/\partial\xi)(t,x,\nabla_x\phi) = 0,$$
$$\partial_t \nabla_x \phi(t,x,\eta) + (\partial\lambda/\partial x)(t,x,\nabla_x\phi) + (\partial^2\phi/\partial x\partial x)(\partial\lambda/\partial\xi)(t,x,\nabla_x\phi) = 0$$

が成り立つ．したがって $\partial_t\nabla_\xi\phi(t,x,\eta) = -(\partial^2\phi/\partial x\partial\xi)\dot x$ を代入して

$$\dot x - (\partial\lambda/\partial\xi)(t,x,\xi) = 0$$

を得る．同様にして $\dot\xi + (\partial\lambda/\partial x)(t,x,\xi) = 0$ を得る．また $x(0,y,\eta) = y$, $\xi(0,y,\eta) = \eta$ は明らかであるから，この $x(t,y,\eta)$, $\xi(t,y,\eta)$ は Hamilton 方程式 (4.5.10) の初期値が (y,η) の解である．(4.5.13) から容易に分かるように

$$\sum_{j=1}^n d\eta_j \wedge dy_j = \sum_{j=1}^n d\xi_j \wedge dx_j \quad (4.5.14)$$

が成立する．

定義 4.5.1 (4.5.14) で与えられる 2 形式

$$\sigma = \sum_{j=1}^n d\xi_j \wedge dx_j \quad (4.5.15)$$

を symplectic 形式という．局所座標では $\sigma((x,\xi),(y,\eta)) = \langle \xi,y \rangle - \langle x,\eta \rangle$ となる．

次の定義によれば写像 (4.5.11) は斉次正準変換である．

定義 4.5.2 U, V を $\mathbb{R}^n \times \mathbb{R}^n$ の開集合とし,$\chi : U \ni (y, \eta) \mapsto (x, \xi) \in V$ を C^∞ 微分同相写像とする.χ が (4.5.14) を満たすとき,すなわち χ が symplectic 形式 σ を不変にするとき χ を正準変換と呼び,(x, ξ) を正準座標系という.U, V が $\mathbb{R}^n \times (\mathbb{R}^n \setminus \{0\})$ の開錐集合で x, ξ が η に関してそれぞれ 0 次斉次,1 次斉次であるとき χ を斉次正準変換という.また正準変換 χ が (4.5.13) で与えられるとき ϕ を母関数と呼ぶ.

いま $\chi : (y, \eta) \mapsto (x, \xi)$ を正準変換とし

$$T = \begin{pmatrix} \partial y/\partial x & \partial y/\partial \xi \\ \partial \eta/\partial x & \partial \eta/\partial \xi \end{pmatrix}, \quad J = \begin{pmatrix} O & E \\ -E & O \end{pmatrix} \quad (4.5.16)$$

とおく.ここで $\partial y/\partial x$ などは (i, j) 成分が $\partial y_i/\partial x_j$ である $n \times n$ 行列を表すものとし,E は n 次単位行列を表す.このとき (4.5.14) は ${}^t TJT = J$ と同値であり $J^{-1} = -J$ であるから $T^{-1} J\, {}^t(T^{-1}) = J$ と同値である.これはさらに

$$\{x_i, x_j\} = 0, \quad \{\xi_i, \xi_j\} = 0, \quad \{x_i, \xi_j\} = -\delta_{ij}, \quad i, j = 1, \ldots, n \quad (4.5.17)$$

と同値である.ここで δ_{ij} は Kronecker のデルタである.

補題 4.5.1 Poisson 括弧式 $\{f, g\}$ は正準変換の下で不変である.すなわち $\chi : (y, \eta) \mapsto (x, \xi)$ を正準変換とし $F(y, \eta) = f(\chi(y, \eta))$, $G(y, \eta) = g(\chi(y, \eta))$ とおくと

$$\{F, G\}(y, \eta) = \{f, g\}(x, \xi), \quad (x, \xi) = \chi(y, \eta) \quad (4.5.18)$$

が成り立つ.

［証明］ (4.5.17) を利用すれば容易に確かめられる. □

上では t を固定したときの $u(t, \cdot)$ の波面集合の伝播を考察したが,次に u の $\mathbb{R}^{n+1}$ での超関数としての波面集合の伝播について考察しよう.一般には $\tau + \Lambda(t, x, \xi) \notin S^1(\mathbb{R}^{n+1} \times \mathbb{R}^{n+1})$ であるが,$\chi \in C_0^\infty(\mathbb{R})$ を原点の近くで 1 で,十分小さな台をもつものとすると,$\chi(\tau \langle \xi \rangle^{-1})(\tau + \Lambda) \in S^1(\mathbb{R}^{n+1} \times \mathbb{R}^{n+1})$ であり,$D_t u + \Lambda u = 0$ に $\chi(\tau \langle \xi \rangle^{-1})$ をシンボルとする擬微分作用素を作用させることによって補題 4.3.5 より

$$WF(u) \subset \{(t, x, -\lambda_0(t, x, \xi), \xi)\} \cup \{(t, x, \tau, 0)\} \quad (4.5.19)$$

が従う.定理 4.5.1 の証明から $\xi \neq 0$ かつ $q_0(t, x, \xi) \neq 0$ なら $(t, x, \tau, \xi) \notin WF(u)$ である.いま $(t, x, \tau, \xi) \in WF(u)$ から $\xi \neq 0$ が従うと仮定しよう.$(x, \xi) \in WF(u(t, \cdot))$ とする.$(t, x, -\lambda_0, \xi) \notin WF(u)$ と仮定すると (4.5.19) より $\tau \in \mathbb{R}$ について一様に $(t, x, \tau, \xi) \notin WF(u)$ となり,u の Fourier 変換を τ について積分することにより $(x, \xi) \notin WF(u(t, \cdot))$ となり矛盾する.したがって

$$WF(u(t, \cdot)) = \{(x, \xi) \mid (t, x, -\lambda_0(t, x, \xi), \xi) \in WF(u)\} \quad (4.5.20)$$

が成立する.特に $\Lambda(t, x, D)$ が微分作用素のときには上式が成立する.

系 4.5.1 $p(t,x,\tau,\xi) = \tau + \lambda_0(t,x,\xi)$ とし $(t,x,\tau,\xi) \in WF(u)$ から $\xi \neq 0$ が従うとする. いま $\gamma(s) = (t(s), x(s), \tau(s), \xi(s))$ を

$$d(t,x)/ds = \partial p/\partial(\tau,\xi),\ d(\tau,\xi)/ds = -\partial p/\partial(t,x),\ p(\gamma(s)) = 0 \quad (4.5.21)$$

を満たす曲線とする. このときある s で $\gamma(s) \in WF(u)$ ならばすべての s で $\gamma(s) \in WF(u)$ である.

［証明］$\gamma(s)$ は (4.5.21) を満たすとする. $dt/ds = 1$ ゆえ $t = s$ をパラメーターにとれる. このとき $d\tau/dt = -\partial\lambda_0/\partial t$ より

$$\frac{d}{dt}\bigl(\tau(t) + \lambda_0(t, x(t), \xi(t))\bigr)$$
$$= -\partial\lambda_0/\partial t + \partial\lambda_0/\partial t + \langle\nabla_x\lambda_0, \dot{x}\rangle + \langle\nabla_\xi\lambda_0, \dot{\xi}\rangle = 0$$

であるから $\tau(t) = -\lambda_0(t, x(t), \xi(t))$ である. すなわち γ はパラメーターを t にとると $\gamma(t) = (t, x(t), -\lambda_0(t, x(t), \xi(t)), \xi(t))$ で与えられる. ここで $x(t), \xi(t)$ は (4.5.10) を満たす. したがって (4.5.19), (4.5.20) と定理 4.5.1 より結論が従う. □

定義 4.5.3 $p(x,\xi)$ を $\mathbb{R}^n \times \mathbb{R}^n$ 上の滑らかな関数とする. このとき

$$H_p = \sum_{j=1}^n \Bigl(\frac{\partial p}{\partial \xi_j}\frac{\partial}{\partial x_j} - \frac{\partial p}{\partial x_j}\frac{\partial}{\partial \xi_j}\Bigr)$$

を p の Hamilton ベクトル場という. p の微分 dp を用いて

$$dp(X) = \sigma(X, H_p),\ \forall X = (x,\xi) \in \mathbb{R}^{2n}$$

とも定義される. また Hamilton 方程式 $\dot{\gamma}(s) = H_p(\gamma(s))$, すなわち

$$\frac{dx}{ds} = \frac{\partial p(x,\xi)}{\partial \xi},\ \frac{d\xi}{ds} = -\frac{\partial p(x,\xi)}{\partial x} \quad (4.5.22)$$

の解曲線 $\gamma(s) = (x(s), \xi(s))$ 上 p は定数であるが, 特に $p(\gamma(s)) = 0$ のとき $\gamma(s)$ を p の陪特性帯と呼ぶ[*5].

補題 4.5.2 陪特性帯は正準変換の下で不変である. すなわち $\chi: (y, \eta) \mapsto (x, \xi)$ を正準変換とし, $P(y, \eta) = p(\chi(y, \eta))$, $X_j(y, \eta) = x_j(\chi(y, \eta))$, $\Xi_j(y, \eta) = \xi_j(\chi(y, \eta))$ とするとき, $\Gamma(s)$ が $d\Gamma(s)/ds = H_P(\Gamma(s))$ を満たせば $\gamma(s) = (X(\Gamma(s)), \Xi(\Gamma(s)))$ は $d\gamma(s)/ds = H_p(\gamma(s))$ を満たす.

［証明］ $dX_j(\Gamma(s))/ds = \{P, X_j\}(\Gamma(s))$ であるから (4.5.18) より

$$\frac{dX_j(\Gamma(s))}{ds} = \{P, X_j\}(\Gamma(s)) = \{p, x_j\}(\gamma(s))$$

[*5] (4.5.22) の解を陪特性帯と呼び, 陪特性帯 $\gamma(s)$ のうち $p(\gamma(s)) = 0$ を満たすものを零陪特性帯と呼ぶ流儀もある. 本書では [20] および [7] に従った.

$$= \frac{\partial p}{\partial \xi_j}(X(\Gamma(s)), \Xi(\Gamma(s)))$$

が成り立つ．同様にして
$$\frac{d\Xi_j(\Gamma(s))}{ds} = \{P, \Xi_j\}(\Gamma(s)) = \{p, \xi_j\}(\gamma(s))$$
$$= -\frac{\partial p}{\partial x_j}(X(\Gamma(s)), \Xi(\Gamma(s)))$$

であるから $d\gamma(s)/ds = H_p(\gamma(s))$ が従う． □

最後に斉次正準座標系の存在についての結果を紹介しておく．

定義 4.5.4 $\rho \in \mathbb{R}^n \times (\mathbb{R}^n \setminus \{0\})$ の錐近傍で定義された $2n$ 個の C^∞ 関数 $\{y_\alpha\}$, $\{\eta_\beta\}$, $\alpha, \beta = 1, 2, \ldots, n$ が ρ の周りの斉次正準座標系であるとは，y_α, η_β は ξ に関してそれぞれ 0 次および 1 次斉次で，$y_\alpha(\rho) = 0$ $(\alpha = 1, \ldots, n)$, $\eta_\beta(\rho) = 0$ $(\beta = 1, \ldots, n-1)$, $\eta_n(\rho) \neq 0$ かつ $dy_\alpha(\rho)$ $(\alpha = 1, \ldots, n)$, $d\eta_\beta(\rho)$ $(\beta = 1, \ldots, n-1)$, $\sum_{j=1}^n \xi_j dx_j$ は ρ で 1 次独立で，さらに交換関係

$$\{y_\alpha, y_\beta\} = \{\eta_\alpha, \eta_\beta\} = 0, \quad \{y_\alpha, \eta_\beta\} = -\delta_{\alpha\beta}, \quad \alpha, \beta = 1, \ldots, n \tag{4.5.23}$$

を満たすとき，すなわち $(x, \xi) \mapsto (y, \eta)$ が斉次正準変換のときをいう．

$\{y, \eta\}$ を ρ の周りの正準座標系とする．このとき
$$(y, \eta)(\rho + \epsilon(x, \xi)) = (y, \eta)(\rho) + \epsilon \langle (e, f), (x, \xi) \rangle + O(\epsilon^2)$$

と書くとき，$\{e_j, f_j\}$ は $\mathbb{R}^n \times \mathbb{R}^n$ の symplectic 基底であり，これについては第 7 章で考察する．補題 4.5.1 より Poisson 括弧式は正準座標系の選び方によらない．

斉次正準座標系の存在については次の斉次 Darboux の定理[*6]が成立する．

定理 4.5.2 $A \subset \{1, \ldots, n-1\}$, $B \subset \{1, \ldots, n\}$ を $\{1, \ldots, n\}$ の部分集合とし，$f_\alpha, \alpha \in A$ および $g_\beta, \beta \in B$ を $\rho \in \mathbb{R}^n \times (\mathbb{R}^n \setminus \{0\})$ の錐近傍で定義された C^∞ 関数で

$$\begin{cases} f_\alpha, g_\beta \text{ はそれぞれ 0 次および 1 次斉次,} \\ f_\alpha(\rho) = g_\beta(\rho) = 0, \quad \forall \alpha \in A, \ \forall \beta \in B \setminus \{n\}, \quad g_n(\rho) \neq 0, \\ df_\alpha(\rho), \ dg_\beta(\rho), \ \sum_{j=1}^n \xi_j dx_j \text{ は} \rho \text{ で 1 次独立} \end{cases}$$

を満たし，さらに次の交換関係を満たしているとする．

$$\{f_\alpha, f_{\alpha'}\} = \{g_\beta, g_{\beta'}\} = 0, \quad \{f_\alpha, g_\beta\} = \delta_{\alpha\beta}, \quad \alpha, \alpha' \in A, \ \beta, \beta' \in B.$$

このとき $\{f_\alpha\}, \{g_\beta\}$ が斉次正準座標系となるように $f_\alpha, \alpha \notin A, f_\alpha(\rho) = 0$ および $g_\beta, \beta \notin B, g_\beta(\rho) = 0$ $(\beta \neq n), g_n(\rho) \neq 0$ $(\beta = n)$ を選ぶことができる．

[*6] 証明については例えば [8] の第 XXI 章を参照．

第5章 狭義双曲型作用素

　この章では狭義双曲型作用素に対して解の特異性が陪特性帯に沿って伝わることを確かめる．また狭義双曲型作用素に対してエネルギー評価を導き初期値問題に関する基本事実（定理 1.1.1）を証明する．最後の節では Fefferman-Phong の不等式の応用として，必ずしも狭義双曲型ではない，2階の実特性根をもつ微分作用素の初期値問題を考察する．

5.1 特異性の伝播

　この節では狭義双曲型作用素に対する特異性の伝播について簡単にみておこう．P を m 階の狭義双曲型作用素として次の初期値問題を考えよう．

$$\begin{cases} Pu = 0, & 0 < t < T, \\ D_t^j u = \phi_j, & j = 0, \ldots, m-1, \ t = 0. \end{cases}$$

$p(t, x, \tau, \xi)$ を P の主シンボルとするとき，狭義双曲型多項式の定義より $\xi \neq 0$ のとき

$$p(t, x, \tau, \xi) = \prod_{j=1}^{m} (\tau - \lambda_j(t, x, \xi)), \quad \lambda_1(t, x, \xi) < \cdots < \lambda_m(t, x, \xi)$$

と書ける．ここで $\lambda_j(t, x, \xi) \in C^\infty(\mathbb{R} \times \mathbb{R}^n \times (\mathbb{R}^n \setminus \{0\}))$ は実数値で 1 次正斉次である．P は m 階の微分作用素であるから $P \in S_{phg}^m(\mathbb{R}^{n+1} \times \mathbb{R}^{n+1})$ であり，また $P(t, x, 1, 0) \neq 0$ でもあるから補題 4.3.5 より $Pu = 0$ および $(t, x, \tau, \xi) \in WF(u)$ から $\xi \neq 0$ が従うことに注意する．この章では D_x を単に D で表すことにする．

補題 5.1.1 各 $j = 1, \ldots, m$ に対し P は次のように分解される．

$$\begin{cases} P - (D_t - \Lambda_j(t, x, D))Q_j = R_j(t, x, D), \\ Q_j = \sum_{k=0}^{m-1} Q_{jk}(t, x, D) D_t^k. \end{cases} \tag{5.1.1}$$

ここで $\Lambda_j(t, x, \xi) - \lambda_j(t, x, \xi) \in S_{phg}^0$, $Q_{jk}(t, x, \xi) \in S_{phg}^{m-1-k}(\mathbb{R}^{n+1} \times \mathbb{R}^n)$ および $R_j(t, x, \xi) \in S^{-\infty}(\mathbb{R}^{n+1} \times \mathbb{R}^n)$ である．

[証明] $\chi \in C_0^\infty(\mathbb{R}^n)$ は原点の近傍で 1 とする．$\Lambda_j = (1 - \chi(\xi))\lambda_j$ とおこう．$P = \sum D_t^j p_j(t,x,D)$ と書いて $D_t = (D_t - \Lambda_j) + \Lambda_j$ を代入すると P が (5.1.1) の形に書けることは明らかである．ここで $R_j(t,x,\xi) \in S_{phg}^m$ である．ところで左辺の主シンボルは $\tau = \lambda_j$ とおくと 0 になるので $R_j \in S_{phg}^{m-1}$ であることが分かる．$Q_j(t,x,\lambda_j,\xi)$ の主シンボルは

$$\left.\frac{p(t,x,\tau,\xi)}{\tau - \lambda_j(t,x,\xi)}\right|_{\tau=\lambda_j} = (\partial p/\partial \tau)(t,x,\lambda_j,\xi) \neq 0$$

を満たす．次に

$$P - (D_t - \Lambda_j(t,x,D) - a(t,x,D))Q_j = R_j(t,x,D) + a(t,x,D)Q_j$$

に注意して $R_j(t,x,\xi) + a(t,x,\xi)Q_j(t,x,\lambda_j,\xi) = 0$ で $a(t,x,\xi)$ を定め，$(1 - \chi(\xi))a(t,x,\xi) \in S_{phg}^0$ を再び a で表す．このとき

$$R_j(t,x,D) + a(t,x,D)Q_j(t,x,D_t,D) = (D_t - \Lambda_j - a)\tilde{Q}_j + \tilde{R}_j(t,x,D)$$

と書けるが上と同じ議論によって $\tilde{R}_j \in S_{phg}^{m-2}$ が従う．ゆえに

$$P - (D_t - \Lambda_j - a)(Q_j + \tilde{Q}_j) = \tilde{R}_j(t,x,D)$$

を得る．以下この操作を繰り返せばよい． □

定理 5.1.1 P を狭義双曲型作用素とする．$Pu = 0$ とするとき $WF(u)$ は p の Hamilton 流に関して不変である．すなわち $(t,x,\tau,\xi) \in WF(u)$ とすると (t,x,τ,ξ) を通る陪特性帯は $WF(u)$ に属する．

[証明] 最初に p の陪特性帯は $\tau - \lambda_j$, $j = 1,\ldots,m$ の陪特性帯からなることに注意しよう．実際 $\gamma(s)$ を p の陪特性帯とすると $p(\gamma(s)) = 0$ よりある j について $\tau(s) = \lambda_j(t(s),x(s),\xi(s))$ であり，したがって $p = (\tau - \lambda_j)q_j$ と書くとき $d\gamma(s)/ds = q_j(\gamma(s))H_{\tau-\lambda_j}(\gamma(s))$ となり，$q_j(\gamma(s)) \neq 0$ であるからパラメーターを取り替えると $\gamma(s)$ が $\tau - \lambda_j$ の陪特性帯であることが分かる．

まず $(t,x,\tau,\xi) \in WF(u)$ なら $\xi \neq 0$ であることに注意する．いま $(\bar{t},\bar{x},\bar{\tau},\bar{\xi})$ と $(\hat{t},\hat{x},\hat{\tau},\hat{\xi})$ を p の陪特性帯上の 2 点とする．上で確かめたようにこの 2 点はある j について $\tau - \lambda_j(t,x,\xi)$ の陪特性帯上にある．補題 5.1.1 を利用して $P = (D_t - \Lambda_j)Q_j + R_j$ と分解するとき Q_j は $(t,x,\lambda_j(t,x,\xi),\xi)$ で非特性的である．$Pu = 0$ から $(D_t - \Lambda_j)Q_j u \in C^\infty$ となる．いま $(\hat{t},\hat{x},\hat{\tau},\hat{\xi}) \notin WF(u)$ と仮定すると $(\hat{t},\hat{x},\hat{\tau},\hat{\xi}) \notin WF(Q_j u)$ であり，系 4.5.1 より $(\bar{t},\bar{x},\bar{\tau},\bar{\xi}) \notin WF(Q_j u)$ が成立し，Q_j が $(\bar{t},\bar{x},\bar{\tau},\bar{\xi})$ で非特性的であるから $(\bar{t},\bar{x},\bar{\tau},\bar{\xi}) \notin WF(u)$ となる．したがって主張は証明された． □

5.2 狭義双曲型作用素とエネルギー評価

後の章で必要となる狭義双曲型作用素のエネルギー評価を求め，これを利用して因果律を満たす初期値問題の解の存在を示そう．最初に補題 4.4.1 の一変形について考察する．$P = D_t + \Lambda(t,x,D)$ は $\Lambda(t,x,\xi) \in C^\infty([0,T], S^1)$ および $\operatorname{Im} \Lambda(t,x,\xi) \in C^\infty([0,T]; S^0)$ を満たしているとする．正のパラメーター $\gamma \geq 1$ に対し

$$e^{-\gamma t} P e^{\gamma t} = D_t - i\gamma + \Lambda$$

は明らかである．また

$$\langle \xi \rangle_\gamma = (\gamma^2 + |\xi|^2)^{1/2}$$

とおく．

補題 5.2.1 $s, \ell \in \mathbb{R}$ とする．このとき $C > 0$, $\gamma_0 > 0$ があって $\gamma \geq \gamma_0$ のとき任意の $u \in C_0^\infty(\{(t,x) \mid 0 < t\})$ に対して

$$\gamma \int_0^T e^{-\gamma t} \|\langle D \rangle_\gamma^s u(t,\cdot)\|_\ell dt \leq C \int_0^T e^{-\gamma t} \|\langle D \rangle_\gamma^s P u\|_\ell dt \tag{5.2.2}$$

が成立する．

［証明］ 補題 4.4.1 の証明から直ちに $s = 0$, $\ell = 0$ の場合

$$\int_0^T \|Pu\| e^{-\gamma t} dt \geq (\gamma - C/2) \int_0^T \|u\| e^{-\gamma t} dt$$

が分かる．一般の s, ℓ のときには $b_s(t,x,D;\gamma) = [\langle D \rangle_\gamma^s, \Lambda]\langle D \rangle_\gamma^{-s}$ と書くとき，b_s が $\gamma \geq 1$ について一様に S^0 に属することに注意すればよい． □

次に一般の狭義双曲型作用素を考察する．補題 5.1.1 に注意して (5.2.2) を $Q_j u$ に適用すると

$$\begin{aligned}&\gamma \sum_{j=1}^m \int_0^T e^{-\gamma t} \|\langle D \rangle_\gamma^s Q_j u\| dt \\ &\leq C \int_0^T e^{-\gamma t} \bigl(\|\langle D \rangle_\gamma^s Pu\| + \|\langle D \rangle_\gamma^s u(t,\cdot)\|_{m-1}\bigr) dt\end{aligned} \tag{5.2.3}$$

が成り立つ．Q_j の主シンボルを $q_j(t,x,\tau,\xi)$ とするとき，$q_j = \prod_{k \neq j}(\tau - \lambda_k)$ であるから Lagrange の補間公式によると，$k \leq m - 1$ のとき

$$\tau^k = \sum_{j=1}^m q_j(t,x,\tau,\xi)\lambda_j(t,x,\xi)^k \Big/ \prod_{\nu \neq j}(\lambda_j - \lambda_\nu)$$

と書ける．いま
$$M_{kj} = (1 - \chi(\xi))\lambda_j(t, x, \xi)^k \Big/ \prod_{\nu \neq j}(\lambda_j - \lambda_\nu)$$
とおくと $M_{kj} \in S^{k+1-m}(\mathbb{R}^{n+1} \times \mathbb{R}^n)$ で
$$D_t^k = \sum_{j=1}^{m} M_{kj}(t, x, D)Q_j + \sum_{j=0}^{m-1} R_{kj}D_t^j$$
と書ける．ここで $R_{kj} \in S^{k-j-1}$ である．したがって
$$\sum_{k=0}^{m-1} \|\langle D\rangle_\gamma^s D_t^k u\|_{m-k-1}$$
$$\leq C\Big(\sum_{j=1}^{m} \|\langle D\rangle_\gamma^s Q_j u\| + \sum_{j=0}^{m-1} \|\langle D\rangle_\gamma^s D_t^j u\|_{m-j-2}\Big)$$
が成立する．右辺第 2 項で $j = m - 1$ の項は右辺第 1 項に吸収できることに注意しよう．したがって (5.2.3) より
$$\gamma \sum_{k=0}^{m-1} \int_0^T e^{-\gamma t} \|\langle D\rangle_\gamma^s D_t^k u\|_{m-k-1} dt$$
$$\leq C \int_0^T e^{-\gamma t} \Big(\|\langle D\rangle_\gamma^s Pu\| + \gamma \sum_{j=0}^{m-2} \|\langle D\rangle_\gamma^s D_t^j u\|_{m-j-2}\Big) dt$$
を得る．補題 5.2.1 より $P = D_t$ として
$$C \int_0^T e^{-\gamma t} \|\langle D\rangle_\gamma^s D_t^k u\|_{m-k-1} dt \geq \gamma \int_0^T e^{-\gamma t} \|\langle D\rangle_\gamma^s D_t^{k-1} u\|_{m-k-1} dt$$
が成立するので γ を十分大に選ぶと
$$\gamma \sum_{k=0}^{m-1} \int_0^T e^{-\gamma t} \|\langle D\rangle_\gamma^s D_t^k u\|_{m-k-1} dt \leq C \int_0^T e^{-\gamma t} \|\langle D\rangle_\gamma^s Pu\| dt \quad (5.2.4)$$
が成り立つ．また
$$\gamma \int_0^T \|u\| dt \leq \int_0^T \|(D_t - i\gamma)u\| dt$$
に注意すると正数 $C > 0$ が存在して
$$\sum_{k=0}^{m-1} \int_0^T \|\langle D\rangle_\gamma^{m-1-k} D_t^k u\| dt \leq C \sum_{k=0}^{m-1} \int_0^T \|(D_t - i\gamma)^k u\|_{m-1-k} dt$$
の成立することが分かる．$e^{-\gamma t} D_t e^{\gamma t} = D_t - i\gamma$ であるから
$$P_\gamma = e^{-\gamma t} P(t, x, D_t, D) e^{\gamma t} = P(t, x, D_t - i\gamma, D)$$
とおいて (5.2.4) で u の代わりに $e^{\gamma t} u$ とすると
$$\gamma \sum_{k=0}^{m-1} \int_0^T \|\langle D\rangle_\gamma^{s+m-1-k} D_t^k u\| dt \leq C \int_0^T \|\langle D\rangle_\gamma^s P_\gamma u\| dt$$
が成立する．

命題 5.2.1 $s \in \mathbb{R}$ とする．このとき $C > 0$, $\gamma_0 > 0$ が存在して $\gamma \geq \gamma_0$ のとき任意の $u \in C_0^\infty(\{(t,x) \mid 0 < t\})$ に対して

$$\gamma \sum_{k=0}^{m-1} \int_0^T \|\langle D \rangle_\gamma^{s+m-1-k} D_t^k u(t,\cdot)\| dt \leq C \int_0^T \|\langle D \rangle_\gamma^s P_\gamma u\| dt$$

が成立する．

P の随伴作用素 P^* の主シンボルは P の主シンボル $p(t,x,\tau,\xi)$ と同じであるから[*1]

$$P_\gamma^* = (P_\gamma)^* = e^{\gamma t} P^*(t,x,D_t,D) e^{-\gamma t} = P(t,x,D_t+i\gamma,D)$$

に注意して，命題 5.2.1 の証明において t を $-t$ に置き換えて議論すると次を得る．

命題 5.2.2 $s \in \mathbb{R}$ とする．このとき $C > 0$, $\gamma_0 > 0$ が存在して $\gamma \geq \gamma_0$ のとき任意の $u \in C_0^\infty(\{(t,x) \mid t < T\})$ に対して

$$\gamma \sum_{k=0}^{m-1} \int_0^T \|\langle D \rangle_\gamma^{s+m-1-k} D_t^k u(t,\cdot)\| dt \leq C \int_0^T \|\langle D \rangle_\gamma^s P_\gamma^* u\| dt \tag{5.2.5}$$

が成立する．

次に $X = \{(t,x) \in \mathbb{R}^{n+1} \mid t > 0\}$, $\bar{X} = \{(t,x) \in \mathbb{R}^{n+1} \mid t \geq 0\}$ とおき，いくつかの関数空間を導入しよう．

定義 5.2.1 $\gamma \geq 1$ を 1 つ固定する．$m, s \in \mathbb{R}$ として

$$H_{(m,s)}(\mathbb{R}^{n+1}) = \{u \in \mathcal{S}'(\mathbb{R}^{n+1}) \mid \langle D_t, D \rangle_\gamma^m \langle D \rangle_\gamma^s u \in L^2(\mathbb{R}^{n+1})\}$$

と定義する．$H_{(m,s)}(\mathbb{R}^{n+1})$ にはノルム

$$\|u\|_{(m,s)} = \|\langle D_t, D \rangle_\gamma^m \langle D \rangle_\gamma^s u\|_{L^2(\mathbb{R}^{n+1})}$$

を与える．ここで

$$\langle \tau, \xi \rangle_\gamma = (\tau^2 + |\xi|^2 + \gamma^2)^{1/2}$$

である．したがって $\langle \tau, \xi \rangle_\gamma^2 = \tau^2 + \langle \xi \rangle_\gamma^2$ である．また $\gamma \geq 1$ を固定するごとにこれらのノルムは同値である．

空間 $H_{(m,s)}$ について

$$H_{(m_1,s_1)} \subset H_{(m_2,s_2)} \iff m_2 \leq m_1 \text{ および } m_2 + s_2 \leq m_1 + s_1 \tag{5.2.6}$$

が成立することを確かめるのは容易である．半双線形形式

$$\int u(t,x)\overline{v(t,x)} dt dx, \quad u, v \in \mathcal{S}(\mathbb{R}^{n+1})$$

[*1] p の特性根がすべて実であることより p の係数は実数値である．

は $H_{(m,s)} \times H_{(-m,-s)}$ 上の半双線形形式に一意的に拡張される. $H_{(m,s)}$ と $H_{(-m,-s)}$ はこの半双線形形式に関して互いに双対である. このことは Plancherel の定理[*2] より

$$H_{(m,s)}(\mathbb{R}^{n+1}) \cong L^2(\mathbb{R}^{n+1}; \langle \tau, \xi \rangle^{2m} \langle \xi \rangle^{2s} d\tau d\xi)$$

であり, したがって明らかである. 次に定義 1.1.3 の関数空間 $\bar{H}^p(X), \dot{H}^p(\bar{X})$ に対応して次の関数空間を導入する.

定義 5.2.2 $m, s \in \mathbb{R}$ とするとき

$$\bar{H}_{(m,s)}(X) = \{u = U|_X \mid U \in H_{(m,s)}(\mathbb{R}^{n+1})\},$$
$$\dot{H}_{(m,s)}(\bar{X}) = \{u \in H_{(m,s)}(\mathbb{R}^{n+1}) \mid \operatorname{supp} u \subset \bar{X}\}$$

と定義する. ここで $\bar{H}_{(m,s)}(X)$ には

$$\inf \{ \|\langle D_t, D\rangle_\gamma^m \langle D \rangle_\gamma^s U\|_{L^2(\mathbb{R}^{n+1})} \mid U|_X = u, U \in H_{(m,s)}(\mathbb{R}^{n+1})\}$$

で定義されるノルム $\|u\|_{\bar{H}_{(m,s)}(X)}$ を与える.

いま列 $\{U_k\}$, $U_k \in H_{(m,s)}(\mathbb{R}^{n+1})$ を $U_k|_X = u$ かつ $\lim_{k\to\infty} \|U_k\|_{(m,s)} = \|u\|_{\bar{H}_{(m,s)}(X)}$ と選ぶと $H_{(m,s)}(\mathbb{R}^{n+1})$ は Hilbert 空間であるから部分列を考えれば U_k はある $U \in H_{(m,s)}(\mathbb{R}^{n+1})$ に弱収束しているとしてよく[*3], したがって $\|U\|_{(m,s)} \leq \liminf_{k\to\infty} \|U_k\|_{(m,s)}$ である. また $U|_X = u$ は明らかであるから

$$\|U\|_{(m,s)} = \|u\|_{\bar{H}_{(m,s)}(X)}$$

を満たす $U \in H_{(m,s)}(\mathbb{R}^{n+1})$ が存在する. (5.2.6) より

$$\bar{H}_{(m_1,s_1)}(X) \subset \bar{H}_{(m_2,s_2)}(X) \iff m_2 \leq m_1 \text{ かつ } m_2 + s_2 \leq m_1 + s_1$$

は明らかである. 1.1 節と同様にこの場合も $\bar{C}_0^\infty(X)$ および $C_0^\infty(X)$ はそれぞれ $\bar{H}_{(m,s)}(X)$ および $\dot{H}_{(m,s)}(\bar{X})$ で稠密である. また $\bar{H}_{(m,s)}(X)$ と $\dot{H}_{(-m,-s)}(\bar{X})$ は次の半双線形形式

$$\int_{\mathbb{R}^{n+1}} u\bar{v} dx, \quad u \in \bar{C}_0^\infty(X), v \in C_0^\infty(X)$$

(の拡張) に関して互いに双対である.

補題 5.2.2 m を非負整数とする. このとき $u \in \bar{H}_{(m,s)}(X)$ であるためには $u \in \bar{H}_{(m-1,s+1)}(X)$ かつ $D_t u \in \bar{H}_{(m-1,s)}(X)$ であることが必要十分であり, このとき

$$\|u\|^2_{\bar{H}_{(m,s)}(X)}/2 \leq \|D_t u\|^2_{\bar{H}_{(m-1,s)}(X)} + \|u\|^2_{\bar{H}_{(m-1,s+1)}(X)} \leq \|u\|^2_{\bar{H}_{(m,s)}(X)}$$

が成り立つ.

[*2] 例えば [24] の第 1 章参照.
[*3] 例えば [24] の第 2 章参照.

[証明] 記号を簡単にするためにこの証明では $\|u\|_{\bar{H}_{(k,s)}(X)} = \|u\|_{X(k,s)}$ と書くことにする. $u \in \bar{H}_{(m,s)}(X)$ とし, $U \in H_{(m,s)}(\mathbb{R}^{n+1})$ を $t > 0$ では u に一致し $\|U\|_{(m,s)} = \|u\|_{X(m,s)}$ を満たすものとする.

$$\tau^2(\tau^2 + \langle\xi\rangle_\gamma^2)^{m-1}\langle\xi\rangle_\gamma^{2s} + (\tau^2 + \langle\xi\rangle_\gamma^2)^{m-1}\langle\xi\rangle_\gamma^{2(s+1)} = (\tau^2 + \langle\xi\rangle_\gamma^2)^m \langle\xi\rangle_\gamma^{2s}$$

であるから $\|D_t U\|_{(m-1,s)}^2 + \|U\|_{(m-1,s+1)}^2 = \|U\|_{(m,s)}^2 = \|u\|_{X(m,s)}^2$ が成り立つ. したがって定義より $D_t u \in \bar{H}_{(m-1,s)}(X)$, $u \in \bar{H}_{(m-1,s+1)}(X)$ および

$$\|D_t u\|_{X(m-1,s)}^2 + \|u\|_{X(m-1,s+1)}^2 \leq \|u\|_{X(m,s)}^2$$

が従う. 次に逆を示そう. $V \in H_{(m-1,s+1)}(\mathbb{R}^{n+1})$, $W \in H_{(m-1,s)}(\mathbb{R}^{n+1})$ を $t > 0$ ではそれぞれ u, $D_t u$ に一致し, $\|V\|_{(m-1,s+1)} = \|u\|_{X(m-1,s+1)}$, $\|W\|_{(m-1,s)} = \|D_t u\|_{X(m-1,s)}$ を満たすものとする. $v = W + i\langle D\rangle_\gamma V \in H_{(m-1,s)}(\mathbb{R}^{n+1})$ とおく. $\Lambda(\tau,\xi) = (\tau + i\langle\xi\rangle_\gamma)^{-1}$ とするとき, $u \in \mathcal{S}'(\mathbb{R}^{n+1})$ が $t > 0$ で $u = 0$ なら, $t > 0$ で $\Lambda(D_t, D)u = 0$ であることは容易に確かめられる. $t > 0$ では $v = (D_t + i\langle D\rangle_\gamma)u$ であるからこれより $t > 0$ で $\Lambda v = u$ が従う. $\Lambda v \in H_{(m,s)}(\mathbb{R}^{n+1})$ は明らかゆえ $u \in \bar{H}_{(m,s)}(X)$ を得る. さらに

$$\|\Lambda v\|_{(m,s)}^2 = \|v\|_{(m-1,s)}^2 \leq 2\|W\|_{(m-1,s)}^2 + 2\|V\|_{(m-1,s+1)}^2$$

より結論が従う. □

命題 5.2.3 $P = D_t^m + \sum_{j+|\alpha|\leq m, j<m} a_{j\alpha}(t,x) D_t^j D^\alpha$ の係数は $a_{j\alpha}(x) \in C^\infty(X)$ でそのすべての導関数は有界と仮定する. $k, s \in \mathbb{R}$ について

$$u \in \bar{H}_{(k+s,0)}(X), \quad Pu \in \bar{H}_{(k-m,s)}(X)$$

とする. このとき $u \in \bar{H}_{(k,s)}(X)$ で, さらに

$$\|u\|_{\bar{H}_{(k,s)}(X)} \leq C(\|Pu\|_{\bar{H}_{(k-m,s)}(X)} + \|u\|_{\bar{H}_{(k+s,0)}(X)})$$

が成立する. $u \in \bar{H}_{(0,k+s)}(X)$, $Pu \in \bar{H}_{(k-m,s)}(X)$ と仮定しても同じ結論が成り立つ[*4].

[証明] まず $s \geq -1$ とする. 仮定より $D_t^j D^\alpha u \in \bar{H}_{(k+s-j,-|\alpha|)}(X)$ であるから, $j = 0,\ldots,m-1$ ならば $k+s-j \geq k-m$ で, $j+|\alpha| \leq m$ のとき $k+s-j-|\alpha| \geq k-m+s$ ゆえ

$$D_t^j D^\alpha u \in \bar{H}_{(k-m,s)}(X), \quad j+|\alpha| \leq m, \ j = 0,\ldots,m-1$$

が成り立つ. $Pu \in \bar{H}_{(k-m,s)}(X)$ より $D_t^m u \in \bar{H}_{(k-m,s)}(X)$ を得る. いま $D_t^{j+1} u \in \bar{H}_{(k-1-j,s)}(X)$ と仮定し $w = D_t^j u$ とおくと, $D_t w \in \bar{H}_{(k-1-j,s)}(X)$ で, また仮定より $w \in \bar{H}_{(k-j+s,0)}(X) \subset \bar{H}_{(k-1-j,s+1)}(X)$ であるから補題 5.2.2 より

[*4] もっと一般の指数の組合せに対しても成立する. [8] の Theorem B.2.9 を参照.

$w = D_t^j u \in \bar{H}_{(k-j,s)}(X)$ が従う．帰納的に $D_t^j u \in \bar{H}_{(k-j,s)}(X)$, $j = m, \ldots, 1, 0$ が成立する．特に $u \in \bar{H}_{(k,s)}(X)$ である．$s < -1$ のときは $s = -\ell + s_1$, $\ell \in \mathbb{N}$, $s_1 \geq -1$ と書くと仮定から

$$u \in \bar{H}_{(k-\ell+s_1,0)}(X), \quad Pu \in \bar{H}_{(k-m,s)}(X) \subset \bar{H}_{(k-\ell-m,s_1)}(X)$$

であり，上に示したことから $u \in \bar{H}_{(k-\ell,s_1)}(X)$ となる．いまの議論を

$$u \in \bar{H}_{(k-\ell,s_1)}(X), \quad Pu \in \bar{H}_{(k-m,s)}(X) \subset \bar{H}_{(k-m-\ell+1,-1+s_1)}(X)$$

から始めると $u \in \bar{H}_{(k-\ell+1,-1+s_1)}(X)$ が従う．この操作を ℓ 回繰り返せばよい．

以下補題 5.2.2 の証明と同じく $\|u\|_{\bar{H}_{(k,s)}(X)} = \|u\|_{X(k,s)}$ と書くことにする．$\tau^j = (\tau + i\langle\xi\rangle_\gamma)^{-1}\tau^{j+1} + (-i)^{j-1}(\tau + i\langle\xi\rangle_\gamma)^{-1}\langle\xi\rangle_\gamma^{j+1} + \sum_{i=0}^{j-1} c_i \langle\xi\rangle_\gamma^{j-i}\tau^i$ より

$$D_t^j u = \Lambda D_t^{j+1} u + (-i)^{j-1}\Lambda \langle D\rangle_\gamma^{j+1} u + \sum_{i=0}^{j-1} c_i \langle D\rangle_\gamma^{j-i} D_t^i u$$

と書ける．ここで Λ は補題 5.2.2 の証明で使用したものである．$\|\Lambda u\|_{X(k,s)} \leq \|u\|_{X(k-1,s)}$ であり，また補題 5.2.2 より $j - i - 1 \geq 0$ に注意すると

$$\|\langle D\rangle_\gamma^{j-i} D_t^i u\|_{X(k,s)} \leq \|D_t^i u\|_{X(k,j-i+s)} \leq \|u\|_{X(k+j-1,s+1)}$$

が分かるから

$$\|D_t^j u\|_{X(k,s)} \leq C\big(\|D_t^{j+1} u\|_{X(k-1,s)} + \|u\|_{X(k+j-1,s+1)} + \|u\|_{X(k-1,s+j+1)}\big)$$

が成立する．$\|u\|_{X(k-1-j,s+j+1)} \leq \|u\|_{X(k-1,s+1)}$ であるから，$\alpha_j > 0$ を $\alpha_j - C\alpha_{j-1} \geq 0$ が成立するように選んで $\sum_{j=0}^{m-1} \alpha_j \|D_t^j u\|_{X(k-j,s)}$ を考えると

$$\alpha_0 \|u\|_{X(k,s)} \leq C\alpha_{m-1}\|D_t^m u\|_{X(k-m,s)} + C_1 \|u\|_{X(k-1,s+1)}$$

が従う．また

$$\|D_t^m u\|_{X(k-m,s)} \leq \|Pu\|_{X(k-m,s)} + C \sum_{j=0}^{m-1} \|D_t^j u\|_{X(k-m,m-j+s)}$$

$$\leq \|Pu\|_{X(k-m,s)} + C\|u\|_{X(k-1,s+1)}$$

も容易であるから

$$\|u\|_{X(k,s)} \leq C\big(\|Pu\|_{X(k-m,s)} + \|u\|_{X(k-1,s+1)}\big) \tag{5.2.7}$$

が成り立つ．$s + 1 \geq 0$ なら定義から $\|u\|_{X(k-1,s+1)} \leq \|u\|_{X(k+s,0)}$ は明らかである．$s + 1 < 0$ のときは $s = -\ell + s_1$, $s_1 + 1 \geq 0$ とおいて (5.2.7) を繰り返し適用すると，$j \geq 0$ なら $\|Pu\|_{X(k-j-m,s+j)} \leq \|Pu\|_{X(k-m,s)}$ に注意して

$$\|u\|_{X(k,s)} \leq C_1\big(\|Pu\|_{X(k-m,s)} + \|u\|_{X(k-1,s+1)}\big)$$

$$\leq C_2\big(\|Pu\|_{X(k-m,s)} + \|u\|_{X(k-2,s+2)}\big)$$

$$\leq \cdots$$
$$\leq C_\ell(\|Pu\|_{X(k-m,s)} + \|u\|_{X(k-\ell,s+\ell)})$$
$$\leq C_\ell(\|Pu\|_{X(k-m,s)} + \|u\|_{X(k+s,0)})$$

を得る．したがって主張が示された．特に $k = m - 1$ とすると $\|Pu\|_{X(-1,s)} \leq \|Pu\|_{X(0,s-1)}$ より

$$\|u\|_{X(m-1,s)} \leq C(\|Pu\|_{X(0,s-1)} + \|u\|_{X(m-1+s,0)}) \tag{5.2.8}$$

が成り立つ．

$u \in \bar{H}_{(0,k+s)}(X)$ のときも同様にして，$k \leq 1$ のとき $Pu \in \bar{H}_{(k-m,s)}(X)$，$u \in \bar{H}_{(0,k+s)}(X)$ から $D_t^m u \in \bar{H}_{(k-m,s)}(X)$ が得られ，以下補題 5.2.2 を用いて帰納的に $D_t^j u \in \bar{H}_{(k-j,s)}(X)$, $j = 0, \ldots, m$ が従う．$k > 1$ のときは $k = \ell + k_1$, $k_1 \leq 1$, $\ell \in \mathbb{N}$ と書くと $u \in \bar{H}_{(0,k_1+\ell+s)}(X)$, $Pu \in \bar{H}_{(k_1-m+\ell,s)}(X)$ から始めて同じ議論を繰り返すと $u \in \bar{H}_{(1,k_1+\ell-1+s)}(X)$ を得る．この推論を ℓ 回繰り返せばよい． □

補題 5.2.2 を繰り返し適用するとある $C > 0$ が存在して任意の $u \in C_0^\infty(\{t < T\})$ に対して

$$\|u\|_{\bar{H}_{(m-1,s)}(X)} \leq C \sum_{k=0}^{m-1} \int_0^T \|\langle D \rangle^{s+m-1-k} D_t^k u\| dt$$

が成り立つことが分かる．ただし $X = \{(t,x) \mid t > 0\}$ である．いま命題 5.2.2 が成立しているとする．したがって

$$\|u\|_{\bar{H}_{(m-1,s)}(X)} \leq C \|P_\gamma^* u\|_{\bar{H}_{(0,s)}(X)}$$

が任意の $u \in C_0^\infty(\{t < T\})$ に対して成立している．ここで命題 1.1.2 の証明を繰り返そう．$f \in H_{(0,s)}(\mathbb{R}^{n+1})$ は $x_1 < 0$ で $f = 0$ とする．したがって $f \in \dot{H}_{(0,s)}(\bar{X}) \subset \dot{H}_{(-m+1,s+m-1)}(\bar{X})$ である．次に

$$T : E = \{P^* u \mid u \in C_0^\infty(\{(t,x) \mid t > 0\})\} \ni P_\gamma^* u \mapsto (f, u)$$

を考えよう．

$$|(f, u)| \leq \|f\|_{\dot{H}_{(-m+1,s+m-1)}(\bar{X})} \|u\|_{\bar{H}_{(m-1,-s-m+1)}(X)}$$
$$\leq C \|f\|_{\dot{H}_{(-m+1,s+m-1)}(\bar{X})} \|P_\gamma^* u\|_{\bar{H}_{(0,-s-m+1)}(X)}$$

であるから Hahn-Banach の定理より T は $\bar{H}_{(0,-s-m+1)}(X)$ 上の連続線形汎関数に拡張される．したがって双対性からある $w \in \dot{H}_{(0,s+m-1)}(\bar{X})$ が存在して $T(\cdot) = (w, \cdot)$ が成立する．特に E 上では

$$(f, u) = (w, P_\gamma^* u), \quad \forall u \in C_0^\infty(\{(t,x) \mid t > 0\})$$

が成立し，したがって $t > 0$ で $P_\gamma w = f \in \dot{H}_{(-1,s)}(\bar{X})$ が成り立つ．ここで命題 5.2.3 を適用すると $w \in \dot{H}_{(m-1,s)}(\bar{X})$ が分かる．$P_\gamma w = f$ より $P(e^{\gamma t} w) = e^{\gamma t} f$ であるから次の結果が従う．

定理 5.2.1 p を m 階狭義双曲型作用素とする．このとき次のような $\gamma_0 > 0$ が存在する；f は $t < 0$ では $f = 0$ で，ある $\gamma \geq \gamma_0$ と $s \in \mathbb{R}$ について $e^{-\gamma t} f \in H_{(0,s)}(\mathbb{R}^{n+1})$ とする．このとき $t > 0$ で $Pu = f$ を満たし，$t < 0$ では $u = 0$ で，さらに $e^{-\gamma t} u \in H_{(m-1,s)}(\mathbb{R}^{n+1})$ となる u が存在する．

5.3 狭義双曲型でない 2 階双曲型作用素の例

この節では必ずしも狭義双曲型ではない実特性根をもつ 2 階の微分作用素を取り扱い，Fefferman-Phong の不等式（定理 4.2.4）を応用して初期値問題が C^∞ 適切となる粗い十分条件を与える．次の初期値問題を考える．

$$\begin{cases} Pu = -D_t^2 u + Q(t,x,D)u = f, \ f = 0, \ t < \tau, \\ u = 0, \ t < \tau. \end{cases}$$

ここで $Q(t,x,\xi) \in C^\infty(\mathbb{R}; S^2)$ は任意の $(t,x,\xi) \in \mathbb{R} \times \mathbb{R}^{2n}$ に対し

$$Q(t,x,\xi) \geq 0 \tag{5.3.9}$$

を満たすとする．1 階の項 $b(t,x)D_t u$ および 0 階の項 $c(t,x)u$ は得られたエネルギー評価を用いて容易に扱えるので最初からこれらの項はないものとする．

補題 5.3.1 $u \in H_{(1,\ell)}(\mathbb{R}^{n+1})$ とする．このとき

$$\big|\|u(t_1,\cdot)\|_\ell^2 - \|u(t_2,\cdot)\|_\ell^2\big| \leq \int_{t_1}^{t_2} \big(\|D_t u(t,\cdot)\|_\ell^2 + \|u(t,\cdot)\|_\ell^2\big) dt$$

が成り立つ．

［証明］$u \in \mathcal{S}$ に対して $w = \langle D \rangle^\ell u$ とおく．このとき

$$\|w(t_1)\|^2 - \|w(t_2)\|^2 = \int_{t_1}^{t_2} \frac{d}{dt}\|w(t)\|^2 dt \leq \int_{t_1}^{t_2} \big(\|D_t w\|^2 + \|w\|^2\big) dt$$

が成立することは明らかであり $\mathcal{S}$ が $H_{(1,\ell)}$ で稠密であることから結論を得る． □

系 5.3.1 $u \in H_{(1,\ell)}(\mathbb{R}^{n+1})$ とする．このとき任意の $\ell \in \mathbb{R}$ に対して

$$\lim_{t \to \pm\infty} \|u(t,\cdot)\|_\ell = 0$$

が成立する．

定理 5.3.1 $Q(t,x,\xi)$ は (5.3.9) を満たすとする．またある $C > 0$ が存在して

$$\left|\frac{\partial Q(t,x,\xi)}{\partial t}\right| \leq CQ(t,x,\xi) \tag{5.3.10}$$

が成立するとする．f は $t < a$ では $f = 0$ で，ある $\gamma_1 > 0$ について $e^{-\gamma_1(t-a)}f \in$

$L^2(\mathbb{R}; H^\ell(\mathbb{R}^n))$ とする. このとき $t < a$ では $u = 0$ で, ある $\gamma_2 > 0$ に対して $e^{-\gamma_2(t-a)}u \in H_{(1,\ell-1)} \cap H_{(0,\ell)}$ なる u で

$$Pu = f$$

を満たすものが存在する.

Q が t によらないときは (5.3.10) は明らかに成立することに注意しよう. 特に n 次実対称行列 $(a_{ij}(x))$ が非負定値なら

$$Q(x,\xi) = \sum_{i,j=1}^n a_{ij}(x)\xi_i\xi_j$$

は (5.3.9) および (5.3.10) を満たす. 以下 $a = 0$ として定理を証明しよう. $Pe^{\gamma t} = e^{\gamma t}P_\gamma$ とおく. f は $t < 0$ で $f = 0$ で $e^{-\gamma_1 t}f \in L^2(\mathbb{R}; H^\ell)$ とする. $g = e^{-\gamma t}f$, $\gamma \geq \gamma_1$ とおくとき $t < 0$ で $g = 0$ かつ $g \in H_{(0,\ell)}$ である. したがって十分大なる γ に対して

$$\begin{cases} P_\gamma u = g, \\ u = 0, \ t < 0 \end{cases}$$

を解けば $P(e^{\gamma t}u) = f$ となって $e^{\gamma t}u$ が求める解である.

$$P_\gamma = -(D_t - i\gamma)^2 + Q = -\Lambda_\gamma^2 + Q, \ \Lambda_\gamma = D_t - i\gamma$$

と書こう.

補題 5.3.2 次の等式が成り立つ.

$$2\mathsf{Im}(P_\gamma u, \Lambda_\gamma u) = \frac{d}{dt}(\|\Lambda_\gamma u\|^2 + \mathsf{Re}(Qu,u)) + 2\gamma\|\Lambda_\gamma u\|^2$$
$$+ 2\mathsf{Re}(\Lambda_\gamma u, \mathsf{Im}\,Qu) + 2\gamma\mathsf{Re}(Qu,u) + \mathsf{Im}([D_t, \mathsf{Re}\,Q]u,u).$$

［証明］ まず

$$-2\mathsf{Im}(\Lambda_\gamma^2 u, \Lambda_\gamma u) = -2\mathsf{Im}\left(\left(\frac{1}{i}\frac{d}{dt} - i\gamma\right)\Lambda_\gamma u, \Lambda_\gamma u\right)$$
$$= 2\mathsf{Re}\left(\frac{d}{dt}\Lambda_\gamma u, \Lambda_\gamma u\right) + 2\gamma\|\Lambda_\gamma u\|^2$$
$$= \frac{d}{dt}\|\Lambda_\gamma u\|^2 + 2\gamma\|\Lambda_\gamma u\|^2$$

は容易である. 次に

$$I = 2\mathsf{Im}(Qu, \Lambda_\gamma u) = 2\mathsf{Im}(Qu, D_t u) + 2\gamma\mathsf{Re}(Qu,u)$$

を考えよう. ここで

$$2\mathsf{Im}(Qu, D_t u) = 2\mathsf{Im}\{-D_t(Qu,u) + (QD_t u, u) + ([D_t, Q]u, u)\}$$

$$= 2\text{Re}\frac{d}{dt}(Qu,u) + 2\text{Im}(D_t u, Q^*u) + 2\text{Im}([D_t,Q]u,u)$$
$$= 2\frac{d}{dt}((\text{Re}\,Q)u,u) + 2\text{Im}(D_t u, (Q^* - Q)u)$$
$$+ 2\text{Im}(D_t u, Qu) + 2\text{Im}([D_t,Q]u,u)$$

と書き直し，
$$\text{Im}([D_t,Q]u,u) = \text{Im}([D_t, \text{Re}\,Q]u,u),$$
$$\text{Im}(D_t u, (Q^* - Q)u) = 2\text{Re}(D_t u, (\text{Im}\,Q)u) = 2\text{Re}(\Lambda_\gamma u, (\text{Im}\,Q)u)$$

に注意して結論を得る． □

命題 5.3.1 次の不等式が成立する．
$$2\text{Im}(P_\gamma u, \Lambda_\gamma u) \geq \frac{d}{dt}\left(\|\Lambda_\gamma u\|^2 + (\text{Re}\,Qu,u) + \gamma^2\|u\|^2\right)$$
$$+ \gamma\|\Lambda_\gamma u\|^2 + 2\gamma\text{Re}(Qu,u) + 2\text{Re}(\Lambda_\gamma u, \text{Im}\,Qu) + \gamma^3\|u\|^2$$
$$+ \text{Im}([D_t, \text{Re}\,Q]u,u).$$

［証明］ 不等式
$$\gamma^{-1}\|\Lambda_\gamma u\|^2 + \gamma\|u\|^2 \geq -2\text{Im}(\Lambda_\gamma u, u) = 2\gamma\|u\|^2 + \frac{d}{dt}\|u\|^2$$

から $\|\Lambda_\gamma u\|^2 \geq \gamma^2\|u\|^2 + \gamma d\|u\|^2/dt$ が従う．補題 5.3.2 の右辺の $2\gamma\|\Lambda_\gamma u\|^2$ のうち半分の $\gamma\|\Lambda_\gamma u\|^2$ を上の評価式で置き換えて結論を得る． □

系 5.3.2 Q は実数値とする．このとき
$$2\text{Im}(P_\gamma u, \Lambda_\gamma u) \geq \frac{d}{dt}\left(\|\Lambda_\gamma u\|^2 + (Qu,u) + \gamma^2\|u\|^2\right)$$
$$+ \gamma\|\Lambda_\gamma u\|^2 + 2\gamma(Qu,u) + \gamma^3\|u\|^2 + \text{Im}([D_t,Q]u,u)$$

が成り立つ．

命題 5.3.2 Q は (5.3.9) および (5.3.10) を満たすとする．このとき γ_0 があって $\gamma \geq \gamma_0$ のとき任意の $u \in \mathcal{S}(\mathbb{R}^{n+1})$ に対して
$$\gamma^2 \int_{-\infty}^t (\|D_t u\|^2 + \gamma^2\|u\|^2)dt \leq C \int_{-\infty}^t \|P_\gamma u\|^2 dt$$

が成り立つ．

［証明］ まず Q は実数値であることより
$$\text{Im}([D_t,Q]u,u) = -\text{Re}\left(\frac{\partial Q}{\partial t}u,u\right) = -\left(\frac{\partial Q}{\partial t}u,u\right)$$

である．次に

$$\gamma(Qu,u) - \left(\frac{\partial Q}{\partial t}u,u\right) = (\gamma-C)(Qu,u) + \left(\left(CQ - \frac{\partial Q}{\partial t}\right)u,u\right)$$

と書こう．ここで仮定から $CQ - \partial Q/\partial t \geq 0$ が成立するように $C > 0$ を選べる．Fefferman-Phong の不等式（定理 4.2.4）より $C_1 > 0$ があって

$$\left(\left(CQ - \frac{\partial Q}{\partial t}\right)u,u\right) \geq -C_1\|u\|^2$$

が成り立つ．$\gamma \geq \gamma_0$ のとき $\gamma - C \geq 0$，$\gamma^3/2 - C_1 \geq 0$ とすると

$$\begin{aligned}2\gamma^{-1}\|P_\gamma u\|^2 &\geq \frac{d}{dt}\left(\|\Lambda_\gamma u\|^2 + (Qu,u) + \gamma^2\|u\|^2\right)\\&\quad + \frac{\gamma}{2}\|\Lambda_\gamma u\|^2 + \gamma(Qu,u) + \frac{\gamma^3}{2}\|u\|^2\end{aligned} \quad (5.3.11)$$

が従う．ここで $\gamma^2\|u\|^2 + \|\Lambda_\gamma u\|^2 \geq \|D_t u\|^2/2$ であり，再び Fefferman-Phong の不等式（定理 4.2.4）より

$$(Qu,u) + \frac{\gamma^2}{2}\|u\|^2 \geq \frac{\gamma^2}{4}\|u\|^2$$

が $\gamma \geq \gamma_1$ で成立するので (5.3.11) を積分して主張が従う． □

次に

$$\langle D\rangle^\ell P_\gamma = P_\gamma \langle D\rangle^\ell - [P_\gamma, \langle D\rangle^\ell] = (P_\gamma - R_\ell)\langle D\rangle^\ell$$

と書こう．ここで $R_\ell = [P_\gamma, \langle D\rangle^\ell]\langle D\rangle^{-\ell} = [Q, \langle D\rangle^\ell]\langle D\rangle^{-\ell}$ である．

補題 5.3.3 次が成立する．

$$|(R_\ell w, \Lambda_\gamma w)| \leq C_\ell\bigl(\|\Lambda_\gamma w\|^2 + \mathrm{Re}(Qw,w) + \|w\|^2\bigr).$$

［証明］定理 4.1.1 より

$$R_\ell - \frac{1}{i}\{Q, \langle\xi\rangle^\ell\}\langle\xi\rangle^{-\ell} \in S^0$$

なので $K = \{Q, \langle\xi\rangle^\ell\}\langle\xi\rangle^{-\ell} \in S^1$ とおくと

$$2|(R_\ell w, \Lambda_\gamma w)| \leq \|\Lambda_\gamma w\|^2 + \|R_\ell w\|^2 \leq \|\Lambda_\gamma w\|^2 + 2\|Kw\|^2 + C\|w\|^2$$

が成り立つ．K が実数値より $\|Kw\|^2 = (Kw,Kw) = (KKw,w)$ で，さらに系 4.1.2 より $K\#K - K^2 \in S^0$ に注意すると

$$\|Kw\|^2 \leq (\mathrm{Op}(K^2)w,w) + C\|w\|^2$$

である．一方 Glaeser の不等式を $f(x,\xi) = Q(x,\xi)\langle\xi\rangle^{-2}$ に適用すると $C = \sup_{x,\xi}|\partial^2 f/\partial x_j^2|$ として $|\langle\xi\rangle^{-2}\partial Q/\partial x_j| \leq \sqrt{2C}\langle\xi\rangle^{-1}\sqrt{Q}$ が成立する．すなわち $|\langle\xi\rangle^{-1}\partial Q/\partial x_j|^2 \leq 2CQ$ である．したがって $C_1 > 0$ が存在して

$$K^2 = (\{Q,\langle\xi\rangle^\ell\}\langle\xi\rangle^{-\ell})^2 = \left(\sum_{j=1}^n \frac{\partial Q}{\partial x_j}\frac{\partial \langle\xi\rangle^\ell}{\partial \xi_j}\langle\xi\rangle^{-\ell}\right)^2$$

$$\leq \sum_{j=1}^{n} \Big(\frac{\partial Q}{\partial x_j}\langle\xi\rangle^{-1}\Big)^2 \sum_{j=1}^{n}\Big(\frac{\partial\langle\xi\rangle^\ell}{\partial\xi_j}\langle\xi\rangle^{-\ell+1}\Big)^2 \leq C_1 Q$$

が成り立つ．Fefferman-Phong の不等式より $C_2 > 0$ が存在して $C_1(Qw,w) \geq (\mathrm{Op}(K^2)w,w) - C_2\|w\|^2$ が成り立つので結論を得る． □

命題 5.3.2 および補題 5.3.3 より

命題 5.3.3 Q は (5.3.9) および (5.3.10) を満たすとする．このとき任意の $\ell \in \mathbb{R}$ に対して正数 C_ℓ, γ_ℓ が存在して，$\gamma \geq \gamma_\ell$ のとき次のエネルギー評価

$$\gamma^2\int_{-\infty}^{t}(\|D_t u\|_\ell^2 + \gamma^2\|u\|_\ell^2)dt \leq C_\ell \int_{-\infty}^{t}\|P_\gamma u\|_\ell^2 dt$$

がすべての $u \in \mathcal{S}(\mathbb{R}^{n+1})$ に対して成り立つ．

さて $P_\gamma^* = (P_\gamma)^* = -(D_t + i\gamma)^2 + Q = P_{-\gamma}$ であることに注意する．命題 5.3.3 の証明を繰り返して次の命題を得る．

命題 5.3.4 Q は (5.3.9) および (5.3.10) を満たすとする．このとき

$$\int_t^\infty (\|u(t)\|_\ell^2 + \|D_t u(t)\|_\ell^2)dt \leq C_\ell \int_t^\infty \|P_\gamma^* u(t)\|_\ell^2 dt$$

が成り立つ．特に

$$\int_t^\infty \|u(t)\|_\ell^2 dt \leq C_\ell \int_t^\infty \|P_\gamma^* u(t)\|_\ell^2 dt$$

が成立する．

半双線形式 $\int u(t,x)\overline{v(t,x)}dtdx$, $u, v \in \mathcal{S}(\mathbb{R}^{n+1})$ の $H_{(m,s)} \times H_{(-m,-s)}$ への拡張を $\langle\cdot,\cdot\rangle$ で表すことにする．$E = \{P_\gamma^* u \mid u \in C_0^\infty(\mathbb{R}^{n+1})\}$ とおき $g \in H_{(0,\ell)}$ とする．

$$T: E \ni P_\gamma^* u \mapsto \langle u, g\rangle$$

なる線形汎関数を考える．命題 5.3.4 より $\gamma\, (\geq \gamma_\ell)$ を 1 つ固定すると

$$|\langle u, g\rangle| \leq \|g\|_{(0,\ell)}\|u\|_{(0,-\ell)} \leq C\|g\|_{(0,\ell)}\|P_\gamma^* u\|_{(0,-\ell)}$$

が成り立つ．ゆえに T は $E \subset H_{(0,-\ell)}$ で well-defined であり Hahn-Banach の定理によって T は $H_{(0,-\ell)}$ 上に拡張される．拡張を $\tilde{T}$ とする．このとき任意の $\phi \in H_{(0,-\ell)}$ に対して

$$|\tilde{T}(\phi)| \leq C\|g\|_{(0,\ell)}\|\phi\|_{(0,-\ell)}$$

が成立する．$H_{(0,\ell)}$ と $H_{(0,-\ell)}$ は互いに双対であったから $w \in H_{(0,\ell)}$ が存在して任意の $\phi \in H_{(0,-\ell)}$ に対して

$$\tilde{T}(\phi) = \langle\phi, w\rangle$$

が成立する. 特に $u \in C_0^\infty(\mathbb{R}^{n+1})$ に対して

$$\langle P_\gamma^* u, w \rangle = \tilde{T}(P_\gamma^* u) = \langle u, g \rangle$$

である. すなわち $P_\gamma w = g$ であることが従う.

補題 5.3.4 上で求めた w は

$$w \in H_{(2,\ell-2)} \cap H_{(1,\ell-1)} \cap H_{(0,\ell)}$$

を満たす. 特に $\|D_t w(t,\cdot)\|_{\ell-2}, \|w(t,\cdot)\|_{\ell-1} \to 0 \ (t \to \pm\infty)$ である.

[証明] まず

$$D_t^2 \langle D \rangle^{\ell-2} w = \langle D \rangle^{\ell-2} Q w \in H_{(0,0)} = L^2$$

より $\tau^2 \langle \xi \rangle^{\ell-2} \hat{w}(\tau, \xi) \in L^2(\mathbb{R}^{n+1}_{\tau,\xi})$ であるから, $\langle \tau, \xi \rangle^2 \langle \xi \rangle^{\ell-2} = \tau^2 \langle \xi \rangle^{\ell-2} + \langle \xi \rangle^\ell$ に注意すると $w \in H_{(2,\ell-2)}$ が従う. $2\langle \tau, \xi \rangle \langle \xi \rangle^{\ell-1} \leq \langle \tau, \xi \rangle^2 \langle \xi \rangle^{\ell-2} + \langle \xi \rangle^\ell$ より $w \in H_{(1,\ell-1)}$ が従う. □

γ が十分大なら補題 5.3.4 より求めた w は $P_\gamma w = g$ および $w \in H_{(2,\ell-2)} \cap H_{(1,\ell-1)} \cap H_{(0,\ell)}$ を満たす. したがって命題 5.3.3 より

$$\int_{-\infty}^t \|w(t,\cdot)\|_{(\ell-1)}^2 dt \leq C \int_{-\infty}^t \|g\|_{(\ell-1)}^2 dt$$

が成り立つ. したがって特に $t < 0$ で $w = 0$ である. また

$$P(e^{\gamma t} w) = f$$

も明らかである. 以上で定理 5.3.1 の証明が終わる.

解の存在を示すには狭義双曲型作用素で近似してもよい. $\epsilon > 0$ を正のパラメーターとして P の代わりに $P_\epsilon = -D_t^2 + (Q + \epsilon |D|^2)$ を考える. 命題 5.3.3 の証明を繰り返せば, ϵ によらない C_ℓ, γ_ℓ があって, $\gamma \geq \gamma_\ell$ のとき

$$\gamma^2 \int_{-\infty}^t (\|D_t u_\epsilon\|_\ell^2 + \gamma^2 \|u_\epsilon\|_\ell^2) dt \leq C_\ell \int_{-\infty}^t \|f\|_\ell^2 dt \tag{5.3.12}$$

が成立することを確かめるのは容易である. P_ϵ は狭義双曲型作用素であるから定理 5.2.1 より, f を $t < 0$ では $f = 0$ で, ある γ_1 と $\ell \in \mathbb{R}$ について $e^{-\gamma t} f \in H_{(0,\ell)}(\mathbb{R}^{n+1})$ とするとき, ある $\gamma_2 > 0$ に対して $e^{-\gamma_2 t} u_\epsilon \in H_{(1,\ell)}(\mathbb{R}^{n+1})$ で $P_\epsilon u_\epsilon = f$ を満たし, $t < 0$ では $u_\epsilon = 0$ なる u_ϵ が存在する. この u_ϵ に対して一様な評価 (5.3.12) が成り立つので適当な空間で収束する部分列を取り出せばその極限として求める解が得られる.

第6章 Hamilton写像と初期値問題

この章ではまず一般の多重特性点における局所化の伝播錐と超局所時間関数を導入する．これらの概念のおおよその意味を解説した後に2次特性点における Hamilton ベクトル場の線形化である Hamilton 写像を定義し，この Hamilton 写像のスペクトル構造によって2次特性点を実効的双曲型と非実効的双曲型に分類する．また双曲型2次形式の標準形も与える．本書の3主要テーマのうちの2つである実効的双曲型特性点をもつ微分作用素の強双曲性，および非実効的双曲型特性点における Ivrii-Petkov-Hörmander 条件に関する結果を述べる．また2次特性点が実効的双曲型であるためには，局所化の伝播錐に横断的な超局所空間の曲面の存在することが必要十分であることを示す．この特徴づけに登場する超局所時間関数が，実効的双曲型特性点をもつ作用素に対するエネルギー評価を導く鍵となる．

6.1 多重特性点と適切性

P を原点の近傍で定義された m 階の微分作用素

$$P = \sum_{|\alpha| \leq m} a_\alpha(x) D^\alpha = D_1^m + \sum_{\alpha_1 < m, |\alpha| \leq m} a_\alpha(x) D^\alpha$$

とし，$p(x,\xi)$ をその主シンボルとする．Lax-Mizohata の定理（定理 1.2.1）を考慮して，以後 $p(x,\xi)$ の特性根はすべて実であると仮定する．最初に特性点の定義を与えておく．

定義 6.1.1 $p(x,\xi) = 0, \xi \neq 0$ のとき (x,ξ) を p の特性点と呼ぶ．また $p(x,\xi)$ が点 $(x,\xi) \in \mathbb{R}^{2n}, \xi \neq 0$ で r 次で 0 になるとき，すなわち $|\alpha + \beta| < r$ なる任意の α, β に対し $\partial_x^\alpha \partial_\xi^\beta p(x,\xi) = 0$ を満たし，かつ適当な $\alpha, \beta, |\alpha + \beta| = r$ については $\partial_x^\alpha \partial_\xi^\beta p(x,\xi) \neq 0$ が成立するとき (x,ξ) を p の r 次特性点という．

したがって，狭義双曲型作用素とは主シンボルの特性点がすべて実で単純な微分作用素のことである．一般の多重特性点と初期値問題の適切性との関係については

Ivrii-Petkov による次の結果がある[*1)]

定理 6.1.1 $P = \mathrm{Op}^0(\sum_{j=0}^m \tilde{P}_j(x,\xi))$ とする. ここで $\tilde{P}_j(x,\xi)$ は ξ に関して j 次斉次である. $(0,\hat{\xi})$ を p の r 次特性点とし, P に対する初期値問題は原点の近傍で適切とする. このとき

$$\partial_x^\alpha \partial_\xi^\beta \tilde{P}_{m-j}(0,\hat{\xi}) = 0, \quad |\alpha+\beta| < r - 2j, \quad j = 0,\ldots,[r/2]$$

が成立する. ここで $[r/2]$ は $r/2$ の整数部分である.

系 6.1.1 P の Weyl シンボルを $\sum_{j=0}^m P_j(x,\xi)$ とする. ここで $P_j(x,\xi)$ は ξ について j 次斉次である. このとき定理 6.1.1 と同じ結論が成り立つ. すなわち $P_{m-j}(x,\xi)$ は $(0,\hat{\xi})$ で $r-2j$ 次で 0 になる.

[証明] 補題 4.1.1 より容易である. □

いま $(0,\hat{\xi})$ を r 次特性点とする. $r \geq 3$ ならばこの定理より $\tilde{P}_{m-1}(0,\hat{\xi}) = 0$ が初期値問題の適切性のために必要であり, したがって低階 $P_{m-1} = \mathrm{Op}^0(\tilde{P}_{m-1}(x,\xi))$ は自由に選べない. すなわち

系 6.1.2 P は原点の近傍で強双曲型とする. このとき $p(x,\xi)$ の特性点は高々 2 次である.

定理 6.1.1 が局所座標系の選び方によらないことを確かめておこう. すなわち $y = y(x), y(0) = 0$ を別の局所座標系とし $P = \mathrm{Op}^0(\sum_{j=0}^m \hat{P}_j(y,\eta))$ とするとき, $\hat{P}_{m-j}(y,\eta)$ は $(0,\hat{\eta}), \hat{\eta} = {}^t(\partial y(0)/\partial x)^{-1}\hat{\xi}$ で $r-2j$ 次で 0 になる. これを確かめるにはこの条件の座標系によらない特徴づけを与える次の補題を示せば十分である.

補題 6.1.1 $P = \mathrm{Op}^0(\sum_{j=0}^m P_j(x,\xi))$ とするとき $P_{m-j}(x,\xi), j = 0,\ldots,[r/2]$ が $(0,\hat{\xi})$ で $r-2j$ 次で 0 となるための必要十分条件は, $x = 0$ の近傍で定義され, $\nabla_x \phi(0) = \hat{\xi}$ を満たす任意の C^∞ 関数 $\phi(x)$, Hessian が $x = 0$ で正定値の任意の C^∞ 関数 $\psi(x)$, および $x = 0$ の近傍に台をもつ任意の $f(x) \in C_0^\infty$ に対して, $\lambda \to \infty$ のとき x に一様に

$$P\big(e^{i\lambda\phi(x)}e^{-\lambda(\psi(x)-\psi(0))}f(x)\big) = O(\lambda^{m-r/2}) \tag{6.1.1}$$

が成立することである.

[証明] $\psi(x) - \psi(0)$ を改めて $\psi(x)$ と書くことにし, $\psi(0) = 0$ とする. $P_{m-j}(x,\xi) = \sum_{j=0}^m \left(\sum_{|\beta| \leq r-2j} x^\beta \partial_x^\beta P_{m-j}(0,\xi)/\beta! + R_{m-j}(x,\xi) \right)$ と書く. ここで $R_{m-j}(x,\xi)$ は ξ の $m-j$ 次斉次多項式で係数は $O(|x|^{r-2j+1})$ である. $x = 0$

[*1)] [9] による. [30] に少し整理された証明がある. [9] では主シンボルの退化に応じてより詳しい必要条件も得られているがここでは座標系の選び方によらない結果だけをとりあげた.

の近傍ではある $c > 0$ について $-\lambda\psi(x) \leq -c\lambda|x|^2$ が成り立つことに注意すると，$|\beta| \geq r - 2j + 1$, $|\alpha| = m - j$ のとき $x = 0$ の近傍で
$$x^\beta D^\alpha (e^{i\lambda\phi(x)} e^{-\lambda\psi(x)} f) = O(\lambda^{-|\beta|/2+|\alpha|}) = O(\lambda^{m-(r+1)/2})$$
が成立することが分かるから，$\mathrm{Op}^0(\sum_{j=0}^m \sum_{|\beta| \leq r-2j} x^\beta \partial_x^\beta P_{m-j}(0,\xi)/\beta!)$ を考えればよい．$\phi(x) = x\hat\xi + \tilde\phi(x)$ とおくとき $|\alpha| = 1$ について $\partial_x^\alpha \tilde\phi(x) = O(|x|)$ に注意する．$\mathrm{Op}^0(x^\beta \partial_x^\beta P_{m-j}(0,\xi)) = x^\beta \partial_x^\beta P_{m-j}(0,D)$ に留意して
$$x^\beta \partial_x^\beta P_{m-j}(0,D) e^{i\lambda x\hat\xi} (e^{i\lambda\tilde\phi(x)} e^{-\lambda\psi(x)} f(x))$$
$$= e^{i\lambda x\hat\xi} x^\beta \partial_x^\beta P_{m-j}(0, \lambda\hat\xi + D)(e^{i\lambda\tilde\phi(x)} e^{-\lambda\psi(x)} f(x))$$
$$= e^{i\lambda x\hat\xi} x^\beta \sum_\alpha \frac{\lambda^{m-j-|\alpha|}}{\alpha!} \partial_\xi^\alpha \partial_x^\beta P_{m-j}(0,\hat\xi) D^\alpha (e^{i\lambda\tilde\phi(x)} e^{-\lambda\psi(x)} f(x))$$
を考える．$x^\beta D^\alpha (e^{i\lambda\tilde\phi(x)} e^{-\lambda\psi(x)} f(x)) = O(\lambda^{-|\beta|/2+|\alpha|/2})$ であるから $\phi(x), \psi(x), f(x)$ の任意性を考慮すると (6.1.1) より $|\alpha+\beta| < r-2j$ に対して $\partial_\xi^\alpha \partial_x^\beta P_{m-j}(0,\hat\xi) = 0$ の成立することが従う．逆も同様である． □

定義 6.1.2 $z^0 = (x^0, \xi^0)$ を p の r 次の特性点とし P の Weyl シンボル $P(x,\xi) = \sum_{j=0}^m P_j(x,\xi)$ は z^0 で Ivrii-Petkov の必要条件を満たすとする（定理 6.1.1）．このとき $P(x,\xi)$ の z^0 での局所化 $P_{z^0}(x,\xi)$ を
$$\mu^{2m} P(x^0 + \mu x, \mu^{-2}(\xi^0 + \mu\xi)) = \mu^r (P_{z^0}(x,\xi) + o(1)), \quad \mu \to 0 \qquad (6.1.2)$$
で定義する．

定理 6.1.2 P に対する初期値問題は原点の近傍で C^∞ 適切とし $z^0 \in \mathbb{R}^n \times (\mathbb{R}^n \setminus \{0\})$ を p の多重特性点とする．このとき局所化 $P_{z^0}(z)$ は $(0,\theta)$ 方向に Gårding の意味で双曲型である．すなわち正数 $C > 0$ が存在して
$$z \in \mathbb{R}^{2n},\ \tau \in \mathbb{C},\ P_{z^0}(z + \tau(0,\theta)) = 0 \Longrightarrow |\mathrm{Im}\,\tau| < C$$
が成立する[*2]．

ここでもまた「双曲性の遺伝」という構図がみられる．本書ではこれ以上立ち入らないが定数係数微分作用素に対する初期値問題が C^∞ 適切となるためには作用素が Gårding の意味で双曲型であることが必要十分である [3]．すなわち

定理 6.1.3 定数係数微分作用素 $P(D) = D_1^m + \sum_{|\alpha| \leq m, \alpha_1 < m} a_\alpha D^\alpha$ に対する初期値問題が C^∞ 適切であるためには，正数 $C > 0$ が存在して任意の $\xi \in \mathbb{R}^n$ に対し
$$P(\xi + t\theta) = 0 \Longrightarrow |\mathrm{Im}\,t| \leq C \qquad (6.1.3)$$
の成り立つことが必要十分である．ここで $\theta = (1, 0, \ldots, 0)$ である．

[*2] T.Nishitani: Hyperbolicity of localizations, Ark. Mat. **31** (1993) 337-393.

いま $P = \text{Op}^0(\sum_{j=0}^m \tilde{P}_j(x,\xi))$ とし $\tilde{P}(x,\xi) = \sum_{j=0}^m \tilde{P}_j(x,\xi)$ は z^0 で Ivrii-Petkov の必要条件を満たすとする. このとき (6.1.2) で局所化 $\tilde{P}_{z^0}(x,\xi)$ を定義する. P の Weyl シンボルを $P(x,\xi) = \sum_{j=0}^m P_j(x,\xi)$ とするとき

$$P_{z^0}(x,\xi) = \sum_{|\alpha| \leq m} \frac{i^{|\alpha|}}{2^{|\alpha|}\alpha!} \tilde{P}_{z^0}(x,\xi)$$

であることは容易に確かめられる. このことより $P_{z^0}(z)$ が $(0,\theta)$ 方向に Gårding の意味で双曲型であることと $\tilde{P}_{z^0}(z)$ が $(0,\theta)$ 方向に Gårding の意味で双曲型であることは同値である[*3]. 本書では詳しくは述べないが $P_{z^0}(z)$ は次の意味で不変に定義される. $\chi : (y,\eta) \mapsto (x,\xi)$ を $w^0 = (y^0, \eta^0)$ の錐近傍で定義された斉次正準変換（定義 4.5.2）で $\chi(w^0) = z^0$ とする. χ に同伴する Fourier 積分作用素 F が定義されるが[*4], この F に対して $F^{-1}PF = \hat{P}$ とおくと $\hat{P}$ は S_{phg}^m であり, Weyl シンボル $\hat{P}(x,\xi)$ は $\sum_{j=0} \hat{P}_j(x,\xi)$ の漸近展開をもつ. (6.1.2) で $\hat{P}_{w^0}$ を定義するとき

$$\hat{P}_{w^0}(y,\eta) = P_{z^0}(D\chi(y,\eta)) \tag{6.1.4}$$

が成立する[*5]. ここで $D\chi$ は χ の w^0 での微分, すなわち $\chi(w^0 + \mu w) = \chi(w^0) + \mu D\chi(w) + O(\mu^2), \mu \to 0$ で与えられる.

$x = \phi(y)$ を局所座標系の変換とすると $(Fu)(y) = u(\phi(y))$ は簡単な Fourier 積分作用素の例であり, 対応する斉次正準変換は $x = \phi(y)$, $\xi = H^{-1}(y)\eta$, $H(y) = {}^t(\partial\phi(y)/\partial x)$ である. $\hat{P} = F^{-1}PF = \text{Op}(\hat{P}(y,\eta))$ と書くとき

$$\hat{P}_{w^0}(y,\eta) = P_{z^0}\big({}^tH(y^0)y, H^{-1}(y^0)\eta + (\partial(H(y^0)\eta^0)/\partial y)y\big)$$

である. ただし $z^0 = (\phi(y^0), H^{-1}(y^0)\eta^0)$ である. 例えば $y^0 = 0, \eta^0 = e_n$ とし, A を $n-1$ 次実対称行列として座標変換[*6]

$$x_j = y_j, 1 \leq j \leq n-1, \quad x_n = y_n + \langle A\tilde{y}, \tilde{y}\rangle/2, \quad \tilde{y} = (y_1, \ldots, y_{n-1})$$

を考えると

$$\hat{P}_{(0,0)}(y,\eta) = P_{(0,0)}(y, \tilde{\eta} + A\tilde{y}, \eta_n)$$

である.

[*3] L.Svensson: Necessary and sufficient conditions for the hyperbolicity of polynomials with hyperbolic principal part, Ark. Mat. **8** (1968) 145-162 あるいは L.Hörmander: The Analysis of Linear Partial Differential Operators II, Springer (1983) Theorem 12.4.6 を参照.

[*4] Fourier 積分作用素の解説を含む教科書は多いが例えば J.J.Duistermaat: Fourier Integral Operators, Birkhäuser (1996).

[*5] B.Helffer: Invariants associé à une classe d'opérateurs pseudodifférentiels et applications à l'hypoellipticité, Ann. Inst. Fourier (Grenoble) **26** (1976) 55-70.

[*6] この座標変換については 7.3 節を参照.

6.2 伝播錐と超局所時間関数

z^0 を p の r 次特性点とする．定義 2.4.1 によると z^0 での局所化 $p_{z^0}(X)$ は

$$p(z^0 + \mu X) = \mu^r(p_{z^0}(X) + o(1)), \quad X = (x, \xi) \quad \mu \to 0 \tag{6.2.5}$$

で与えられる．補題 2.4.2 より局所化 $p_{z^0}(X)$ は $X = (x, \xi)$ の r 次斉次多項式であり，$(0, \theta) \in \mathbb{R}^{2n}, \theta = (1, 0, \ldots, 0) \in \mathbb{R}^n$ 方向に双曲型である．したがって p_{z^0} の双曲錐 $\Gamma_{z^0} = \Gamma(p_{z^0}, (0, \theta))$ が定義 3.1.1 に従って集合

$$\{X \in T_{z^0}(T^*\Omega) \simeq \mathbb{R}^n \times \mathbb{R}^n \mid p_{z^0}(X) \neq 0\}$$

の $(0, \theta)$ を含む連結成分として定義される．$p(z^0) \neq 0$ のときは $\Gamma_{z^0} = \mathbb{R}^n \times \mathbb{R}^n$ とする．

定義 6.2.1 p_{z^0} の伝播錐 $C_{z^0} = C(p_{z^0}, (0, \theta))$ を Γ_{z^0} の symplectic 2 形式 $\sigma = \sum_{j=1}^n d\xi_j \wedge dx_j$ に関する双対錐として定義する．すなわち

$$C_{z^0} = \{X \in T_{z^0}(T^*\Omega) \mid \sigma(X, Y) \leq 0, \ \forall Y \in \Gamma_{z^0}\}$$

で定義する．$p(z^0) \neq 0$ のときは $C_{z^0} = \{0\}$ である．

定義から $(\theta, 0) \in C_{z^0}$ および $C_{z^0} \subset \{(x, \xi) \mid x_1 \geq 0\}$ は明らかである．C_{z^0} が p_{z^0} の「伝播錐」であることの直感的な説明を与えよう．ただし以下の議論は厳密ではない．$Y = (y, \eta) \in \mathbb{R}^{2n}$ を任意に固定して $X = (x, \xi)$ の 1 次関数 $\phi(X) = \langle X, Y \rangle$ を考える．$p_{z^0}(x, D)u = f$ とするとき，$h > 0$ を正のパラメーターとして

$$e^{h\phi(x,D)} p_{z^0}(x, D) e^{-h\phi(x,D)} (e^{h\phi(x,D)} u) = e^{h\phi(x,D)} f \tag{6.2.6}$$

を考えよう．$e^{h\phi(x,D)} p_{z^0}(x, D) e^{-h\phi(x,D)}$ のシンボルの主要部は粗くいって

$$p_{z^0}(X - ihH_\phi)$$

に等しい．補題 3.1.1 から $H_\phi = (\eta, -y) \in \Gamma_{z^0}$ なら $p_{z^0}(X - ihH_\phi) \neq 0$ であり粗くいえば作用素としても逆が存在する．(6.2.6) に逆作用素を作用させて

$$\|e^{h\phi(x,D)} u\| \leq C \|e^{h\phi(x,D)} f\|$$

の形の h によらない評価を得る．この評価から $\phi(x, \xi) > 0$ で f が超局所的に 0 なら，$h \to \infty$ とすることによって $\phi(x, \xi) > 0$ で u も超局所的に 0 となることが結論される．いま Dirac の δ に対して $p_{z^0}(x, D)u = \delta$ を満たす u の超局所台を評価すると以上のことから

$$\operatorname{supp} u \subset \bigcap_{H_\phi \in \Gamma_{z^0}} \{X \mid \phi(X) \leq 0\}$$

が成り立つ. $\phi(X) = \sigma(X, H_\phi)$ であるから右辺は C_{z^0} に等しい.

さて $p(x, \xi) = \xi_1^m + \cdots$ を狭義双曲型多項式とすると特性点 z^0 は単純であるから $p_{z^0}(x, \xi) = \langle \partial p(z^0)/\partial x, x\rangle + \langle \partial p(z^0)/\partial \xi, \xi\rangle = dp_{z^0}(x, \xi)$ となり Γ_{z^0} は

$$\{(x, \xi) \mid dp_{z^0}(x, \xi) > 0\}$$

で与えられる半空間である. したがって C_{z^0} は $\{\alpha H_p(z^0) \mid \alpha \geq 0\}$ で与えられる p の Hamilton ベクトルを方向ベクトルとする半直線である.

次に C_{z^0} は z^0 を極限点とするすべての陪特性帯を含む「最小」の錐であることを確かめよう.

補題 6.2.1 $z^0 \in T^*\Omega \setminus \{0\} \simeq \Omega \times (\mathbb{R}^n \setminus \{0\})$ を p の多重特性点とする. いま

$$z_j \to z^0, \quad \lambda_j H_p(z_j) \to X(\neq 0), \quad j \to \infty$$

を満たす p の単純特性点 z_j と正数 λ_j の列があるとする. このとき $X \in C_{z^0}$ である.

[証明] $K \subset \Gamma_{z^0}$ を任意のコンパクト集合とする. 定理 3.2.2 より Γ_z は z に関して半連続であるから, 正数 $\delta > 0$ で

$$|z - z^0| < \delta \Longrightarrow K \subset \Gamma_z$$

を満たすものがとれる. したがって十分大な j については $K \subset \Gamma_{z_j}$ が成り立つ. 一方任意の $Y \in K$ に対して

$$\lambda_j dp_{z_j}(Y) = \sigma(Y, \lambda_j H_p(z_j)) > 0$$

であるから $j \to \infty$ として $\sigma(Y, X) \geq 0$, すなわち $\sigma(X, Y) \leq 0$ が従う. したがって $X \in C_{z^0}$ である. □

定義 6.2.2 $t(x, \xi)$ を z^0 の錐近傍で定義された滑らかな関数で ξ について 0 次正斉次とする. $t(x, \xi)$ が

$$t(z^0) = 0, \quad -H_t(z^0) \in \Gamma_{z^0} \tag{6.2.7}$$

を満たすとき, $t(x, \xi)$ を p の z^0 での超局所時間関数と呼ぶ.

定義から $t(x, \xi)$ または $-t(x, \xi)$ が p の z^0 での超局所時間関数となるための必要十分条件は

$$C_{z^0} \cap T_{z^0}\{t(z) = 0\} = \{0\} \tag{6.2.8}$$

の成立することである. 次に p_{z^0} の linearity を定義しよう.

定義 6.2.3 次の集合

$$\Lambda_{z^0} = \{X \in T_{z^0}(T^*\Omega) \mid p_{z^0}(tX + Y) = p_{z^0}(Y), \ \forall t \in \mathbb{R}, \forall Y\}$$

は p_{z^0} の linearity と呼ばれる.

6.2 伝播錐と超局所時間関数 89

定義から容易に分かるように Λ_{z^0} は線形部分空間であり，p_{z^0} は Λ_{z^0} 上で 0 である．p が狭義双曲型多項式のときは $p_{z^0}(X) = dp_{z^0}(X)$ であったから Λ_{z^0} は超平面 $\{X \mid dp_{z^0}(X) = 0\}$ である．z^0 を r 次特性点とすると p_{z^0} は r 次斉次多項式であり，p_{z^0} がある線形部分空間 $\tilde{\Lambda}$ 上で r 次で 0 になるとすると，任意の $X \in \tilde{\Lambda}$ 任意の Y に対して $p_{z^0}(tX+Y) = p_{z^0}(Y)$ であるから $\tilde{\Lambda} \subset \Lambda_{z^0}$ である．すなわち Λ_{z^0} は p_{z^0} が r 次で 0 になる最大の線形部分空間である．

補題 6.2.1 で確かめたように特性点 z^0 を極限点とする陪特性帯は錐 C_{z^0} 内に含まれる．したがって C_{z^0} と Λ_{z^0} が横断的*[7]であることは「陪特性帯に沿って情報が伝わる」という指導原理から重要な意味をもつであろうことが予想される．そこで少し先取りして C_{z^0} と Λ_{z^0} が横断的であるための条件を考察しよう．まず $T_{z^0}(T^*\Omega) \simeq \mathbb{R}^n \times \mathbb{R}^n$ の部分空間 W に対して symplectic 2 形式 σ に関する W の双対空間 W^σ を

$$W^\sigma = \{X \in T_{z^0}(T^*\Omega) \mid \sigma(X,Y) = 0, \forall Y \in W\}$$

で定義する．また $X_1, \ldots, X_\nu$ で張られる線形空間を $\mathrm{span}\{X_1, \ldots, X_\nu\}$ で表すことにする．混同の恐れがないときは $\mathrm{span}\{X\} = \langle X \rangle$, $\mathrm{span}\{X_1, \ldots, X_\nu\} = \langle X_1, \ldots, X_\nu \rangle$ とも書くことにする．

補題 6.2.2 次の 4 条件は同値である．
(i) $C_{z^0} \cap \Lambda_{z^0} = \{0\}$,
(ii) $H \cap C_{z^0} = \{0\}$, $\Lambda_{z^0} + \langle (0,\theta) \rangle \subset H$ を満たす超平面 H が存在する，
(iii) $\Gamma_{z^0} \cap \Lambda_{z^0}^\sigma \cap \langle (0,\theta) \rangle^\sigma \neq \emptyset$,
(iv) $\Gamma_{z^0} \cap \Lambda_{z^0}^\sigma \neq \emptyset$.

［証明］(i)$\Longrightarrow$(ii)$\Longrightarrow$(iii)$\Longrightarrow$(iv)$\Longrightarrow$(i) の順に示そう．(i)$\Longrightarrow$(ii) を示す．いま $\Theta = (0,\theta) \in \Lambda + \Lambda^\sigma$ と仮定する．したがって $\Theta = X_1 + X_2$, $X_1 \in \Lambda$, $X_2 \in \Lambda^\sigma$ と書ける．$\Gamma + \Lambda \subset \Gamma$ および $\Gamma \cap \Lambda = \emptyset$ であったから $0 \neq X_2 \in \Gamma$ が従う．また $\sigma(X_2, \Theta) = 0$ は明らかであるから $\Theta \in \langle X_2 \rangle^\sigma$ である．$X_2 \in \Lambda^\sigma$, $X_2 \in \Gamma$ に注意すると Γ は開集合であるから $\Lambda \subset \langle X_2 \rangle^\sigma$ および $\langle X_2 \rangle^\sigma \cap C = \{0\}$ となる．したがって $\langle X_2 \rangle^\sigma$ が求める超平面である．次に $\Theta \notin \Lambda + \Lambda^\sigma$ の場合を考えよう．したがって $(\Lambda + \Lambda^\sigma) \cap \langle \Theta \rangle = \{0\}$ である．$\Gamma \cap \Lambda^\sigma \neq \emptyset$ を確かめよう．実際 $\Gamma \cap \Lambda^\sigma = \emptyset$ とすると $0 \neq Y \in T_{z^0}(T^*\Omega)$ で任意の $X \in \Gamma$ に対し $\sigma(Y,X) \leq 0$ かつ任意の $X \in \Lambda^\sigma$ に対し $\sigma(Y,X) \geq 0$ となるものが存在するが，これより $Y \in C$ かつ $Y \in \Lambda$ となって矛盾する．さて $0 \neq Z \in \Gamma \cap \Lambda^\sigma$ をとろう．このとき

$$\Lambda \subset \langle Z \rangle^\sigma, \quad \langle Z \rangle^\sigma \cap C = \{0\} \tag{6.2.9}$$

---

*[7] この仮定の下での特異性の伝播に関する考察が T.Nishitani: Propagation of singularities for hyperbolic operators with transverse propagation cone, Osaka J. Math. **27** (1990) 1-16 にある．

である．$T = \langle Z \rangle^\sigma \cap (\Lambda + \Lambda^\sigma)$ とおくと
$$\Lambda \subset T, \quad T \cap C = \{0\} \tag{6.2.10}$$
となる．まず $\Gamma + \Lambda \subset \Gamma$ から
$$C \subset \Lambda^\sigma \tag{6.2.11}$$
が従う．(6.2.9) および (6.2.11) より $\Lambda + \Lambda^\sigma \not\subset \langle Z \rangle^\sigma$ となって $\dim T = \dim(\Lambda + \Lambda^\sigma) - 1$ であることが分かる．次に部分空間 $V \subset T_{z^0}(T^*\Omega)$ を $T_{z^0}(T^*\Omega) = (\Lambda + \Lambda^\sigma) \oplus V$ を満たすように選び，$\Theta = Y_1 + Y_2, Y_1 \in \Lambda + \Lambda^\sigma, 0 \neq Y_2 \in V$ と書く．いま部分空間 $W \subset T_{z^0}(T^*\Omega)$ を
$$V = \langle Y_2 \rangle \oplus W$$
となるように選ぶと，$\dim T = \dim(\Lambda + \Lambda^\sigma) - 1$ から $H = T + \langle \Theta \rangle + W$ が超平面であることが従う．(6.2.10) および (6.2.11) より $H \cap C = \{0\}$ であり，他方 $\Lambda + \langle \Theta \rangle \subset H$ であるからこれが求める超平面である．次に (ii)$\Longrightarrow$(iii) を示す．$0 \neq Y \in T_{z^0}(T^*\Omega)$ を $\langle Y \rangle = H^\sigma$ であるように選ぼう．$\langle Y \rangle \subset \Lambda^\sigma \cap \langle \Theta \rangle^\sigma$ は明らかである．このとき Y または $-Y$ は Γ に属する．そうでないとすると $\langle Y \rangle \cap \Gamma = \emptyset$ から $0 \neq Z \in T_{z^0}(T^*\Omega)$ で，任意の $X \in \Gamma$ に対しては $\sigma(Z, X) \leq 0$ で，任意の $X \in \langle Y \rangle$ については $\sigma(Z, X) \geq 0$ となるものがある．ゆえに $Z \in C$ かつ $Z \in \langle Y \rangle^\sigma = H$ となり (ii) に矛盾する．(iii)$\Longrightarrow$(iv) は自明である．最後に (iv)$\Longrightarrow$(i) を示す．$0 \neq Y \in \Gamma \cap \Lambda^\sigma$ とすると Γ は開集合であるから $\Lambda \subset \langle Y \rangle^\sigma$ および $\langle Y \rangle^\sigma \cap C = \{0\}$ である．これより $C \cap \Lambda = \{0\}$ が従う． $\square$

Λ_{z^0} は線形部分空間であるから 1 次関数 $\ell_i(x, \xi), i = 1, \ldots, k$ を選ぶと
$$\Lambda_{z^0} = \{(x, \xi) \mid \ell_i(x, \xi) = 0, i = 1, \ldots, k\}$$
と書ける．必要なら番号をつけ替え，また ℓ_i の線形結合を考えることによって ℓ_i, $i \geq 2$ は ξ_1 によらないと仮定できる．すなわち $\ell_i = \ell_i(x, \xi'), i \geq 2$ としてよい．$C_{z^0} \cap \Lambda_{z^0} = \{0\}$ とする．補題 6.2.2 の (iii) によれば $0 \neq X \in \Gamma_{z^0} \cap \Lambda_{z^0}^\sigma \cap \langle (0, \theta) \rangle^\sigma$ なる X がある．$\Lambda_{z^0}^\sigma = \langle H_{\ell_1}, \ldots, H_{\ell_k} \rangle$ であるから $\alpha_i \in \mathbb{R}$ があって
$$X = \sum_{i=1}^k \alpha_i H_{\ell_i}$$
と書ける．また $\langle (0, \theta) \rangle = \langle H_{x_1} \rangle$ ゆえ $\alpha_1 = 0$ である．いま
$$t(x, \xi') = \sum_{i=2}^k \alpha_i \ell_i(x, \xi')$$
とおくと $\Lambda_{z^0} \subset \{t(x, \xi') = 0\}$ で，かつ $H_t \in \Gamma_{z^0}$ である．$t(x, \xi')$ が ξ_1 を含まないという事実は C_{z^0} と Λ_{z^0} が横断的な場合．特に z^0 が高次の多重特性点の場合，初期値問題の考察において重要な役割を果たす．また $H_t \in \Gamma_{z^0}$ ゆえ C_{z^0} と $T_{z^0}\{(x, \xi) \mid t(x, \xi') = 0\}$ が横断的であることは明らかである．

6.2 伝播錐と超局所時間関数　　91

6.3 2次特性点の分類と初期値問題

$z^0 = (x^0, \xi^0)$ を p の 2 次特性点とする．このとき z^0 は p の Hamilton ベクトル場 H_p の特異点（停留点）である．そこで $X = (x, \xi)$ と書き，Hamilton 方程式 $\dot{X} = H_p(X)$ を z^0 で線形化する．すなわち，$X(s) = (x^0, \xi^0) + \epsilon Y(s)$ を方程式に代入して ϵ について 1 次の項を取り出すと $\dot{Y} = 2F_p(z^0)Y$ を得る．ここで $F_p(z^0)$ は

$$F_p(z^0) = \frac{1}{2} \begin{pmatrix} \dfrac{\partial^2 p}{\partial x \partial \xi}(z^0) & \dfrac{\partial^2 p}{\partial \xi \partial \xi}(z^0) \\ -\dfrac{\partial^2 p}{\partial x \partial x}(z^0) & -\dfrac{\partial^2 p}{\partial \xi \partial x}(z^0) \end{pmatrix}$$

で与えられる．

定義 6.3.1 $F_p(z^0)$ を p の z^0 における Hamilton 写像[*8]と呼ぶ．

補題 2.4.2 より $p_\rho(X)$ は $X = (x, \xi) \in \mathbb{R}^{2n}$ の双曲型 2 次形式，すなわち符号が $(q, 1)$, $q \in \mathbb{N}$ の 2 次形式である．$Q_{z^0}(X, Y)$ を局所化 $p_{z^0}(X)$ に同伴する双線形形式とする．$\text{Hess}_{z^0} p$ を p の z^0 における Hesse 行列とするとき，定義から $Q_{z^0}(X, Y) = \langle (\text{Hess}_{z^0} p)X, Y \rangle$ および $p_{z^0}(X) = Q_{z^0}(X, X)/2$ であり

$$\frac{1}{2} Q_{z^0}(X, Y) = \sigma(X, F_p(z^0)Y), \quad X, Y \in \mathbb{R}^{2n} \tag{6.3.12}$$

となる．$\chi: (y, \eta) \mapsto (x, \xi)$ を正準変換とし，T, J を (4.5.16) で与えたものとすると

$$Q_{z^0}(TX, TY)/2 = \sigma(TX, F_p TY) = \langle JTX, F_p TY \rangle$$
$$= \langle {}^t T J T X, (T^{-1} F_p T) Y \rangle = \langle JX, (T^{-1} F_p T) Y \rangle = \sigma(X, T^{-1} F_p T Y)$$

であるから正準変換の下で Hamilton 写像のスペクトルは不変である．

$p(x, \xi_1, \xi')$ の ξ_1 に関する零点がすべて実であることから $F_p(z^0)$ は次のような特別な構造をもつ．

補題 6.3.1 Hamilton 写像 $F_p(z^0)$ の固有値はすべて虚軸上にある，あるいは 0 でない実の固有値 $\pm \lambda$, $\lambda > 0$ を除けばすべて虚軸上にある，のいずれかである．

[*8] F_p を Hamilton 写像と呼ぶのは [6] による．Ivrii-Petkov の原論文 [9] では fundamental matrix と呼ばれている．次は著者が Ivrii 氏から直接に聞いた fundamental matrix の名前の由来にまつわるエピソードである：At this time I was a grad student and among mathematical students we had the following definitions: "Derivative" of the drunken party is the party financed through deposit bottles and in order to be able to get one bottle in the second round one should consume at least 13 in the first. "Fundamental" drunken party is a party with non-zero second derivative.

この補題の証明は第 7 章で与える.

定義 6.3.2 $F_p(z^0)$ が 0 でない実の固有値をもつとき z^0 を実効的双曲型特性点であるという. また $p(x,\xi)$ は z^0 で実効的双曲型 (effectively hyperbolic) であるという[*9]. そうでない場合 z^0 は非実効的双曲型特性点, $p(x,\xi)$ は z^0 で非実効的双曲型であるという.

定義 6.3.3 $F_p(z^0)$ の positive trace を
$$\mathrm{Tr}^+ F_p(z^0) = \sum_{\mu_j > 0} \mu_j$$
で定義する. ここで和は $F_p(z^0)$ の重複度を込めたすべての純虚数固有値 $i\mu_j, \mu_j > 0$ にわたる.

微分作用素 P が強双曲型であるための次の必要条件は Ivrii-Petkov[9] で証明された.

定理 6.3.1 P は原点の近傍で強双曲型とする. このとき原点の近傍で主シンボル $p(x,\xi)$ の特性点は高々 2 次であり, かつこれらの 2 次特性点は実効的双曲型である.

Ivrii-Petkov はこの逆も成立すると予想した[*10]. この予想は [10][14][15][27][28] によって正しいことが証明された. この証明を与えることが本書の目的の 1 つである.

定理 6.3.2 主シンボル $p(x,\xi)$ の原点の近くの特性点は高々 2 次特性点で, これらの 2 次特性点は実効的双曲型とする. このとき P は原点の近傍で強双曲型である.

定義 6.3.4 $P = \mathrm{Op}^0(\sum_{j=0}^m P_j(x,\xi))$ を微分作用素とし $P_j(x,\xi)$ は ξ について j 次斉次とする. このとき P の副主表象 $P_{sub}(x,\xi)$ を
$$P_{sub}(x,\xi) = P_{m-1}(x,\xi) + \frac{i}{2}\sum_{j=1}^n \frac{\partial^2 p}{\partial x_j \partial \xi_j}(x,\xi)$$
で定義する.

補題 4.1.1 より
$$P = \mathrm{Op}(p(x,\xi) + P_{sub}(x,\xi) + R(x,\xi)) \tag{6.3.13}$$

[*9] これを effectively hyperbolic と呼ぶのは [6] による. Ivrii-Petkov の原論文 [9] では regularly hyperbolic と呼ばれている.「実効的双曲型」の訳は吉川　敦: 弱双曲型方程式の初期値問題と解の特異性（の分岐）, 数学 **34** (1982) 331-345 による. [13] でもこの訳語が用いられている.

[*10] L.Gårding: Some recent results for hyperbolic differential equations, In: Proceedings of the nineteenth Nordic congress of mathematicians, Icel. Math. Soc., Reykjavik (1985) 50-59 によるとこの予想が effectively hyperbolic という命名の由来だそうである.

と書けることに注意しよう．ここで $R(x,\xi)$ は ξ について $m-2$ 次以下である．すなわち P の Weyl シンボルの $m-1$ 次の項が P の副主表象である．

補題 6.3.2 $P_{sub}(x,\xi)$ は 2 次特性点で well-defined である．すなわち (x^0,ξ^0) を p の 2 次特性点とし，y を x^0 の周りの別の局所座標系で $P = \mathrm{Op}^0(\hat{P}(y,\eta))$ とするとき，(x^0,ξ^0) の座標を (y^0,η^0) として

$$\hat{P}_{sub}(y^0,\eta^0) = P_{sub}(x^0,\xi^0)$$

が成立する．

［証明］ P の Weyl シンボルの $m-1$ 次の項が 2 次特性点で局所座標系の選び方によらないことを示そう．$y = Ax$ が線形座標変換のときは $\hat{P}(y,\eta) = P(A^{-1}y, {}^tA\eta)$ であるから主張は明らかである．したがって $(x^0,\xi^0) = (y^0,\eta^0) = (0,e_n) = \rho$, $e_n = (0,\ldots,0,1)$ と仮定してよい．$P_m(x,\xi) = \xi_n^m P_m(x,\xi'/\xi_n, 1)$ と書いて $P_m(x,\xi',1)$ を $(x,\xi') = (0,0)$ の周りで Taylor 展開すると

$$P_m(x,\xi) = \left(\sum_{|\alpha+\beta|=2} \frac{1}{\alpha!\beta!} \partial_x^\alpha \partial_{\xi'}^\beta P_m(\rho)(\xi_n x)^\alpha (\xi')^\beta \right) \xi_n^{m-2} \\ + \sum_{|\alpha+\beta|=3} P_{\alpha\beta}(x,\xi) x^\alpha (\xi')^\beta \tag{6.3.14}$$

と書ける．右辺第 2 項の $P_{\alpha\beta}(x,\xi) x^\alpha (\xi')^\beta$ をシンボルとする微分作用素 T は $T(x,D) = P_{\alpha\beta}(x,D) \phi_1(x,D) \phi_2(x,D) \phi_3(x,D) + R(x,D)$ の形に書ける．ここで $\phi_i(\rho) = 0$ であり，$R(x,D)$ は $m-1$ 階の微分作用素で，その主シンボルは $R_{m-1}(\rho) = 0$ を満たす．したがって座標系によらず $T_{sub}(\rho) = 0$ であることが容易に分かる．次に (6.3.14) の右辺第 1 項を $p(x,\xi)\xi_n^{m-2}$ とすると，これをシンボルとする微分作用素は $p(x,D)D_n^{m-2} + \tilde{R}(x,D)$ と書け，$\tilde{R}(x,D)$ は $m-1$ 階の微分作用素で主シンボルは $\tilde{R}_{m-1}(\rho) = 0$ を満たす．$p(x,D)D_n^{m-2}$ は y 座標系では $\hat{p}(y,D)Q(y,D)$ となるが，$\hat{p}(y,D) = \mathrm{Op}(\hat{p}_2 + \hat{p}_1 + \cdots)$, $Q(y,D) = \mathrm{Op}(Q_{m-2} + Q_{m-3} + \cdots)$ と書くとき $Q_{m-2}(\rho) = 1$ で $\hat{p}(y,D)Q(y,D)$ は

$$\mathrm{Op}(\hat{p}_2 Q_{m-2} + \{\hat{p}_2, Q_{m-2}\}/2i + \hat{p}_2 Q_{m-3} + \hat{p}_1 Q_{m-2} + \cdots)$$

であることより Weyl シンボルの $m-1$ 次部分は ρ で $\hat{p}_1(\rho)$ である．したがって

$$p(x,\xi) = \sum_{|\alpha+\beta|=2} \frac{1}{\alpha!\beta!} \partial_x^\alpha \partial_{\xi'}^\beta P_m(\rho)(\xi_n x)^\alpha (\xi')^\beta$$

に対して補題を証明すればよいことが分かる．右辺は $(\xi_n x, \xi')$ の 2 次形式であり，したがって $p(x,\xi)$ が積 $\phi_1(x,\xi)\phi_2(x,\xi)$, $\phi_j(\rho) = 0$ のときに示せばよい．このときはまず

$$\phi_1(x,D)\phi_2(x,D) = \mathrm{Op}(\phi_1(x,\xi)\phi_2(x,\xi) + \{\phi_1,\phi_2\}(x,\xi)/2i + \cdots) \tag{6.3.15}$$

に注意する．$\phi_j(x,D)$ は y 座標系では $\hat{\phi}_j(y,D)$, $\hat{\phi}_j(y,\eta) = \phi_j(y,\eta) + r_j(y)$ と表されるので，再び (6.3.15) に注意し，補題 4.5.1 より Poisson 括弧式は正準変換の下で不変で，特に局所座標系 x の変換で不変であることを考慮すると主張が得られる． □

定理 6.3.3 2 次特性点 $z^0 = (0, \xi^0)$ は非実効的双曲型とし $\partial^2 p(z^0)/\partial \xi_1^2 < 0$ とする．このとき初期値問題が原点の近傍で C^∞ 適切となるためには

$$\operatorname{Im} P_{sub}(z^0) = 0, \quad -\operatorname{Tr}^+ F_p(z^0) \leq \operatorname{Re} P_{sub}(z^0) \leq \operatorname{Tr}^+ F_p(z^0) \qquad (6.3.16)$$

の成立することが必要である[*11]．

この結果は $F_p(z^0)$ の構造に応じていくつかの場合が [9] で証明され，残った場合が [6] で示された．この結果の証明は本書の主題の 1 つである．$\partial^2 p(\rho)/\partial \xi_1^2(z^0) > 0$ なら $P(x,D)$ の代わりに $-P(x,D)$ を考えれば $F_p(z^0)$ が実行列であることより $\operatorname{Tr}^+ F_{-p}(z^0) = \operatorname{Tr}^+ F_p(z^0)$ となり，また $(-P)_{sub}(z^0) = -P_{sub}(z^0)$ であるから (6.3.16) と同じ条件を得る．ただし初期値問題を超局所的にのみ考えるときは注意を要する．この点については 14.1 節を参照してほしい．

定義 6.3.5 条件 (6.3.16) を Ivrii-Petkov-Hörmander 条件と呼ぶ．特に $\operatorname{Tr}^+ F_p(z^0) = 0$ のときは，この条件は $P_{sub}(z^0) = 0$ となり Levi 条件[*12]と呼ばれる．

補題 6.3.3 $Q(X)$ を $\mathbb{R}^{2n}$ 上の双曲型 2 次形式とし，線形変換 $F: \mathbb{R}^{2n} \to \mathbb{R}^{2n}$ を Q の Hamilton 写像，すなわち $Q(X,Y)$ を $Q(X)$ に同伴する双線形形式とするとき

$$\frac{1}{2} Q(X,Y) = \sigma(X, FY), \quad X, Y \in \mathbb{R}^{2n}$$

で与えられるものとする．このとき $\mathbb{R}^{2n}$ における適当な symplectic 基底を選ぶと Q は次のいずれかの形である．

(1) $Q = \lambda(x_1^2 - \xi_1^2) + \sum_{j=2}^k \mu_j(x_j^2 + \xi_j^2) + \sum_{j=k+1}^\ell \xi_j^2$,
(2) $Q = -\xi_1^2 + \sum_{j=2}^k \mu_j(x_j^2 + \xi_j^2) + \sum_{j=k+1}^\ell \xi_j^2$,
(3) $Q = (-\xi_1^2 + \sqrt{2}\xi_1\xi_2 + x_2^2) + \sum_{j=3}^k \mu_j(x_j^2 + \xi_j^2) + \sum_{j=k+1}^\ell \xi_j^2$.

ここで $\lambda > 0$, $\mu_j > 0$ である．(1) のとき F は 0 でない実の固有値をもち，(2), (3) のとき F の固有値は純虚数のみである．(1), (2) では $\operatorname{Ker} F^2 \cap \operatorname{Im} F^2 = \{0\}$ であり (3) では $\operatorname{Ker} F^2 \cap \operatorname{Im} F^2 \neq \{0\}$ である．またいずれの場合も $\operatorname{Tr}^+ F = \sum \mu_j$ である．

この証明は第 7 章で与える．ここでは次のことだけを注意しておく．$z^0 = (x^0, \xi^0)$ を 2 次特性点とし $\chi : (y, \eta) \mapsto (x, \xi)$ を z^0 の錐近傍で定義された斉次正準変換

[*11] この条件の十分性に関する研究結果や関連する話題については [30] を参照．
[*12] Levi 条件に関する研究やそれに関連する文献は非常に多い．[12] や [25] の文献表を参照してほしい．

とする. F を χ に同伴する Fourier 積分作用素とし $F^{-1}PF = \hat{P}$ とおくとき, (6.1.4) より $\hat{P}_{w^0}(y,\eta) = P_{z^0}(D\chi(y,\eta))$ が成立し, 特に $\hat{p}_{w^0}(y,\eta) = p_{z^0}(D\chi(y,\eta))$ である. $D\chi(y,\eta) = \langle(e,f),(y,\eta)\rangle$ と書くと (e,f) は symplectic 基底であるから, $\hat{P} = F^{-1}PF$ の主シンボルの局所化 $\hat{p}_{w^0}(y,\eta)$ は, 適当な斉次正準変換に同伴する F を選べば補題 6.3.3 の (1), (2), (3) のいずれかの形をしている. しかしながら P に対する初期値問題の適切性を $\hat{P}$ のそれに帰着させるためには, $x_1 \leq \tau$ で $u(x) = 0$ なる任意の $u \in C_0^\infty(\mathbb{R}^n)$ に対して Fu も $x_1 \leq \tau$ で $Fu = 0$ を満たす必要がある. すなわち F が因果律を保つ必要がある. このようにすべての斉次正準変換が許容されるわけではなく, 初期値問題の適切性の必要性や十分性の考察において p_{z^0} の標準形として補題 6.3.3 の結果が直接適用できるわけではない. これが初期値問題の取扱いを難しくさせている大きな原因の 1 つである.

補題 6.3.3 の (1), (2), (3) に分類される基本的な $\mathbb{R}^n$ での微分作用素 P の例は
(1) $\quad P = -D_1^2 + x_1^2 D_n^2 + \sum_{j=2}^{k} \mu_j(x_j^2 D_n^2 + D_j^2) + \sum_{j=k+1}^{n-1} D_j^2,$
(2) $\quad P = -D_1^2 + \sum_{j=2}^{k} \mu_j(x_j^2 D_n^2 + D_j^2) + \sum_{j=k+1}^{n-1} D_j^2,$
(3) $\quad P = -D_1^2 + \sqrt{2} D_1 D_2 + x_2^2 D_n^2 + \sum_{j=3}^{k} \mu_j(x_j^2 D_n^2 + D_j^2) + \sum_{j=k+1}^{n-1} D_j^2$

である[*13]. ここで (3) の場合は $\mathbb{R}^n$, $n \leq 2$ では起こらないことに注意する. このように 2 次特性点をもつ微分作用素を一般的に解析するには $\mathbb{R}^n$, $n \geq 3$ で問題を扱わねばならない.

6.4　実効的双曲性

z^0 を p の 2 次特性点とする. 局所化 p_{z^0} を

$$p_{z^0}(x,\xi) = -\phi_1^2 + \sum_{j=2}^{\ell} \phi_j^2$$

と書く. ここで ϕ_j は (x,ξ) の 1 次式である. Q を p_{z^0} に同伴する双線形形式とすると $Q(u,v)/2 = -\phi_1(u)\phi_1(v) + \sum_{j=2}^{\ell} \phi_j(u)\phi_j(v)$ であるから

$$Q(u,v)/2 = -\sigma(u, H_{\phi_1})\sigma(v, H_{\phi_1}) + \sum_{j=2}^{\ell} \sigma(u, H_{\phi_j})\sigma(v, H_{\phi_j})$$

$$= \sigma\bigl(u, -\sigma(v, H_{\phi_1})H_{\phi_1} + \sum_{j=2}^{\ell} \sigma(v, H_{\phi_j})H_{\phi_j}\bigr) = \sigma(u, F_p(z^0)v)$$

[*13] これらの例を含む双曲型 2 次形式をシンボルとする微分作用素の系統的な考察が Hörmander: Quadratic hyperbolic operators, In: Microlocal Analysis and Applications (Montecatini Terme, 1989), Lecture Notes in Math., **1495**, Springer, Berlin (1991) 118-160 にある.

に注意すると
$$F_p(z^0)v = -\sigma(v, H_{\phi_1})H_{\phi_1} + \sum_{j=2}^{\ell} \sigma(v, H_{\phi_j})H_{\phi_j} \qquad (6.4.17)$$
が分かる．したがって特に
$$\operatorname{Im} F_p(z^0) = \langle H_{\phi_1}, \ldots, H_{\phi_\ell} \rangle$$
である．また $\operatorname{Ker} F_p(z^0) = \{v \in \mathbb{R}^{2n} \mid \sigma(v, H_{\phi_j}) = 0, j = 1, \ldots, \ell\}$ より
$$\operatorname{Ker} F_p(z^0) = (\operatorname{Im} F_p(z^0))^\sigma = \langle H_{\phi_1}, \ldots, H_{\phi_r} \rangle^\sigma = \Lambda_{z^0} \qquad (6.4.18)$$
も明らかである．

補題 6.4.1 次の 2 条件は同値である．
(i) $F_p(z^0)$ は 0 でない実固有値をもつ．
(ii) $(\operatorname{Ker} F_p(z^0))^\sigma \cap \Gamma_{z^0} \neq \emptyset$．

［証明］補題 6.3.3 より Q_{z^0} は (1), (2), (3) のいずれかとしてよい．このとき 0 でない実の固有値をもつのは (1) の場合のみである．補題 6.3.3 と (6.4.18) より $(\operatorname{Ker} F_p(z^0))^\sigma = \langle H_{\phi_1}, \ldots, H_{\phi_N} \rangle$ と書ける．(1) のとき $Q(H_{x_1}) < 0$ から $H_{x_1} \in \Gamma_{z^0}$ であり，したがって (ii) が成り立つ．(2), (3) のときはすべての ϕ_j について $Q(H_{\phi_j}) \geq 0$ であり，したがって $H_{\phi_j} \notin \Gamma_{z^0}$ となり $(\operatorname{Ker} F_p(z^0))^\sigma \cap \Gamma_{z^0} = \emptyset$ である． □

補題 6.4.1 の (ii) は $\operatorname{Ker} F_p(z^0) \cap C_{z^0} = \{0\}$ と同値であり $\operatorname{Ker} F_p(z^0) = \Lambda_{z^0}$ であるから補題 6.2.2 より次を得る．

補題 6.4.2 次の 3 条件は同値である．
(i) z^0 は実効的双曲型特性点．
(ii) $C_{z^0} \cap \operatorname{Ker} F_p(z^0) = \{0\}$．
(iii) $\Gamma_{z^0} \cap (\operatorname{Ker} F_p(z^0))^\sigma \cap \langle (0, \theta) \rangle^\sigma \neq \emptyset$．

さて 2 階の作用素 P
$$P(x, D) = -D_1^2 + 2A_1(x, D')D_1 + A_2(x, D') \qquad (6.4.19)$$
について考えよう．いま P の主シンボル $p(x, \xi)$ が 2 次特性点 $\rho = (\hat{x}, \hat{\xi})$ の近傍で
$$p = -(\xi_1 - \lambda_1(x, \xi'))(\xi_1 - \lambda_2(x, \xi'))$$
と書けているとする．ここで $\lambda_j(x, \xi')$ は $\rho' = (\hat{x}, \hat{\xi}')$ の錐近傍で定義された 1 次の実シンボルとする．ρ が 2 次特性点より $\lambda_1(\hat{x}, \hat{\xi}') = \lambda_2(\hat{x}, \hat{\xi}')$ である．いま
$$\{\xi_1 - \lambda_1, \xi_1 - \lambda_2\}(\rho) \neq 0$$
ならば ρ は実効的双曲型特性点である．実際 (6.4.17) から

6.4 実効的双曲性　97

$$F_p H_{\xi_1-\lambda_1} = \{\xi_1-\lambda_2, \xi_1-\lambda_1\} H_{\xi_1-\lambda_1},$$
$$F_p H_{\xi_1-\lambda_2} = \{\xi_1-\lambda_1, \xi_1-\lambda_2\} H_{\xi_1-\lambda_2}$$

が従うので $\pm\{\xi_1-\lambda_1, \xi_1-\lambda_2\}(\rho)$ は $F_p(\rho)$ の 0 でない実固有値である．次に補題 6.4.2 の条件 (iii) を詳しく調べよう．P の主シンボル $p(x,\xi)$ を

$$p(x,\xi) = -(\xi_1 - a(x,\xi'))^2 + q(x,\xi') \tag{6.4.20}$$

の形に書くと $p(x,\xi)$ が θ 方向に双曲型であることと $a(x,\xi')$ が実数値でかつ $q(x,\xi')$ が非負値であることは同値である．さらに $\rho = (\hat{x},\hat{\xi})$ が 2 次特性点となるのは $q(\hat{x},\hat{\xi}') = 0$ かつ $\hat{\xi}_1 = a(\hat{x},\hat{\xi}')$ の成立するときに限る．$\hat{\xi} \neq 0$ より $\hat{\xi}' \neq 0$ であることに注意しよう．

補題 6.4.3 $p(x,\xi)$ の 2 次特性点 $\rho = (\hat{x},\hat{\xi})$ は実効的双曲型とする．このとき ρ での超局所時間関数 $t(x,\xi')$ と正数 c が存在して

$$q(x,\xi') \geq c\,t(x,\xi')^2 |\xi|^2 \tag{6.4.21}$$

が ρ の錐近傍で成立する．

［証明］ $a(x,\xi')$ は ρ' の近傍で非負なので Morse の補題[*14]から ρ' の錐近傍で定義された ξ' について 1 次斉次の C^∞ 関数 $b_j(x,\xi')$ $(1 \leq j \leq \nu)$ が存在して，ρ' の錐近傍で

$$q(x,\xi') \geq \sum_{j=1}^{\nu} b_j(x,\xi')^2, \quad q_{\rho'}(x,\xi') = \sum_{j=1}^{\nu} db_{j\rho'}(x,\xi')^2 \tag{6.4.22}$$

が成立する．ここで $q_{\rho'}(x,\xi')$ は q の ρ' での局所化である．したがって

$$(\operatorname{Ker} F_p(\rho))^\sigma = \langle H_{\xi_1-a}(\rho), H_{b_1}(\rho'), \ldots, H_{b_\nu}(\rho') \rangle$$

である．$\Theta = (0,\theta)$ とするとき補題 6.4.2 の (iii) より $0 \neq X \in (\operatorname{Ker} F_p(\rho))^\sigma \cap \Gamma(p_\rho, \Theta) \cap \langle\Theta\rangle^\sigma$ が存在するので (6.4.18) より

$$X = \sum_{j=1}^{\nu} \alpha_j H_{b_j}(\rho') + \alpha_0 H_{\xi_1-a}(\rho)$$

とおける．$X \in \langle\Theta\rangle^\sigma$ であるから $\sigma(\Theta, X) = 0$ より $\alpha_0 = 0$ である．いま

$$t(x,\xi') = -\sum_{j=1}^{\nu} \alpha_j \frac{b_j(x,\xi')}{|\xi'|}$$

とおくと $-H_t(\rho) = X \in \Gamma_\rho$ であり (6.4.22) から $q(x,\xi') \geq c\,t(x,\xi')^2 |\xi|^2$ が従う．ρ の錐近傍では $C^{-1}|\xi| \leq |\xi'| \leq C|\xi|$ が成立しているので (6.4.21) を得る． □

[*14] 証明については例えば [8] の Appendix C 参照．

p の ρ の近くの 2 次特性点の集合は $\Sigma = \{(x, 0, \xi') \mid q(x, \xi') = 0\}$ で与えられるから，(6.4.22) から明らかなように Σ は（超局所）空間的曲面 $\{t(x, \xi') = 0\}$ に含まれる．したがって補題 6.2.1 および (6.2.8) から ρ を極限点とする陪特性帯はこの空間的曲面に横断的であることが分かる[*15]．

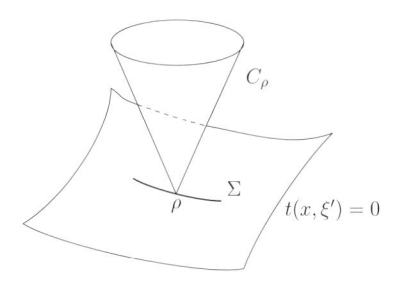

実は逆も成立する．

補題 6.4.4 ρ を 2 次特性点とし，ρ での超局所時間関数 $t(x, \xi')$ と正数 c が存在して (6.4.21) が ρ の錐近傍で成立するとする．このとき ρ は実効的双曲型特性点である．

［証明］ p の 2 次特性点は集合 $\{(x, \xi') \mid q(x, \xi') = 0\}$ に含まれるので，(6.4.22) より $\{b_j(x, \xi') = 0\}$ に含まれ，$\mathrm{Ker}\, F_p(z^0) \subset T_\rho\{t(x, \xi') = 0\}$ は明らかである．一方 $t(x, \xi')$ は ρ での超局所時間関数であるから $C_\rho \cap T_\rho\{t(x, \xi')\} = \{0\}$ であり，したがって

$$C_\rho \cap \mathrm{Ker}\, F_p(\rho) = \{0\}$$

となり，補題 6.4.2 から ρ は実効的双曲型特性点である． □

例として $n = 2$ のときを考えよう．$p(x, \xi) = -\xi_1^2 + a(x)\xi_2^2$ とする．ここで $a(x)$ は $\mathbb{R}^2$ の原点の近傍で定義された滑らかな非負値関数である．$\rho = (0, \hat{\xi})$ を p の 2 次特性点とする．したがって $a(0) = 0$, $\hat{\xi} = (0, \hat{\xi}_2)$ である．このとき p が ρ で実効的双曲型であるための必要十分条件は

$$\partial^2 a(0)/\partial x_1^2 \neq 0$$

の成立することである．Hamilton 写像を計算すれば容易に確かめられるが，ここでは補題 6.4.4 を適用してみよう．$\partial^2 a(0)/\partial x_1^2 = 0$ とすると $a(x) \geq 0$ より

[*15] ρ の近くでの陪特性帯のより詳細な挙動についての考察が G.Komatsu and T.Nishitani: Continuation of bicharacteristics for effectively hyperbolic operators, Publ. Res. Inst. Math. Sci. **28** (1992) 885-911 にある．

$p_\rho(x,\xi) = -\xi_1^2 + (\partial^2 a(0)/\partial x_2^2)x_2^2$ は明らかで,補題 6.3.3 の (2) の場合となり非実効的双曲型である.逆に $\partial^2 a(0)/\partial x_1^2 \neq 0$ とすると定理 2.4.1 より

$$a(x) = e(x)\big(x_1^2 + 2a_1(x_2)x_1 + a_2(x_2)\big) = e(x)\{(x_1 + a_1(x_2))^2 + b(x_2)\}$$

と書ける.ここで $b(x_2) \geq 0$ より $t(x) = x_1 + a_1(x_2)$ とすると,ある $c > 0$ について $a(x) \geq c\,t(x)^2$ である.ここで $-H_t(0) = (0,0,1,a_1'(0))$ で,また $p_\rho = -\xi_1^2 + q(x)$ である.$q(x)$ は x の 2 次形式で,$q(0) = 0$ より $-H_t(0) \in \Gamma_\rho$ は明らかで,補題 6.4.4 から ρ は実効的双曲型特性点である.

一方 $n \geq 3$ の場合,すなわち $p(x,\xi) = -\xi_1^2 + q(x,\xi')$ で $q(x,\xi'),\ \xi' \in \mathbb{R}^{n-1}$ を $x = 0$ の近傍で定義された非負値の 2 次のシンボルとするとき

$$q(0,\xi') = 0 \Longrightarrow \partial^2 q(0,\xi')/\partial x_1^2 \neq 0$$

は $(0,0,\xi')$ が実効的双曲型特性点であるための必要条件ではあるが一般には十分条件でない.間違えやすいので注意を要する.

6.5　超局所時間関数に関する標準形

(6.4.20) の p を考えよう.局所座標系を取り替えることによって $a(x,\xi') = 0$ と仮定してよい.したがって

$$p(x,\xi) = -\xi_1^2 + q(x,\xi'),\quad q(x,\xi') \geq 0 \tag{6.5.23}$$

を考える.

補題 6.5.1　$p(x,\xi)$ は (6.5.23) の形をしているとし,$f(x,\xi')$ は ρ での p に対する超局所時間関数とする.このとき ρ の錐近傍が存在して $p(x,\xi)$ はそこで

$$p(x,\xi) = -\xi_1^2 + \ell(x,\xi')^2 + b(x,\xi')$$

と表現される.ここで $\ell(x,\xi'),b(x,\xi')$ は ρ' の錐近傍で C^∞ かつ $b(x,\xi') \geq 0$ で,ξ' についてそれぞれ 1 次および 2 次斉次であり

$$\ell(\rho') = 0,\quad b(\rho') = 0,\quad H_f^2 b(\rho') = \{f,\{f,b\}\}(\rho') = 0 \tag{6.5.24}$$

を満たす.さらに ρ' のある錐近傍で ℓ, f は

$$\{\ell,f\}^2 < \{\xi_1,f\}^2 \tag{6.5.25}$$

を満たす.

[証明] Poisson 括弧式は斉次正準座標系の選び方によらず,したがって命題の主張は斉次正準座標系の選び方によらない.ゆえに適当な斉次正準座標系で命題を示せばよい.$\rho = (0,e_n)$ としてよい.p_ρ の双曲錐は $\Gamma_\rho \subset \{\xi_1 > 0\}$ を満たすので

$-H_f(\rho') \in \Gamma_\rho$ より $(\partial f/\partial x_1)(\rho') > 0$ が従う．したがって
$$f(x,\xi') = e(x,\xi')(x_1 - \psi(x',\xi')), \quad \xi' = (\xi_2,\ldots,\xi_n)$$
と書ける．ここで $e(\rho') > 0$ で $\psi(x',\xi')$ は ξ' について 0 次斉次である．q は ξ_1 によらないので $d\psi_\rho = 0$ ならば $\ell = 0, b = q$ と選べばよい．$d\psi_\rho \neq 0$ とする．$d\psi_\rho = c\,dx_n$ ならば $q(0,\xi_n e_n) = 0$ に注意すれば $(\partial^k q/\partial \xi_n^k)(\rho') = 0, k \in \mathbb{N}$ であるからやはり $\ell = 0, b = q$ と選べばよい．そうでないときは $\Xi_1 = \xi_1, X_1 = x_1, X_2 = \psi(x',\xi')$ とおくとこれらは交換関係を満たし，さらに $d\Xi_1, dX_1, dX_2, \sum_{j=1}^n \xi_j dx_j$ は ρ で 1 次独立となっている．したがって定理 4.5.2 から斉次正準座標系 $(X_i, \Xi_i)_{i=1}^n$ に拡張できる．(X,Ξ) を再び (x,ξ) と書くことにすると $f = e(x,\xi')(x_1 - x_2)$ と仮定してよい．もし $(\partial^2 q/\partial \xi_2^2)(\rho') = 0$ ならば $\ell(x,\xi') = 0$ と選べばよいことは明らかである．$(\partial^2 q/\partial \xi_2^2)(\rho') \neq 0$ としよう．このとき Malgrange の予備定理（定理 3.2.1）より
$$q(x,\xi') = \tilde{e}(x,\xi')\bigl((\xi_2 - h(x,\tilde{\xi}))^2 + g(x,\tilde{\xi})\bigr) \tag{6.5.26}$$
と書ける．ここで $\tilde{\xi} = (\xi_3,\ldots,\xi_n)$ とおいた．g は ξ_1, ξ_2 によらないので
$$\ell(x,\xi') = \tilde{e}(x,\xi')^{1/2}(\xi_2 - h(x,\tilde{\xi})), \quad b(x,\xi') = \tilde{e}(x,\xi')g(x,\tilde{\xi})$$
と選べば (6.5.24) の成立することは明らかである．最後に $\{\ell,f\}^2 < 1$ を確かめよう．$\ell(\rho' + \epsilon(x,\xi')) = \epsilon d\ell_{\rho'}(x,\xi') + O(\epsilon^2)$ と書くとき
$$p_\rho(x,\xi) = -\xi_1^2 + d\ell_{\rho'}(x,\xi')^2 + b_{\rho'}(x,\xi')$$
であるから $-H_f(\rho') \in \Gamma_\rho = \{(x,\xi) \mid \xi_1^2 > d\ell_{\rho'}(x,\xi')^2 + b_{\rho'}(x,\xi')\}$ より
$$e(\rho')^2 > d\ell_{\rho'}\bigl(H_f(\rho')\bigr)^2 + b_{\rho'}\bigl(H_f(\rho')\bigr)$$
が従う．g は ξ_1, ξ_2 によらず $f = e(x_1 - x_2)$ であるから $b_{\rho'}(H_f(\rho')) = 0$ であり，$d\ell_{\rho'}(H_f(\rho'))^2 = \{\ell,f\}^2(\rho')$ に注意すると (6.5.25) が成り立つ． $\square$

命題 6.5.1 $p(x,\xi)$ は ρ で実効的双曲型とする．このとき ρ の錐近傍と ρ での超局所時間関数 $f(x,\xi')$ が存在して $p(x,\xi)$ はそこで
$$p(x,\xi) = -\xi_1^2 + \ell(x,\xi')^2 + b(x,\xi')$$
と表現される．ここで $\ell(x,\xi'), b(x,\xi')$ は ρ' の錐近傍で C^∞ かつ $b(x,\xi') \geq 0$ で, ξ' に関してそれぞれ 1 次および 2 次斉次であり,
$$\ell(\rho') = 0, \quad b(\rho') = 0, \quad H_f^2 b(\rho') = \{f,\{f,b\}\}(\rho') = 0$$
を満たし，さらに正数 $c > 0$ が存在して ρ' の錐近傍で
$$b(x,\xi') \geq c f(x,\xi')^2 |\xi'|^2, \quad \{\ell,f\}^2 < \{\xi_1,f\}^2 \tag{6.5.27}$$
が成立する．

[証明] $p(x,\xi)$ が ρ で実効的双曲型であるから，補題 6.4.3 より p の ρ での超局所時間関数 $f(x,\xi')$ で ρ の錐近傍で

$$q(x,\xi') \geq c f(x,\xi')^2 |\xi'|^2 \tag{6.5.28}$$

を満たすものがある．この f に対して補題 6.5.1 の証明を繰り返す．次に (6.5.26) で $\xi_2 = h(x,\tilde{\xi})$ とすると，ある $c > 0$ が存在して $b(x,\xi') \geq c f(x,\xi')^2 |\xi'|^2$ が成立することも容易に分かる． □

命題 6.5.1 から出発して実効的双曲型特性点の周りでのエネルギー評価を導く方法もある [17]．この場合には補題 6.5.1 の証明で用いた斉次正準変換に同伴する Fourier 積分作用素を用いて微分作用素を変換する．ここで超局所時間関数 $f(x,\xi')$ が ξ_1 によらないことがこの Fourier 積分作用素が因果律を保つことを保証している．

最後に (6.5.23) の形をした p に対する超局所時間関数の特徴づけを与えておこう．

補題 6.5.2 $p(x,\xi)$ は (6.5.23) の形をしているとする．このとき $f(x,\xi')$ が p の 2 次特性点 ρ での超局所時間関数であるための必要十分条件は，正数 $0 < \kappa < 1$ が存在して ρ' のある錐近傍で

$$\{\xi_1, f\}(\rho') > 0, \quad \{q, f\}^2 \leq 4\kappa \{\xi_1, f\}^2 q \tag{6.5.29}$$

の成立することである．

[証明] 主張は斉次正準座標系の選び方によらないので p は補題 6.5.1 の主張を満たしているとしてよい．このとき $\{q,f\} = 2\ell\{\ell,f\} + \{b,f\}$ で，したがって任意の $\epsilon > 0$ について

$$\{q,f\}^2 \leq 4(1+\epsilon)\{\ell,f\}^2 \ell^2 + (1+\epsilon^{-1})\{b,f\}^2$$

が成り立つ．いま $g(t;x,\xi') = b((x,\xi') + t(\partial f(x,\xi')/\partial \xi, -\partial f(x,\xi')/\partial x'))$ とおくと，$b(\rho') = 0$, $\{f,b\}(\rho') = 0$ および $\{f,\{f,b\}\}(\rho') = 0$ より，$(x,\xi') = \rho'$ のとき $g(0;\rho') = 0$, $g''(0;\rho') = 0$ である．したがって正数 $C > 0$ が存在して任意の $\delta > 0$ に対して ρ' の錐近傍 V_δ があって $(x,\xi') \in V_\delta$, $|\xi'| = 1$ のとき $|t| \leq \delta$ について $g(0;x,\xi') \leq C\delta^3$, $|g''(t;x,\xi')| \leq C\delta$ が成立しているとしてよい．したがって

$$0 \leq g(t;x,\xi') \leq g(0;x,\xi') + g'(0;x,\xi')t + C\delta t^2/2$$

が任意の $(x,\xi') \in V_\delta$, $|\xi'| = 1$, $|t| \leq \delta$ について成立する．いま $g(0;x,\xi') \neq 0$ として t を $|t| = C^{-1/2}\delta^{-1/2}g(0;x,\xi')^{1/2} \leq \delta$ で，その符号を $g'(0;x,\xi')t = -|g'(0;x,\xi')||t|$ となるように選ぶと，上式より

$$|g'(0;x,\xi')| = |\{b,f\}(x,\xi')| \leq 2C^{1/2}\delta^{1/2}g(0;x,\xi')^{1/2}$$
$$= 2C^{1/2}\delta^{1/2}\sqrt{b(x,\xi')}$$

が成立する．$g(0;x,\xi') = b(x,\xi') = 0$ なら $b(x,\xi')$ が非負より $g'(0;x,\xi') =$

$\{f,b\}(x,\xi')=0$ となりこの場合も成り立っている．したがって
$$\{b,f\}^2 \leq 4C\delta b(x,\xi')$$
が ρ' の錐近傍 V_δ で成り立つ．以上のことから
$$\{q,f\}^2 \leq 4((1+\epsilon)\{\ell,f\}^2 + C\delta(1+\epsilon^{-1}))q$$
が成り立つ．$\{\ell,f\}^2 < \{\xi_1,f\}^2$ であったから δ を十分小に選べば補題の主張が成り立つ．

逆を示そう．$4\kappa\{\xi_1,f\}^2 q - \{q,f\}^2 \geq 0$ が ρ' の近傍で成立しているので $H_f^2(4\kappa\{\xi_1,f\}^2 q - \{q,f\}^2)(\rho') \geq 0$ は明らかである．$q = \ell^2 + b$ であるから ρ' で
$$8\kappa\{\xi_1,f\}^2\{f,\ell\}^2 - 8\{f,\ell\}^4 = 8\{f,\ell\}^2(\kappa\{\xi_1,f\}^2 - \{\ell,f\}^2) \geq 0$$
となり，$\kappa\{\xi_1,f\}^2 \geq \{\ell,f\}^2$ となって，$\{\xi_1,f\}(\rho') > 0$ を考慮すると $H_f(\rho) \in \Gamma_\rho$ が従う． □

第7章　双曲型2次形式

　この章では symplectic ベクトル空間上の符号 $(q, 1)$ の双曲型 2 次形式の標準形を与える補題 6.3.3 を証明する．この標準形は非実効的双曲型特性点をもつ微分作用素の初期値問題を研究する際の出発点でもある．また局所座標系の線形および 2 次の変換の下での正定値 2 次形式の標準形も与える．

7.1　symplectic ベクトル空間上の 2 次形式

定義 7.1.1　S を $\mathbb{R}$ ($\mathbb{C}$) 上の有限次元ベクトル空間とし，σ を S 上の非退化反対称双線形形式とする．このとき (S, σ) を（有限次元）実（複素）symplectic ベクトル空間といい，σ を symplectic 形式という．(S_i, σ_i) $(i = 1, 2)$ を symplectic ベクトル空間とする．全単射線形写像 $T : S_1 \to S_2$ で $T^*\sigma_2 = \sigma_1$，すなわち

$$\sigma_1(v, w) = \sigma_2(Tv, Tw), \quad v, w \in S_1$$

を満たすものを symplectic 同型写像と呼ぶ．

　以下 symplectic ベクトル空間といえば実 symplectic ベクトル空間のこととする．また文脈から明らかなときには (S, σ) の代わりに単に S と書くことにする．双線形形式 σ が非退化とは

$$\sigma(v, w) = 0, \ \forall w \in S \Longrightarrow v = 0$$

の成立することである．最も基本的な例は $(T^*\mathbb{R}^n, \sigma)$ である．ここで $T^*\mathbb{R}^n = \{(x, \xi) \mid x, \xi \in \mathbb{R}^n\}$ であり，また symplectic 形式 σ は

$$\sigma((x, \xi), (y, \eta)) = \langle \xi, y \rangle - \langle x, \eta \rangle$$

で与えられる．

命題 7.1.1　S を有限次元 symplectic ベクトル空間とする．このとき S は偶数次元で $n \in \mathbb{N}$ および symplectic 同型写像

$$T : S \to T^*\mathbb{R}^n$$

が存在する.

[証明] e_j, f_j をそれぞれ $T^*\mathbb{R}^n$ 内の x_j, ξ_j 軸方向の単位ベクトルとする. このとき

$$\sigma(e_j, e_k) = \sigma(f_j, f_k) = 0, \quad \sigma(f_j, e_k) = \delta_{jk} \qquad (7.1.1)$$

は明らかである. したがってこの命題を示すには (7.1.1) を満たす S の基底をみつければよい. $f_1 \in S, f_1 \neq 0$ を任意に選ぶ. σ は非退化であるから $\sigma(f_1, e_1) = 1$ なる $e_1 \in S$ がある. ここで f_1 と e_1 は線形独立であることに注意しよう. f_1 と e_1 の張るベクトル空間を $S_0 = \text{span}\{f_1, e_1\}$ とおき

$$S_1 = S_0^\sigma = \{v \in S \mid \sigma(v, S_0) = 0\}$$

と定義する. いま $v \in S_1 \cap S_0$ とすると, $v = af_1 + be_1$ と書いて

$$\sigma(v, f_1) = -b = 0, \ \sigma(v, e_1) = a = 0$$

となり $v = 0$ である. したがって $S = S_1 \oplus S_0$ は直和である. 次に (S_1, σ) が symplectic ベクトル空間であることをみる. そのためには σ が S_1 上で非退化であることを示せば十分である. $v \in S_1$ が $\sigma(v, S_1) = 0$ を満たすとしよう. S_1 の定義から $\sigma(v, S_0) = 0$ となり, したがって $\sigma(v, S) = 0$ ゆえに $v = 0$ が従う. 以下帰納法による. □

定義 7.1.2 (S, σ) を $2n$ 次元 symplectic ベクトル空間とする. S の基底 $\{f_j, e_j\}_{j=1}^n$ で (7.1.1) を満たすものを symplectic 基底と呼ぶ.

命題 7.1.2 (S, σ) を $2n$ 次元 symplectic ベクトル空間とする. A, B を $J = \{1, 2, \ldots, n\}$ の部分集合とし $\{e_j\}_{j \in A}, \{f_k\}_{k \in B}$ は 1 次独立で (7.1.1) を満たすとする. このとき $\{e_j\}_{j \in J \setminus A}, \{f_k\}_{k \in J \setminus B}$ を適当に選んで $\{e_j\}_{j \in J}, \{f_k\}_{k \in J}$ が S の symplectic 基底になるようにできる[*1].

[証明] $B \setminus A \neq \emptyset$ とし $l \in B$ とする. このとき $\sigma(g, f_l) = -1$ なる $g \in S$ が存在する. $V = \text{span}\{e_j, f_k \mid j \in A, k \in B\}$ とおくと仮定より $\sigma(V, f_l) = 0$ であるから $g \notin V$ である. いま $\alpha_i, \beta_i, i \in A \cap B$ を適当に選ぶことによって

$$e_l = g - \sum_{i \in A \cap B} \alpha_i e_i - \sum_{i \in A \cap B} \beta_i f_i$$

が

$$\sigma(e_l, e_j) = 0, \ j \in A, \ \sigma(e_l, f_k) = -\delta_{lk}, \ k \in B$$

を満たすようにできる. すなわち $\{e_j\}_{j \in A \cup \{l\}}, \{f_k\}_{k \in B}$ は 1 次独立で (7.1.1) を満たす. この議論を繰り返すことによって $B \subset A$ と仮定できる. 同じ議論を $A \setminus B$ に

[*1] 定理 4.5.2 で斉次性を課さない場合 (Darboux の定理) の接空間版である.

対して行うことによって $A = B$ としてよい．いま $A = B \neq J$ と仮定して
$$S_0 = \mathrm{span}\{e_j, f_k \mid j \in A, k \in B\}$$
とおき $S_1 = S_0^\sigma$ を考える．S_1 は symplectic ベクトル空間であるから命題 7.1.1 より S_1 には symplectic 基底が存在する．したがってこの基底を $\{e_j, f_j\}_{j \in A=B}$ に加えればよい． □

Q を symplectic ベクトル空間 (S, σ) 上の 2 次形式とする．このとき F を (6.3.12) に従って
$$Q(X, Y) = \sigma(X, FY), \quad \forall X, Y \in S \tag{7.1.2}$$
で定義する．ここで $Q(X, Y)$ は $Q(X)$ に同伴する双線形形式
$$2Q(X, Y) = Q(X+Y) - Q(X) - Q(Y)$$
である．Q は対称であるから $\sigma(FX, Y) = -\sigma(X, FY)$ となり F は σ に関して反対称である．$S_\mathbb{C}$ を S の複素化とし V_λ を F の固有値 $\lambda \in \mathbb{C}$ に対する一般化固有空間とする．V, W を $S_\mathbb{C}$ の部分空間とし，任意の $X \in V$ 任意の $Y \in W$ に対し $Q(X, Y) = 0$ が成立するときには単に $Q(V, W) = 0$ と書くことにする．一方 $Q(V) = 0 (\leq 0)$ は任意の $X \in V$ について $Q(X) = 0 (\leq 0)$ を表すものとする．

補題 7.1.1 $\lambda + \mu \neq 0$ のとき $Q(V_\lambda, V_\mu) = 0$ かつ $\sigma(V_\lambda, V_\mu) = 0$ である．特に $\lambda \neq 0$ なら $Q(V_\lambda, V_\lambda) = 0$ および $\sigma(V_\lambda, V_\lambda) = 0$ である．

［証明］ $\lambda + \mu \neq 0$ ならば $F + \mu$ は V_λ 上全単射である．N を十分大きくとると
$$\sigma((F+\mu)^N V_\lambda, V_\mu) = \sigma(V_\lambda, (-F+\mu)^N V_\mu) = 0$$
であるから $\sigma(V_\lambda, V_\mu) = 0$ である．次に
$$Q(V_\lambda, V_\mu) = \sigma(V_\lambda, FV_\mu) = \sigma(V_\lambda, (F-\mu)V_\mu) + \mu\sigma(V_\lambda, V_\mu)$$
$$= \sigma(V_\lambda, (F-\mu)V_\lambda) = \cdots = \sigma(V_\lambda, (F-\mu)^N V_\mu) = 0$$
から $Q(V_\lambda, V_\mu) = 0$ が従う． □

F は実の写像であるから
$$V_{\bar\lambda} = \overline{V_\lambda}$$
である．いま $\lambda + \mu \neq 0, \bar\lambda + \mu \neq 0$ とすると補題 7.1.1 より
$$Q(V_\lambda, V_\mu) = Q(\overline{V_\lambda}, V_\mu) = Q(\overline{V_\lambda}, \overline{V_\mu}) = Q(V_\lambda, \overline{V_\mu}) = 0$$
が従う．このことから $\mathrm{Re}\, V_\lambda, \mathrm{Im}\, V_\lambda, \mathrm{Re}\, V_\mu, \mathrm{Im}\, V_\mu$ の任意の 2 つは Q に関して直交することが分かる．同様の議論によってこれらの任意の 2 つは σ に関しても直交することが分かる．次に

$$\dim_{\mathbb{C}} V_\lambda \leq \dim_{\mathbb{R}} \mathrm{Re}\, V_\lambda \tag{7.1.3}$$

を確かめておこう. 実際 $V_\lambda = \mathrm{span}_{\mathbb{C}}\{e_1, \ldots, e_s\}$, $\mathrm{Re}\, V_\lambda = \mathrm{span}_{\mathbb{R}}\{f_1, \ldots, f_r\}$ とすると $\mathrm{Re}\, e_i, \mathrm{Im}\, e_i \in \mathrm{Re}\, V_\lambda$ であるから $e_i \in \mathrm{span}_{\mathbb{C}}\{f_1, \ldots, f_r\}$ となって (7.1.3) が従う. (7.1.2) より

$$\mathrm{Ker}\, F = \{X \mid Q(X, Y) = 0, \forall Y \in S\}$$

に注意しよう. 以下では Q は非負定値あるいは双曲型, すなわち Q の符号は適当な $q \in \mathbb{N}$ について $(q, 0)$ あるいは $(q, 1)$ と仮定する.

補題 7.1.2 $V \subset S$ を S の部分空間とし $V \cap \mathrm{Ker}\, F = \{0\}$ かつ $Q(V) \leq 0$ とする. このとき $\dim V \leq 1$ である.

［証明］ $S = \mathrm{Ker}\, F \oplus S_0$ とし V を $\mathrm{Ker}\, F$ に沿って射影したものを $V_0 \subset S_0$ とする. $\mathrm{Ker}\, F \cap V = \{0\}$ より $\dim V_0 = \dim V$ である. 仮定より $Q(V_0) \leq 0$ である. また Q は S_0 上で非退化であるから S_0 上で正定値あるいは Lorenz 形式である. したがって $\dim V_0 \leq 1$ は明らかである. □

7.2 補題 6.3.3 の証明

いま λ を $\mathrm{Re}\, \lambda \neq 0$ なる F の固有値としよう. $\lambda + \bar{\lambda} \neq 0$ であるから $V_{\bar{\lambda}} = \overline{V_\lambda}$ より補題 7.1.1 から

$$Q(V_\lambda + \overline{V_\lambda}, V_\lambda + \overline{V_\lambda}) = Q(V_{\bar{\lambda}}, V_\lambda) + Q(V_\lambda, V_{\bar{\lambda}}) = 0$$

である. すなわち $Q(\mathrm{Re}\, V_\lambda) = 0$ で, ゆえに補題 7.1.2 から $\dim \mathrm{Re}\, V_\lambda \leq 1$ が分かる. 一方 (7.1.3) から $\dim_{\mathbb{C}} V_\lambda \leq \dim_{\mathbb{R}} \mathrm{Re}\, V_\lambda \leq 1$ であり, したがって $\dim_{\mathbb{C}} V_\lambda = \dim_{\mathbb{R}} \mathrm{Re}\, V_\lambda = 1$ である. さて $\mathrm{Re}\, V_\lambda = \mathrm{span}_{\mathbb{R}}\{f\}$ および $V_\lambda = \mathrm{span}_{\mathbb{C}}\{e\}$ としよう. ある $\alpha \in \mathbb{C}$ があって $e = \alpha f$ となるが $Fe = \lambda e$ より $Ff = \lambda f$ が従う. F は実の写像であり f は実のベクトルであるから λ は実である. すなわち λ が $\mathrm{Re}\, \lambda \neq 0$ なる F の固有値なら λ は実である. したがって F の固有値は実かあるいは純虚数のいずれかである.

次に λ, λ' が F の 0 でない実の固有値なら $\lambda = \pm \lambda'$ であることをみよう. いま $\lambda + \lambda' \neq 0$ と仮定する. $V_\lambda, V_{\lambda'}$ は 1 次元であるから $e, f \in S$ があって $V_\lambda = \mathrm{span}_{\mathbb{C}}\{e\}$, $V_{\lambda'} = \mathrm{span}_{\mathbb{C}}\{f\}$ である. $\mathrm{Ker}\, F \cap (V_\lambda + V_{\lambda'}) \neq \{0\}$ なら e, f は 1 次従属である. $\mathrm{Ker}\, F \cap (V_\lambda + V_{\lambda'}) = \{0\}$ のときは補題 7.1.1 より

$$Q(\alpha e + \beta f, \alpha e + \beta f) = 2\alpha\beta Q(e, f) = 0$$

であるから補題 7.1.2 より $\dim(V_\lambda + V_{\lambda'}) \leq 1$ となってやはり e と f は 1 次従属である. したがって $\lambda = \lambda'$ である.

この節の残りで Q の表現が簡単になるような symplectic 基底を選ぼう．いままでの考察から $S_\mathbb{C}$ は

$$S_\mathbb{C} = \sum_{\mu > 0} \oplus (V_{i\mu} + V_{-i\mu}) \oplus (V_\lambda + V_{-\lambda}) \oplus V_0, \quad \lambda \in \mathbb{R}, \lambda \neq 0 \tag{7.2.4}$$

のように表現される．この直和は Q に関しても σ に関しても直交和であった．まず $V_{\pm\lambda}$ を調べよう．$V_\lambda = \mathrm{span}\{e\}, V_{-\lambda} = \mathrm{span}\{f\}, e, f \in S$ と書こう．$\sigma(e, f) \neq 0$ に注意しよう．実際そうでないとすると $\sigma(e, S_\mathbb{C}) = 0$ となって $e = 0$ となる．したがって $\sigma(f, e) = 1$ と仮定してよい．$u = (f + e)/\sqrt{2}, v = (f - e)/\sqrt{2}$ とおくと $\{u, v\}$ は symplectic 基底で

$$V_\lambda + V_{-\lambda} = \mathrm{span}\{u, v\}, \quad Q(xu + \xi v) = \lambda(x^2 - \xi^2) \tag{7.2.5}$$

となる．次に純虚数の固有値を調べよう．

補題 7.2.1 λ を F の純虚数固有値とする．このとき V_λ は単純な固有ベクトルのみからなっており

$$v \in V_\lambda, v \neq 0 \Longrightarrow Q(v, \bar{v}) > 0$$

が成り立つ．

［証明］$v \in V_{i\mu}$ ($\mu \neq 0$) を 1 つとる．$v = v_1 + iv_2, v_i \in S$ と書くと $\bar{v} = v_1 - iv_2 \in V_{-i\mu}$ であり $Q(v, v) = Q(\bar{v}, \bar{v}) = 0$ より

$$Q(v + \bar{v}, v + \bar{v}) = 2Q(v, \bar{v}) = 4Q(v_1, v_1) = 4Q(v_2, v_2) \tag{7.2.6}$$

が成り立つ．いま $Q(v, \bar{v}) \leq 0$ と仮定すると (7.2.6) より $Q(v_1, v_1) \leq 0, Q(v_2, v_2) \leq 0$ であるから，$V = \mathrm{span}_\mathbb{R}\{v_1, v_2\}$ に対し $Q(V) \leq 0$ となり，補題 7.1.2 から v_1 と v_2 は 1 次従属となる．したがってある $\alpha \in \mathbb{C}, f \in S$ があって $v = \alpha f$ と書けるが，$Fv = i\mu v$ であるから矛盾する．したがって $Q(v, \bar{v}) > 0$ が分かった．次に単純でない固有ベクトルが存在すると仮定しよう．すなわち

$$Fv = i\mu v, \quad Fw = i\mu w + v$$

を満たす $v, w \in V_{i\mu}$ が存在するとする．このとき

$$\sigma(v, F\bar{w}) = -i\mu\sigma(v, \bar{w}) + \sigma(v, \bar{v}) = -\sigma(Fv, \bar{w}) = -i\mu\sigma(v, \bar{w})$$

から $\sigma(v, \bar{v}) = 0$ となり $Q(v, \bar{v}) = \sigma(v, F\bar{v}) = -i\mu\sigma(v, \bar{v}) = 0$ となって矛盾する．したがって固有ベクトルはすべて単純である． □

補題 7.2.1 より $Q(v, \bar{v})$ は $V_{i\mu}$ 上の内積を与える．$\{e_1, \ldots, e_s\}$ を内積 $Q(v, \bar{v})$ に関する $V_{i\mu}$ の正規直交基底とする；

$$V_{i\mu} = \mathrm{span}_\mathbb{C}\{e_1, \ldots, e_s\}, \quad Q(e_i, \bar{e_j}) = 0, i \neq j.$$

実のベクトル空間 V_i を

$$V_i = \text{span}_{\mathbb{R}}\{\text{Re}\, e_i, \text{Im}\, e_i\}$$

で定義する．$\dim V_i = 2$ は明らかである．また $Q(\pm \bar{e}_i, \pm e_j) = 0$ $(i \neq j)$ であったから V_i は Q に関して互いに直交する．すなわち $Q(V_i, V_j) = 0, i \neq j$ である．ゆえに

$$\text{Re}\,(V_{i\mu} + V_{-i\mu}) = \sum_{j=1}^{s} \oplus V_j$$

であることが従う．Q の基底 $\{\text{Re}\, e_i, \text{Im}\, e_i\}$ に関する表現は

$$Q(x\text{Re}\, e_i + \xi\text{Im}\, e_i) = \sigma(x\text{Re}\, e_i + \xi\text{Im}\, e_i, F(x\text{Re}\, e_i + \xi\text{Im}\, e_i))$$
$$= \mu\sigma(x\text{Re}\, e_i + \xi, -x\text{Im}\, e_i + \zeta\text{Re}\, e_i) = -\mu\sigma(\text{Re}\, e_i, \text{Im}\, e_i)(x^2 + \xi^2)$$

となる．$\dim V_i = 2$ であるから補題 7.1.2 より $-\mu\sigma(\text{Re}\, e_i, \text{Im}\, e_i) > 0$ である．e_i を $\sigma(\text{Re}\, e_i, \text{Im}\, e_i) = -1$ となるように正規化すると

$$Q(x\text{Re}\, e_i + \xi\text{Im}\, e_i) = \mu(x^2 + \xi^2) \tag{7.2.7}$$

となる．

最後に $\text{Re}\, V_0 = V$ を調べよう．(7.2.4) から Q を V 上で調べればよい．したがって $V = S$ で F は S 上で冪零と仮定してよい．

補題 7.2.2 F は symplectic ベクトル空間 S で冪零とする．このとき 2 次元の symplectic 部分空間 V_i が存在して S は

$$S = \left(\sum \oplus V_i\right) \oplus W$$

と分解される．ここで和は σ および Q に関して直交和である．また V_i の symplectic 基底 $\{f_i, e_i\}$ を

$$Q(xf_i + \xi e_i) = \pm x^2 \text{ または } 0 \tag{7.2.8}$$

となるように選べる．さらに F は W 上で次を満たす．
 (a) $\sigma(v, w) = 0, \quad \forall v, w \in \text{Ker}\, F$,
 (b) $F^2 v = 0 \Longrightarrow Q(v) = 0$.

［証明］ $F^2 v = 0$ かつ $Q(v) = \sigma(v, Fv) \neq 0$ を満たす $v \in S$ が存在するとしよう．このとき $V = \text{span}\,\{v, Fv\}$ は symplectic ベクトル空間である．$S = V \oplus V^\sigma$ と分解すると V は F 不変であるから

$$Q(v, w) = \sigma(v, Fw) = -\sigma(Fv, w) = 0, \quad v \in V,\, w \in V^\sigma$$

よりこの和 $S = V \oplus V^\sigma$ は Q 直交である．Q の V 上での $\{v, Fv\}$ に関する表現は

$$Q(xv + \xi Fv) = \sigma(xv + \xi Fv, xFv) = x^2 Q(v) \tag{7.2.9}$$

となる．$Q(v) \neq 0$ より $Q(v) = \pm 1$ と正規化すると望む symplectic 基底 $\{v, Fv\}$ を得る．次に $\sigma(v, w) \neq 0$ なる $v, w \in \text{Ker}\, F$ が存在するとしよう．$V = \text{span}\,\{v, w\}$

7.2 補題 6.3.3 の証明 109

とおくと V は symplectic ベクトル空間となり同様の議論によって和 $S = V \oplus V^\sigma$ は Q 直交である．Q は V 上で
$$Q(xv + \xi w) = \sigma(xv + \xi w, F(xv + \xi w)) = 0$$
である．この操作を繰り返して (a) または (b) を満たさない v を取り除いていって $S = (\sum \oplus V_i) \oplus W$ を得る．和は σ および Q に関して直交和であり W 上では (a) および (b) が成り立っている． □

補題 7.2.3 F は S 上で冪零とし補題 7.2.2 の (a) および (b) を満たすとする．このとき $\dim S = 4$ であり，さらに W の symplectic 基底 $\{u_1, u_2, v_1, v_2\}$ を
$$Q(x_1 u_1 + x_2 u_2 + \xi_1 v_1 + \xi_2 v_2) = -\xi_1^2 + \sqrt{2}\xi_1 \xi_2 + x_2^2 \qquad (7.2.10)$$
が成立するように選べる．

[証明] 写像
$$F : \operatorname{Ker} F^2 \to \operatorname{Ker} F$$
を考えよう．$\operatorname{Im} F = (\operatorname{Ker} F)^\sigma$ であり，(a) より $(\operatorname{Ker} F)^\sigma \supset \operatorname{Ker} F$ が従うので，任意の $w \in \operatorname{Ker} F$ に対して $Fv = w$ となる v が存在し，$F^2 v = 0$ より $v \in \operatorname{Ker} F^2$ である．すなわち F は $\operatorname{Ker} F$ への全射である．したがって
$$\operatorname{Ker} F \simeq \operatorname{Ker} F^2 / \operatorname{Ker} F$$
が成り立つ．一方 (b) より任意の $v \in \operatorname{Ker} F^2$ について $Q(v) = 0$ であるから補題 7.1.2 より $\dim(\operatorname{Ker} F^2 / \operatorname{Ker} F) \le 1$ が従う．ゆえに
$$\dim \operatorname{Ker} F = 1$$
が従う．F は冪零であったから
$$S = \operatorname{span}\{v, Fv, \ldots, F^{N-1}v\}, \quad F^j v \ne 0,\ 1 \le j \le N-1,\ F^N v = 0$$
を満たす v と偶数 $N \in \mathbb{N}$ がある．(b) より明らかに $N > 2$ である．$N = 4$ を示そう．まず $j + k + 1 \ge N$ なら
$$Q(F^j v, F^k v) = \sigma(F^j v, F^{k+1} v) = (-1)^j \sigma(v, F^{j+k+1} v) = 0 \qquad (7.2.11)$$
に注意する．$V = \operatorname{span}\{F^{N-4} v, F^{N-2} v\}$ とすると $V \cap \operatorname{Ker} F = \{0\}$ であり，一方 $(N-4) + (N-2) + 1 \ge N$ なら (7.2.11) より $Q(V) = 0$ であるから補題 7.1.2 より $\dim V \le 1$ となって矛盾する．したがって $(N-4) + (N-2) + 1 \le N - 1$ であり，これより $N = 4$ が分かる．次に
$$W = \operatorname{span}\{v, F^2 v\}$$
とおくと (7.2.11) より $Q(v, F^2 v) = \sigma(v, F^3 v) \le 0$ なら $Q(W) \le 0$ となる．

110 第 7 章 双曲型 2 次形式

$W \cap \operatorname{Ker} F = \{0\}$ は明らかであるから再び補題 7.1.2 より矛盾である．ゆえに $Q(Fv, F^2v) = \sigma(v, F^3v) > 0$ である．v を $\sigma(v, F^3v) = 1$ となるように正規化する．$w = v + tF^2v, t \in \mathbb{R}$ とおくと

$$\sigma(w, Fw) = \sigma(v + tF^2w, Fv + tF^3v)$$
$$= \sigma(v, Fv) + 2t\sigma(v, F^3v) = \sigma(v, Fv) - 2t$$

であるから t を $\sigma(w, Fw) = 0$ となるように選べる．このとき $\sigma(w, F^3w) = 1$ である．いま

$$u_1 = \sqrt{2}F^3w,\ u_2 = F^3w + Fw,\ v_1 = (w - F^2w)/\sqrt{2},\ v_2 = F^2w$$

とおくとこれらは symplectic 基底でありこの基底に関して (7.2.10) を確かめるのは容易である． □

定理 7.2.1 Q を $2n$ 次元 symplectic ベクトル空間 S 上の非負定値 2 次形式とする．このとき symplectic 基底を Q がこの基底に関して

$$Q(x, \xi) = \sum_{j=1}^{k} \mu_j(x_j^2 + \xi_j^2) + \sum_{k+1}^{k+l} x_j^2$$

となるように選ぶことができる．ここで $\mu_j > 0$ である．Q を S 上の双曲型 2 次形式とするとき symplectic 基底を Q の表現が

$$Q(x, \xi) = \sum_{1}^{k} \mu_j(x_j^2 + \xi_j^2) + \sum_{k+1}^{k+l} x_j^2 + q(x, \xi)$$

となるように選べる．ここで $\mu_j > 0$ で $q(x, \xi)$ は次のいずれかを満たす．
 (I) $k + l < n - 1$ で $q(x, \xi) = -\xi_n^2 + \sqrt{2}\xi_{n-1}\xi_n + x_{n-1}^2$,
 (II) $k + l < n$ で $q(x, \xi) = -\xi_n^2$ または $q(x, \xi) = \lambda(x_n^2 - \xi_n^2), \lambda > 0$.

［証明］ まず Q の符号は基底の選び方によらないことに注意する．Q が非負定値のときは (7.2.7), (7.2.8) から主張が従う．Q が双曲型のときは符号が $(q, 1)$ であるから主張は (7.2.5), (7.2.7), (7.2.8), (7.2.10) から従う． □

系 7.2.1 Q を双曲型 2 次形式とするとき次の条件は同値である．
 (i) F は 0 でない実固有値をもつ，
 (ii) $Q(v) < 0$ を満たす $v \in V_0^\sigma$ $(v \in S)$ が存在する，
 (iii) $Q(v) < 0$ を満たす $v \in (\operatorname{Ker} F)^\sigma$ が存在する，
 (iv) 任意の $w \in \operatorname{Ker} F$ に対し $\sigma(v, w) = 0$ かつ $Q(v) < 0$ を満たす $v \in S$ が存在する．

［証明］ (7.2.4) より $V_\lambda + V_{-\lambda} \subset V_0^\sigma$ であり (7.2.5) の $v \in V_\lambda + V_{-\lambda}$ を選べば $Q(v) = -\lambda < 0$ であるから(i)$\Longrightarrow$(ii) は明らか．(ii)$\Longrightarrow$(iii)$\Longrightarrow$(iv) も明らかであ

る. (iv)$\Longrightarrow$(i) を示そう. 適当な symplectic 基底を選ぶと Q は定理 7.2.1 に述べた形をしている. いま場合 (I) とする. Q が (I) の表現となるように基底を選ぶと $\operatorname{Ker} F$ は $\{x_j = \xi_j = 0, 1 \leq j \leq k, x_j = 0, k+1 \leq j \leq k+l, x_{n-1} = \xi_{n-1} = \xi_n = 0\}$ で与えられる. 任意の $w \in \operatorname{Ker} F$ に対して $\sigma(v,w) = 0$ ならば v の ξ_n 座標は 0 であり, したがって $Q(v) \geq 0$ となる. すなわち (iv) が成立すれば定理 7.2.1 の場合 (I) は起こらない. 次に (II) の最初の場合が起こるとする. この場合も同様にして任意の $w \in \operatorname{Ker} F$ に対して $\sigma(v,w) = 0$ とすると v の ξ_n 座標は 0 で, ゆえに $Q(v) = 0$ となり (iv) が成立すればこの場合も起こり得ない. 以上のことから (iv) が成立すれば Q は (II) の後者であり, したがって (i) が成立する. □

7.3 座標変換に関する 1 補題

ここでは座標変換に関する有用な 1 つの補題を示しておく. G_k を

$$(x,\xi) \mapsto (Ax, {}^tA^{-1}\xi), \quad A \text{ は正則な実 } k \times k \text{ 行列} \tag{7.3.12}$$

$$(x,\xi) \mapsto (x, \xi + Ax), \quad A \text{ は } k \text{ 次実対称行列} \tag{7.3.13}$$

なる 2 種類の $\mathbb{R}^{2k}$ 上の線形正準変換[*2)]で生成される $T^*\mathbb{R}^k = \{(x,\xi) \in \mathbb{R}^{2k} \mid x = (x_1,\ldots,x_k), \xi = (\xi_1,\ldots,\xi_k) \in \mathbb{R}^k\}$ 上の線形変換の群とする. (7.3.12) は座標系 x の線形変換 $y = Ax$ およびそれから引き起こされる双対空間の変換 $\eta = {}^tA^{-1}\xi$ からなる $T^*\mathbb{R}^k$ の変換である. また (7.3.13) は $\mathbb{R}^{k+1}$ の座標系 (x, x_{k+1}) の 2 次の変換

$$y = x, \quad y_{k+1} = x_{k+1} + \langle Ax, x \rangle / 2$$

から引き起こされる $T^*\mathbb{R}^k$ の変換である.

補題 7.3.1 $l_i(x,\xi), i = 1,\ldots,2k-1$ を 1 次独立な $(x,\xi) \in \mathbb{R}^{2k}$ の線形関数とする. このとき $T \in G_k$ を選んで

$$\{(x,\xi) \mid l_i(T(x,\xi)) = 0, 1 \leq i \leq 2k-1\}$$

が x_k 軸または ξ_k 軸に一致するようにできる.

[証明] k に関する帰納法で示す. $k=1$ とし $l_1 = \alpha x_1 + \beta \xi_1$ とする. もし $\beta \neq 0$ ならば変換 $(x_1, \xi_1) \to (x_1, \xi_1 - (\alpha/\beta)x_1)$ によって l_1 は $\beta \xi_1$ となる. もし $\beta = 0$ ならば $l_1 = \alpha x_1$ であり $k=1$ のときは正しい. 主張は $T^*\mathbb{R}^{k-1}$ で成立しているとする. l_1 を

$$l_1(x,\xi) = a_1 x_1 + \cdots + a_k x_k + b_1 \xi_1 + \cdots + b_k \xi_k$$

[*2)] これらが正準変換であることは (4.5.17) より明らかである.

とする. $(b_1,\ldots,b_k) \neq (0,\ldots,0)$ ならば変換
$$(x,\xi) \to (x, \xi_1 - a_1 x_1/b_1, \ldots, \xi_k - a_k x_k/b_k)$$
によって（ここで $b_i = 0$ なら $a_i x_i/b_i$ の項はないものとする），必要ならば番号をつけ替えて
$$l_1 = \alpha_1 \xi_1 + \cdots + \alpha_l \xi_l + \alpha_{l+1} x_{l+1} + \cdots + \alpha_k x_k, \;\; \alpha_1 \neq 0$$
と仮定できる．A を k 次実対称行列で第 1 行が
$$(0,\ldots,0, -\alpha_1^{-1}\alpha_{l+1}, \ldots, -\alpha_1^{-1}\alpha_k)$$
で，(i,j) 成分 $(i,j \geq 2)$ はすべて 0 のものとすると，変換 $(x,\xi) \to (x, \xi + Ax)$ によって l_1 は $l_1 = \xi_1$ に帰着される．$(b_1,\ldots,b_k) = (0,\ldots,0)$ のときは線形変換 $a_1 x_1 + \cdots + a_k x_k \to x_1$ によって l_1 は x_1 に帰着される．

(i) $l_1 = \xi_1$ の場合．各 l_j $(j \geq 2)$ から l_1 の定数倍を引くことによって l_j $(j \geq 2)$ は ξ_1 を含まないと仮定できる．いま l_j $(j \geq 2)$ が x_1 を含まなければ l_j $(2 \leq j \leq 2k-1)$ が 1 次独立であることから
$$\{l_j = 0, \; 2 \leq j \leq 2k-1\} = \{x_2 = \cdots = x_k = 0, \xi_2 = \cdots = \xi_k = 0\}$$
は明らかである．x_k と x_1 を入れ替えれば望む結果を得る．次に l_2 が x_1 を含むとする．
$$l_2 = x_1 + q(x_2,\ldots,x_k,\xi_2,\ldots,\xi_k).$$
l_j $(j \geq 3)$ から l_2 の定数倍を引いて l_j $(j \geq 3)$ は x_1 および ξ_1 を含まないとしてよい．帰納法の仮定から $E = \{l_3 = \cdots = l_{2k-1} = 0\}$ は ξ_k 軸か x_k 軸のいずれかである，と仮定できる．E が ξ_k 軸としよう．l_2 を
$$l_2 = x_1 + a\xi_k + \tilde{q}(x_2,\ldots,x_k,\xi_2,\ldots,\xi_{k-1})$$
と書く．$a = 0$ ならば $\{l_1 = 0, l_2 = 0\} \cap E$ は ξ_k 軸である．$a \neq 0$ とすると変換
$$\xi_1 \to \xi_1 - \frac{1}{a}x_k, \quad \xi_k \to \xi_k - \frac{1}{a}x_1$$
によって
$$l_1 = \xi_1 - \frac{1}{a}x_k, \;\; l_2 = a\xi_k + \tilde{q}(x_2,\ldots,x_k,\xi_2,\ldots,\xi_{k-1})$$
となる．この変換によって x 座標系と $\xi_2,\ldots,\xi_{k-1}$ 座標は保存されるので $\{l_j = 0, 1 \leq j \leq 2k-1\}$ は x_1 軸となる．x_1 と x_k を入れ替えれば望む結果を得る．

E が x_k 軸としよう．l_2 を
$$l_2 = x_1 + ax_k + \tilde{q}(x_2,\ldots,x_{k-1},\xi_2,\ldots,\xi_k)$$
と書く．$a = 0$ ならば $\{l_1 = 0, l_2 = 0\} \cap E$ は x_k 軸である．$a \neq 0$ とする．変換

$$y_1 = x_1 + ax_k, \ y_j = x_j \ (2 \leq j \leq k),$$
$$\xi_j = \eta_j \ (1 \leq j \leq k-1), \ \xi_k = \eta_k + a\eta_1$$

によって $l_1 = \xi_1$, $l_2 = x_1 + \tilde{q}(x_2, \ldots, x_{k-1}, \xi_2, \ldots, \xi_{k-1}, \xi_k + a\xi_1)$ となる．したがって $\{l_j = 0, 1 \leq j \leq 2k-1\}$ は

$$\{\xi_1 = 0, l_2 = 0, x_2 = \cdots = x_{k-1} = 0, \xi_2 = \cdots = \xi_{k-1} = \xi_k + a\xi_1 = 0\}$$

となり x_k 軸である．

(ii) $l_1 = x_1$ の場合．$l_j \ (j \geq 2)$ から l_1 の定数倍を引いて $l_j \ (j \geq 2)$ は x_1 を含まないとしてよい．$l_j \ (j \geq 2)$ が ξ_1 を含まなければ $\{l_j = 0, j \geq 2\}$ は (x_1, ξ_1) 空間に他ならないから ξ_1 と ξ_k を入れ替えて望む結果を得る．したがって

$$l_2 = \xi_1 + q(x_2, \ldots, x_k, \xi_2, \ldots, \xi_k)$$

と仮定してよい．$l_j \ (j \geq 3)$ から l_2 の定数倍を引いて $l_j \ (j \geq 3)$ は x_1 および ξ_1 を含まないとしてよい．帰納法の仮定から E は ξ_k 軸あるいは x_k 軸としてよいから以下同様である． □

7.4 正定値 2 次形式に関する 1 補題

第 14 章では $Q(x, \xi)$ を $(x, \xi) \in T^*\mathbb{R}^d \simeq \mathbb{R}^d \times \mathbb{R}^d$ 上の正定値 2 次形式とするとき $x = 0$ で狭義極大値をとる関数 $\phi(x)$ で $e^{-\lambda\phi(x)}Q(x, D)e^{\lambda\phi(x)} = O(\lambda)$ なる $\phi(x)$ をみつけることが問題になる．特に $\phi(x) = -\sum_{j=1}^{d} x_j^2$ と選ぶと

$$e^{-\lambda\phi(x)}Q(x, D)e^{\lambda\phi(x)} = \lambda^2 \left(Q(x, ix) + O(\lambda^{-1}) \right)$$

となり，したがって局所座標系 x を適当に選んで $Q(x, ix) = 0$ が任意の $x \in \mathbb{R}^d$ について成立するようにできるか，という問題に帰着される．この節では座標系 $x \in \mathbb{R}^d$ の線形変換と $\mathbb{R}^{d+1}$ の座標系 (x, x_{d+1}) の 2 次の変換

$$y = x, \ y_{d+1} = x_{d+1} + \langle Ax, x \rangle / 2$$

から引き起こされる $T^*\mathbb{R}^d$ の正準変換のみを用いてこのことが可能であることを示す．前節で述べたようにこれは実正則行列 A と実対称行列 B を選んで

$$\tilde{Q}(x, \xi) = Q(A^{-1}x, {}^tA\xi + BA^{-1}x)$$

とおくとき，$\tilde{Q}(x, ix) = 0$ が任意の $x \in \mathbb{R}^d$ について成立するようにできるということと同値である．$Q(x_1, \ldots, x_d, \xi_1, \ldots, \xi_d)$ を $T^*\mathbb{R}^d$ 上の正定値 2 次形式とし，F_Q を (7.1.2) に従って

$$Q(u, v) = \sigma(u, F_Q v), \quad \forall u, v \in T^*\mathbb{R}^d$$

で定義する．7.2 節でみたように F_Q の固有値はすべて純虚数である．
$$V^+ = \sum_{\mu > 0} \oplus V_{i\mu}$$
とおく．ここで和は F_Q の重複度を込めたすべての純虚数固有値 $i\mu, \mu > 0$ にわたるものとする．補題 7.1.1 より
$$Q(V^+, V^+) = 0 \tag{7.4.14}$$
が成立する．

補題 7.4.1 写像 $V^+ \ni v \mapsto \operatorname{Re} v \in T^*\mathbb{R}^d$ および $V^+ \ni v \mapsto \operatorname{Im} v \in T^*\mathbb{R}^d$ はともに全単射である．

［証明］補題 7.2.1 から $v \in V^+, v \neq 0$ に対して $Q(v, \bar{v}) > 0$ が成り立つ．$v = \sum_\mu v_\mu, v_\mu \in V_{i\mu}$ と書くとき
$$Q(v, \bar{v}) = \sum_\mu 2\mu \sigma(\operatorname{Im} v_\mu, \operatorname{Re} v_\mu)$$
が成り立つ．$\operatorname{Re} v = 0$ なら $Q(v, \bar{v}) = 0$ であるから $v = 0$ である．一方 $\dim_\mathbb{R} V^+ = 2d$ であるからこの写像は全単射である．他の場合も同様である． $\square$

この補題から任意の $v \in T^*\mathbb{R}^d$ に対して $\operatorname{Re} w = v$ となる $w \in V^+$ が存在するので写像
$$J : T^*\mathbb{R}^d \ni v \mapsto \operatorname{Im} w \in T^*\mathbb{R}^d, \quad \operatorname{Re} w = v, w \in V^+$$
は全単射である．この J について次は明らかである．
$$(x, \xi) + i(y, \eta) \in V^+ \iff J\begin{pmatrix} x \\ \xi \end{pmatrix} = \begin{pmatrix} y \\ \eta \end{pmatrix}. \tag{7.4.15}$$
また $\sigma(Ju, v) = -\sigma(u, Jv)$ および $J^2 = -I$ も明らかである．

補題 7.4.2 $A(v, w) = \sigma(Jw, v), v, w \in T^*\mathbb{R}^d$ とおくと A は正定値である．

［証明］$v \in T^*\mathbb{R}^d$ に対し $\operatorname{Re} u = v$ なる $u \in V^+$ をとると
$$\sigma(Jv, v) = \sigma(J\operatorname{Re} u, \operatorname{Re} u) = \sigma(\operatorname{Im} u, \operatorname{Re} u)$$
$$= \sum_\mu \sigma(\operatorname{Im} u_\mu, \operatorname{Re} u_\mu) = Q(u, \bar{u})/2\mu > 0$$
から明らかである． $\square$

さて
$$J = \begin{pmatrix} J_{11} & J_{12} \\ J_{21} & J_{22} \end{pmatrix}$$
とおこう．このとき

補題 7.4.3 J_{21} (J_{12}) は $\mathbb{R}^d$ 上で正定値（負定値）である.

［証明］ J は σ に関して反対称で
$$\sigma(J(x,\xi),(y,\eta)) = \langle J_{21}x, y\rangle + \langle J_{22}\xi, y\rangle - \langle J_{11}x, \eta\rangle - \langle J_{12}\xi, \eta\rangle$$
であるから J_{12} および J_{21} は対称で ${}^tJ_{11} = -J_{22}$ である. J_{21} が正定値, J_{12} が負定値であることは補題 7.4.2 から直ちに従う. □

補題 7.4.4 $Q(x_1,\ldots,x_d,\xi_1,\ldots,\xi_d)$ を $T^*\mathbb{R}^d$ 上の正定値 2 次形式とする. このとき実正則行列 A および実対称行列 B を選んで
$$\tilde{Q}(x,\xi) = Q(A^{-1}x, {}^tA\xi + BA^{-1}x)$$
が任意の $x \in \mathbb{R}^d$ について $\tilde{Q}(x,ix) = 0$ を満たすようにできる.

［証明］ $\tilde{Q}(x,ix) = Q((A^{-1}x, BA^{-1}x) + i(0, {}^tAx))$ であるから (7.4.14) より
$$(A^{-1}x, BA^{-1}x) + i(0, {}^tAx) \in V^+$$
を示せばよい. (7.4.15) よりこれは
$$J\begin{pmatrix} A^{-1}x \\ BA^{-1}x \end{pmatrix} = \begin{pmatrix} 0 \\ {}^tAx \end{pmatrix}$$
を示すことと同値である. これは $J^2 = -I$ よりさらに
$$\begin{pmatrix} A^{-1}x \\ BA^{-1}x \end{pmatrix} = -J\begin{pmatrix} 0 \\ {}^tAx \end{pmatrix} \tag{7.4.16}$$
と同値である. (7.4.16) は $A^{-1} = -J_{12}{}^tA$, $BA^{-1} = -J_{22}{}^tA$ と書ける. すなわち
$$I = -AJ_{12}{}^tA, \quad B = -J_{22}{}^tAA \tag{7.4.17}$$
を満たす実正則行列 A と実対称行列 B が存在することを示せばよい. $\langle -J_{12}u, v\rangle$, $u,v \in \mathbb{R}^d$ は $\mathbb{R}^d$ 上の内積になるので $e_1,\ldots,e_d$ をこの内積に関する $\mathbb{R}^d$ の正規直交基底とし $C = (e_1,\ldots,e_d)$ とおくと C は $I = -{}^tCJ_{12}C$ を満たす. したがって $A = {}^tC$ と定義すると (7.4.17) の第 1 式が成立する. 次に $B = -J_{22}{}^tAA$ が対称であることをみよう. $AJ_{12} = -{}^tA^{-1}$ から $B = J_{22}J_{12}^{-1}$ である. また $J^2 = -I$ から $J_{11}J_{12} + J_{12}J_{22} = 0$ であるから
$$\begin{aligned}{}^tB &= {}^tJ_{12}^{-1}\,{}^tJ_{22} = -{}^tJ_{12}^{-1}J_{11} \\ &= {}^tJ_{12}^{-1}(J_{12}J_{22}J_{12}^{-1}) = J_{22}J_{12}^{-1} = B\end{aligned}$$
となって B が対称であることが分かる. □

第8章 広義 Hamilton 流

実特性根をもつ微分作用素 P の主部 P_m の係数の値を固定するごとに定数係数双曲型作用素が得られる．Lipschitz 連続な曲線で各点における接ベクトルがこの定数係数双曲型作用素の伝播錐に属するとき，この曲線を広義特性曲線と呼ぶ．$\psi(x)$ を Lipschitz 連続な初期平面上の関数とし，各 (t,x) に対して (t,x) と広義特性曲線で結ばれ得る初期平面上のすべての点を考え，これらの点上での ψ の最小値を対応させる．このようにして定義される関数は Lipschitz 連続で P の主シンボルの最大特性根が定める Hamilton-Jacobi 方程式の ψ を初期値とする解である．この事実を [16] に従って示す．これを利用して，空間的曲面に対する初期値問題の局所一意性が成立する（狭義双曲型とは限らない）実特性根をもつ微分作用素に対して，解の依存領域（あるいは決定領域）の精密な評価を与える．

8.1 広義特性曲線

$p(x,\xi)$ は m 階の微分作用素の主シンボルで $V = \mathbb{R}^n$ として (1.2.7) を満たすとする．$p(x,\cdot)$ で $p(x,\xi)$ において x を固定して得られる ξ の多項式を表すものとするとき，$p(x,\cdot)$ は $\theta = (1,0,\ldots,0)$ 方向に双曲型である．$\Gamma(p(x,\cdot))$ で $p(x,\cdot)$ の双曲錐を表すものとする（定義 3.1.1）．この $\Gamma(p(x,\cdot))$ の Euclid 内積 $\langle \cdot,\cdot \rangle$ に関する双対錐 $\Gamma^*(p(x,\cdot))$ を
$$\Gamma^*(p(x,\cdot)) = \{x \in \mathbb{R}^n \mid \langle x,y \rangle \geq 0, \forall y \in \Gamma(p(x,\cdot))\}$$
で定義する．このように $\mathbb{R}^n$ の各点 x に閉錐 $\Gamma^*(p(x,\cdot))$ が与えられている．定義から $(1,0,\ldots,0) \in \Gamma^*(p(x,\cdot))$ および $\Gamma^*(p(x,\cdot)) \subset \{x \mid x_1 \geq 0\}$ は明らかである．任意に $\hat{x}$ を固定するとき，$p(\hat{x},D)E = \delta$ の解 E（すなわち基本解）で $\operatorname{supp} E \subset \{x \mid x_1 \geq 0\}$ を満たすものはただ 1 つ存在し，$\Gamma^*(p(\hat{x},\cdot))$ は $\operatorname{supp} E$ を含む最小の閉錐である[*1]．$\mathbb{R}^n$ 内の曲線で各点 x での接ベクトルが $\Gamma^*(p(x,\cdot))$ に属するような曲線を考えよう．

[*1] L.Hörmander: The Analysis of Linear Partial Differential Operators II, Springer (1983) Theorem 12.5.1 を参照．

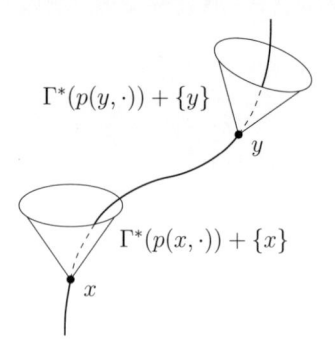

定義 8.1.1 一様に Lipschitz 連続な曲線 $x(t) : [a,b] \ni t \mapsto x(t) \in \mathbb{R}^n$ がほとんどいたるところの $t \in [a,b]$ に対して
$$dx/dt = \dot{x}(t) \in \Gamma^*(p(x,\cdot)) \setminus \{0\}$$
を満たすとき，$x(t)$ を広義特性曲線[*2)]と呼ぶ．

定義 8.1.2 x^0 の近傍で定義された滑らかな関数 $t(x)$ が
$$\nabla t(x^0) = \left(\frac{\partial t}{\partial x_1}(x^0), \ldots, \frac{\partial t}{\partial x_n}(x^0)\right) \in \Gamma(p(x^0,\cdot))$$
を満たすとき，$t(x)$ を x^0 での p の局所時間関数という．

(6.2.8) と同様に $t(x)$ または $-t(x)$ が x^0 で局所時間関数であるための必要十分条件は
$$T_{x^0}(\{t(x) = t(x^0)\}) \cap \Gamma^*(p(x^0,\cdot)) = \{0\}$$
の成立することである．

定義 8.1.3 $\mathbb{R}^n$ 内の超曲面 S が各点 $x \in S$ で p に対して空間的であるとき，すなわち
$$T_x S \cap \Gamma^*(p(x,\cdot)) = \{0\}$$
を満たすとき，S は p に対して空間的曲面であるという．

定義 8.1.1 によれば，S が空間的曲面のとき広義特性曲線は各点 $x \in S$ で S に横断的である．

定義 8.1.4 S を超曲面とし，$n(x)$ を x での法線ベクトルとする．S 上で
$$p(x, n(x)) = 0$$
が成立するとき，S は p の特性曲面であるという．

[*2)] [20] では timelike path と呼んでいる．ただしそこでは狭義双曲型多項式しか扱われていない．

任意の $\xi \in \mathbb{R}^n$ に対して補題 3.1.4 より

$$\{0\} \times \Gamma(p(x,\cdot)) \subset \{0\} \times \Gamma(p_\xi(x,\cdot))$$

である．また定義から $p_\xi(x,\cdot) = p_{(x,\xi)}(0,\cdot)$ であるから

$$\{0\} \times \Gamma(p_\xi(x,\cdot)) \subset \Gamma_{(x,\xi)}$$

は明らかである．$t(x)$ を x での局所時間関数とするとき，この包含関係から

$$-H_{t(x)} = (0, \nabla t(x)) \in \Gamma_{(x,\xi)}$$

が得られ $t(x)$ は ξ によらない超局所時間関数である．さらにこの包含関係から

$$C_{(x,\xi)} \subset \Gamma^*(p(x,\cdot)) \times \mathbb{R}^n, \quad \forall \xi \in \mathbb{R}^n \tag{8.1.1}$$

が分かる．また $p_{(x,0)}(y,\eta) = p(x,\eta)$ であるから $\Gamma_{(x,0)} = \mathbb{R}^n \times \Gamma(p(x,\cdot))$ であり

$$C_{(x,0)} = \Gamma^*(p(x,\cdot)) \times \{0\}$$

が成り立つ．$\rho > 0$ に対して $p_{(x,\rho\xi)}(y,\eta) = p_{(x,\xi)}(y,\eta/\rho)$ から

$$\Gamma_{(x,\rho\xi)} = \rho \Gamma_{(x,\xi)} = \{(y,\rho\eta) \mid (y,\eta) \in \Gamma_{(x,\xi)}\}$$

も明らかである．同様にして $C_{(x,\rho\xi)} = \rho C_{(x,\xi)}$ も容易に分かる．

定義 8.1.5 一様に Lipschitz 連続な曲線 $z(t) = (x(t), \xi(t)) : [a,b] \to \mathbb{R}^n \times \mathbb{R}^n$ がほとんどいたるところの $t \in [a,b]$ で

$$\dot{z}(t) \in C_{z(t)} \setminus \{0\}$$

を満たすとき広義陪特性帯と呼ぶ．

(8.1.1) より $(x(t), \xi(t))$ が広義陪特性帯ならば $\dot{x}(t) \in \Gamma^*(p(x,\cdot))$ となり広義陪特性帯の x 空間への射影は（退化した場合も込めれば）広義特性曲線である．

補題 8.1.1 $[0,T] \ni t \mapsto z(t) = (x(t), \xi(t))$ は広義陪特性帯で $\xi(0) = 0$ とする．このときすべての $t \in [0,T]$ に対して $\xi(t) = 0$ である．

［証明］$z(t) = (x(t), \xi(t))$ と書き $t^* = \sup\{t \mid \xi(t) = 0\}$ とおく．$t^* < T$ として矛盾を導く．K を $x(t^*)$ の勝手なコンパクト近傍とする．$x \in K$, $|\xi| = 1$ とする．$(0,\theta) \in \Gamma_{(x,\xi)}$ より $(0,\theta)$ のコンパクト近傍 $A_{(x,\xi)}$ で $A_{(x,\xi)} \subset \Gamma_{(x,\xi)}$ なるものがとれる．双曲錐 $\Gamma_{(x,\xi)}$ の半連続性（定理 3.2.2）より (x,ξ) の近傍 $U_{(x,\xi)}$ があって $(y,\eta) \in U_{(x,\xi)}$ のとき $A_{(x,\xi)} \subset \Gamma_{(y,\eta)}$ となる．$K \times \{|\xi|=1\}$ のコンパクト性より有限個の (x^i, ξ^i) があって $K \times \{|\xi|=1\} \subset \cup U_{(x^i,\xi^i)}$ となる．したがって $A = \cap A_{(x^i,\xi^i)}$ とすると A は内点に $(0,\theta)$ を含み

$$x \in K, \ |\xi| = 1 \Longrightarrow A \subset \Gamma_{(x,\xi)}$$

が成り立つ．したがって $C > 0$ が存在して任意の $x \in K$, $|\xi| = 1$ に対して
$$C_{(x,\xi)} \subset A^\sigma \subset \{(y, \eta) \mid |y'|, |\eta| \leq Cy_1\}$$
が成立する．いま t が t^* に十分近いとすると $x(t) \in K$ かつ $\dot{z}(t) \in C_{z(t)}$ であるから
$$(\dot{x}(t), \dot{\xi}(t)/|\xi(t)|) \in C_{(x(t),\xi(t)/|\xi(t)|)} \subset A^\sigma$$
となり
$$|\dot{\xi}(t)|/|\xi(t)| \leq Cx_1(t)$$
が成立し，したがって $|\xi(t)| \leq |\xi(t^*)| \exp\left(C \int_{t^*}^t x_1(s) ds\right)$ を得る．このことから $|t - t^*|$ が十分小なら $\xi(t) = 0$ であり t^* の定義に反する．したがって $t^* = T$ である． $\square$

8.2 広義特性曲線と Hamilton-Jacobi 方程式

ここでの取扱いは [16] にならう．ここでは少し記号を変えて (x_1, x') を (t, x), (ξ_1, ξ') を (τ, ξ) と書くことにする．したがって任意の $(t, x) \in \mathbb{R} \times \mathbb{R}^{n-1}$ および任意の $\xi \in \mathbb{R}^{n-1}$ に対し
$$p(t, x, \tau, \xi) = 0 \Longrightarrow \tau \in \mathbb{R} \tag{8.2.2}$$
を常に仮定する．また記号を簡略化するために
$$\Gamma(t, x) = \Gamma(p(t, x, \cdot)), \quad \Gamma^*(t, x) = \Gamma^*(p(t, x, \cdot))$$
と書くことにする．$\lambda(t, x, \xi) = \max_j \lambda_j(t, x, \xi)$ とおくと $\lambda(t, x, \xi)$ は ξ について 1 次正斉次である．以下 $M > 0$ があって任意の $(t, x) \in \mathbb{R}^n$, $|\xi| = 1$ に対して $\lambda(t, x, \xi) \leq M$ であるとしよう．系 3.1.1 より
$$\Gamma(t, x) = \{(\tau, \xi) \mid \tau > \lambda(t, x, \xi)\} \tag{8.2.3}$$
であった．$\Gamma^*(t, x)$ について
$$\Gamma^*(t, x) = \{(s, y) \mid s \geq 0, s\lambda(t, x, \xi) + \langle y, \xi \rangle \geq 0, \forall \xi\} \tag{8.2.4}$$
である．実際 $s \geq 0$ とし，任意の ξ に対して $s\lambda(t, x, \xi) + \langle y, \xi \rangle \geq 0$ とすると，(8.2.3) より任意の $(\tau, \xi) \in \Gamma(t, x)$ に対して
$$s\tau + \langle y, \xi \rangle = s(\tau - \lambda(t, x, \xi)) + (s\lambda(t, x, \xi) + \langle y, \xi \rangle) \geq 0$$
となり $(s, y) \in \Gamma^*(t, x)$ である．一方 $(1, 0, \ldots, 0) \in \Gamma(t, x)$ であるから $(s, y) \in \Gamma^*(t, x)$ なら $s \geq 0$ である．逆に $s\lambda(t, x, \xi) + \langle y, \xi \rangle < 0$ なる $\xi \in \mathbb{R}^{n-1}$ が存在するとする．(8.2.3) より $\epsilon > 0$ に対して $(\lambda(t, x, \xi) + \epsilon, \xi) \in \Gamma(t, x)$ であるが，$\epsilon > 0$ を十分小にとると

$$s(\lambda(t,x,\xi)+\epsilon) + \langle y,\xi\rangle = s\lambda(t,x,\xi) + \langle y,\xi\rangle + s\epsilon < 0$$

となって $(y,\xi) \notin \Gamma^*(t,x)$ となる．したがって (8.2.4) が成り立つ．

次に $\mathbb{R}^{n-1}$ の凸集合 $\Gamma_1^*(t,x)$ を

$$\Gamma_1^*(t,x) = \{y \mid \lambda(t,x,\xi) + \langle y,\xi\rangle \geq 0, \forall \xi\} = \{y \mid (1,y) \in \Gamma^*(t,x)\}$$

で定義する．$y \in \Gamma_1^*(t,x)$ とすると $|y| \leq \lambda(t,x,-y/|y|) \leq M$ である．いま $[a,b] \ni s \mapsto (t(s), x(s))$ を広義特性曲線とすると $\dot{t}(s) > 0$ であるから t を助変数にとれる．t を助変数にしてこの曲線を $[a,b] \ni t \mapsto (t,x(t))$ のように表すと，これが広義特性曲線であるための必要十分条件は，ほとんどいたるところの $t \in [a,b]$ に対して

$$\dot{x}(t) \in \Gamma_1^*(t,x(t)) \tag{8.2.5}$$

の成立することである．以下この章では広義特性曲線は t を助変数として表すことが多い．

補題 8.2.1 次が成立する．

$$\lambda(t,x,-\xi) = \max_{y \in \Gamma_1^*(t,x)} \langle y,\xi\rangle.$$

［証明］　まず次のことに注意する．

$$\Gamma(t,x) = \{(\tau,\xi) \mid \langle (s,y),(\tau,\xi)\rangle > 0, \forall (s,y) \in \Gamma^*(t,x) \setminus \{0\}\}$$
$$= \{(\tau,\xi) \mid \tau + \langle y,\xi\rangle > 0, \forall y \in \Gamma_1^*(t,x)\}.$$

これより

$$(\tau,\xi) \in \Gamma(t,x) \iff \tau + \min_{y \in \Gamma_1^*(t,x)} \langle y,\xi\rangle > 0 \tag{8.2.6}$$

となり (8.2.3) より主張が成立する．　□

次に $\Gamma(t,x)$ が (t,x) にどのように依存するかを調べよう．$p(t,x,\tau,\xi)$ は θ 方向に双曲型とし

$$p(t,x,\tau,\xi) = \prod_{j=1}^{m}(\tau - \lambda_j(t,x,\xi)), \quad \lambda_1(t,x,\xi) \leq \cdots \leq \lambda_m(t,x,\xi)$$

と書こう．このとき定理 3.3.1 より $\lambda_j(t,x,\xi)$ は Lipschitz 連続である．

命題 8.2.1 $K \subset \Gamma(t,x)$ をコンパクト集合とする．このとき (t,x) の近傍 U が存在して任意の $(t',x') \in U$ に対して

$$K \subset \Gamma(t',x')$$

が成り立つ．

[証明] (8.2.3) より $(\tau,\xi) \in K$ に対して $\tau > \lambda(t,x,\xi)$ である. $\lambda(t,x,\xi)$ は連続ゆえ $f(t',x') = \min_{(\tau,\xi) \in K}(\tau - \lambda(t',x',\xi))$ も (t',x') の連続関数となり $f(t,x) > 0$ であるから (t,x) の近くでは $f(t',x') > 0$ となり再び (8.2.3) より主張は明らかである. □

命題 8.2.2 $\Gamma(t,x)$ は Lipschitz 連続である. すなわち任意のコンパクト集合 $K \subset \mathbb{R} \times \mathbb{R}^{n-1}$ に対して $C = C(K)$ が存在し, 任意の $(t,x), (t',x') \in K$ および任意の $(\tau,\xi) \in \Gamma(t,x), |(\tau,\xi)| = 1$ に対して

$$|\tau - \tau'| + |\xi - \xi'| \leq C(|t-t'| + |x-x'|)$$

を満たす $(\tau',\xi') \in \Gamma(t',x'), |(\tau',\xi')| = 1$ が存在する.

[証明] $|t-t'| + |x-x'|$ が十分小のときに示せば十分である. $(\tau,\xi) \in \Gamma(t,x)$ とする. $\lambda(t,x,\xi)$ は Lipschitz 連続であるから $\lambda(t',x',\xi) - \lambda(t,x,\xi) \leq C(|t-t'| + |x-x'|)$ ゆえ, (8.2.3) より

$$\lambda(t',x',\xi) \leq \tau + C(|t-t'| + |x-x'|)$$

が成立する. したがって $(\tilde{\tau},\xi) = (\tau + C(|t-t'| + |x-x'|),\xi) \in \Gamma(t',x')$ である. いま (τ',ξ') を $(\tau',\xi') = (\tilde{\tau}/|(\tilde{\tau},\xi)|, \xi/|(\tilde{\tau},\xi)|)$ とおけば, ある $C' > 0$ があって

$$|\tau - \tau'| + |\xi - \xi'| \leq C'(|t-t'| + |x-x'|)$$

が成立することは明らかである. □

補題 8.2.2 $\Gamma_1^*(t,x)$ は Lipschitz 連続である. すなわち任意のコンパクト集合 $K \subset \mathbb{R} \times \mathbb{R}^{n-1}$ に対して $C = C(K)$ が存在し, 任意の $(t,x), (t',x') \in K$ および任意の $v \in \Gamma_1^*(t,x)$ に対して

$$|v - v'| \leq C(|t-t'| + |x-x'|)$$

を満たす $v' \in \Gamma_1^*(t',x')$ が存在する.

[証明] $v \notin \Gamma_1^*(t',x')$ の場合を考えれば十分である. $v' \in \Gamma_1^*(t',x')$ を

$$|v - v'| = \mathrm{dist}(v, \Gamma_1^*(t',x'))$$

で定める. Γ_1^* は凸であったから任意の $u \in \Gamma_1^*(t',x')$ に対して $\langle u - v', v - v' \rangle \leq 0$ より $v' - v = w$ とおくと $\langle u,w \rangle \geq \langle v',w \rangle$ がすべての $u \in \Gamma_1^*(t',x')$ に対して成立する. したがって

$$\max_{u \in \Gamma_1^*(t',x')} \langle u, -w \rangle \leq -\langle v', w \rangle$$

が成立する. 補題 8.2.1 より $\lambda(t',x',w) \leq -\langle v',w \rangle$ である. $\lambda(t,x,\xi)$ は ξ に関して 1 次正斉次であり, また $v \in \Gamma_1^*(t,x)$ であるから

$$\lambda(t',x',w/|w|) \leq -\langle v', w/|w| \rangle, \quad \lambda(t,x,w/|w|) + \langle v, w/|w| \rangle \geq 0$$

が成立する．したがって
$$0 \leq \lambda(t,x,w/|w|) - \lambda(t',x',w/|w|) + \langle v-v', w/|w|\rangle$$
$$= \lambda(t,x,w/|w|) - \lambda(t',x',w/|w|) - |w|,$$
すなわち
$$|v-v'| = |w| \leq \lambda(t,x,w/|w|) - \lambda(t',x',w/|w|)$$
$$\leq C(|t-t'| + |x-x'|)$$
となって結論を得る． □

定義 8.2.1 $\mathcal{C}(T,X)$ で $x(T)=X$ を満たす広義特性曲線
$$x(t): [0,T] \to \mathbb{R}^{n-1}, \quad x(T) = X$$
の全体を表すものとする．

さて $\psi(x)$ を $\|\psi\|_{L^\infty} < \infty$ を満たす $\mathbb{R}^{n-1}$ 上の一様 Lipschitz 連続な関数とし
$$\Psi(T,X) = \inf\{\psi(x(0)) \mid x(\cdot) \in \mathcal{C}(T,X)\} \tag{8.2.7}$$
とおく．

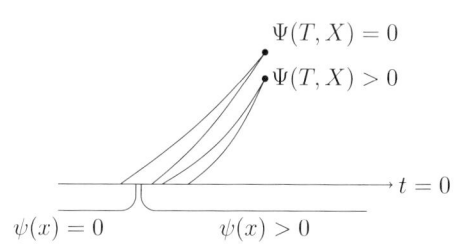

補題 8.2.3 ある $x(\cdot) \in \mathcal{C}(T,X)$ が存在して $\Psi(T,X) = \psi(x(0))$ が成立する．

［証明］$\psi(x^n(0)) \to \Psi(T,X)$ となる列 $x^n(\cdot) \in \mathcal{C}(T,X)$ をとろう．このとき $\{x^n(\cdot)\}$ は一様有界かつ同等連続である．実際 $x^n(\cdot)$ は Lipschitz 連続より $x^n(T) - x^n(t) = \int_t^T \dot{x}^n(s)ds$ から $\dot{x}^n(s) \in \Gamma_1^*(s, x^n(s))$ に注意すると
$$|x^n(t)| \leq |X| + \int_0^T |\dot{x}^n(s)|ds \leq |X| + MT$$
となって一様有界が分かる．また
$$|x^n(t_1) - x^n(t_2)| \leq \Big|\int_{t_1}^{t_2} |\dot{x}^n(s)|ds\Big| \leq M|t_1 - t_2|$$
から同等連続も明らかである．したがって Ascoli-Arzela の定理によれば $C([0,T])$ で $x(\cdot)$ に収束するような部分列がとれる．この部分列を改めて $\{x^n(\cdot)\}$ と書くことに

しよう．$x(t)$ が Lipschitz 連続であることは明らかである．ほとんどいたるところの $t \in [0,T]$ について $\dot{x}(t) \in \Gamma_1^*(t, x(t))$ となることを示そう．$\hat{t} \in [0,T]$ を任意に固定して考える．$n \to \infty$ のとき $x^n(t) \to x(t)$ から $\epsilon > 0$ を十分小な正数として

$$\frac{1}{\epsilon}\int_{\hat{t}-\epsilon}^{\hat{t}} \dot{x}^n(s)ds \to \frac{1}{\epsilon}\int_{\hat{t}-\epsilon}^{\hat{t}} \dot{x}(s)ds$$

が従う．右辺の積分は次の Riemann 和

$$\frac{1}{\epsilon}\sum_{i=0}^{l-1} \dot{x}^n(s_i)(s_{i+1} - s_i)$$

の極限である．ここで $\hat{t} - \epsilon = s_0 < s_1 < \cdots < s_l = \hat{t}$ は $[\hat{t}-\epsilon, \hat{t}]$ の分割である．また n を十分大にとると $|x^n(t) - x(t)| \leq \epsilon$, $t \in [0, T]$ とできる．補題 8.2.2 より $v_i \in \Gamma_1^*(\hat{t}, x(\hat{t}))$ で

$$|\dot{x}^n(s_i) - v_i| \leq C\{|s_i - \hat{t}| + |x^n(s_i) - x(\hat{t})|\} \leq 2C\epsilon$$

を満たすものがとれる．分割の幅を十分小さくとって $v = \sum v_i(s_{i+1} - s_i)/\epsilon$ とおくと $v \in \Gamma_1^*(\hat{t}, x(\hat{t}))$ で，さらに

$$\left|\frac{1}{\epsilon}\int_{\hat{t}-\epsilon}^{\hat{t}} \dot{x}^n(s)ds - v\right| \leq 2C\epsilon \qquad (8.2.8)$$

が成り立つ．$n \to \infty$ として

$$\left|\frac{1}{\epsilon}\int_{\hat{t}-\epsilon}^{\hat{t}} \dot{x}(s)ds - v\right| \leq 2C\epsilon$$

が従う．ここで ϵ は任意であったから $\dot{x}(\hat{t}) \in \Gamma_1^*(\hat{t}, x(\hat{t}))$ を得る． □

補題 8.2.4 次が成立する．
(i) $T > 0$ とし $x(t)$ を $\Psi(T, x(T)) = \psi(x(0))$ を満たす広義特性曲線とする．このとき

$$\Psi(t, x(t)) = \psi(x(0)), \quad \forall t \in [0, T]$$

が成立する．
(ii) 任意の $t \in [0,T]$ に対して

$$\Psi(T, X) = \min_{x(\cdot) \in \mathcal{C}(T, X)} \Psi(t, x(t))$$

が成り立つ．

［証明］ (i) $\Psi(t, x(t)) = \psi(y(0)) < \psi(x(0))$ を満たす $y(\cdot) \in \mathcal{C}(t, x(t))$ が存在したとしよう．このとき

$$z(s) = y(s), \ 0 \leq s \leq t, \ z(s) = x(s), \ t \leq s \leq T$$

とおくと，$z(\cdot) \in \mathcal{C}(T, x(T))$ で $\psi(z(0)) = \psi(y(0)) < \psi(x(0))$ となって $\Psi(T, x(T))$

の定義に矛盾する.

(ii) 補題 8.2.3 より $\Psi(T,X) = \psi(x(0))$ となる $x(\cdot) \in \mathcal{C}(T,X)$ が存在する. このとき (i) より任意の $t \in [0,T]$ に対して
$$\min_{\tilde{x}(\cdot) \in \mathcal{C}(T,X)} \Psi(t, \tilde{x}(t)) \le \Psi(t, x(t)) = \psi(x(0)) = \Psi(X,T)$$
である. 逆の不等式を示そう. 任意の $x(\cdot) \in \mathcal{C}(T,X)$ および任意の $t \in [0,T]$ を考える. 補題 8.2.3 より $\Psi(t, x(t)) = \psi(y(0))$ を満たす $y(\cdot) \in \mathcal{C}(t, x(t))$ が存在する. $z(t)$ を
$$z(s) = y(s), \quad 0 \le s \le t, \quad z(s) = x(s), \quad t \le s \le T$$
で定義すると, $z(\cdot) \in \mathcal{C}(T,X)$, $\Psi(t,x(t)) = \psi(y(0)) = \psi(z(0))$ であるから Ψ の定義より $\Psi(T,X) \le \Psi(t, x(t))$ である. $x(\cdot) \in \mathcal{C}(T,X)$ は任意であったから逆向きの不等式も成立する. したがって主張が示された. □

補題 8.2.5 $K \subset \mathbb{R} \times \mathbb{R}^{n-1}$ を任意のコンパクト集合とする. このとき正数 $C = C(K)$ が存在して, 任意の $(T, X_1) \in K$, $\bar{x}(\cdot) \in \mathcal{C}(T, X_1)$ および任意の $(T, X_2) \in K$ に対して
$$|x(0) - \bar{x}(0)| \le C|X_1 - X_2|$$
を満たす $x(\cdot) \in \mathcal{C}(T, X_2)$ が存在する.

[証明] 以下 $C = C(K)$ は補題 8.2.2 のそれとする. 補題 8.2.3 の証明と同様にして積分を Riemann 和で近似することによって $\bar{v}_k \in \Gamma_1^*(Tk/n, \bar{x}(Tk/n))$ で
$$\int_{\frac{T}{n}(k-1)}^{\frac{T}{n}k} \frac{d}{ds}\bar{x}(s)ds = \bar{x}(Tk/n) - \bar{x}(T(k-1)/n) = \frac{T}{n}\bar{v}_k + R_k \tag{8.2.9}$$
を満たすものが選べる. ここで $|R_k| \le 2C(T/n)^2$ である. 補題 8.2.2 より $|v_n - \bar{v}_n| \le C|X_1 - X_2|$ を満たす $v_n \in \Gamma_1^*(T, X_2)$ が存在するので, この v_n を用いて $T(n-1)/n \le t \le T$ に対して $x^n(t) = X_2 - v_n(T-t)$ とおく. 以下帰納的に $T(j-1)/n \le t \le Tj/n$ では
$$x^n(t) = x^n(jT/n) - v_j(jT/n - t)$$
と定義する. ここで $v_j \in \Gamma_1^*(jT/n, x^n(jT/n))$ は補題 8.2.2 によって得られるもので
$$|v_j - \bar{v}_j| \le C|x^n(jT/n) - \bar{x}(jT/n)|$$
を満たす. このとき (8.2.9) および x^n の定義から
$$\begin{aligned}
|x^n(0) - \bar{x}(0)| &= |x^n(T/n) - \bar{x}(T/n) - T(v_1 - \bar{v}_1)/n + R_1| \\
&\le (1 + CT/n)|x^n(T/n) - \bar{x}(T/n)| + |R_1| \\
&\cdots\cdots \\
&\le (1 + CT/n)^n|X_1 - X_2| + 2C(T/n)^2 \sum_{k=0}^{n-1}(1+CT/n)^k \\
&\le (1 + CT/n)^n|X_1 - X_2| + 2T\big((1+CT/n)^n - 1\big)/n
\end{aligned} \tag{8.2.10}$$

を得る．補題 8.2.3 の証明と同様 $\{x^n(\cdot)\}$ は一様有界かつ同等連続であるから Ascoli-Arzela の定理により $\{x^n(\cdot)\}$ の部分列が Lipschitz 連続な $x(t)$ に一様収束する．このとき $x(T) = X_2$ は明らかであり，また (8.2.10) で $n \to \infty$ とすることで

$$|x(0) - \bar{x}(0)| \leq e^{CT}|X_1 - X_2|$$

を得る．最後に $x(\cdot) \in \mathcal{C}(T, X_2)$ を確かめよう．$x^n(t)$ が $x(t)$ に $C([0,T])$ で収束していると仮定してよい．したがって

$$\frac{1}{\epsilon}\int_{t-\epsilon}^{t} \dot{x}^n(s)ds \to \frac{1}{\epsilon}\int_{t-\epsilon}^{t} \dot{x}(s)ds$$

が成立している．補題 8.2.3 の証明にならって左辺の積分に対する Riemann 和 $\epsilon^{-1}\sum \dot{x}^n(s_i)(s_{i+1} - s_i)$ を考えよう．$x^n(\cdot)$ の定義より $\dot{x}^n(s_i) = \dot{x}^n(t_i) \in \Gamma_1^*(t_i, x^n(t_i))$, $|s_i - t_i| \leq T/n$ を満たす t_i がある．補題 8.2.2 より $v_i \in \Gamma_1^*(t, x(t))$ が存在して

$$|\dot{x}^n(s_i) - v_i| = |\dot{x}^n(t_i) - v_i| \leq C\{|t - t_i| + |x^n(t_i) - x(t)|\}$$
$$\leq C\{|t - t_i| + |x^n(t_i) - x^n(t)|\} + C\epsilon_1 \leq C'|t - t_i| + C\epsilon_1$$
$$\leq C'|t - s_i| + C''T/n + C\epsilon_1$$

が成立する．ここで $n \to \infty$ のとき $\epsilon_1 \to 0$ である．以下補題 8.2.3 の証明を繰り返して $\dot{x}(t) \in \Gamma_1^*(t, x(t))$ を得る． □

補題 8.2.6 $\Psi(t, x)$ は局所一様 Lipschitz 連続である．

［証明］ $K \subset \mathbb{R} \times \mathbb{R}^{n-1}$ を任意のコンパクト集合とする．$(T, X_i) \in K$ としてまず $|\Psi(T, X_1) - \Psi(T, X_2)| \leq C|X_1 - X_2|$ を示そう．$\Psi(T, X_1) = \psi(x(0))$ なる $x(\cdot) \in \mathcal{C}(T, X_1)$ をとろう．このとき補題 8.2.5 より $\bar{x}(\cdot) \in \mathcal{C}(T, X_2)$ で

$$|\bar{x}(0) - x(0)| \leq C|X_1 - X_2|$$

を満たすものがある．このとき

$$\Psi(T, X_2) \leq \psi(\bar{x}(0)) \leq \psi(x(0)) + M_1|\bar{x}(0) - x(0)|$$
$$\leq \Psi(T, X_1) + CM_1|X_1 - X_2|$$

が成立する．ここで $M_1 = \|\nabla_x \psi\|_{L^\infty}$ とおいた．X_1 と X_2 を取り替えて議論すると

$$\Psi(T, X_1) \leq \Psi(T, X_2) + CM_1|X_1 - X_2| \tag{8.2.11}$$

が分かり $|\Psi(T, X_1) - \Psi(T, X_2)| \leq CM_1|X_1 - X_2|$ を得る．

次に $(T_i, X) \in K$ として $\Psi(T_1, X) - \Psi(T_2, X)$ を考えよう．$T_1 > T_2$ として一般性を失わない．$\Psi(T_1, X) = \psi(x(0))$ を満たす $x(\cdot) \in \mathcal{C}(T_1, X)$ をとる．このとき補題 8.2.4 より $\Psi(T_1, X) = \Psi(T_2, x(T_2))$ であり，また任意の (t, x) について

$\max_{v \in \Gamma_1^*(t,x)} |v| \leq M$ であったから

$$|\Psi(T_1, X) - \Psi(T_2, X)| = |\Psi(T_2, x(T_2)) - \Psi(T_2, x(T_1))|$$
$$\leq CM_1|x(T_2) - x(T_1)| \leq CM_1 M |T_2 - T_1| \tag{8.2.12}$$

が成立する．(8.2.11) と (8.2.12) より Ψ が Lipschitz 連続であることが従う．□

定理 8.2.1 $\lambda(t,x,\xi) = \max_j \lambda_j(t,x,\xi)$ とする．このとき $\Psi(t,x)$ は次の Hamilton-Jacobi 方程式

$$\begin{cases} \partial_t \Psi + \lambda(t, x, -\nabla_x \Psi) = 0, \quad \text{a.e. } (t,x), \\ \Psi(0, x) = \psi(x) \end{cases} \tag{8.2.13}$$

を満たす．

［証明］ Ψ は Lipschitz 連続であるから Rademacher の定理[*3]によればほとんどいたるところ微分可能である．したがって Ψ が微分可能な点 (T, X) で (8.2.13) を示せばよい．$x(\cdot) \in \mathcal{C}(T, X)$ としよう．このとき

$$x(T - \epsilon) = X - \int_{T-\epsilon}^T \dot{x}(s) ds$$

に注意すると Ψ の微分可能性から

$$\Psi(T - \epsilon, x(T - \epsilon))$$
$$= \Psi(T, X) - \epsilon \Big(\partial_t \Psi(T, X) + \Big\langle \frac{1}{\epsilon} \int_{T-\epsilon}^T \dot{x}(s) ds, \nabla_x \Psi(T, X) \Big\rangle \Big) + o(\epsilon)$$

が成り立つ．補題 8.2.4 の (ii) を $t = T - \epsilon$ として適用すると

$$\min_{x(\cdot) \in \mathcal{C}(T,X)} \Big[\Psi(T, X) - \epsilon \Big(\partial_t \Psi(T, X) + \Big\langle \frac{1}{\epsilon} \int_{T-\epsilon}^T \dot{x}(s) ds, \nabla_x \Psi(T, X) \Big\rangle \Big) + o(\epsilon) \Big]$$
$$= \Psi(T, X)$$

が従う．したがってこれより

$$\max_{x(\cdot) \in \mathcal{C}(T,X)} \Big[\partial_t \Psi(T, X) + \Big\langle \frac{1}{\epsilon} \int_{T-\epsilon}^T \dot{x}(s) ds, \nabla_x \Psi(T, X) \Big\rangle + \frac{o(\epsilon)}{\epsilon} \Big] = 0$$

が成立する．ここで次の補題を確かめよう．

補題 8.2.7 任意の $v \in \Gamma_1^*(T, X)$ に対して

$$\frac{1}{\epsilon} \int_{T-\epsilon}^T \dot{x}(s) ds \to v, \quad \epsilon \to 0$$

が成立するような $x(\cdot) \in \mathcal{C}(T, X)$ が存在する．また任意の $x(\cdot) \in \mathcal{C}(T, X)$ に対して

$$\text{dist}\Big(\frac{1}{\epsilon} \int_{T-\epsilon}^T \dot{x}(s) ds, \Gamma_1^*(T, X) \Big) \to 0, \quad \epsilon \to 0 \tag{8.2.14}$$

が成立する．

[*3] 例えば E.M.Stein: Singular Integrals and Differentiability Properties of Functions, VIII 章を参照．

[証明]　補題 8.2.5 における $x^n(\cdot)$ の構成において $v_j \in \Gamma_1^*(Tj/n, x^n(Tj/n))$ を
$$|v_j - v| = \mathrm{dist}\bigl(v, \Gamma_1^*(Tj/n, x^n(Tj/n))\bigr), \quad v_n = v, \ \ x^n(T) = X$$
と選ぶと, 任意の $\epsilon > 0$ に対して十分大なる n について $T-\epsilon \le t \le T$ のとき $|(t, x^n(t)) - (T, X)| \le 2\epsilon$ とできる. このとき $dx^n(t)/dt = v_j \in \Gamma_1^*(Tj/n, x^n(Tj/n))$ と補題 8.2.2 から $|dx^n(t)/dt - v| \le 2C\epsilon$ が成り立ち, したがって
$$\left|\frac{1}{\epsilon}\int_{T-\epsilon}^{T} \dot{x}^n(s) ds - v\right| \le 2C\epsilon$$
を得る. $\{x^n(\cdot)\}$ の適当な部分列は $x(\cdot)$ に一様収束しているので
$$\left|\frac{1}{\epsilon}\int_{T-\epsilon}^{T} \dot{x}(s) ds - v\right| \le 2C\epsilon$$
が従う. 他方補題 8.2.3 の証明から $x(\cdot) \in \mathcal{C}(T, X)$ であることも容易に分かる. 以上で最初の主張が示された. (8.2.14) を示すには補題 8.2.3 と同様に考えればよい. Riemann 和 $\epsilon^{-1} \sum_i \dot{x}(s_i)(s_{i+1} - s_i)$ を考えると補題 8.2.2 より $v_i \in \Gamma_1^*(T, X)$ があって $|\dot{x}(s_i) - v_i| \le C|s_i - T|$ が成立する. $\Gamma_1^*(T, X)$ は凸でコンパクトであるから $\epsilon \to 0$ のとき $\epsilon^{-1} \sum_i \dot{x}(s_i)(s_{i+1} - s_i)$ はある $v \in \Gamma_1^*(T, X)$ に収束する. したがって
$$\left|\frac{1}{\epsilon}\int_{T-\epsilon}^{T} \dot{x}(s) ds - v\right| \le C\epsilon$$
となり (8.2.14) が成り立つ. □

補題 8.2.7 より $\epsilon \to 0$ のとき
$$\max_{x(\cdot) \in \mathcal{C}(T, X)} \left\langle \frac{1}{\epsilon}\int_{T-\epsilon}^{T} \dot{x}(s) ds, \nabla_x \Psi(T, X) \right\rangle \to \max_{v \in \mathcal{C}(T, X)} \langle v, \nabla_x \Psi(T, X) \rangle$$
となり, したがって
$$\partial_t \Psi(T, X) + \max_{v \in \Gamma_1^*(T, X)} \langle v, \nabla_x \Psi(T, X) \rangle = 0$$
が成立する. ゆえに補題 8.2.1 より定理の結論を得る. □

Rademacher の定理によって Ψ はほとんどいたるところ微分可能であり $\nabla_{t,x}\Psi(t, x)$ が存在する. $p(t, x, \tau, \xi) = \prod_{j=1}^{m}(\tau - \lambda_j(t, x, \xi))$ であったから定理 8.2.1 より
$$p(t, x, -\partial_t \Psi, -\nabla_x \Psi) = (-1)^m \prod_{j=1}^{m}(\partial_t \Psi + \lambda_j(t, x, -\nabla_x \Psi)) = 0$$
が成り立ち, $\Psi =$ 定数 は Lipschitz 連続な p の特性曲面であることが分かる.

8.3 依存領域と決定領域

Ω_0 を $\mathbb{R}^{n-1}$ の有界開集合とする.

定義 8.3.1 $u \in C^m([0,\infty) \times \mathbb{R}^{n-1})$ が $Pu = 0$ を満たし, $t = 0$ での初期値が開集合 $\Omega_0 \subset \mathbb{R}^{n-1}$ で 0 ならば u は開集合 $\Omega \subset [0,\infty) \times \mathbb{R}^{n-1}$ で 0 になるとする. このとき Ω_0 を Ω の依存領域, Ω を Ω_0 の決定領域と呼ぶ.

いま Ω を

$$\Omega = \{(t,x) \mid t \geq 0, 任意の\ x(\cdot) \in \mathcal{C}(t,x)\ は\ x(0) \in \Omega_0 を満たす\ \}$$

とおき[*4)]. $\psi(x) = e^{-|x|}\mathrm{dist}(x, \mathbb{R}^{n-1} \setminus \Omega_0)$ と定義すると ψ は一様 Lipschitz 連続である. この ψ を用いて 8.2 節に従って $\Psi(T,X) = \inf_{x(\cdot) \in \mathcal{C}(T,X)} \psi(x(0))$ とおく. このとき Ψ の定義と補題 8.2.3 より

$$\begin{cases} \Omega_0 = \{(0,x) \mid \Psi(0,x) = \psi(x) > 0\}, \\ \Omega = \{(t,x) \mid \Psi(t,x) > 0\} \end{cases}$$

である. $c > 0$ を十分小さな正数とする. このとき $\Psi(t,x) = c$ は命題 8.2.1 より p の特性曲面であり[*5)], また補題 8.2.3 より $\{\Psi = c\}$ 上の点は集合 $\{x \mid \psi(x) = c\}$ の点と広義特性曲線で結ばれる.

定理 8.3.1 P の主シンボル p は (8.2.2) を満たすとする. また任意の空間的超曲面に対して初期値問題の局所一意性が成り立つとする. すなわち任意の点 $(\hat{t},\hat{x})$ の近傍で定義された空間的超曲面 $S = \{(t,x) \mid \phi(t,x) = 0\} \ni (\hat{t},\hat{x})$ に対して $(\hat{t},\hat{x})$ のある近傍 U が存在し, $u \in C^m(U)$ が

$$\begin{cases} Pu = 0 \text{ in } U, \\ u = 0 \text{ in } U \cap \{(t,x) \mid \phi(t,x) < 0\} \end{cases}$$

を満たすならば, $(\hat{t},\hat{x})$ のある近傍 V が存在し, そこで $u = 0$ が成立するとする. このとき Ω は Ω_0 の決定領域であり Ω_0 は Ω の依存領域である.

[証明] $\Psi(T,X) > 0$ として $u(T,X) = 0$ を示せば十分である. 命題 8.2.1 より Ψ は $t > 0$ で $\partial_t \Psi(t,x) + \lambda(t,x, -\nabla_x \Psi(t,x)) = 0$ を満たす. また Ψ は有界で各 t に対して $|x|$ が十分大なら $\Psi = 0$ である. Ψ は一般には滑らかでないので Ψ を滑らかな関数で近似することを考えよう. $\epsilon > 0$ を十分小さな正数とする. 補題 8.2.6 の証

[*4)] [20] では Ω を Ω_0 の emission と呼んでいる.
[*5)] [20] では $\{\Psi(t,x) = 0\}$ を emission front と呼んでいる.

明から明らかなように，$|\nabla_x \Psi(t,x)|$ は有界なので $\lambda(t,x,\xi)$ の Lipschitz 連続性より $\tilde{\Psi}(t,x) = \Psi(t+\epsilon,x)$ は $t > -\epsilon$ で

$$\partial_t \tilde{\Psi}(t,x) + \lambda(t,x,-\nabla_x \tilde{\Psi}(t,x)) \leq C\epsilon$$

を満たしている．いま $\rho \in C_0^\infty(\mathbb{R}^n)$ を非負で台が $\{(t,x) \mid |(t,x)| \leq 1\}$ に含まれ $\int \rho(t,x) dt dx = 1$ を満たすものとし，さらに $\epsilon > 0$ に対して $\rho_\epsilon(t,x) = \epsilon^{-n}\rho(\epsilon^{-1}t, \epsilon^{-1}x)$ とおき，$t \geq 0$ に対し

$$\Psi^\epsilon(t,x) = (\rho_\epsilon * \tilde{\Psi})(t,x) = \int \rho(t-s, x-y)\tilde{\Psi}(s,y) ds dy = J_\epsilon \tilde{\Psi}$$

と定義する．$\Psi^\epsilon(t,x)$ は $t > 0$ で C^∞ である．補題 8.2.1 より $v(t,x) \in \Gamma_1^*(t,x)$ を満たす有界な $v(t,x)$ に対して

$$\partial_t \tilde{\Psi} + \langle v(t,x), \nabla_x \tilde{\Psi} \rangle \leq C\epsilon$$

が成立する．いま $v(t,x)$ を Lipschitz 連続とすると

$$\|\langle [J_\epsilon, v], \nabla_x \tilde{\Psi}\rangle\|_{L^\infty} \leq C_1 \epsilon$$

が成立する[*6]．したがって

$$\partial_t \Psi^\epsilon + \langle v(t,x), \nabla_x \Psi^\epsilon \rangle < C_2 \epsilon$$

が成立する．任意の $\hat{v} \in \Gamma_1^*(\hat{t},\hat{x})$ に対して Lipschitz 連続な $v(t,x)$ で $v(\hat{t},\hat{x}) = \hat{v}$ となるものが選べるので（Lipschitz 定数は $(\hat{t},\hat{x})$, $\hat{v}$ に一様にとれることに注意する）補題 8.2.1 より

$$\partial_t \Psi^\epsilon + \lambda(t,x,-\nabla_x \Psi^\epsilon) \leq C_3 \epsilon$$

が成り立つ．$\delta > 0$ とし $\Psi^{\epsilon,\delta}(t,x) = \Psi^\epsilon(t,x) - \delta t$ とおき $\epsilon > 0$ を十分小さく選ぶと $\Psi^{\epsilon,\delta}$ は $\partial_t \Psi^{\epsilon,\delta}(t,x) + \lambda(t,x,-\nabla_x \Psi^{\epsilon,\delta}(t,x)) < -\delta/2$ を満たす．すなわち $\Psi^{\epsilon,\delta} = $ 定数 は滑らかな空間的超曲面である．Ψ は有界で各 t に対して $|x|$ が十分大なら 0 であるから

$$\lim_{|t|\leq \epsilon, |x|\to\infty} \tilde{\Psi}(t,x) \leq 0$$

が成り立つ．したがって $\|\Psi^\epsilon - \tilde{\Psi}\|_{L^\infty} \leq C_4 \epsilon$ に注意すると[*6]，ϵ, δ を十分小さく選ぶことによって

$$\begin{cases} \Psi^{\epsilon,\delta}(T,X) > 0, \quad \sup_{x \in \mathbb{R}^{n-1}\setminus \Omega_0} \Psi^{\epsilon,\delta}(0,x) < \Psi^{\epsilon,\delta}(T,X)/2 \\ \lim_{t>0, t+|x|\to\infty} \Psi^{\epsilon,\delta}(t,x) < \Psi^{\epsilon,\delta}(T,X)/2 \end{cases}$$

が成立しているとしてよい．ここで

$$\Phi(t,x) = \Psi^{\epsilon,\delta}(t,x) - \Psi^{\epsilon,\delta}(T,X)/2$$

[*6] 例えば [24] の第 1 章参照．

とおくと
$$\begin{cases} \partial_t \Phi(t,x) + \lambda(t,x,-\nabla_x \Phi(t,x)) < -\delta/2, & \Phi(T,X) > 0, \\ \Phi(0,x) < 0, \ \forall x \in \mathbb{R}^{n-1} \setminus \Omega_0, & \lim_{t>0, t+|x|\to\infty} \Phi(t,x) < 0 \end{cases} \quad (8.3.15)$$
が成り立つ．$\delta, \epsilon > 0$ が十分小なら $\{t \geq 0, \Phi(t,x) > 0\} \subset \Omega$ となることに注意しよう．(8.3.15) より $\nabla_{t,x}\Phi \neq 0$ であるから Φ は最大値を $t=0$ 上でとる．すなわち $t > 0, x \in \mathbb{R}^{n-1}$ のとき
$$\Phi(t,x) < \max_{x \in \mathbb{R}^{n-1}} \Phi(0,x) = c^*$$
が成り立っている．ここで
$$\Lambda = \left\{ c \in [\Phi(T,X)/2, c^*] \mid \{(t,x) \mid \Phi(t,x) \geq c, t \geq 0\} \text{ 上で } u = 0 \right\}$$
とおこう．仮定から $c^* \in \Lambda$ は明らかである．Λ が $[\Phi(T,X)/2, c^*]$ で開集合であることをみよう．$c \in \Lambda$ とする．$\{t=0\}$ は空間的であり Ω_0 では初期値は 0 また $\{\Phi = c\}$ 上での初期値も 0 である．仮定より空間的超曲面に対して初期値問題の局所一意性が成り立っているので $\{\Phi = c\} \cap \{t \geq 0\}$ のコンパクト性を考慮すると $\{\Phi = c\}$ の $\{t \geq 0\}$ におけるある近傍で $u = 0$ となる．Φ の連続性から十分小な $\rho > 0$ に対して $c - \rho \in \Lambda$ となる．Λ は明らかに閉集合であるから $[\Phi(T,X)/2, c^*]$ の連結集合となり $\Lambda = [\Phi(T,X)/2, c^*]$ が従う．したがって $u(T,X) = 0$ となって結論を得る． $\square$

第9章 擬微分作用素

 実効的双曲型特性点をもつ微分作用素に対して超局所双曲型エネルギー評価を導くため，あるいは実特性点をもつ微分作用素に対して Gevrey クラスでのエネルギー評価を導くために Beals-Fefferman[*1] によって導入された擬微分作用素の calculus を利用する．そのためにそれらを含む $S(m,g)$ クラスの擬微分作用素の calculus を [8] に従って証明なしで紹介する．後の章では metric を異にするクラスのシンボルの合成を考えることが多いのでこの点については少し詳しく紹介する．また合成シンボルの漸近展開における剰余項の評価も後の章で利用できるような形で述べる．

9.1 表象の Gauss 型変換

 本書では第4章で導入した擬微分作用素よりも広いクラスの擬微分作用素を用いる．すなわち一般には定義 4.1.1 の評価を満たさないシンボル $a(x,\xi)$ についても $a(x,D)$ を考えたい．そのためにまず擬微分作用素に関する基本的な定義や概念を [8] に従って復習しておこう．

 $N \in \mathbb{N}$ とし $\mathbb{R}^{2N}$ の各点 X に正定値2次形式 $g_X(T)$, $T \in \mathbb{R}^{2N}$ が与えられているとする．g_X は内積，したがってノルムを定義する．以下 g_X を $\mathbb{R}^{2N}$ 上の metric と呼ぶ．この章では $\mathbb{R}^{2N}$ の Euclid ノルムと区別するために L^2 ノルムを $\|\cdot\|_{L^2}$ で表すことにする．

定義 9.1.1 正数 c, C が存在して
$$g_X(Y) \le c \Longrightarrow g_X(T)/C \le g_{X+Y}(T) \le Cg_X(T), \ T \in \mathbb{R}^{2N}$$
が成立するとき metric g は slowly varying という．また $u \in C^k(\mathbb{R}^{2N})$ に対して

[*1] R.Beals and C.Fefferman: On local solvability of linear partial differential equations, Ann. of Math. **97** (1973) 482-498, R.Beals: A general calculus of pseudo-differential operators, Duke Math. J. **42** (1975) 1-42.

$$|u|_k^g(X) = \sup_{T_j \in \mathbb{R}^{2N}} |u^{(k)}(X; T_1, \ldots, T_k)| \Big/ \prod_{j=1}^k g_X(T_j)^{1/2}$$

とおく. ここで

$$u^{(r)}(X; X_1, \ldots, X_r) = \left(\prod_{j=1}^r \frac{\partial}{\partial t_j}\right) u(X + t_1 X_1 + \cdots + t_r X_r)|_{t=0}$$

である.

Leibniz の公式より

$$|\phi\psi|_r^g(X) \leq \sum_{k=0}^r \binom{r}{k} |\phi|_k^g(X) |\psi|_{r-k}^g(X) \tag{9.1.1}$$

が成立することを注意しておこう.

補題 9.1.1 g は slowly varying とする. このとき $\mathbb{R}^{2N}$ の点列 $X_1, X_2, \ldots$ と $N_0 \in \mathbb{N}$ があって $B_\nu = \{X \in \mathbb{R}^{2N} \mid g_{X_\nu}(X - X_\nu) < R^2\}$ とするとき, $c/16 \leq R^2$ ならば $\{B_\nu\}$ は $\mathbb{R}^{2N}$ を覆い, $R^2 < c$ ならば N_0 個以上の B_ν の交わりは空になる. さらに $c/4 < R^2 < c$ ならば $\sum d_j = 1$ なる単調非増加列 $[d_j]$ に対して $\phi_\nu \subset C_0^\infty(B_\nu)$ かつ $\sum \phi_\nu = 1$ で

$$|\phi_\nu|_k^g(X) \leq (C_1 C^{1/2} N_0/c^{1/2})^k / d_1 \cdots d_k$$

を満たす ϕ_ν が存在する. ここで C_1 は N にのみよる定数である.

定理 4.1.1 でみたように $a_j \in S^{m_j}(\mathbb{R}^n \times \mathbb{R}^n)$, $j = 1, 2$ に対して $b \in S^{m_1 + m_2}(\mathbb{R}^n \times \mathbb{R}^n)$ が存在して

$$a_1(x, D) a_2(x, D) = b(x, D)$$

が成立する. ここで $b(x, \xi)$ は

$$b(x, \xi) = e^{i(D_\xi D_y - D_x D_\eta)/2} a_1(x, \xi) a_2(y, \eta)|_{\eta = \xi, y = x} \tag{9.1.2}$$

であった. $e^{i(D_\xi D_y - D_x D_\eta)/2}$ のシンボルは $\exp\{i\sigma(\hat{x}, \hat{\xi}, \hat{y}, \hat{\eta})/2\}$ である. これは局所的な作用素ではないので $a_j(x, \xi)$ がコンパクト台のシンボルでも $b(x, \xi)$ は一般にはコンパクト台ではない. $b(x, \xi)$ の振舞いを調べるために $e^{i\sigma(D_x, D_\xi, D_y, D_\eta)/2}$ が滑らかなコンパクト台の関数にどのように作用するかを調べる. A で 2σ の表現行列を表すことにする. すなわち

$$A \begin{pmatrix} \hat{x} \\ \hat{\xi} \\ \hat{y} \\ \hat{\eta} \end{pmatrix} = \begin{pmatrix} -\hat{\eta} \\ \hat{y} \\ \hat{\xi} \\ -\hat{x} \end{pmatrix}$$

とおく. 以下記号を簡単にするために (x, ξ, y, η) の代わりに $X \in \mathbb{R}^{4n}$ また $(\hat{x}, \hat{\xi}, \hat{y}, \hat{\eta})$

の代わりに単に $\Xi \in \mathbb{R}^{4n}$ などと書くことにする．また g を $\mathbb{R}^{4n}$ 上の正定値 2 次形式とする．$K = \{X \mid g(X) < 1\}$ とし $u \in C_0^\infty(K)$ を考える．$|e^{i\sigma(\Xi)/2} - \sum_{j<k}(i\sigma(\Xi)/2)^j/j!| \leq |\sigma(\Xi)|^k/2^k k!$ であるから両辺の Fourier 変換を考えると Parseval の公式から

$$\left\| e^{i\sigma(D)/2}u - \sum_{j<k}(i\sigma(D)/2)^j u/j! \right\|_{L^2}^2 \leq \|\sigma(D)^k u/2^k k!\|_{L^2}^2$$

が従う．$s > 2n$ として

$$|v(X)|^2 \leq \int \langle\Xi\rangle^{-2s} d\Xi \int \langle\Xi\rangle^{2s}|\hat{v}(\Xi)|^2 d\Xi \leq C \sum_{|\alpha|\leq s} \|D^\alpha v\|_{L^2}^2$$

であるから（ただし $\langle\Xi\rangle^2 = 1 + |\Xi|^2$），

$$\sup_X \left| e^{i\sigma(D)/2}u(X) - \sum_{j<k}(i\sigma(D)/2)^j u(X)/j! \right|$$
$$\leq \frac{C}{2^k k!} \sum_{|\alpha|\leq s} \|\sigma(D)^k D^\alpha u\|_{L^2}$$

が成立する．$\|\cdot\|$ を Euclid ノルムとするとき，M を $4n$ 次正則行列で $g(MX) = \|X\|^2$ となるように選ぶと，$\tilde{\sigma}(\Xi) = \sigma({}^tM^{-1}\Xi)$, $\tilde{u}(X) = u(MX)$ として

$$\sup_X \left| e^{i\sigma(D)/2}u(X) - \sum_{j<k}(i\sigma(D)/2)^j u(X)/j! \right|$$
$$= \sup_X \left| e^{i\tilde{\sigma}(D)/2}\tilde{u}(X) - \sum_{j<k}(i\tilde{\sigma}(D)/2)^j \tilde{u}(X)/j! \right| \quad (9.1.3)$$
$$\leq C \sup_{j\leq s} \sup_{\|Y\|\leq 1} |\tilde{\sigma}(D)^k \tilde{u}|_j^e(Y)/2^k k!$$
$$= C \sup_{j\leq s} \sup_{Y\in K} |\sigma(D)^k u|_j^g(Y)/2^k k!$$

が従う．ここで $e(T) = \|T\|^2$ で C は g によらない．次に X をパラメーターとみて $L(Y) = \langle Y - X, H \rangle$ とおく．

$$\widehat{Y_j u}(\Xi) = -\frac{1}{i}\frac{\partial}{\partial \Xi_j}\hat{u}(\Xi), \quad \widehat{\frac{1}{i}\frac{\partial u}{\partial X_j}}(\Xi) = \Xi_j \hat{u}(\Xi)$$

などに注意すると $[e^{i\sigma(D)/2}, L] = e^{i\sigma(D)/2}\langle AH, D\rangle$ が分かる．いま L は K 上で 0 にならないとする．

$$e^{i\sigma(D)/2}u = [e^{i\sigma(D)/2}, L]L^{-1}u + Le^{i\sigma(D)/2}L^{-1}u$$

において $Y = X$ とおくと $L(X) = 0$ であるから

$$e^{i\sigma(D)/2}u(X) = e^{i\sigma(D)/2}(\langle AH,D\rangle L^{-1}u)(X)$$

が成立する．この操作を k 回繰り返すことによって

$$e^{i\sigma(D)/2}u(X) = e^{i\sigma(D)/2}\big((\langle AH,D\rangle L^{-1})^k u\big)(X) \tag{9.1.4}$$

を得る．(9.1.3) の $k=0$ の式と (9.1.4) から

$$|e^{i\sigma(D)/2}u(X)| \le C \sup_{j<s}\sup_{Y\in K} \left|\big(\langle AH,D\rangle L^{-1}\big)^k u\right|_j^g(Y) \tag{9.1.5}$$

が成立する．(9.1.5) の右辺を評価するために $|(\langle AH,D\rangle L^{-1})^k u|_j^g$ を評価しよう．

補題 9.1.2 L は $\{Y \mid g(Y) \le R^2\} = RK$, $R > 1$ 上で 0 にならないとする．このとき

$$|L(0)/L|_k^g(Y) \le \frac{Rk!}{(R-1)^{k+1}}, \quad Y \in K$$

が成立する．

[証明] 示すべき不等式は L を 0 でない定数倍しても不変であるから $L(Y) = 1-\langle Y,H\rangle$ としてよい．次に $4n$ 次正則行列 M が $L(MY) = 1-aY_1$, $g(MY) = \|Y\|^2$ となるように選べることに注意する．実際，$L(Y) = 1-aY_1$, $g(Y) = \sum q_{ij}Y_iY_j$ と仮定してよく，次に変数 Y_{4n} から順に標準形に変換していけばよい．したがって $L(Y) = 1-aY_1$, $g(Y) = \|Y\|^2$, $K = \{Y \mid \|Y\| \le R\}$ と仮定してよい．このとき $-1 < aR < 1$ であり，したがって $\|Y\| \le 1$ のとき

$$|\partial_Y^k(1-aY_1)^{-1}| \le \frac{a^k k!}{(1-aY_1)^{k+1}} \le \frac{a^k k!}{(1-a)^{k+1}}$$
$$\le \frac{R^{-k}k!}{(1-1/R)^{k+1}} = \frac{Rk!}{(R-1)^{k+1}}$$

となって結論を得る． □

さて $(\langle AH,D\rangle u)^{(i)}(X;X_1,\ldots,X_i) = u^{(i+1)}(X;X_1,\ldots,X_i,AH)$ であるから

$$|\langle AH,D\rangle^p u|_i^g \le g(AH)^{p/2}|u|_{i+p}^g$$

が成立する．したがって，$\langle AH,D\rangle L^{-1} = L(0)^{-1}\langle AH,D\rangle(L(0)/L)$ と書くと，(9.1.1) と補題 9.1.2 から，帰納的に

$$\left|\big(\langle AH,D\rangle L^{-1}\big)^k u\right|_j^g \le C_{R,k+j}(g(AH)^{1/2}/L(0))^k \sup_{i\le k+j}|u|_i^g$$

を得る．(9.1.5) に上の評価を適用すると

$$|e^{i\sigma(D)/2}u(X)| \le C_{R,k}\big(g(AH)^{1/2}/|L(0)|\big)^k \sup_Y\sup_{j\le s+k}|u|_j^g(Y)$$

が任意の $u \in C_0^\infty(K)$ に対して成立する．$g(AH)^{1/2}/L(0)$ をできるだけ小さく評価するため，$g(AH)^{1/2}/|L(0)| = g(AH)^{1/2}/|\langle X,H\rangle|$ に注意して，次の定義を導入しよう．

定義 9.1.2 $\Xi \mapsto g(A\Xi)$ の双対形式 $g^A(X)$ を
$$g^A(X) = \sup_{g(A\Xi)<1} \langle X, \Xi \rangle^2 = \sup_Y \langle X, A\Xi \rangle^2 / g(Y)$$
で定義する.

いま $\inf_{Y \in RK} g^A(X-Y) = a^2 > 0$ とする. すなわち
$$\{g(Y) < R^2\} \cap \{Y \mid g^A(X-Y) < a^2\} = \emptyset$$
と仮定する. したがって Hahn-Banach の定理から $H \in \mathbb{R}^{4n}$ が存在して $g(Y) < R^2$, $g^A(Z) < a^2$ を満たすすべての Y, Z に対して
$$\langle Z + X, H \rangle > \langle Y, H \rangle$$
が成立する. 定義から $\inf_{g^A(Z)<a^2} \langle Z, H \rangle = -ag(AH)^{1/2}$ であるから $\langle Y, H \rangle \le \langle X, H \rangle - ag(AH)^{1/2}$ が $g(Y) < R^2$ を満たすすべての Y に対して成立する. $L(Y) = \langle Y - X, H \rangle$ とおくと, $\langle Y, H \rangle \ge 0$, $g(Y) < R^2$ なる Y が存在するので
$$g(AH)^{1/2}/|L(0)| \le a^{-1} \le \left(\inf_{Y \in RK} g^A(X-Y) \right)^{-1/2}$$
が成り立つ. 以上のことをまとめて次の基本的な評価を得る.

命題 9.1.1 g を正定値の 2 次形式とし, $K = \{Y \mid g(Y) < 1\}$ とおく. このとき任意の $k \ge 0$, $R > 1$, $s > 2n$ および $u \in C_0^\infty(K)$ に対して
$$\left| e^{i\sigma(D)/2} u(X) - \sum_{j<k} (i\sigma(D)/2)^j u(X)/j! \right| \le C \sup_{j \le s} \sup_{Y \in K} |\sigma(D)^k u|_j^g (Y) / 2^k k!,$$
$$|e^{i\sigma(D)/2} u(X)| \le C_{R,k} \left(1 + \inf_{Y \in RK} g^A(X-Y) \right)^{-k/2} \sup_{j \le s+k} \sup_{Y \in K} |u|_j^g(Y)$$
が成り立つ.

9.2 Gauss 型変換の剰余項評価

$\mathbb{R}^{4n}$ 上に metric g_X が与えられているとき, 命題 9.1.1 によって任意に $\bar{X} \in \mathbb{R}^{4n}$ を固定するとき $\{Y \mid g_{\bar{X}}(Y) < 1\}$ に台をもつ $u(X)$ に対しては $|e^{i\sigma(D)/2} u(X)|$ を評価できる. この節では 1 の分解を使ってこれらの評価を寄せ集める. 次の定義から始める.

定義 9.2.1 $m(X)$ を $\mathbb{R}^{4n}$ 上の正値関数とし, g は $\mathbb{R}^{4n}$ 上の slowly varying な metric とする. 正数 c, C が存在して
$$g_X(Y) < c \implies m(X)/C \le m(X+Y) \le Cm(X)$$
が成り立つとき $m(X)$ は g 連続であるという.

この $m(X)$ と g を使ってシンボルのクラスを導入しよう.

定義 9.2.2 $m(X)$ を g 連続とする. 任意の $k \in \mathbb{N}$ に対して $C_k > 0$ が存在して
$$|u|_k^g(X)/m(X) \leq C_k, \quad X \in \mathbb{R}^{4n}$$
を満たす $u \in C^\infty(\mathbb{R}^{4n})$ の全体を $S(m,g)$ で表すものとする. $\|u\|_{k,S(m,g)} = \sup_X |u|_k^g(X)/m(X)$ で $S(m,g)$ にセミノルムを定義する.

まず $u \neq 0$ なる u に対して $1/u$ を評価しておく.

補題 9.2.1 $u \in C^k(\mathbb{R}^{4n})$ で $u \neq 0$ とする. このとき
$$|1/u|_k^g(X) \leq C_k \big(|u(X)|^{-1-1/k}|u|_1^g(X) + \cdots + |u(X)|^{-2/k}|u|_k^g(X)^{1/k}\big)^k$$
が成立する.

[証明] $u(\hat{X}) = 1$ とする. $v(X) = 1 - u(X)$ とおくと, $u(X)\sum_{j \leq k} v(X)^j = 1 - v(X)^{k+1}$ すなわち $(1 - v(X)^{k+1})/u(X) = \sum_{j \leq k} v(X)^j$. 一方で $v(\hat{X}) = 0$ ゆえ両辺を微分して
$$(1/u)^{(k)}_{X=\hat{X}} = \left(\sum_{j \leq k} v(X)^j\right)^{(k)}_{X=\hat{X}}$$
を得る. 右辺は (9.1.1) から
$$(|v|_1^g)^{p_1}(|v|_2^g)^{p_2} \cdots (|v|_\ell^g)^{p_\ell}, \quad p_1 + 2p_2 + \cdots + \ell p_\ell = k$$
なる項の和で評価される. これらの項は $(|v|_1^g + (|v|_2^g)^{1/2} + \cdots + (|v|_\ell^g)^{1/\ell})^k$ で評価されるので結論を得る. $u(\hat{X}) = a$ のときは $\tilde{u}(X) = a^{-1}u(X)$ とおいて同じ議論を繰り返せばよい. □

(9.1.1) および補題 9.2.1 によれば次は明らかである.

補題 9.2.2 $u_i \in S(m_i, g)$, $i = 1, 2$ なら $u_1 u_2 \in S(m_1 m_2, g)$ である. また $u \in S(m,g)$ かつ $1/|u| < C/m$ ならば $1/u \in S(1/m, g)$ である.

K を $\mathbb{R}^{4n}$ の勝手なコンパクト集合とするとき, 点 $X_1, \ldots, X_N$ があって K は $\{Y \mid g_{X_i}(Y - X_i) < c\}$ で覆われるので任意の g 連続な正値関数 m に対して $C_0^\infty(\mathbb{R}^{4n}) \subset S(m,g)$ であることに注意しよう.

定義 9.2.3 $\mathbb{R}^{4n}$ 上に metric g_X が与えられているとする. この g_X が点 $X \in \mathbb{R}^{4n}$ に関して A 緩増加とは定数 C, N が存在して
$$g_Y(T) \leq C g_X(T)(1 + g_Y^A(X-Y))^N, \quad \forall Y \in \mathbb{R}^{4n}, \forall T \in \mathbb{R}^{4n} \tag{9.2.6}$$
の成立することをいう. また正値関数 $m(X)$ が点 X に関して A, g 緩増加とは, 正数

C, N が存在して
$$m(Y) \leq Cm(X)(1 + g_Y^A(X-Y))^N, \quad \forall Y \in \mathbb{R}^{4n}$$
の成立するときをいう．

g_X が $X \in \mathbb{R}^{4n}$ に関して A 緩増加ならば $g_X^A(T) \leq Cg_Y^A(T)(1 + g_Y^A(X-Y))^N$ も成立する．$\sqrt{c}/2 < R < R_0 < \sqrt{c}$ として $B_\nu = \{X \mid g_{X_\nu}(X - X_\nu) < R^2\}$, $U_\nu = \{X \mid g_{X_\nu}(X - X_\nu) \leq R_0^2\}$, $U_\nu' = \{X \mid g_{X_\nu}(X - X_\nu) \leq c\}$ とおく．補題9.1.1 の $\{B_\nu\}$ に従属する 1 の分解 $\{\phi_\nu\}$ をとって $u_\nu = \phi_\nu u$ とおく．$g(T) = g_{X_\nu}(T)/R^2$, $u = u_\nu(X + X_\nu)$ として命題 9.1.1 を適用すると

$$|e^{i\sigma(D)/2} u_\nu(X)|$$
$$\leq C_{\tilde{R},k} \left(1 + \inf_{Y \in \tilde{R}K} g^A(X - X_\nu - Y)\right)^{-k/2} \sup_{X \in K} \sup_{j \leq s+k} |u_\nu|_j^g(X)$$

が成立する．ここで $R\tilde{R} = R_0$ である．$\inf_{Y \in \tilde{R}K} g^A(X - X_\nu - Y) = R^2 = \inf_{Z \in U_\nu} g_{X_\nu}^A(Z - X)$ であるから

$$|e^{i\sigma(D)/2} u_\nu(X)|$$
$$\leq C_k \left(1 + \inf_{Y \in U_\nu} g_{X_\nu}^A(X - Y)\right)^{-k/2} \sup_{B_\nu} \sup_{j \leq s+k} |u_\nu|_j^g \quad (9.2.7)$$

が成立する．(9.2.7) の右辺をさらに詳しく評価するために $d_\nu(X)$ を

$$d_\nu(X) = \inf_{Y \in U_\nu} g_Y^A(X - Y)$$

と定義する．

補題 9.2.3 g は slowly varying かつ $g_{\bar{X}} \leq g_{\bar{X}}^A$ で g は $\bar{X}$ に関して A 緩増加とする．このとき $C > 0, N > 0$ が存在して

$$\sum_\nu (1 + d_\nu(\bar{X}))^{-N} \leq C$$

が成立する．

[証明] $M_k = \{\nu \mid d_\nu(\bar{X}) \leq k\}$ とおく．いま $\#(M_k) = |M_k| \leq Ck^N$ が示せたとすると，$M > N$ と選んで

$$\sum_\nu (1 + d_\nu(\bar{X}))^{-M}$$
$$= \sum_{\nu \in M_1} (1 + d_\nu(\bar{X}))^{-M} + \cdots + \sum_{M_{2^k} \setminus M_{2^{k-1}}} (1 + d_\nu(\bar{X}))^{-M} + \cdots$$

が成り立つ．これはさらに

$$|M_1| + |M_2|(1 + 1)^{-M} + \cdots + |M_{2^k}|(1 + 2^{k-1})^{-M} + \cdots$$

$$\leq \sum_k C 2^N 2^{-(M-N)(k-1)} < +\infty$$

と評価され結論を得る. $g_{\bar{X}}(ST) = \|T\|^2$ となるように S を選び, $G_X(T) = g_{\bar{X}+SX}(ST)$, $\tilde{A} = S^{-1}A^t S^{-1}$ とおくと, G_X は $X = 0$ に関して $\tilde{A}$ 緩増加であり, $\tilde{U}_\nu = \{X \mid G_{\tilde{X}_\nu}(X - \tilde{X}_\nu) \leq R_0^2\}$, $\tilde{X}_\nu = S^{-1}(X_\nu - \bar{X})$ とするとき $d_\nu(\bar{X}) = \inf_{Y \in \tilde{U}_\nu} G_Y^{\tilde{A}}(-Y)$ となるので, g_X, A の代わりに $G_X, \tilde{A}$ を考えることによって $\bar{X} = 0$, $g_0(T) = \|T\|^2$ と仮定してよい.

$\nu \in M_k$ のとき, $g_{Y_\nu}^A(-Y_\nu) \leq k$ なる $Y_\nu \in U_\nu$ がある. このとき

$$g_{Y_\nu}(T) \leq C g_0(T)(1 + g_{Y_\nu}^A(-Y_\nu))^N \leq C k^N \|T\|^2$$

である. g は slowly varying であるから十分小さい c_1 について $\|T\| \leq c_1 k^{-N/2}$ のとき $g_{X_\nu}(T) \leq C g_{Y_\nu}(T) < (\sqrt{c} - R_0)^2$ が成り立つ.

$$g_{X_\nu}(Y_\nu + T - X_\nu) \leq g_{X_\nu}(Y_\nu - X_\nu) + g_{X_\nu}(T) + 2\sqrt{g_{X_\nu}(Y_\nu - X_\nu) g_{X_\nu}(T)}$$
$$< c$$

より, $Y_\nu + T \in U_\nu'$ となる. すなわち $V_\nu = \{Y_\nu + T \mid \|T\| \leq c_1 k^{-N/2}\}$ とすると $V_\nu \subset U_\nu'$ である. N_1 個以上の U_ν' の交わり, したがって V_ν の交わりは空であるから

$$c' |M_k| k^{-nN/2} \leq \sum_{\nu \in M_k} \mathrm{vol}(V_\nu) \leq N_1 \mathrm{vol}\left(\bigcup_{\nu \in M_k} V_\nu\right)$$

となる. ここで $\mathrm{vol}(V_\nu)$ は V_ν の体積を表す. ところで仮定から

$$\|Y_\nu\|^2 = g_0(Y_\nu) \leq g_0^A(Y_\nu) \leq C g_{Y_\nu}^A(Y_\nu)(1 + g_{Y_\nu}^A(-Y_\nu))^N \leq C k^{N+1}$$

であるから $\mathrm{vol}(\cup_{\nu \in M_k} V_\nu) \leq c'' k^{n(N+1)/2}$ となって結論を得る. □

(9.2.7) から

$$|e^{i\sigma(D)/2} u_\nu(\bar{X})| \leq C_k (1 + d_\nu(\bar{X}))^{-k/2} \sup_{j \leq s+k} \sup_{U_\nu} |u_\nu|_j^g \qquad (9.2.8)$$

が成立する. したがって補題 9.2.3 より次の系を得る.

系 9.2.1 m は g 連続で $\bar{X}$ に関して A, g 緩増加とする. このとき

$$\sum_\nu |e^{i\sigma(D)/2} u_\nu(\bar{X})| \leq C m(\bar{X}) \sup_{j \leq s+k} \sup(|u|_j^g / m)$$

が成立する.

g は slowly varying かつ $g_{\bar{X}} \leq g_{\bar{X}}^A$ で, g_X は $\bar{X}$ に関して A 緩増加とし, $m(X)$ は g 連続で $\bar{X}$ に関して A, g 緩増加とする. $u \in S(m, g)$ に対して $(e^{i\sigma(D)/2} u)(\bar{X})$ を

$$(e^{i\sigma(D)/2} u)(\bar{X}) = \sum_\nu e^{i\sigma(D)/2} u_\nu(\bar{X})$$

で定義しよう．このとき $u \mapsto (e^{i\sigma(D)/2}u)(\bar{X})$ は $S(m,g)$ の各有界集合の上で C^∞ 位相で連続な汎関数となる．実際 $\{u_p\}$ を $S(m,g)$ で有界で u_p は u に C^∞ で収束するとする．$\{u_{p\nu}\}$, $u_{p\nu} = \phi_\nu u_p$ は $S(m,g)$ で有界である．したがって (9.2.8) から任意の $\epsilon > 0$ に対して，有限集合 M_f があって

$$\sum_{\nu \notin M_f} |e^{i\sigma(D)/2}u_{\nu p}(\bar{X})| \leq \epsilon$$

がすべての p に対して成立する．他方 $\nu \in M_f$ に対して $e^{i\sigma(D)/2}u_{\nu p}(\bar{X})$ は $e^{i\sigma(D)/2}u_\nu(\bar{X})$ に収束するから $e^{i\sigma(D)/2}u_p(\bar{X})$ が $e^{i\sigma(D)/2}u(\bar{X})$ に収束することが従う．このように $S(m,g)$ の各有界集合上で C^∞ の位相で連続なとき，弱連続ということにする．まとめておくと

命題 9.2.1 g は slowly varying で $\bar{X}$ に関して A 緩増加で $g_{\bar{X}} \leq g_{\bar{X}}^A$ を満たすとし，$m(X)$ は g 連続で $\bar{X}$ に関して A, g 緩増加とする．このとき $S(m,g) \ni u \mapsto e^{i\sigma(D)/2}u(\bar{X})$ は $S(m,g)$ 上で弱連続な汎関数に一意的に拡張される．さらにある $\ell \in \mathbb{N}$ に対して

$$|e^{i\sigma(D)/2}u(\bar{X})| \leq m(\bar{X})\|u\|_{\ell, S(m,g)} \tag{9.2.9}$$

が成り立つ．

$\{u_j\}$ は $S(m,g)$ で有界で u_j は u に各点収束するとする．このとき，u_j は C^∞ で u に収束する．実際 $K \subset \mathbb{R}^{4n}$ を任意のコンパクト集合とするとき，$K \subset \cup_{p=1}^L \{X \mid g_{X_p}(X - X_p) < \delta\}$ となる $X_1, \ldots, X_L$ が存在する．ここで $0 < \delta < c$ ととっておく．g は slowly varying で m は g 連続であるから K 上では m は正の定数，g は $X \in K$ によらない 2 次形式としてよく，したがって

$$|\partial_X^\alpha u_j(X)| \leq C_\alpha, \quad \forall j, \forall X \in K$$

が成立する．ゆえに $\{u_j\}$ は一様有界，同等連続となって Ascoli-Arzela の定理より u に K 上一様収束する．以下，導関数についても同様である．

$u(X) = a_1(x, \xi)a_2(y, \eta)$, $X = (x, \xi, y, \eta)$ とするとき (9.1.2) より評価すべきは $|e^{i\sigma(D)/2}u(X)|$ 自身ではなく，それを $y = x, \eta = \xi$ に制限したものである．そのために $V \subset \mathbb{R}^{4n}$ を部分空間として $e^{i\sigma(D)/2}u$ を V 上で考える．

命題 9.2.2 g は slowly varying で $X \in V$ について一様に A 緩増加かつ $g_X \leq g_X^A$ とし，m は g 連続で $X \in V$ について一様に A, g 緩増加とする．このとき $\{u_p\}$ が $S(m,g)$ の有界集合で C^∞ 位相で $u_p \to u$, すなわち u に弱収束するとすると，

$$e^{i\sigma(D)/2}u_p|_V$$

は $S(m,g)|_V$ で $e^{i\sigma(D)/2}u|_V$ に弱収束する．特に $u \in S(m,g)$ に対し，$e^{i\sigma(D)/2}u|_V \in S(m,g)|_V$ である．

[証明] 任意の $k \in \mathbb{N}$ に対して $\ell \in \mathbb{N}$ が存在して任意の $T_j \in \mathbb{R}^{4n}$, $j = 1, \ldots, k$ に対して

$$|\langle T_1, D\rangle \cdots \langle T_k, D\rangle e^{i\sigma(D)/2} u_p(X)|$$
$$\leq m(X) \prod_{j=1}^{k} g_X(T_j)^{1/2} \|u_p\|_{\ell, S(m,g)} \tag{9.2.10}$$

が成立する.実際 $v = \langle T_1, D\rangle \cdots \langle T_k, D\rangle u_p$, $\tilde{m}(Y) = m(Y) \prod_{j=1}^{k} g_Y(T_j)^{1/2}$ とおくと $\tilde{m}$ は $X \in V$ に関して A, g 緩増加であり $v \in S(\tilde{m}, g)$ となるので, $e^{i\sigma(D)/2} v(X) = \langle T_1, D\rangle \cdots \langle T_k, D\rangle e^{i\sigma(D)/2} u_p(X)$ に注意して v について (9.2.9) を適用する.このとき $\|v\|_{\ell, S(\tilde{m}, g)} \leq \|u_p\|_{\ell+k, S(m,g)}$ に注意すれば (9.2.10) が従う. $\{e^{i\sigma(D)/2} u_p|_V\}$ の $S(m, g)|_V$ での有界性については $T_j \in V$ と選んで, (9.2.10) を u_p に適用すればよい.収束性については $\{v_j\}$ が $S(m, g)|_V$ で有界のときは C^∞ での収束と各点収束は同値であることに注意すればよい. □

さて
$$h(X)^2 = \sup_T g_X(T)/g_X^A(T)$$
とする.h は g 連続で g が X に関して A 緩増加なら h は X に関して A, g 緩増加であることに注意しよう.

最後に剰余項
$$R_k u(X) = e^{i\sigma(D)/2} u(X) - \sum_{j<k} (i\sigma(D)/2)^j u(X)/j!$$
の評価を与えよう.

命題 9.2.3 g, m は命題 9.2.2 と同じ仮定を満たすとし, $u \in S(m, g)$ とする.任意の $k, \ell \in \mathbb{N}$ に対し $p \in \mathbb{N}$ が存在し
$$|R_k u|_\ell^g(X) \leq h(X)^k m(X) \|u\|_{p, S(m,g)}, \quad X \in V$$
が成立する.また $\{u_j\}$ が $S(m, g)$ で u に弱収束するとき, $R_k u_j$ も $S(mh^k, g)|_V$ で $R_k u$ に弱収束する.

9.3 Weyl-Hörmander calculus

$a_i(x, \xi) \in S(m_i, g_i)$ ならば $a_1(x, \xi) a_2(y, \eta)$ は $S(m_1(x, \xi) m_2(y, \eta), g_1 \oplus g_2)$ に属する.g_i は $\mathbb{R}^{2n}$ 上の正定値2次形式とし, $G(t_1, t_2) = (g_1 \oplus g_2)(t_1, t_2) = g_1(t_1) + g_2(t_2)$ を考える.定義から A は $(\hat{x}, \hat{\xi}, \hat{y}, \hat{\eta})$ を $(-\hat{\eta}, \hat{y}, \hat{\xi}, -\hat{x})$ にうつすので
$$G^A(x, \xi, y, \eta) = \sup \frac{|\langle x, \hat{x}\rangle + \langle \xi, \hat{\xi}\rangle + \langle y, \hat{y}\rangle + \langle \eta, \hat{\eta}\rangle|^2}{g_1(-\hat{\eta}, \hat{y}) + g_2(\hat{\xi}, -\hat{x})}$$

である．$w = (x, \xi)$ に対し $w' = (\xi, -x)$ と書くことにし，定義 9.1.2 にならって
$$g_j^\sigma(w) = \sup_{z \in \mathbb{R}^{2n}} |\sigma(w,z)|^2/g_j(z)$$
と定義すると
$$|\sigma(w_1, \hat{w}_1') + \sigma(w_2, \hat{w}_2')|^2$$
$$\leq \left(g_1^\sigma(w_2)^{1/2}g_1(\hat{w}_2')^{1/2} + g_2^\sigma(w_1)^{1/2}g_2(\hat{w}_1')^{1/2}\right)^2$$
$$\leq \left(g_1^\sigma(w_2) + g_2^\sigma(w_1)\right)\left(g_1(\hat{w}_2') + g_2(\hat{w}_1')\right)$$
より $G^A(w_1, w_2) \leq g_1^\sigma(w_2) + g_2^\sigma(w_1)$ が成立することが分かる．他方 $\sigma(w_1, \hat{w}_1') = g_2^\sigma(w_1)^{1/2}g_2(\hat{w}_1')^{1/2}$, $\sigma(w_2, \hat{w}_2') = g_1^\sigma(w_2)^{1/2}g_1(\hat{w}_2')^{1/2}$ となる $\hat{w}_i'$ がある．この $\hat{w}_i'$ は適当に定数倍することによって $g_2(\hat{w}_1')^{1/2}g_1^\sigma(w_2)^{1/2} = g_2^\sigma(w_1)^{1/2}g_1(\hat{w}_2')^{1/2}$ を満たすとしてよい．したがって $G^A(w_1, w_2) = g_1^\sigma(w_2) + g_2^\sigma(w_1)$ である．次に $g_2 \leq H^2 g_1^\sigma$ かつ $g_1 \leq H^2 g_2^\sigma$ と $G \leq H^2 G^A$ が同値なことは容易に分かり，一方で
$$g_2 \leq H^2 g_1^\sigma \iff |\sigma(w,z)|^2 \leq H^2 g_1^\sigma(w)g_2^\sigma(z) \iff g_1 \leq H^2 g_2^\sigma$$
であるから
$$G \leq H^2 G^A \iff g_2 \leq H^2 g_1^\sigma \iff g_1 \leq H^2 g_2^\sigma \tag{9.3.11}$$
が成立する．

さて g_i が $\mathbb{R}^{2n}$ で slowly varying のとき，G が $\mathbb{R}^{4n}$ で slowly varying であることは明らかである．次に G がいつ $\mathbb{R}^{4n}$ の対角集合，すなわち $\{(z,z) \mid z \in \mathbb{R}^{2n}\}$ に関して一様に A 緩増加であるかを調べる．まず $W = (z,z)$ とする．$G_{W'} \leq CG_W(1 + G_{W'}^A(W - W'))^N$ なら $G_W^A \leq CG_{W'}^A(1 + G_{W'}^A(W - W'))^N$ すなわち，$g_{1z}^\sigma(v_2) + g_{2z}^\sigma(v_1) \leq C(g_{1w_1}^\sigma(v_2) + g_{2w_2}^\sigma(v_1))M^N$ が成り立たねばならない．ただし $M = 1 + g_{1w_1}^\sigma(w_2 - z) + g_{2w_2}^\sigma(w_1 - z)$ である．特に $g_1 = g_2 = g$, $w_1 = w_2 = w$, $v_1 = v_2 = v$ とすると
$$g_z^\sigma(v) \leq Cg_w^\sigma(v)(1 + g_w^\sigma(w - z))^N \tag{9.3.12}$$
が成り立つ．これは
$$g_w(v) \leq Cg_z(v)(1 + g_w^\sigma(w - z))^N, \quad z, w \in \mathbb{R}^{2n} \tag{9.3.13}$$
と同値である．(9.3.12) より $g_w^\sigma(w - z) \leq C(1 + g_z^\sigma(w - z))^{N+1}$ が成り立つので (9.3.13) は
$$g_w(v) \leq C'g_z(v)(1 + g_z^\sigma(w - z))^{N'}, \quad z, w \in \mathbb{R}^{2n} \tag{9.3.14}$$
とも同値である．以上のことを考慮して次の定義をする．

定義 9.3.1 g を $\mathbb{R}^{2n}$ 上の metric とする．(9.3.13) が成立するとき g は σ 緩増加であるという．$\mathbb{R}^{2n}$ 上の正値関数 m が

$$m(\tilde{w}) \leq Cm(w)(1 + g_{\tilde{w}}^\sigma(w - \tilde{w}))^N, \quad w, \tilde{w} \in \mathbb{R}^{2n} \tag{9.3.15}$$

を満たすとき m は σ, g 緩増加という．これは

$$m(\tilde{w}) \leq C'm(w)(1 + g_w^\sigma(w - \tilde{w}))^{N'}, \quad w, \tilde{w} \in \mathbb{R}^{2n}$$

と同値である．

定義から容易に分かるように m が σ, g 緩増加ならば $m^{-1} = 1/m(w)$ も σ, g 緩増加である．

補題 9.3.1 g を σ 緩増加．m_1, m_2 を σ, g 緩増加とする．このとき $G = g \oplus g$ および $m = m_1 \otimes m_2$ は対角集合に関して，それぞれ一様に A および A, G 緩増加である．また $h(w)^2 = \sup g_w/g_w^\sigma$ とするとき，$\sup G_{(w,w)}/G_{(w,w)}^A = h(w)^2$ である．

いくつか例を挙げよう．

定義 9.3.2 $\phi(x, \xi), \Phi(x, \xi)$ を $\mathbb{R}^{2n}$ 上の正値関数するとき

$$g_{(x,\xi)}(y, \eta) = \frac{|y|^2}{\phi(x, \xi)^2} + \frac{|\eta|^2}{\Phi(x, \xi)^2}$$

の形の metric を Beals-Fefferman metric と呼ぶ．$\Phi(x, \xi) = \langle\xi\rangle^\rho$, $\phi(x, \xi) = \langle\xi\rangle^{-\delta}$ のときは Hörmander の $S_{\rho,\delta}^m$ クラスを定義する metric である．

Beals-Fefferman metric $g = \phi^{-2}|y|^2 + \Phi^{-2}|\eta|^2$ に対して g が slowly varying であるためには $c > 0, C > 0$ が存在して $|x - y|/\phi(x, \xi) + |\xi - \eta|/\Phi(x, \xi) < c$ のとき

$$1/C \leq \phi(x, \xi)/\phi(y, \eta) + \Phi(x, \xi)/\Phi(y, \eta) \leq C$$

の成立することが必要十分である．

$$g^\sigma(y, \eta) = \Phi(x, \xi)^2|y|^2 + \phi(x, \xi)^2|\eta|^2 = \Phi^2\phi^2 g(y, \eta)$$

は容易に分かる．したがって g が σ 緩増加であるための条件は $C > 0, N > 0$ が存在して

$$\frac{\phi(x, \xi)}{\phi(y, \eta)} + \frac{\Phi(x, \xi)}{\Phi(y, \eta)} \leq C(1 + \Phi(x, \xi)|x - y| + \phi(x, \xi)|\xi - \eta|)^N$$

の成り立つことである．また $h^2(x, \xi) = \sup g/g^\sigma = \Phi^{-2}(x, \xi)\phi^{-2}(x, \xi)$ である．

$S_{\rho,\delta}^m$ クラスを定義する metric $g = \langle\xi\rangle^{2\delta}|y|^2 + \langle\xi\rangle^{-2\rho}|\eta|^2$ は $\rho \leq 1$ のとき slowly varying である．実際 $g_{(x,\xi)}(y, \eta) < c$ なら $|\eta|^2 \leq c\langle\xi\rangle^2$ であり，したがって c が十分小さければ

$$(1 + |\xi|)/2 \leq 1 + |\xi + \eta| \leq 2(1 + |\xi|)$$

が成立することから明らかである．またこれから $\langle\xi\rangle^s, s \in \mathbb{R}$ が g 連続であることも明らかである．また

$$g^\sigma = \langle\xi\rangle^{2\rho}|y|^2 + \langle\xi\rangle^{-2\delta}|\eta|^2$$

であり，したがって $h^2 = \langle\xi\rangle^{2(\delta-\rho)}$ である．ゆえに $\delta \leq \rho$ のときに限って $h \leq 1$ である．g が σ 緩増加であるための条件はある $N > 0, C > 0$ が存在して

$$\langle\xi\rangle^{-2\delta}\langle\eta\rangle^{2\delta} + \langle\xi\rangle^{2\rho}\langle\eta\rangle^{-2\rho} \leq C(1 + |\xi - \eta|^2\langle\eta\rangle^{-2\delta})^N \tag{9.3.16}$$

の成立することである．$\delta < 1$ ならば (9.3.16) が成立する．このとき任意の $s \in \mathbb{R}$ について $\langle\xi\rangle^s$ が σ, g 緩増加であることは容易に確かめられる．

定義 9.3.3 いくつかのパラメーターを含む $\mathbb{R}^{2n}$ 上の metric g および正値関数 $m(z)$，さらに $a(z) \in C^\infty(\mathbb{R}^{2n})$ について slowly varying，σ 緩増加，g 連続，σ, g 緩増加，$a(z) \in S(m, g)$ であるとは定義 9.1.1，定義 9.2.1，定義 9.3.1，定義 9.2.2 においてパラメーターによらない正数 c, C, N, C_k が選べるときをいうものとする．

定義 9.3.4 $\mathbb{R}^{2n}$ 上の slowly varying で σ 緩増加かつ $\sup g/g^\sigma \leq 1$ を満たす metric を admissible metric と呼ぶ．g 連続で σ, g 緩増加な正値関数 m を g admissible weight と呼ぶ．

次のパラメーターつき metric は本書の全体を通して用いる．

定義 9.3.5 $\gamma \geq 1$ を正のパラメーターとし

$$g_{0(x,\xi)}(y, \eta) = |y|^2 + \langle\xi\rangle_\gamma^{-2}|\eta|^2, \quad \langle\xi\rangle_\gamma^2 = \gamma^2 + |\xi|^2$$

と定義する．

g_0 は admissible metric であり $\langle\xi\rangle_\gamma^s$, $s \in \mathbb{R}$ は g_0 admissible weight である．また $\langle\xi\rangle_\gamma = \gamma\langle\gamma^{-1}\xi\rangle$ であるから $\partial_\xi^\alpha \langle\xi\rangle_\gamma = \gamma(\gamma^{-1}\partial_{\gamma^{-1}\xi})^\alpha \langle\gamma^{-1}\xi\rangle$ より

$$\langle\xi\rangle_\gamma^s \in S(\langle\xi\rangle_\gamma^s, g_0)$$

も明らかである．次に Weyl-Hörmander calculus に関する基本的な結果を述べよう．

定理 9.3.1 g を $\mathbb{R}^{2n}$ 上の admissible metric とする．また m_1, m_2 を g admissible weight とする．このとき

$$a(x, \xi) = \exp(i\sigma(D)/2)a_1(x, \xi)a_2(y, \eta)|_{(x,\xi)=(y,\eta)} \tag{9.3.17}$$

は $S(m_1, g) \times S(m_2, g)$ から $S(m_1 m_2, g)$ への弱連続な双線形写像 $(a_1, a_2) \mapsto a = a_1 \# a_2$ に拡張される．$h(x, \xi)^2 = \sup g_{(x,\xi)}/g^\sigma_{(x,\xi)}$ とするとき任意の N に対して

$$\begin{aligned}&(a_1 \# a_2)(x, \xi) - \sum_{j<N}(i\sigma(D)/2)^j a_1(x,\xi)a_2(y,\eta)/j!|_{(y,\eta)=(x,\xi)}\\ &\in S(h^N m_1 m_2, g)\end{aligned} \tag{9.3.18}$$

である．

［証明］ $a = a(x,\xi)$, $b = b(y,\eta)$ とするとき (9.1.1) から
$$|ab|_k^G(w_1, w_2) \leq C_k \sum |a|_r^g(w_1)|b|_{k-r}^g(w_2)$$
である．したがって，$\{a_\mu\}$, $\{b_\nu\}$ が $S(m_1, g)$, $S(m_2, g)$ の有界集合ならば $\{a_\mu b_\nu\}$ は $S(m_1 \otimes m_2, G)$ の有界集合である．したがって a_μ, b_ν が $S(m_1, g)$, $S(m_2, g)$ で a, b に弱収束するなら $a_\mu b_\nu$ は $S(m_1 \otimes m_2, G)$ で ab に弱収束する．また $S(m_1 \otimes m_2, G)|_{対角} = S(m, g)$ であるから，$a_\mu \# b_\nu$ は $a \# b$ に $S(m_1 m_2, g)$ で弱収束する． □

命題 9.3.1 g は admissible metric，m は g admissible weight とする．このとき，任意の $a \in S(m, g)$ に対して，$a(x, D)$ は $\mathcal{S}$ から $\mathcal{S}$，および $\mathcal{S}'$ から $\mathcal{S}'$ への連続写像である．m_j を g admissible weight とし $a_j \in S(m_j, g)$ とする．このとき
$$a_1(x, D)a_2(x, D)u = (a_1 \# a_2)(x, D)u, \quad \forall u \in \mathcal{S}$$
である．

$(i\sigma(D)/2)^j a_1(x, \xi)a_2(y, \eta)$ は j が奇数ならば a_1, a_2 について反対称であるから，系 4.1.1, 4.1.2, 4.1.3 と同様に $a_i \in S(m_i, g)$ のとき
$$\begin{cases} a_1 \# a_2 - a_2 \# a_1 - \{a_1, a_2\}/i \in S(h^3 m_1 m_2, g), \\ a_1 \# a_2 + a_2 \# a_1 - 2a_1 a_2 \in S(h^2 m_1 m_2, g), \\ a_1 \# a_2 \# a_1 - a_2 a_1^2 \in S(h^2 m_2 m_1^2, g) \end{cases}$$
が成り立つ．

次に異なる g_1 と g_2 について $S(m_1, g_1)$ と $S(m_2, g_2)$ との積について考える．

補題 9.3.2 g_i を $\mathbb{R}^{2n}$ 上の admissible metric とする．さらに
$$\begin{aligned} g_{1w}^\sigma(t) &\leq C g_{1w_1}^\sigma(t)(1 + g_{2w}^\sigma(w_1 - w))^N, \quad t, w, w_1 \in \mathbb{R}^{2n}, \\ g_{2w}^\sigma(t) &\leq C g_{2w_2}^\sigma(t)(1 + g_{1w}^\sigma(w_2 - w))^N, \quad t, w, w_2 \in \mathbb{R}^{2n} \end{aligned} \quad (9.3.19)$$
が成立するとする．このとき $G = g_1 \oplus g_2$ は対角集合に関して一様に A 緩増加である．したがって $g = (g_1 + g_2)/2$ は σ 緩増加である．次に m_j を g_j admissible weight とする．いま
$$\begin{aligned} m_1(w_1) &\leq C m_1(w)(1 + g_{2w}^\sigma(w - w_1))^N, \quad w, w_1 \in \mathbb{R}^{2n}, \\ m_2(w_2) &\leq C m_2(w)(1 + g_{1w}^\sigma(w - w_2))^N, \quad w, w_2 \in \mathbb{R}^{2n} \end{aligned} \quad (9.3.20)$$
が成立するとすると $m = m_1 \otimes m_2$ は対角集合に関して一様に A, G 緩増加である．

定理 9.3.2 g_1, g_2 は admissible metric で (9.3.19) を満たすとする．さらに
$$H(x, \xi)^2 = \sup g_{1(x,\xi)}/g_{2(x,\xi)}^\sigma \left(= \sup g_{2(x,\xi)}/g_{1(x,\xi)}^\sigma \right) \leq 1 \quad (9.3.21)$$
が成立するとする．$g = (g_1 + g_2)/2$ とし，m_j は g_j admissible weight で (9.3.20)

を満たすとする．このとき (9.3.17) は $S(m_1, g_1) \times S(m_2, g_2)$ から $S(m_1 m_2, g)$ への弱連続な双線形写像 $(a_1, a_2) \mapsto a_1 \# a_2$ に拡張される．また任意の N に対して

$$(a_1 \# a_2)(x, \xi) - \sum_{j < N} (i\sigma(D)/2)^j a_1(x, \xi) a_2(y, \eta)/j!|_{(y,\eta)=(x,\xi)}$$
$$\in S(H^N m_1 m_2, g)$$

が成立する．

命題 9.3.2 g_1, g_2 は admissible metric とし，$h_j(z)^2 = \sup g_{jz}/g_{jz}^\sigma$ とする．いま g_1 と g_2 が共形，すなわちある正値関数 m があって $g_2 = mg_1$ とする．このとき (9.3.19) が成立する．また

$$H(z)^2 = h_1(z) h_2(z)$$

である．

［証明］ $h_2^2 = m^2 h_1^2$ であるから

$$H(z)^2 = \sup g_{2z}/g_{1z}^\sigma = m(z) h_1(z)^2 = h_1(z) h_2(z)$$

は明らかである．まず (9.3.19) の第 1 式を示そう．$g_{1z}(z_1 - z) \leq c$ ならば g_1 は slowly varying であるから主張は明らかである．$g_{1z}(z_1 - z) \geq c$ とすると $m(z) h_1(z) = h_2(z) \leq 1$ および $g_{1z}^\sigma h_1(z)^2 \geq g_{1z}$ から

$$\begin{aligned} g_{2z}^\sigma(z - z_1)^2 &= m(z)^{-2} g_{1z}^\sigma(z - z_1)^2 \\ &\geq m(z)^{-2} h_1(z)^{-2} g_{1z}(z - z_1) g_{1z}^\sigma(z - z_1) \\ &\geq c g_{1z}^\sigma(z - z_1) \end{aligned} \tag{9.3.22}$$

が成立する．g_1 は σ 緩増加ゆえ主張が従う．(9.3.19) の第 2 式の証明についても同様である． □

例として

$$g_1 = |y|^2 + \langle \xi \rangle^{-2} |\eta|^2, \quad g_2 = \langle \xi \rangle^{2\delta} |y|^2 + \langle \xi \rangle^{-2\rho} |\eta|^2$$

を考える．$\rho = 1 - \delta, 0 \leq \delta \leq 1/2$ とする．このとき $H(x, \xi) = \langle \xi \rangle^{-\rho}$ であり，$a_j \in S(m_j, g_j)$ とするとき，定理 9.3.2 から

$$(a_1 \# a_2)(x, \xi) - \sum_{j < N} (i\sigma(D)/2)^j a_1(x, \xi) a_2(y, \eta)/j!|_{(y,\eta)=(x,\xi)}$$
$$\in S(m_1 m_2 \langle \xi \rangle^{-N\rho}, g), \quad g = g_1 + g_2$$

が成立する．$g_2 \leq g = (1 + \langle \xi \rangle^{-2\delta}) g_2 \leq 2 g_2$ より g は g_2 と同値であるが剰余項は $S(m_1 m_2 \langle \xi \rangle^{-N\rho}, g)$ に属する．

命題 9.3.3 g は admissible metric で $m \geq c_1 > 0$ は g admissible weight とし $h(z)^2 = \sup g_z/g_z^\sigma$ とおく．いま $m^2 h^2 \leq 1$ とすると $\tilde{g} = mg$ は admissible metric である．さらに g admissible weight $\tilde{m}$ は $\tilde{g}$ admissible weight である．

[証明] m が g 連続で g が slowly varying であるから $m \geq c_1 > 0$ に注意すると $\tilde{g}$ が slowly varying であることは容易に分かる．次に $\tilde{g}$ が σ 緩増加であることを確かめる．$g_z(w-z) < c$ のときは $\tilde{g}$ が slowly varying ゆえ (9.3.14) は明らかである．$g_z(w-z) \geq c$ とする．m が σ, g 緩増加で g が σ 緩増加より

$$\tilde{g}_w(T) \leq C\tilde{g}_z(T)(1+g_z^\sigma(w-z))^N$$

が成り立つ．$g_z(w-z) \geq c$ ゆえ (9.3.22) より $g_z^\sigma(w-z) \leq C\tilde{g}_z^\sigma(w-z)^2$ が成立するので $\tilde{g}$ は σ 緩増加である．$\sup \tilde{g}_z/\tilde{g}_z^\sigma = m^2 h^2 \leq 1$ であるから $\tilde{g}$ は admissible metric である．

次に $\tilde{m}$ を g admissible weight とする．$m \geq c_1 > 0$ より $\tilde{m}$ が $\tilde{g}$ 連続であることは明らかである．$\tilde{m}$ が $\sigma, \tilde{g}$ 緩増加であることをみる．$\tilde{m}$ は g 連続ゆえ $g_z(w-z) < c$ のときは明らかである．$g_z(w-z) \geq c$ とする．$\tilde{m}$ は σ, g 緩増加ゆえ $\tilde{m}(z) \leq C\tilde{m}(w)(1+g_z^\sigma(w-z))^N$ が成り立つが再び (9.3.22) より $\tilde{m}$ が $\sigma, \tilde{g}$ 緩増加であることが従う． □

9.4 擬微分作用素の有界性

定理 9.4.1 g は admissible metric, m は g admissible weight とする．いま $a \in S(m,g)$ で m は有界とする．このとき $a(x,D)$ は L^2 有界である．すなわち次元のみによる定数 $C(n) > 0$ と $\ell \in \mathbb{N}$ が存在して

$$\|a(x,D)u\| \leq C(n)\|a\|_{\ell, S(m,g)}\|u\|, \quad u \in \mathcal{S}$$

が成立する．

次に強形 Gårding 不等式を述べよう．

定理 9.4.1 g は admissible metric とし，$h(x,\xi)^2 = \sup g_{(x,\xi)}/g_{(x,\xi)}^\sigma$ とする．$0 \leq a \in S(1/h, g)$ ならば正数 $C > 0$ が存在して

$$(a(x,D)u, u) \geq -C\|u\|^2, \quad u \in \mathcal{S}$$

が成立する．

強形 Gårding 不等式は行列値シンボルの擬微分作用素に対しても成立する．

定理 9.4.2 g は admissible metric とし $h(x,\xi)^2 = \sup g_{(x,\xi)}/g_{(x,\xi)}^\sigma$ とする．

$a = (a_{ij}(x,\xi))$ を $a_{ij} \in S(1/h, g)$ を成分とする $N \times N$ 行列値シンボルで (a_{ij}) は Hermite 非負定値とする．このとき $C > 0$ が存在して

$$(a(x,D)u, u) \geq -C\|u\|^2, \quad u \in \mathcal{S}^N$$

が成立する．

最後に Fefferman-Phong の不等式を述べる．

定理 9.4.3 g は admissible metric とし，$h(x,\xi)^2 = \sup g_{(x,\xi)}/g_{(x,\xi)}^\sigma$ とする．$0 \leq a \in S(1/h^2, g)$ とすると正数 $C > 0$ が存在して

$$(a(x,D)u, u) \geq -C\|u\|^2, \quad u \in \mathcal{S}$$

が成立する．

系 9.4.1 $0 \leq \delta < \rho \leq 1$ とし $0 \leq a \in S_{\rho,\delta}^{2(\rho-\delta)}(\mathbb{R}^n \times \mathbb{R}^n)$ とする．このとき $C > 0$ が存在して

$$(a(x,D)u, u) \geq -C\|u\|^2, \quad u \in \mathcal{S}$$

が成立する．

次の結果[*2] は本書で以下しばしば用いる．

定理 9.4.4 g を admissible な Beals-Fefferman metric とする．いま $a \in S(1,g)$ とし $a(x,D)$ は $L^2(\mathbb{R}^n)$ で可逆とする．このとき $b(x,D) = a(x,D)^{-1}$ となる $b \in S(1,g)$ が存在する．

[*2] J.M.Bony: On the characterization of pseudodifferential operators (old and new), In: Studies in Phase Space Analysis with Applications to PDEs, Birkhäuser (2013) 21-34.

第10章 局所双曲型エネルギー評価と初期値問題

超局所双曲型エネルギー評価を導入し，相空間の各点で超局所双曲型エネルギー評価があれば局所双曲型エネルギー評価が得られ，局所双曲型エネルギー評価があれば初期値問題が適切であることを一般的な設定の下に示す．評価において時間変数を含む全変数を対称的に取り扱うことを重要視したので因果律の検証が少し技巧的になっている．また実効的双曲型特性点をもつ2階の微分作用素に対してどのようにして超局所双曲型エネルギー評価を得るのかの概略を述べる．この証明の詳細は第12章と第13章で与える．

10.1 局所双曲型エネルギー評価と解の一意性

微分作用素

$$P = D_1^m + \sum_{|\alpha|\le m, \alpha_1 < m} a_\alpha(x) D^\alpha \tag{10.1.1}$$

を考えよう．$p(x,\xi)$ は θ 方向に双曲型，すなわち

$$p(x, \xi - i\theta) \ne 0, \quad \forall x \in \mathbb{R}^n,\ \forall \xi \in \mathbb{R}^n \tag{10.1.2}$$

が成立しているものとする．また $a_\alpha(x)$ は $C^\infty(\mathbb{R}^n)$ でそのすべての導関数は $\mathbb{R}^n$ で有界とする．このような関数の全体を $\mathcal{B}^\infty(\mathbb{R}^n)$ で表すものとする．

$\chi(r) \in C_0^\infty(\mathbb{R})$ は $|r| \le 1$ では1で，$|r| \ge 2$ では恒等的に0とする．$x^0 \in \mathbb{R}^n$ での局所双曲型エネルギー評価を導入する．

定義 10.1.1 $\nabla \zeta(x) \in \mathcal{B}^\infty(\mathbb{R}^n)$ を満たす x^0 での任意の局所時間関数 $\zeta(x)$ と任意の $\delta > 0$ に対して x^0 の近傍で恒等的に1の $\phi \in C_0^\infty(\mathbb{R}^n)$ が存在し，任意の $\ell \in \mathbb{R}$, 任意の $s \ge 0$ に対して $\gamma_0 > 0, C > 0$ および ℓ にはよらない ℓ' があって

$$\|\langle D\rangle_\gamma^\ell \phi u\| \le C \bigl(\|\langle D\rangle_\gamma^{\ell+\ell'} \chi((x_1 - x_1^0)/\delta) P_{\gamma\zeta} u\| + \|\langle D\rangle_\gamma^{\ell-s} u\| \bigr) \tag{10.1.3}$$

が任意の $\gamma \ge \gamma_0$ および任意の $u \in C_0^\infty(\{x_1 > x_1^0 - \delta\})$ について成立するとき，P に対する局所双曲型エネルギー評価が x^0 で成立する，という．また (10.1.3) が $P_{\gamma\zeta}^*$

に対して任意の $u \in C_0^\infty(\{x_1 < x_1^0 + \delta\})$ および任意の $\gamma \geq \gamma_0$ について成立するとき，x^0 で P^* に対する局所双曲型エネルギー評価が成立するという．ここで

$$\begin{cases} P_{\gamma\zeta} = e^{-\gamma\zeta(x)} P e^{\gamma\zeta(x)}, \\ P_{\gamma\zeta}^* = (P_{\gamma\zeta})^* = e^{\gamma\zeta(x)} P^* e^{-\gamma\zeta(x)} \end{cases} \tag{10.1.4}$$

である．

この定義で「双曲性」は $\zeta(x)$ が局所時間関数ということと関数空間 $C_0^\infty(\{x_1 > x_1^0 - \delta\})$ の選び方に反映されている．このことを粗く説明するために (10.1.3) において $u = e^{-\gamma\zeta(x)}v$ とおいてみると，(10.1.3) は大雑把には $v \in C_0^\infty(\{x_1 > x_1^0 - \delta\})$ ならば

$$\|\langle D \rangle^\ell e^{-\gamma\zeta(\cdot)} v\| \preceq \|\langle D \rangle^{\ell+\ell'} e^{-\gamma\zeta(\cdot)} Pv\| \tag{10.1.5}$$

が成立するということである．これより v が過去で 0 のとき，すなわち $v \in C_0^\infty(\{x_1 > x_1^0 - \delta\})$ のとき，局所時間 $\zeta < 0$ で $Pv = 0$ ならば $\gamma \to \infty$ として局所時間 $\zeta < 0$ で $v = 0$ であることが期待される．すなわち局所時間での因果律を表現していると考えられる．実際次のことが成り立つ．

命題 10.1.1 x^0 で P に対する局所双曲型エネルギー評価が成り立っているとする．$\zeta(x)$ を x^0 での局所時間関数とし x^0 の近傍 U で $u \in \mathcal{D}'(U)$ が

$$Pu = 0 \text{ in } U, \quad u = 0 \text{ in } U \cap \{x \mid \zeta(x) < 0\}$$

を満たすなら x^0 のある近傍で $u = 0$ である．

［証明］ $\zeta(x)$ の代わりに正数 $k > 0$ を 1 つ固定して $\tilde\zeta(x) = \zeta(x) + k|x-x^0|^2$ を考え，この $\tilde\zeta(x)$ を x^0 の十分小さな近傍の外で適当に拡張することによって $\tilde\zeta(x) \in \mathcal{B}^\infty(\mathbb{R}^n)$ とする．$\tilde\zeta(x)$ は局所時間関数であり (10.1.3) が適当な ϕ に対して成立している．この ϕ が V 上では 1 であるように $V \subset U \cap \{|x_1 - x_1^0| < \delta\}$ を選び，$\langle\xi\rangle_\gamma^{\ell-1} \leq \gamma^{-1}\langle\xi\rangle_\gamma^\ell$ と $\langle\xi\rangle^\ell \leq \gamma^{\max\{-\ell,0\}}\langle\xi\rangle_\gamma^\ell$ に注意すると，(10.1.3) より $\tilde m \in \mathbb{R}$ が存在して任意の $u \in C_0^\infty(V), \gamma \geq \gamma_0$ に対して

$$\|\langle D \rangle^\ell u\| \leq C\gamma^{\tilde m} \|\langle D \rangle^{\ell+\ell'} P_{\gamma\tilde\zeta} u\| \tag{10.1.6}$$

が成立する．$u \in \mathcal{D}'(U)$ とする．必要ならさらに U を小さく選んでおけばある p について $u \in H^p(U)$ となる[*1]．$\ell = p - \ell' - m$ と選ぼう．連続性より (10.1.6) は $\operatorname{supp} u \subset V$ を満たす任意の $u \in H^p(V)$ に対して成り立つ．仮定から x^0 の近傍では 1 の $\psi(x) \in C_0^\infty(V)$ と正数 $\delta > 0$ が存在して，$\operatorname{supp}\psi$ 上では $Pu = 0$ かつ

$$\tilde\zeta(x) \geq \delta \text{ on } \operatorname{supp} \nabla\psi \cap \operatorname{supp} u \tag{10.1.7}$$

が成り立つように選べる．$v_\gamma = e^{-\gamma\tilde\zeta(x)}\psi(x)u(x) \in H^p(V)$ とおき

[*1] 例えば [24] の第 2 章を参照．

$$P_{\gamma\tilde{\zeta}}v_\gamma = e^{-\gamma\tilde{\zeta}(x)}[P,\psi]u + e^{-\gamma\tilde{\zeta}(x)}\psi(x)Pu = e^{-\gamma\tilde{\zeta}(x)}[P,\psi]u$$

と書くと，(10.1.7) より $\phi_1 \in C_0^\infty(V)$ を $[P,\psi]u = [P,\psi]\phi_1 u$ で，$\mathrm{supp}\,\phi_1$ 上ではある正数 $\delta' > 0$ について $\tilde{\zeta}(x) \geq \delta'$ が成立するように選べる．γ によらない正数 $C > 0$ が存在して $\|\langle D\rangle^{p-m}e^{-\gamma\tilde{\zeta}(\cdot)}[P,\psi]\phi_1 u\| \leq Ce^{-\gamma\delta'/2}$ が成立することに注意すると (10.1.6) より

$$\|\langle D\rangle^{p-\ell'-m}e^{-\gamma\tilde{\zeta}(\cdot)}\psi u\| \leq Ce^{-\gamma\delta'/2} \tag{10.1.8}$$

が成り立つ．いま x^0 の近傍 W を W 上では $|\tilde{\zeta}(x)| \leq \delta'/4$ が成り立つように十分小さく選ぶと，任意の $\theta \in C_0^\infty(W)$ に対して (10.1.8) より

$$|(\psi u, e^{\gamma(\delta'/2-\tilde{\zeta})}\theta)| = e^{\gamma\delta'/2}|(e^{-\gamma\tilde{\zeta}(x)}\psi u, \theta)| \leq C\|\langle D\rangle^{-p+\ell'+m}\theta\|$$

が成り立つ．C は γ によらないので $\gamma \to \infty$ として W 上で $u = 0$ が従う． $\square$

定義 10.1.2 $\hat{x} \in \mathbb{R}^n$ とする．このとき $D(\hat{x})$ で $\hat{x}$ と超平面 $x_1 = 0$ 上の点を結ぶ広義特性曲線全体の和集合を表すものとする．

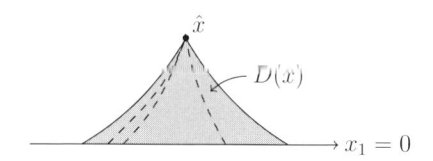

命題 10.1.1 と定理 8.3.1 から

定理 10.1.1 (10.1.2) を仮定する．Ω を原点を含む領域とし，Ω の各点で P に対する局所双曲型エネルギー評価が成立するとする．$u \in C^m(\mathbb{R}^n)$ は Ω で $Pu = 0$ を満たし，$D(\hat{x}) \subset \Omega$ する．このとき $D(\hat{x}) \cap \{x_1 = 0\}$ 上での u の初期値が 0 なら $u(\hat{x}) = 0$ である．

また命題 10.1.1 を用いて定理 8.3.1 の証明を繰り返せば次を得る．

命題 10.1.2 (10.1.2) を仮定する．Ω を原点を含む領域とし，Ω の各点で P に対する局所双曲型エネルギー評価が成立するとする．$u \in \mathcal{D}'(\Omega)$ は Ω で $Pu = 0$ を満たし，$\{x_1 < 0\} \cap \Omega$ では $u = 0$ とする．$D(\hat{x}) \subset \Omega$ とすると $D(\hat{x})$ の内部で $u = 0$ である．

10.2　局所双曲型エネルギー評価と解の存在

以下 $X > 0$ と $T > 0$ を固定し

$$B = \{-T < x_1 < T\} \times \{x' \mid |x'| < X\}$$

で考えよう. $\delta \in \mathbb{R}$ に対し $B_\delta = B \cup \{x \mid x_1 < \delta\}$ とおき, $\delta_1 > \delta_2$ に対し $B_{\delta_2}^{\delta_1} = (B \cap \{x \mid x_1 < \delta_1\}) \cup \{x \mid x_1 < \delta_2\}$ とおく. $r \in \mathbb{R}$ について $(r)^- = (r-|r|)/2$ とおき, $\langle r \rangle^+$ で $(r+|r|)/2 \le k$ を満たす最小の整数 k を表すことにする. したがって $\langle r \rangle^+ - 1 + (r)^- < r \le \langle r \rangle^+ + (r)^-$ である. $\zeta(x) = x_1 - t$ は $\nabla \zeta = \theta$ より $x_1 = t$ なるすべての点 x において局所時間関数である. $P_{\gamma\zeta}^* = P^*(x, D + i\gamma\theta)$ に対する各点 $x = (t, x')$ での局所双曲型エネルギー評価を寄せ集めよう. 以下 $\delta > 0$ を 1 つ任意に固定する.

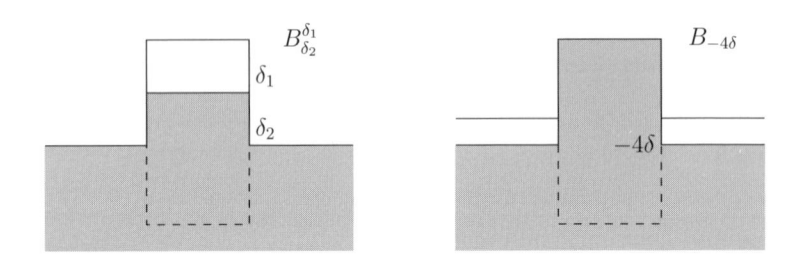

補題 10.2.1 各点 $x \in \mathbb{R}^n$ で P^* に対する局所双曲型エネルギー評価が成り立つと仮定する. $\Phi(x_1) \in \mathcal{B}^\infty(\mathbb{R})$ を $x_1 \le -3\delta$ では 0 とする. このとき任意の $\ell \in \mathbb{R}$ および $s \ge 0$ に対して $\gamma_0 > 0$, ℓ にはよらない ℓ' が存在し

$$\|\langle D \rangle_\gamma^\ell \Phi(x_1) u\|$$
$$\le C \bigl(\|\langle D \rangle_\gamma^{\langle \ell+\ell' \rangle^+} \langle D' \rangle_\gamma^{(\ell+\ell')^-} \chi_1(x_1) P_\gamma^* u\| + \|\langle D \rangle_\gamma^{\ell-s} u\| \bigr), \quad u \in C_0^\infty(B_{-4\delta}) \quad (10.2.9)$$

が $\gamma \ge \gamma_0$ で成立する. ここで $\chi_1(x_1) \in C^\infty(\mathbb{R})$ は $x_1 \le -5\delta$ で 0 で $x_1 \ge -4\delta$ では 1 となる適当な関数である. また $P_\gamma^* = P^*(x, D + i\gamma\theta)$ である.

［証明］ $\{x_1 = t\} \cap \bar{B}$ がコンパクトであるから有限個の ϕ_i があって

$$\|\langle D \rangle_\gamma^\ell \phi_i u\| \le C \bigl(\|\langle D \rangle_\gamma^{\ell+\ell'} \chi((x_1-t)/\delta) P_\gamma^* u\| + \|\langle D \rangle_\gamma^{\ell-s} u\| \bigr)$$

が成り立ち, $\sum_i \phi_i(x)$ は $\{x_1 = t\} \cap \bar{B}$ のある近傍上で 1 と仮定できる. $\delta' > 0$ を十分小に選ぶと, $\chi((x_1-t)/\delta') = \chi((x_1-t)/\delta')(\sum \phi_i) + R$ で, $\operatorname{supp} R \cap \bar{B} = \emptyset$ と書けるから, 任意の $\ell \in \mathbb{R}$, $s \ge 0$ に対して $\gamma_0 > 0$, ℓ にはよらない ℓ' が存在し

$$\|\langle D \rangle_\gamma^\ell \chi((x_1-t)/\delta') u\|$$
$$\le C \bigl(\|\langle D \rangle_\gamma^{\ell+\ell'} \chi((x_1-t)/\delta) P_\gamma^* u\| + \|\langle D \rangle_\gamma^{\ell-s} u\| \bigr), \quad u \in C_0^\infty(B_{t-2\delta'}^{t+2\delta'}) \quad (10.2.10)$$

がすべての $\gamma \ge \gamma_0$ に対して成立する.

有限個の点 t_j; $-3\delta \le t_1 < t_2 < \cdots < t_L \le T$ と t_j の近傍 $I_j = \{t \mid |t - t_j| \le$

$\delta_j/2\}$ を, $\cup I_j$ が $[-3\delta, T]$ を覆い, さらに任意の $\ell \in \mathbb{R}, s \geq 0$ に対して γ_j および ℓ にはよらない ℓ'_j があって任意の $\theta(t) \in C_0^\infty(\tilde{I}_j)$, $\tilde{I}_j = \{t \mid |t - t_j| < \delta_j\}$ に対して $\gamma \geq \gamma_j$ のとき

$$\|\langle D \rangle_\gamma^\ell \theta(x_1) u\| \leq C \big(\|\langle D \rangle_\gamma^{\ell+\ell'_j} \chi_1(x_1) P_\gamma^* u\| + \|\langle D \rangle_\gamma^{\ell-s} u\| \big), \tag{10.2.11}$$
$$u \in C_0^\infty(B_{t_j - \delta_j}^{t_j + \delta_j})$$

が成立するように選ぶ. $\delta_1 < \delta$ と仮定してよい. 次に $\Psi_j \in C_0^\infty(\tilde{I}_j)$ および ψ_j を, $-3\delta \leq t \leq T$ 上では $\sum_{j=1}^L \Psi_j(t) = 1$ で $\psi_L(t) \equiv 1$, $\psi_j(t)$, $j \leq L-1$ は $\psi_j \Psi_j = \Psi_j$ かつ $x_1 \geq t_j + \delta_j$ では 0 で $\mathrm{supp}\,\psi'_j \subset \{\Psi_{j+1} \neq 0\}$ を満たすように選ぶ. このとき $c_j(x)$ があって $P_\gamma^* \psi_j u = \psi_j P_\gamma^* u + [P_\gamma^*, \psi_j] c_j \Psi_{j+1} u$ と書ける. $u \in C_0^\infty(B_{-4\delta})$ なら $\psi_j u \in C_0^\infty(B_{t_j - \delta_j}^{t_j + \delta_j})$ であるから, (10.2.11) で $\ell = \ell_j, s = s_j, \theta = \Psi_j, u = \psi_j u$ とすると ℓ_j にはよらない ℓ'_j があって

$$\|\langle D \rangle_\gamma^{\ell_j} \Psi_j u\| \leq C \big(\|\langle D \rangle_\gamma^{\ell_j + \ell'_j} \chi_1(x_1) P_\gamma^* u\| + \|\langle D \rangle_\gamma^{\ell_j - s_j} u\| + \|\langle D \rangle_\gamma^{\ell_j + \ell'_j + m - 1} \Psi_{j+1} u\| \big), \quad u \in C_0^\infty(B_{-4\delta}) \tag{10.2.12}$$

が従う. ただし $\Psi_{L+1} = 0$ である. ここで $\ell_L = \ell, s_L = s, \ell_{j-1} = \ell_j + \ell'_j + m$, $s_{j-1} = \ell'_j + m + s_j$, $j = L, \ldots, 2, 1$ と選び (10.2.12) を j について加えると次のことが従う: 任意の $\ell \in \mathbb{R}, s \geq 0$ に対して $\gamma_0 = \gamma_0(\ell, s)$, $C = C(\ell, s)$, ℓ にはよらない ℓ' が存在し

$$\left\| \langle D \rangle_\gamma^\ell \sum_{j=1}^L \Psi_j u \right\| \leq C \big(\|\langle D \rangle_\gamma^{\ell+\ell'} \chi_1(x_1) P_\gamma^* u\| + \|\langle D \rangle_\gamma^{\ell-s} u\| \big), \tag{10.2.13}$$
$$u \in C_0^\infty(B_{-4\delta})$$

が任意の $\gamma \geq \gamma_0$ について成立する. $\Phi = \big(\Phi/\sum \Psi_j\big) \sum \Psi_j$ と書くと $\Phi/\sum \Psi_j$ は $x_1 \leq T$ で C^∞ であるから $\langle \xi \rangle_\gamma^{\ell+\ell'} \leq \langle \xi \rangle_\gamma^{(\ell+\ell')^+} \langle \xi' \rangle_\gamma^{(\ell+\ell')^-}$ に注意して (10.2.9) が従う. □

さて $x_1 < 0$ では 0 の $f \in H^\infty(B)$ に対し B で $Pu = f$ を満たし $x_1 < 0$ では 0 となる解 u を求めたい. そのためには (5.2.5) の形の評価が欲しいが (10.2.9) からは望めない. そこで少し技巧的ではあるが P を $x_1 < -\delta$ では狭義双曲型となるように拡張しておいて

(i) まず B で $Pu = f$ を満たし $x_1 < -5\delta$ では 0 となる u の存在を示す.

(ii) 次に (i) の解に対して命題 10.1.2 を適用して $x_1 < 0$ で $u = 0$ を示す

の手順で証明することにする. まず $X = \{x \in \mathbb{R}^n \mid x_1 > -5\delta\}$, $\bar{X} = \{x \in \mathbb{R}^n \mid x_1 \geq -5\delta\}$ とし定義 5.2.2 に従って関数空間 $\bar{H}_{(m,s)}(X)$ および $\dot{H}_{(m,s)}(\bar{X})$ を導入しよう. $\bar{C}_0^\infty(X)$ および $C_0^\infty(X)$ はそれぞれ $\bar{H}_{(m,s)}(X)$ および $\dot{H}_{(m,s)}(\bar{X})$ で稠密である. また $\bar{H}_{(m,s)}(X)$ と $\dot{H}_{(-m,-s)}(\bar{X})$ は半双線形形式

$$\int_{\mathbb{R}^n} u\bar{v}dx, \ u \in \bar{C}_0^\infty(X), \ v \in C_0^\infty(X)$$

（の拡張）に関して互いに双対である．m が非負整数のとき $\langle D \rangle_\gamma^{2m}$ は微分作用素であるから $\mathrm{supp}\, u \subset \bar{X}$ なる u に対して

$$\|u\|_{\bar{H}_{(m,s)}(X)} = \|u\|_{H_{(m,s)}(\mathbb{R}^n)} \tag{10.2.14}$$

が成り立つ．また定義より $\|u\|_{\bar{H}_{(0,s)}(X)} = \|\langle D' \rangle_\gamma^s u\|_{L^2(X)}$ は明らかである．

系 10.2.1 補題 10.2.1 の仮定の下で

$$\begin{aligned}\|\langle D \rangle_\gamma^\ell \Phi(x_1) u\| &\leq C\{\|P_\gamma^* u\|_{\bar{H}_{(\langle \ell+\ell' \rangle_+, (\ell+\ell')_-)}(X)} + \|u\|_{\bar{H}_{(\ell-s,0)}(X)}\}, \\ u &\in C_0^\infty(B_{-4\delta})\end{aligned} \tag{10.2.15}$$

が成り立つ．

［証明］ $v \in C_0^\infty(B_{-4\delta})$ を $x_1 > -5\delta$ では u に一致するものとすると $\Phi v = \Phi u$, $\chi_1 P_\gamma^* v = \chi_1 P_\gamma^* u$ であるから, $\|\cdot\|_{\bar{H}_{(\ell-s,0)}(X)}$ の定義より (10.2.9) から $u \in C_0^\infty(B_{-4\delta})$ に対して

$$\|\langle D \rangle_\gamma^\ell \Phi u\| \leq C\{\|\langle D \rangle_\gamma^{\langle \ell+\ell' \rangle_+} \langle D' \rangle_\gamma^{(\ell+\ell')_-} \chi_1 P_\gamma^* u\| + \|u\|_{\bar{H}_{(\ell-s,0)}(X)}\}$$

が成立する．一方 m が非負整数のとき $x_1 \leq -5\delta$ で 0 である $\chi(x_1) \in \mathcal{B}^\infty(\mathbb{R})$ について $\|\langle D \rangle_\gamma^m \langle D' \rangle_\gamma^s \chi w\| \leq C \sum_{j+k \leq m} \|D_1^j \langle D' \rangle_\gamma^{s+k} w\|_{L^2(X)}$ は明らかであるから，補題 5.2.2 より

$$\begin{aligned}\|\langle D \rangle_\gamma^m \langle D' \rangle_\gamma^s \chi w\| &\leq C \sum_{j+k \leq m} \|D_1^j w\|_{\bar{H}_{(0,s+k)}(X)} \\ &\leq C' \|w\|_{\bar{H}_{(m,s)}(X)}\end{aligned} \tag{10.2.16}$$

が成立する．これより容易に結論が従う． □

次に系 10.2.1 の評価と狭義双曲型作用素のエネルギー評価をつなぎ合わせよう．

補題 10.2.2 各点 $x \in \mathbb{R}^n$ で P^* に対する局所双曲型エネルギー評価が成り立つとし，さらに P^* は $x_1 < -\delta$ で狭義双曲型作用素であると仮定する．このとき $\ell' = \ell'(B) \, (\geq -m+1)$ が存在して任意の $\ell \leq m-1$ に対して

$$\|u\|_{\bar{H}_{(\ell,0)}(X)} \leq C\|P_\gamma^* u\|_{\bar{H}_{(\langle \ell+\ell' \rangle_+, (\ell+\ell')_-)}(X)}, \quad u \in C_0^\infty(B_{-4\delta})$$

が成り立つ．

［証明］ $\Phi_1(x_1) \in C^\infty(\mathbb{R})$ を $x_1 \geq -\delta$ で 1, また $x_1 \leq -2\delta$ で 0 とする．系 10.2.1 より

$$\begin{aligned}\|\Phi_1 u\|_{\bar{H}_{(\ell,0)}(X)} &\leq C\{\|P_\gamma^* u\|_{\bar{H}_{(\langle \ell+\ell' \rangle_+, (\ell+\ell')_-)}(X)} + \gamma^{-1}\|u\|_{\bar{H}_{(\ell,0)}(X)}\}, \\ u &\in C_0^\infty(B_{-4\delta})\end{aligned} \tag{10.2.17}$$

が成り立つ．仮定より P^* は $x_1 \leq -\delta$ で狭義双曲型であるから命題 5.2.2 より（命題 5.2.2 で $[0,T]$ を $[-5\delta, -\delta]$ に置き換える），任意の $s \in \mathbb{R}$ に対して γ_0 および $C > 0$ が存在して任意の $u \in C_0^\infty(\mathbb{R}^n)$, $\gamma \geq \gamma_0$ について

$$\|(1-\Phi_1)u\|_{\bar{H}_{(m-1,s)}(X)} \leq C\|P_\gamma^*(1-\Phi_1)u\|_{\bar{H}_{(0,s)}(X)} \tag{10.2.18}$$

が成立する．$\ell \leq m-1$ より $\langle\xi\rangle_\gamma^\ell \leq \langle\xi\rangle_\gamma^{m-1}\langle\xi'\rangle_\gamma^{\ell-m+1}$ であるから (10.2.18) より

$$\|(1-\Phi_1)u\|_{\bar{H}_{(\ell,0)}(X)}$$
$$\leq C\{\|P_\gamma^* u\|_{\bar{H}_{(0,\ell-m+1)}(X)} + \|[P_\gamma^*, 1-\Phi_1]u\|_{\bar{H}_{(0,\ell-m+1)}(X)}\}$$

が成り立つ．一方補題 5.2.2 および命題 5.2.3 より

$$\|[P_\gamma^*, 1-\Phi_1]u\|_{\bar{H}_{(0,\ell-m+1)}(X)} \leq C\|u\|_{\bar{H}_{(m-1,\ell-m+1)}(\{x_1 > -2\delta\})}$$
$$\leq C'\{\|P_\gamma^* u\|_{\bar{H}_{(-1,\ell-m+1)}(\{x_1 > -2\delta\})} + \|u\|_{\bar{H}_{(\ell,0)}(\{x_1 > -2\delta\})}\}$$

が成り立つ．$\Phi_2(x_1) \in C^\infty(\mathbb{R})$ を $x_1 \leq -3\delta$ で 0, $x_1 \geq -2\delta$ で 1 とするとき $\|u\|_{\bar{H}_{(\ell,0)}(\{x_1 > -2\delta\})} \leq \|\langle D\rangle_\gamma^\ell \Phi_2 u\|$ は明らかゆえ $\ell \leq m-1$ のとき

$$\|(1-\Phi_1)u\|_{\bar{H}_{(\ell,0)}(X)} \leq C(\|P_\gamma^* u\|_{\bar{H}_{(0,\ell-m+1)}(X)} + \|\langle D\rangle_\gamma^\ell \Phi_2 u\|) \tag{10.2.19}$$

が任意の $u \in C_0^\infty(\mathbb{R}^n)$, $\gamma \geq \gamma_0$ に対して成立する[*2]．(10.2.19) の右辺第 2 項は系 10.2.1 を利用して評価できるので (10.2.17) と (10.2.19) から次の評価

$$\|u\|_{\bar{H}_{(\ell,0)}(X)} \leq C\{\|P_\gamma^* u\|_{\bar{H}_{(\langle\ell+\ell'\rangle+),(\ell+\ell')-)}(X)} + \|P_\gamma^* u\|_{\bar{H}_{(0,\ell-m+1)}(X)}\}$$

が成り立つ．$\ell' \geq -m+1$ と仮定してよく $\langle\xi'\rangle_\gamma^{\ell-m+1} \leq \langle\xi\rangle_\gamma^{(\ell+\ell')^+}\langle\xi'\rangle_\gamma^{(\ell+\ell')^-}$ に注意して主張の証明を終わる．□

定理 10.2.1 $\mathbb{R}^n$ の任意の点で P および P^* に対して局所双曲型エネルギー評価が成立するとする．またある十分小さな $c > 0$ について P は $x_1 < -c$ では狭義双曲型であるとする．$T > 0$, $X > 0$ を任意に与えるとき $q = q(T,X)$ が存在し任意の $f \in H_{(p,0)}(\mathbb{R}^n)$ で $\operatorname{supp} f \subset \{x_1 \geq 0\}$, $p \geq -1$ なる f について初期値問題

$$\begin{cases} Pu = f & \text{in } [0,T) \times \{|x'| < X\}, \\ \operatorname{supp} u \subset \{x_1 \geq 0\} \end{cases}$$

の解 $u \in H_{(m-1,p+q)}(\mathbb{R}^n)$ が存在する．

[証明] $K > 0$ を正数として補題 10.2.2 を $B = [-T < x_1 < T] \times \{x' \mid |x'| < X+K\}$, $\delta = c$ として適用しよう．f についての仮定から $f \in \dot{H}_{(p,0)}(\bar{X})$ である．補題 10.2.2 を利用して定理 5.2.1 の証明を繰り返すと $\ell' = \ell'(T,X)$ があって

[*2] 必ずしも命題 5.2.3 は必要ではない．$\|(1-\Phi_1)u\|_{\bar{H}_{(\ell,0)}(X)} \leq C\|\langle D\rangle_\gamma^{m-1}\Phi_2 u\|$ と評価されるので系 10.2.1 を利用して評価することもできる．

$$(u, P_\gamma^* v) = (f, v), \quad \forall v \in C_0^\infty(B_{-4\delta})$$

を満たす $u \in \dot{H}_{(-\langle -p+\ell'\rangle^+, -(-p+\ell')^-)}(\bar{X})$ が存在する．すなわち $P(e^{\gamma x_1}u) = e^{\gamma x_1}f$ が $B_{-4\delta}$ で成立する．命題 5.2.3 の証明を繰り返すと一般に

$$Pu \in \bar{H}_{(p,0)}(X),\ p \geq -1,\ u \in \bar{H}_{(\ell,t)}(X) \Longrightarrow u \in \bar{H}_{(m-1,s)}(X)$$

の従うことが分かる[*3)]．ここで $s = \min\{p+1, \ell+t+1-m\}$ である．したがって $\langle -p+\ell'\rangle^+ + (-p+\ell')^- \leq -p+\ell'+1$ より $u \in \dot{H}_{(m-1, p-\ell'-m)}(\bar{X})$ が従う．$x_1 < 0$ では $Pu = 0$ であり $x_1 < -5\delta$ では $u = 0$ である．命題 10.1.1 より P に対する初期値問題の局所一意性が成り立っているので K が十分大なら命題 10.1.2 より $\{x_1 < 0\} \times \{x' \mid |x'| < X + K/2\}$ で $u = 0$ が従う．$\chi \in C_0^\infty(\{x' \mid |x'| < X + K/2\})$ を $|x'| \leq X$ で恒等的に 1 なるものとして χu を改めて u とすればよい． □

10.3 超局所双曲型エネルギー評価

各 $(\hat{x}, \xi)$, $|\xi| = 1$ の錐近傍でのエネルギー評価を寄せ集めることによって $\hat{x}$ での局所双曲型エネルギー評価を求めよう．$\chi(r) \in C_0^\infty(\mathbb{R})$ を $|r| \leq 1$ では 1, $|r| \geq 2$ で 0 を満たすものとして $\hat{z} = (\hat{x}, \hat{\xi})$ に対して

$$d(x', \xi; \hat{z}) = \chi(|x' - \hat{x}'|)|x' - \hat{x}'|^2 + (1 - \chi(2|\xi|/\gamma))|\xi/|\xi| - \hat{\xi}/|\hat{\xi}||^2$$

とおくと $\hat{z}$ のある錐近傍では $|\xi| \geq \gamma$ のとき

$$d(x', \xi; \hat{z}) = |x' - \hat{x}'|^2 + |\xi/|\xi| - \hat{\xi}/|\hat{\xi}||^2 \quad (10.3.20)$$

である．$d(x', \xi; \hat{z})$ は $(x', \xi) = (\hat{x}', \hat{\xi})$, $(|\hat{\xi}| \geq \gamma)$ で $\nabla d(\hat{x}', \hat{\xi}) = 0$ を満たすので，$X_1(x_1) \in \mathcal{B}^\infty(\mathbb{R})$ を $\hat{x}_1$ の近傍では x_1 に一致する非減少な関数として

$$\rho(x, \xi; \hat{z}) = X_1 - \hat{x}_1 + d(x', \xi; \hat{z}) \quad (10.3.21)$$

と定義すると $-H_\rho(\hat{z}) = (0, \theta) \in \Gamma_{\hat{z}}$ となり ρ は $\hat{z}$ での超局所時間関数となる．「因果律」によって Pu が時刻 $\rho(x, \xi) < 0$ で 0 で u が過去 $x_1 < \hat{x}_1 - c$ で 0 ならば u も時刻 $\rho < 0$ で 0 であることが期待される．これより不等式としては $a > 0$ として $\|\mathrm{Op}(\langle\xi\rangle^{-a\rho})u\| \leq C\|\mathrm{Op}(\langle\xi\rangle^{-a\rho})Pu\|$ の形の不等式，あるいは $v = \mathrm{Op}(\langle\xi\rangle^{a\rho})u$ とおいて $\|v\| \leq C\|\mathrm{Op}(\langle\xi\rangle^{-a\rho})P\mathrm{Op}(\langle\xi\rangle^{a\rho})v\|$ の形の不等式が期待される．このことを考慮して本書で用いる超局所双曲型エネルギー評価を定義しよう．まず最初に $\mathrm{Op}(\langle\xi\rangle_\gamma^{\pm a\rho})$ を扱うためのシンボルクラスを導入する．$\tilde{g}$ を

$$\tilde{g} = (\log\langle\xi\rangle_\gamma)^2 g_0$$

[*3)] [8] の Theorem B.2.9 を参照．

で定義する. $\tilde{g}^\sigma = (\log \langle \xi \rangle_\gamma)^{-4} \langle \xi \rangle_\gamma^2 \tilde{g}$ であるから

$$\tilde{g}/\tilde{g}^\sigma \leq (\log \langle \xi \rangle_\gamma)^4 \langle \xi \rangle_\gamma^{-2} \leq C \langle \xi \rangle_\gamma^{-1} \tag{10.3.22}$$

が成立することに注意する.

補題 10.3.1 $\gamma \geq \gamma_0$ で $\tilde{g}$ は admissible metric で $\langle \xi \rangle_\gamma^{\pm \rho}$ は $\tilde{g}$ admissible weight である. また a をとめるごとに $\langle \xi \rangle_\gamma^{\pm a\rho} \in S(\langle \xi \rangle_\gamma^{\pm a\rho}, \tilde{g})$ である.

[証明] $\log \langle \xi \rangle_\gamma$ が g_0 admissible weight であることは容易に確かめられる. $\gamma \geq \gamma_0$ のとき $\langle \xi \rangle_\gamma^{-1}(\log \langle \xi \rangle_\gamma) \leq 1$ は明らかゆえ命題 9.3.3 より $\tilde{g}$ は $\gamma \geq \gamma_0$ のとき admissible metric である. $\langle \xi \rangle_\gamma^{\rho(x,\xi)}$ が $\sigma, \tilde{g}$ 緩増加であることを示そう. $z = (x, \xi)$, $w = (y, \eta)$ として $\langle \xi + \eta \rangle_\gamma^{\rho(z+w)} \leq C \langle \xi \rangle_\gamma^{\rho(z)} (1 + \tilde{g}_z^\sigma(w))^N$ を示す. まず $\tilde{g}_z(w) < c$ とする. このとき $2|\eta| \leq \langle \xi \rangle_\gamma$ としてよい. したがって $\langle \xi \rangle_\gamma / C \leq \langle \xi + \eta \rangle_\gamma \leq C \langle \xi \rangle_\gamma$ が成り立っている. いま

$$|\rho(z+w) - \rho(z)| \leq C(|y| + \langle \xi \rangle_\gamma^{-1} |\eta|) \leq C'(\log \langle \xi \rangle_\gamma)^{-1} \tilde{g}_z^{1/2}(w)$$

に注意すると $\langle \xi \rangle_\gamma^{\rho(z+w) - \rho(z)} \leq e^{C' \tilde{g}_z^{1/2}(w)} \leq C_1$ が成り立つので

$$\frac{\langle \xi + \eta \rangle_\gamma^{\rho(z+w)}}{\langle \xi \rangle_\gamma^{\rho(z)}} = \left(\frac{\langle \xi + \eta \rangle_\gamma}{\langle \xi \rangle_\gamma} \right)^{\rho(z+w)} \langle \xi \rangle_\gamma^{\rho(z+w) - \rho(z)} \leq C_2$$

が従う. 次に $\tilde{g}_z(w) \geq c$ とする. このとき

$$\tilde{g}_z^\sigma(w) = (\log \langle \xi \rangle_\gamma)^{-4} \langle \xi \rangle_\gamma^2 \tilde{g}_z^2(w) \geq c^2 (\log \langle \xi \rangle_\gamma)^{-4} \langle \xi \rangle_\gamma^2$$

である. したがって $2|\eta| \leq \langle \xi \rangle_\gamma$ ならば $\rho(z)$ は有界であるから

$$\langle \xi + \eta \rangle_\gamma^{\rho(z+w)} / \langle \xi \rangle_\gamma^{\rho(z)} \leq C \langle \xi \rangle_\gamma^N \leq C'(1 + \tilde{g}_z^\sigma(w))^{N'}$$

が成り立つ. 一方 $2|\eta| \geq \langle \xi \rangle_\gamma$ ならば $\tilde{g}_z^\sigma(w) \geq |\eta|^2 (\log \langle \xi \rangle_\gamma)^{-2} \geq c \langle \eta \rangle_\gamma$ より $\langle \xi + \eta \rangle_\gamma^{\rho(z+w)} / \langle \xi \rangle_\gamma^{\rho(z)} \leq C \langle \eta \rangle_\gamma^N \leq C'(1 + \tilde{g}_z^\sigma(w))^N$ は容易に分かる. $\langle \xi \rangle_\gamma^{\rho(z)}$ が $\tilde{g}$ 連続であることも同様にして示せる. 次に

$$|\partial_x^\beta \partial_\xi^\alpha (\rho \log \langle \xi \rangle_\gamma)| / \log \langle \xi \rangle_\gamma \leq C_{\alpha\beta} \langle \xi \rangle_\gamma^{-|\alpha|} \tag{10.3.23}$$

は容易に確かめられる. したがって $|\alpha + \beta| \geq 1$ ならば

$$|\partial_x^\beta \partial_\xi^\alpha (\rho \log \langle \xi \rangle_\gamma)| \leq C_{\alpha\beta} (\log \langle \xi \rangle_\gamma)^{|\alpha+\beta|} \langle \xi \rangle_\gamma^{-|\alpha|} \tag{10.3.24}$$

が成り立つ. $\langle \xi \rangle_\gamma^{\pm a\rho} = e^{\pm a\rho \log \langle \xi \rangle_\gamma}$ と書くと $\partial_x^\beta \partial_\xi^\alpha (e^{\pm a\rho \log \langle \xi \rangle_\gamma})$ は

$$\partial_x^{\beta_1} \partial_\xi^{\alpha_1} (\pm a\rho \log \langle \xi \rangle_\gamma) \cdots \partial_x^{\beta_s} \partial_\xi^{\alpha_s} (\pm a\rho \log \langle \xi \rangle_\gamma) e^{\pm a\rho \log \langle \xi \rangle_\gamma}$$

の $\alpha_1 + \cdots + \alpha_s = \alpha$, $\beta_1 + \cdots + \beta_s = \beta$, $|\alpha_i + \beta_i| \geq 1$ を満たす項の 1 次結合であるから (10.3.24) より主張は明らかである. □

定義 10.3.1 $\zeta(x)$ を $\hat{x}$ での任意の局所時間関数とし $P_{\gamma\zeta}$ は (10.1.4) で定義されるものとする．このとき $\ell_i \in \mathbb{R}$ と，$\hat{z} = (\hat{x}, \hat{\xi})$ の錐近傍で 1 で ξ について 0 次斉次の $\phi(x, \xi) \in C^\infty(\mathbb{R}^n \times (\mathbb{R}^n \setminus \{0\}))$ が存在し，任意の $t \in \mathbb{R}$，任意の $a > 0$ に対して $\gamma_0, C > 0$ を適当に選ぶと

$$\|\langle D\rangle_\gamma^t v\| \leq C\big(\|\langle D\rangle_\gamma^{t+\ell_1} \mathrm{Op}(\langle\xi\rangle_\gamma^{-a\rho}) P_{\gamma\zeta} \mathrm{Op}(\langle\xi\rangle_\gamma^{a\rho}) v\| \\ + \|\langle D\rangle_\gamma^{t+\ell_2} (1 - \phi_{\mu\gamma}) v\|\big), \quad v \in \mathcal{S}(\mathbb{R}^n) \tag{10.3.25}$$

が任意の $\gamma \geq \gamma_0$ に対して成立するとき，P に対して $\hat{z}$ で超局所双曲型エネルギー評価が成立する，ということにする．ここで $\rho = \rho(x, \xi; \hat{z})$ および $\phi_{\mu\gamma}(\xi) = (1 - \chi(|\xi|/\mu\gamma))\phi(x, \xi)$ で $\mu > 0$ は十分小さく選べるものとする．

定義 10.1.1 との対応や，陪特性帯に沿っての解の特異性などを調べるには定義 10.3.1 において ζ と ρ の代わりに $(\hat{x}, \hat{\xi})$ での任意の超局所時間関数を用いる定義のほうがより自然であるが，以下では解の特異性伝播については議論しないので特別な超局所時間関数 ρ だけに制限した定義を用いる．$\tilde{\phi}$ が $\mathrm{supp}\,\tilde{\phi} \subset \{\phi = 1\}$ を満たすとすると $1 - \phi_{\mu\gamma} = \alpha(1 - \tilde{\phi}_{\mu\gamma})$ と書けるので，(10.3.25) が成立していれば $\phi_{\mu\gamma}$ を $\tilde{\phi}_{\mu\gamma}$ で置き換えた (10.3.25) が成立することは明らかである．(10.3.25) から局所双曲型エネルギー評価を導こう．

命題 10.3.1 任意の $|\xi| = 1$ について $(\hat{x}, \xi)$ で超局所双曲型エネルギー評価が成立するとする．このとき $\hat{x}$ で局所双曲型エネルギー評価が成立する．

［証明］ 局所時間関数 $\zeta(x)$ を 1 つ固定して議論すればよい．以下記号を簡単にするために $\chi^\pm = \mathrm{Op}(\langle\xi\rangle_\gamma^{\pm a\rho})$ と書くことにする．定義より $|\xi| \geq 2\mu\gamma$ のとき $\phi_{\mu\gamma}(x, \xi) = \phi(x, \xi)$ である．超局所双曲型エネルギー評価がすべての $(\hat{x}, \eta)$，$|\eta| = 1$ について成立すると仮定する．$(\hat{x}, \eta)$ のある錐近傍に台をもち $(\hat{x}, \eta)$ の錐近傍 U_1 上では 1 となる ϕ があって (10.3.25) が成立しているとしてよい．以下 $\rho(x, \xi; \hat{x}, \eta)$ を単に $\rho(x, \xi)$ と記すものとする．(10.3.20) より任意の錐近傍 $U_2 \Subset U_1$ に対して正数 $c_1 > 0$ が存在して十分小さな任意の $\delta > 0$ に対して

$$x_1 \geq \hat{x}_1 - \delta, \quad (x, \xi) \in U_1 \setminus U_2, \quad |\xi| \geq \gamma \Longrightarrow \rho(x, \xi) \geq c_1$$

が成立する．

ξ について 0 次斉次の $\psi \in C^\infty(\mathbb{R}^n \times (\mathbb{R}^n \setminus \{0\}))$ を U_2 では 1 で $\mathrm{supp}\,\psi \subset U_1$ を満たすように選ぶ．このとき $|\xi| \geq 4\mu\gamma$ で

$$|\chi^-| \leq C\langle\xi\rangle_\gamma^{-ac_1}, \quad x_1 \geq \hat{x}_1 - \delta, \quad (x, \xi) \in \mathrm{supp}\,\nabla\psi_{2\mu\gamma} \tag{10.3.26}$$

が成り立つ．また $c_2 = -\inf_{(x,\xi)\in U_1, x_1 \geq \hat{x}_1 - \delta} \rho$ とおくと

$$|\chi^-| \leq C\langle\xi\rangle_\gamma^{ac_2}, \quad x_1 \geq \hat{x}_1 - \delta, \quad (x, \xi) \in \mathrm{supp}\,\psi_{2\mu\gamma}$$

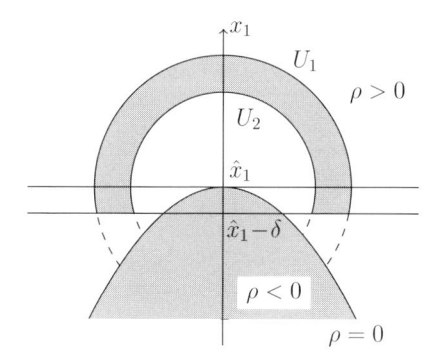

は明らかである. $\chi^+\chi^- = 1 + r$, $r \in S(\langle\xi\rangle_\gamma^{-1}(\log\langle\xi\rangle_\gamma)^2, \tilde{g})$ から始めて定理 4.1.2 の証明を繰り返すと任意の N に対して $e_N \in S(\langle\xi\rangle_\gamma^{-N}(\log\langle\xi\rangle_\gamma)^{2N}, \tilde{g})$ が存在し

$$\chi^+\chi^-(1+e_N) = 1 + r_N, \quad r_N \in S(\langle\xi\rangle_\gamma^{-N}(\log\langle\xi\rangle_\gamma)^{2N}, \tilde{g}) \tag{10.3.27}$$

が成立する. 任意の $u \in C_0^\infty(\{x_1 > \hat{x}_1 - \delta\})$ について $v = \chi^-(1+e_N)\psi_{2\mu\gamma}u$ とおき $\chi^+ v = (1+r_N)\psi_{2\mu\gamma}u$ に注意すると

$$\chi^- P_{\gamma\zeta}\chi^+ v = \chi^-\psi_{2\mu\gamma}P_{\gamma\zeta}u + \chi^-[P_{\gamma\zeta}, \psi_{2\mu\gamma}]u + \chi^- P_{\gamma\zeta}r_N\psi_{2\mu\gamma}u$$

である. いま $\mathrm{supp}\,(1-\phi_{\mu\gamma}) \cap \mathrm{supp}\,\psi_{2\mu\gamma} = \emptyset$ に注意すると (10.3.25), (10.3.26) より任意の $N_1 \in \mathbb{N}$ について

$$\|\langle D\rangle_\gamma^t v\| \leq C\{\|\langle D\rangle_\gamma^{\ell_1+t}\chi^-\psi_{2\mu\gamma}P_{\gamma\zeta}u\| + \|\langle D\rangle_\gamma^{\ell_1-ac_1+m+t}u\|$$
$$+ \|\langle D\rangle_\gamma^{\ell_1+\ell_2+ac_2+m+t-N_1}u\| + \|\langle D\rangle_\gamma^{\ell_1+t}\chi^- Ku\|\}$$

が成り立つ. ここで $K \in S(\langle\xi\rangle_\gamma^{m-1}, g_0)$ で $\mathrm{supp}\, K \subset \{|\xi| \leq 4\mu\gamma\} \cap \mathrm{supp}\,\psi$ である. $P_{\gamma\zeta}$ の主シンボルが $p(x, \xi + i\gamma\nabla\zeta(x)) = (i\gamma)^m p(x, -i\gamma^{-1}\xi + \nabla\zeta(x))$, $p(\hat{x}, \nabla\zeta(\hat{x})) \neq 0$ であることに注意すると, $\mu > 0$ を十分小さく選ぶと正数 $c > 0$ および γ_0 が存在して, $\gamma \geq \gamma_0$ のとき $\mathrm{supp}\, K$ 上で

$$|P_{\gamma\zeta}(x,\xi)| \geq c\gamma^m$$

が成立すると仮定できる. したがって再び定理 4.1.2 の証明より任意の $N \in \mathbb{N}$ に対して $Q_N \in S(\langle\xi\rangle_\gamma^{-m}, g_0)$, $R_N \in S(\langle\xi\rangle_\gamma^{-N}, g_0)$ で

$$Q_N(x,D)P_{\gamma\zeta}(x,D) = K(x,D) - R_N(x,D) \tag{10.3.28}$$

を満たすものが存在する. $x_1 > \hat{x}_1 + \delta$ で $\rho(x,\xi) \geq \delta$ であるから $1 = \chi((x_1-\hat{x}_1)/\delta) + (1-\chi((x_1-\hat{x}_1)/\delta))$ と書き, $x_1 \geq \hat{x}_1 - \delta$ で $|\chi^-(1-\chi((x_1-\hat{x}_1)/\delta))| \leq C\langle\xi\rangle_\gamma^{-a\delta}$ が成立することに注意し, さらに (10.3.28) を考慮すると任意の $u \in C_0^\infty(\{x_1 > \hat{x}_1 - \delta\})$ に対して

$$\|\langle D\rangle_\gamma^t v\| \leq C\{\|\langle D\rangle_\gamma^{\ell_1+ac_2+t}\chi((x_1-\hat{x}_1)/\delta)P_{\gamma\zeta}u\| \\ + \|\langle D\rangle_\gamma^{\ell_1-a\delta+m+t}u\| + \|\langle D\rangle_\gamma^{\ell_1+\ell_2+ac_2+m+t-N_1}u\|\} \tag{10.3.29}$$

が成り立つ．$\rho(\hat{x},\eta) = 0$ であったから $\phi(x) \in C_0^\infty(\mathbb{R}^n)$ は $\hat{x}$ の近傍で 1 で，$\tilde{\psi}(\xi) \in C^\infty(\mathbb{R}^n\setminus\{0\})$ は 0 次斉次で，これらが $(\hat{x},\eta)$ の適当な錐近傍で $\phi(x)\tilde{\psi}(\xi) = 1$ および $\mathrm{supp}\,\phi(x)\tilde{\psi}(\xi) \subset U_2$ を満たし，さらに $\mathrm{supp}\,\phi(x)\tilde{\psi}(\xi)$ 上では $\rho < \delta/2$ が成立するように選べる．また $|\phi(x)\tilde{\psi}_{3\mu\gamma}(\xi)\chi^+| \leq C\langle\xi\rangle_\gamma^{a\delta/2}$ であるから $\chi^+ v = (1+r_N)\psi_{2\mu\gamma}$ に注意すると

$$\|\langle D\rangle_\gamma^{t-a\delta/2}\phi(x)\tilde{\psi}_{3\mu\gamma}(D)u\| \leq C(\|\langle D\rangle_\gamma^t v\| + \|\langle D\rangle_\gamma^{t-a\delta/2-N_2}u\|) \tag{10.3.30}$$

が成り立つ．いま ℓ および s が与えられたとき，$t = \ell - a\delta/2$, $a\delta = 2(\ell_1+s+m)$ によって t, a を定め，$N_i = N_i(s,\delta)$ を適当に選ぶと (10.3.29) および (10.3.30) より任意の $u \in C_0^\infty(\{x_1 > \hat{x}_1 - \delta\})$ に対して

$$\|\langle D\rangle_\gamma^\ell\phi(x)\tilde{\psi}_{3\mu\gamma}(D)u\| \leq C(\|\langle D\rangle_\gamma^{\ell+\ell'(s)}\chi((x_1-\hat{x}_1)/\delta)P_{\gamma\zeta}u\| + \|\langle D\rangle_\gamma^{\ell-s}u\|)$$

が成立する．ここで $\ell'(s) = 2\ell_1 + ac_2 + m + s$ で δ にはよらないことに注意しよう．$|\eta| = 1$ のコンパクト性から有限個の $\tilde{\psi}_i$ があって $\sum\tilde{\psi}_i(\xi) = 1$ で，各 $\tilde{\psi}_i$ について上の評価式が $\ell'(s) = \ell'_i(s)$ および任意の $u \in C_0^\infty(\{x_1 > \hat{x}_1 - \delta\})$ に対して成立するとしてよい．これらの評価式を加えて

$$\|\langle D\rangle_\gamma^\ell\phi(x)u\| \leq C(\|\langle D\rangle_\gamma^{\ell+\ell'(s)}\chi((x_1-\hat{x}_1)/\delta)P_{\gamma\zeta}u\| + \|\langle D\rangle_\gamma^{\ell-s}u\|) \tag{10.3.31}$$

を得る．これが求める評価であった． □

10.4 実効的双曲型特性点をもつ微分作用素の初期値問題

P は原点の近傍 Ω で定義されているとしよう．$a_\alpha(x) \in C^\infty(\overline{\Omega})$ とし

$$p(x, \xi - i\theta) \neq 0, \quad \forall x \in \overline{\Omega},\ \forall \xi \in \mathbb{R}^n$$

を仮定する．$\Omega^+ = \Omega \cap \{x_1 > 0\}$ とおき $\Omega_\delta^+ = \{x \in \mathbb{R}^n \mid \mathrm{dist}(x, \overline{\Omega^+}) < \delta\}$ としよう．$R > 0$ を $\Omega_{2\delta}^+ \subset \{|x| < R\}$ が成り立つように適当に選んでおく．$\phi_\delta(x) \in C^\infty(\mathbb{R}^n)$, $0 \leq \phi_\delta(x) \leq 1$ を Ω_δ^+ 上で 1 また $\Omega_{2\delta}^+$ の補集合では 0 であり，さらに

$$0 \leq \phi_\delta(x) < 1, \quad x \notin \overline{\Omega_\delta^+} \tag{10.4.32}$$

となるように選んでおく．$\alpha_\delta(x) \in C^\infty(\mathbb{R}^n;\mathbb{R}^n)$ を $|x| < R$ では $\alpha_\delta(x) = x$ で $|x| > R + \delta$ では $\alpha_\delta(x) = Rx/|x|$ となるものとし，$P = \sum_{j=0}^m \mathrm{Op}(P_j(x,\xi))$ と書いて $\tilde{P}$ を $\tilde{P} = \mathrm{Op}(\tilde{P}(x,\xi))$．

$$\tilde{P}(x,\xi) = \left(1 - (1-\phi_\delta(x))^2|\xi'|^2 \partial^2/\partial\xi_1^2\right)^{[m/2]} p(\alpha_\delta(x),\xi) + \phi_{\delta/2}(x) \sum_{j=0}^{m-1} P_j(x,\xi)$$

と定義する.

補題 10.4.1 $\tilde{P}$ について次が成立する.
(i) $\tilde{P}$ の主シンボル $\tilde{p}$ の任意の多重特性点 z に対し $\tilde{p}_z = p_z$.
(ii) $\tilde{P}$ の係数は $\mathcal{B}^\infty(\mathbb{R}^n)$ で, $\tilde{p}$ は $\Omega_{2\delta}^+$ の補集合では θ 方向に狭義双曲型である.

[証明] 命題 2.1.1 より $s \neq 0$ のとき, 任意の $x \in \mathbb{R}^n$, 任意の $\xi' \in \mathbb{R}^{n-1}$ に対して
$$(1 - s^2 \partial^2/\partial\xi_1^2)^{[m/2]} p(\alpha_\delta(x),\xi)$$
の特性根は単純である. いま $s = (1-\phi_\delta(x))|\xi'|$ と選ぶと $x \notin \Omega_{2\delta}^+$ のとき $s = |\xi'|$ であるから $\tilde{p}$ は x の近傍で狭義双曲型である. $x \notin \overline{\Omega_\delta^+}$ とすると $(1-\phi_\delta(x)) \neq 0$ であるからやはり特性根はすべて単純である. いま $x \in \overline{\Omega_\delta^+}$ のとき任意の $\alpha, \beta \in \mathbb{N}^n$ について $\partial_x^\alpha \partial_\xi^\beta \{(1-\phi_\delta(x))^2|\xi'|^2\} = 0$ に注意すると $\tilde{p}$ の多重特性点 z では $\tilde{p}_z = p_z$ であることが従う. □

本書の目的の 1 つは次の定理を証明することである.

定理 10.4.1 $\overline{\Omega}_+$ の近傍 U が存在し, $p(x,\xi)$ の特性点 (x,ξ), $x \in U$, $\xi \neq 0$ は高々 2 次でこれらの 2 次特性点は実効的双曲型であるとする. このとき $\delta > 0$ を十分小に選ぶと, 上で定義した $\tilde{P}$ およびその随伴作用素 $\tilde{P}^*$ に対し, 局所双曲型エネルギー評価がすべての点 $x \in \mathbb{R}^n$ で成立する.

定理 10.2.1 とあわせると次の基本結果を得る.

定理 10.4.2 $\overline{\Omega}_+$ の近傍 U が存在し, $p(x,\xi)$ の特性点 (x,ξ), $x \in U$, $\xi \neq 0$ は高々 2 次でこれらの 2 次特性点は実効的双曲型であるとする. このとき任意の $f \in C_0^\infty(\Omega)$ で $\mathrm{supp}\, f \subset \{x_1 \geq 0\}$ なる f について初期値問題
$$\begin{cases} Pu = f \quad \text{in } \Omega, \\ \mathrm{supp}\, u \subset \{x_1 \geq 0\} \end{cases}$$
の解 $u \in C^\infty(\mathbb{R}^n)$ が存在する.

局所双曲型エネルギー評価を求める問題は超局所双曲型エネルギー評価を求めることに帰着された. ここで $p(x,\xi)$ が 2 次特性点 $\hat{z}$ で実効的双曲型であるときにどのようにして超局所双曲型エネルギー評価を得るのかの直感的議論を与えておこう. 以下 $\hat{z}$ を実効的双曲型特性点にもつ 2 階のシンボル $P(x,\xi)$ を例にとって本書で採用する議論を概観する. $P(x,\xi) = -\xi_1^2 + q(x,\xi')$ とする. 補題 6.4.3 より $\hat{z}$ における超局所時間関数 $t(x,\xi')$ で $\hat{z}$ の錐近傍で

$$q(x,\xi') \geq c\,t(x,\xi')^2|\xi|^2$$

を満たすものが存在する．実効的双曲型特性点をもつ微分作用素に対する初期値問題は，解 u が超局所時間関数 $t(x,\xi')$ で定義される（超局所）空間的曲面 $\{t(x,\xi')=0\}$ を横切るとき滑らかさを失うという特徴をもっている[*4)]．この問題を扱う 1 つの考え方としては擬微分作用素の荷重 W で，$M > 0$ を正数として $t(x,\xi') < 0$ のときは $W \approx \langle D \rangle^{-M}$ のように振る舞い $t(x,\xi') > 0$ では $W \approx 1$ のように振る舞うものを考え，u の代わりに $v = W^{-1}u$ を考えることである．このとき u が $t(x,\xi') = 0$ を横切るとき滑らかさを Sobolev ノルムで $\|\cdot\|_M$ 失うとすれば v 自身は滑らかさを保つのでより扱いやすい方程式を満たしていると期待できる．W が逆をもつとすれば v の満たす方程式は

$$(W^{-1}PW)v = W^{-1}f$$

であるから $W^{-1}PW$ なる作用素に対するエネルギー評価を考えることになる．本書で用いる荷重 W は $\lambda \geq 1$ をパラメーターとして

$$W(x,\xi) = T(x,\xi)^M, \ T(x,\xi) = \bigl(t(x,\xi')^2 + \lambda\langle\xi\rangle^{-1}\bigr)^{1/2} + t(x,\xi')$$

の形をしている．$t(x,\xi') < 0$ では $T(x,\xi)^M \approx \lambda^{M/2}\langle\xi\rangle^{-M}$ で $t(x,\xi') > 0$ では $T(x,\xi)^M \approx 1$ である．

$$\phi(x,\xi) = \bigl(t(x,\xi')^2 + \lambda\langle\xi\rangle^{-1}\bigr)^{1/2}, \ \psi(x,\xi) = \phi(x,\xi)\langle\xi\rangle$$

とおくと $T(x,\xi)$ は

$$|\partial_x^\beta \partial_\xi^\alpha T(x,\xi)| \leq C_{\alpha\beta}T(x,\xi)\phi(x,\xi)^{-|\beta|}\psi(x,\xi)^{-|\alpha|} \tag{10.4.33}$$

のように評価されるので metric g を

$$g_{(x,\xi)}(y,\eta) = \phi(x,\xi)^{-2}|y|^2 + \psi(x,\xi)^{-2}|\eta|^2$$

で定義すると (10.4.33) から $T(x,\xi) \in S(T(x,\xi), g)$ である．この g は $t(x,\xi') \neq 0$ では $S_{1,0}$ を定義し $t(x,\xi') = 0$ では $S_{1/2,1/2}$ を定義する metric と同値である．また

$$g_{(x,\xi)}(y,\eta)/g_{(x,\xi)}^\sigma(y,\eta) = (\phi\psi)^{-2} = (t(x,\xi')^2\langle\xi\rangle + \lambda)^{-2} \leq \lambda^{-2}$$

である．第 12 章で検証するが $P_{T^M} = \mathrm{Op}(T^M)^{-1}P\,\mathrm{Op}(T^M)$ とおくと粗くいって

$$P_{T^M}(x,\xi) \sim P((x,\xi) + iMH_T/T)$$

が成り立つ．ここで右辺は形式的に (x,ξ) での Taylor 展開を用いて定義する．この式は形式的には $T^{\pm M} = e^{i(\mp iM\log T)}$ と書き，$\mp iM\log T$ を（複素）相関数とする

[*4)] Chi Min-yu: The Cauchy problem for a class of hyperbolic equations with initial data on a line of parabolic degeneracy, Acta Math. Sinica **8** (1958) 521-530 に具体的な計算例がある．

Fourier 積分作用素と P との合成シンボルに等しい. $|\alpha|=1$ のとき
$$\partial_x^\alpha T = \phi^{-1}(\partial_x^\alpha t)T, \quad \partial_\xi^\alpha T = \phi^{-1}(\partial_\xi^\alpha t + \lambda T^{-1}\partial_\xi^\alpha \langle \xi \rangle^{-1}/2)T$$
より $H_T/T \sim \phi^{-1} H_t$ である. t は超局所時間関数であったから次章で証明する補題 11.1.1 から推察できるように粗くいって
$$P((x,\xi) + iM\phi^{-1}H_t) \sim P((x,\xi) - iM\phi^{-1}(0,\theta)) = \tilde{P}(x,\xi)$$
である（第13章で証明する）. この
$$\tilde{P}(x,\xi) = -\prod_{j=1}^{2}(\xi_1 - iM\phi^{-1} - \lambda_j(x,\xi')), \quad \lambda_1 = -\lambda_2$$
に対してエネルギー評価を得ればよい. $\tilde{P}$ に対するエネルギー評価を得るために第2章での考察に基づいて $\tilde{P}$ を分離する最も標準的なシンボル
$$-\partial \tilde{P}/\partial \xi_1 = Q(x,\xi) \sim \sum_{j=1}^{2}(\xi_1 - \lambda_j(x,\xi') - iM\phi^{-1})$$
を考え Qu を部分積分の相手方に選ぶ. すなわち
$$\mathsf{Im}(\tilde{P}u, Qu)_{L^2(\mathbb{R}^n)} = (Su, u)_{L^2(\mathbb{R}^n)} \tag{10.4.34}$$
を考える. ここで $S = (2i)^{-1}(Q^*\tilde{P} - \tilde{P}^*Q)$ である. このとき S の主シンボルは $(2i)^{-1}(\bar{Q}\tilde{P} - \overline{\tilde{P}}Q)$ であるから
$$S(x,\xi) \sim M\phi^{-1}\sum_{j=1}^{2}|\xi_1 - \lambda_j(x,\xi') - iM\phi^{-1}|^2$$
$$\geq M\phi^{-1}\left(\sum_{j=1}^{2}|\xi_1 - \lambda_j(x,\xi')|^2 + M^2\phi^{-2}\right)$$
$$\geq 2^{-1}M\phi^{-1}(q + M^2\phi^{-2}) \geq cM\phi^{-1}(t(x,\xi')^2|\xi|^2 + M^2\phi^{-2})$$
と粗く評価される. $\lambda \geq M$ とするとき正数 $c > 0$ が存在して
$$t(x,\xi')^2|\xi|^2 + M^2\phi^{-2} \geq M^2\lambda^{-2}(t(x,\xi')^2|\xi|^2 + \lambda^2\phi^{-2})$$
$$\geq M^2\lambda^{-2}\phi^{-2}|\xi|^2(t(x,\xi')^2\phi^2 + \lambda^2|\xi|^{-2})$$
$$\geq M^2\lambda^{-2}\phi^{-2}|\xi|^2(t(x,\xi')^4 + \lambda^2|\xi|^{-2})$$
$$\geq cM^2\lambda^{-2}\phi^2|\xi|^2 \geq cM^2\lambda^{-2}\psi^2$$
が成立する. この初等的な不等式がエネルギー評価を得るための鍵である. この S の下からの評価を用いると $|\alpha + \beta| = 1$ のとき
$$\left|S_{(\beta)}^{(\alpha)}/S\right| \leq C\lambda M^{-1}\phi^{-|\beta|}\psi^{-|\alpha|}$$
が成り立ち, したがって $S^{-1} \in S(S^{-1}, (\lambda M^{-1})^2 g)$ となる. $g_1 = (\lambda M^{-1})^2 g$ とお

くと $g_1^\sigma = (\lambda^{-2}M^2\phi\psi)^2 g_1$ であり

$$g_1/g_1^\sigma \leq (\lambda M^{-2})^2$$

である．ここで $\lambda M^{-2} \ll 1$ ならば g_1 は admissible metric となり，g_1 を metric とする擬微分作用素の calculus で $\mathrm{Op}(S^{-1})$ を扱うことができて

$$S \cdot \mathrm{Op}(S^{-1}) - 1 \in S(M^{-2}\lambda, g_1)$$

より S の逆 T が存在し，$E = T^{1/2}$ とおくと $E^*SE \sim 1$ が成立する．したがってある $k > 0$ について

$$(Su, u) \succeq \|E^{-1}u\|^2_{L^2(\mathbb{R}^n)} \succeq \|u\|^2_{H^{-k}(\mathbb{R}^n)}$$

を得る．Q は 1 階の作用素であるから (10.4.34) より

$$C\|\tilde{P}u\|^2_{H^{k+1}(\mathbb{R}^n)} + C^{-1}\|u\|^2_{H^{-k}(\mathbb{R}^n)} \succeq \|u\|^2_{H^{-k}(\mathbb{R}^n)}$$

となってエネルギー評価が得られる．以上の直感的な議論を正当化するには大きなパラメーター $1 \leq M \ll \lambda \ll M^2$ を含む擬微分作用素の calculus を準備する必要があるがこれは以下の章の主題でもある．

補題 6.5.1 の証明の中で示したように斉次正準座標系を適当に選べば $t(x, \xi') = x_1 - \psi(x, \xi')$ で，さらに $d\psi$ は 2 次特性点で dx_2 と dx_n の 1 次結合である，と仮定できる．$t(x, \xi')$ がこのような特別な形をしているときは，シンボルの局所化パラメーターを導入し，このパラメーターを用いて $T^M(x, \xi)$ を扱うことができる [27][17]．したがってこの斉次正準座標系に対応する Fourier 積分作用素を用いればパラメーター $1 \leq M \ll \lambda \ll M^2$ を含む擬微分作用素の議論を避けることができる．しかし例えば 2 個以上の双曲型多項式 $p^{(j)} = -\xi_1^2 + q^{(j)}(x, \xi')$, $j = 1, \ldots, \ell$ が 2 次特性点 ρ で実効的双曲型とするとき，補題 6.4.3 によって存在する

$$q^{(j)}(x, \xi') \geq c\, t^{(j)}(x, \xi')^2|\xi|^2$$

を満たす超局所時間関数 $t^{(1)}(x, \xi'), \ldots, t^{(\ell)}(x, \xi')$ は一般には包合的[*5]ではなく，これらのすべての超局所時間関数が同時にこの特別な形になるように斉次正準座標系を選ぶことはできない．より具体的な興味ある例として

$$p(x, \xi) = p_1(x, \xi)p_2(x, \xi)p_3(x, \xi), \quad p_j = \xi_1 - q_j(x, \xi')$$

を考えよう．ここで $q_j(x, \xi')$ は ρ の錐近傍で定義された実数値の S^1 シンボルで，p_j は $\{p_1, p_2\}(\rho) \neq 0$, $\{p_2, p_3\}(\rho) \neq 0$, $\{p_3, p_1\}(\rho) \neq 0$ を満たすとする．したがって 6.4 節でみたように p_1p_2, p_2p_3, p_3p_1 は ρ で実効的双曲型である．このとき $q_i - q_j (= p_i - p_j)$ は p_ip_j の ρ における超局所時間関数であり，$q_1 - q_2$, $q_2 - q_3$, $q_3 - q_1$ が ρ で包合的なら

[*5] すなわち $\{t^{(i)}, t^{(j)}\}$ が $t^{(1)}, \ldots, t^{(\ell)}$ の 1 次結合として書ける．

$$\{p_1,p_2\}(\rho)+\{p_2,p_3\}(\rho)+\{p_3,p_1\}(\rho)=0 \qquad (10.4.35)$$

が成立する．一方でこの p を主シンボルとする微分作用素については $\{p_1,p_2\}(\rho)$, $\{p_2,p_3\}(\rho)$, $\{p_3,p_1\}(\rho)$ が同符号，したがって (10.4.35) は成立しない，のとき興味深い現象が起こることが知られている[*6]．

[*6)] この例については N.Iwasaki: Bicharacteristic curves and well-posedness for hyperbolic equations with noninvolutive multiple characteristics, J. Math. Kyoto Univ. **34** (1994) 41-46 および T.Nishitani: Note on a paper of N.Iwasaki:"Bicharacteristic curves and well-posedness for hyperbolic equations with noninvolutive multiple characteristics", J. Math. Kyoto Univ. **38** (1998) 415-418 を参照．

第11章 双曲型シンボルの評価

ρ を斉次双曲型多項式 $p(x,\xi)$ の2次特性点とし，$\tilde{p}$ を p の ρ の周りの Taylor 展開による2次近似とする．K を p の ρ での局所化の双曲錐に含まれるコンパクト集合とするとき，ρ の近傍で $\zeta \in K$ および十分小さな $0 < r \ll 1$ に対して $|\tilde{p}(z-ir\zeta)|/|p(z-ir(0,\theta))|$ が上からも下からも有界であることを示す．この事実は実効的双曲型特性点をもつ微分作用素の超局所エネルギー評価の導出の際に重要な役割を果たす．次に任意に点 $x^0 \in \mathbb{R}^n$ を固定して得られる $p(x^0,\cdot)$ の双曲錐 $\Gamma(p(x^0,\cdot))$ に含まれるコンパクト集合 L について，特性根の Lipschitz 連続性を用いて任意の $\eta \in L, \xi \in \mathbb{R}^n, \alpha,\beta \in \mathbb{N}^n$ について x が x^0 の近くでは

$$|\partial_\xi^\alpha \partial_x^\beta p(x,\xi-i\eta)/p(x,\xi-i\eta)| \leq C_{\alpha\beta}(1+|\xi|)^{|\beta|}$$

が成立することを示す．この評価は Gevrey クラスでの初期値問題の適切性を示す際の Weyl-Hörmander calculus の運用において基本的となる．

11.1 双曲型シンボルの評価 I

最初に次の双曲型多項式

$$p(x,\xi) = -\xi_1^2 + 2a_1(x,\xi')\xi_1 + a_2(x,\xi')$$

を考察しよう．この p に対して $\tilde{p}(x+iy,\xi+i\eta)$ を

$$\tilde{p}(x+iy,\xi+i\eta) = \sum_{|\alpha+\beta|\leq 2} \frac{1}{\alpha!\beta!} \partial_x^\alpha \partial_\xi^\beta p(x,\xi)(iy)^\alpha (i\eta)^\beta \tag{11.1.1}$$

で定義する．$p(x,\xi)$ が実解析的ならば $\tilde{p}(x+iy,\xi+i\eta)$ は単に p の実の点 (x,ξ) における Taylor 展開の2次の項までの和である．

補題 11.1.1 $\rho = (\hat{x},\hat{\xi}), |\hat{\xi}| = 1$ を p の2次特性点とし $K \subset \Gamma_\rho$ をコンパクト集合とする．このとき ρ の近傍 V と正数 $C > 0$ が存在して任意の $(x,\xi) \in V, -\zeta \in K$ および絶対値が十分小さな $r \in \mathbb{R}$ に対して

$$|\tilde{p}(z+ir\zeta)|/C \leq |p(z-ir(0,\theta))| \leq C|\tilde{p}(z+ir\zeta)| \tag{11.1.2}$$

が成立する[*1].

［証明］ まず $a_1(x,\xi') = 0$ すなわち
$$p(x,\xi) = -\xi_1^2 + q(x,\xi'), \quad q(x,\xi') \geq 0$$
として証明する. $\rho = (\hat{x}, \hat{\xi})$ は 2 次特性点であるからこのとき $q(\hat{x}, \hat{\xi}') = 0$ である. $\zeta = (y, \eta)$ と書くと

$$\begin{aligned}
&\tilde{p}((x,\xi) + ir\zeta) \\
&= \sum_{|\alpha+\beta| \leq 2} \frac{(ir)^{|\alpha+\beta|}}{\alpha!\beta!} (\partial_x^\alpha \partial_\xi^\beta p)(x,\xi) y^\alpha \eta^\beta \\
&= -(\xi_1 + ir\eta_1)^2 + \sum_{|\alpha+\beta| \leq 2} \frac{(ir)^{|\alpha+\beta|}}{\alpha!\beta!} (\partial_x^\alpha \partial_\xi^\beta q)(x,\xi') y^\alpha \eta^\beta \\
&= -(\xi_1 + ir\eta_1)^2 + q(x,\xi') + ir\langle \nabla q(x,\xi'), (y,\eta')\rangle - r^2 G(x,\xi';\zeta) \\
&= -\xi_1^2 + q(x,\xi') + (\eta_1^2 - G(x,\xi';\zeta))r^2 - 2ir\big(\eta_1\xi_1 - \langle \nabla q(x,\xi'), (y,\eta')\rangle/2\big)
\end{aligned}$$

となる. ここで
$$G(x,\xi';\zeta) = \sum_{|\alpha+\beta|=2} \frac{1}{\alpha!\beta!} (\partial_x^\alpha \partial_\xi^\beta q)(x,\xi') y^\alpha \eta^\beta \tag{11.1.3}$$
である. したがって $\Delta = \eta_1^2 - G(x,\xi';\zeta)$ とおくと

$$\begin{aligned}
&\tilde{p}((x,\xi) + ir\zeta) \\
&= -\xi_1^2 + q(x,\xi') + \Delta r^2 - 2ir\big(\eta_1\xi_1 - \langle \nabla q(x,\xi'), (y,\eta')\rangle/2\big)
\end{aligned} \tag{11.1.4}$$

となる. $\rho' = (\hat{x}, \hat{\xi}')$ とおく. (11.1.3) より $-\zeta \in K$ に一様に $G(x,\xi';\zeta) - q_{\rho'}(y,\eta') = O(|(x,\xi'/|\xi|) - \rho'|)$ であり, また $-(y,\eta) \in K \subset \Gamma_\rho$ より $\eta_1^2 > q_{\rho'}(y,\eta')$ が成り立っているので, K がコンパクトであることから正数 $0 < \kappa_1 < 1$, $c_1 > 0$ が存在して
$$c_1 \leq |\eta_1|, \quad q_{\rho'}(y,\eta') \leq \kappa_1 |\eta_1|^2, \quad -(y,\eta) \in K \tag{11.1.5}$$
が成立する. したがって任意の κ_2, $\kappa_1 < \kappa_2 < 1$ に対し V を十分小さく選ぶと $(x,\xi') \in V$, $-\zeta \in K$ のとき $G(x,\xi';\zeta) \leq \kappa_2|\eta_1|^2$ が成立しているとしてよく, したがって
$$\Delta \geq (1-\kappa_2)c_1^2 = c > 0$$
が成り立っている. 次に $g(t) = q((x,\xi') + t(y,\eta'))$ とおき t について Taylor 展開するると

[*1] 後に $\tilde{p}(z+i\zeta)$ の ζ に関する Taylor 展開をしばしば考えることになるのでそのときの都合のために $\zeta \in K$ ではなく $-\zeta \in K$ としている.

$$g(t) = q(x,\xi') + t\langle \nabla q(x,\xi'),(y,\eta')\rangle + t^2 G(x,\xi';y,\eta) + R(t)$$

となる. ここで $-(y,\eta) \in K$ で (x,ξ') が ρ' に近いとき $|R(t)| \leq C|t|^3$ および $|R''(t)| \leq 2C|t|$ が成り立つ. いま $\kappa_2 < \kappa_3 < 1, 0 < \delta < C^{-1}(\kappa_3 - \kappa_2)c_1$ なる $\kappa_3 > 0$ と $\delta > 0$ を選ぶ. 必要なら V をさらに小さく選んで V で $q(x,\xi') \leq c_1^2 \delta^2$ が成り立つとしてよい. このとき $g(0) \leq c_1^2 \delta^2$ で $|t| \leq \delta$ のとき $|g''(t)| \leq 2\kappa_2|\eta_1|^2 + 2C\delta$ が成り立ち $0 \leq g(t) \leq g(0) + tg'(0) + t^2(\kappa_2|\eta_1|^2 + C\delta)$ が従う. いま $g(0) \neq 0$ として t を $|t| = |\eta_1|^{-1}g(0)^{1/2} \leq \delta$ でその符号が $g'(0)t = -|g'(0)||t|$ となるように選ぶと

$$|g'(0)| = |\langle \nabla q(x,\xi'),(y,\eta')\rangle|$$
$$\leq |\eta_1|g(0)^{1/2} + |\eta_1|^{-1}g(0)^{1/2}(\kappa_2|\eta_1|^2 + C\delta) \leq (1+\kappa_3)|\eta_1|q(x,\xi')^{1/2}$$

が成立する. $g(0) = q(x,\xi') = 0$ なら $q(x,\xi')$ が非負より $\nabla q(x,\xi') = 0$ ゆえこの場合も成り立っている. 以上より $0 < \kappa < 1$ があって $(x,\xi) \in V$ のとき任意の $-(y,\eta) \in K$ に対して

$$2\kappa\sqrt{q(x,\xi')}|\eta_1| \geq |\langle \nabla q(x,\xi'),(y,\eta')\rangle| \tag{11.1.6}$$

が成立しているとしてよい.

一方 $p((x,\xi) - ir(0,\theta)) = -(\xi_1 - ir)^2 + q(x,\xi')$ であるから, ある $C > 0$ について

$$\begin{aligned}(|-\xi_1^2 + q(x,\xi') + r^2| + |r\xi_1|)/C \\ \leq |p((x,\xi) - ir(0,\theta))| \leq C(|-\xi_1^2 + q(x,\xi') + r^2| + |r\xi_1|)\end{aligned} \tag{11.1.7}$$

は明らかである. 十分小さな $\delta > 0$ に対し $|\xi_1| \geq (1+\delta)|\langle \nabla q(x,\xi'),(y,\eta')\rangle/2\eta_1|$ が成立しているときを考える. したがって (11.1.5) より

$$|\xi_1|/C \leq |\eta_1\xi_1 - \langle \nabla q(x,\xi'),(y,\eta')\rangle/2| \leq C|\xi_1| \tag{11.1.8}$$

は明らかである. 適当な $C > 0$ について

$$|-\xi_1^2 + q(x,\xi') + r^2| - Cr^2$$
$$\leq |-\xi_1^2 + q(x,\xi') + \Delta r^2| \leq |-\xi_1^2 + q(x,\xi') + r^2| + Cr^2$$

に注意する. 正数 $0 < a < \min\{1,c\}$ をとると $0 \leq \xi_1^2 \leq ar^2$ のときある $C > 0$ について $|-\xi_1^2 + q(x,\xi') + \Delta r^2| \geq r^2/C$ および $|-\xi_1^2 + q(x,\xi') + r^2| \geq r^2/C$ が成り立ち, また $\xi_1^2 \geq ar^2$ なら $|r\xi_1| \geq r^2/C$ であるから (11.1.4), (11.1.7) および (11.1.8) より (11.1.2) が成り立つ. 次に

$$|\xi_1| \leq (1+\delta)|\langle \nabla q(x,\xi'),(y,\eta')\rangle/2\eta_1| \tag{11.1.9}$$

のときを考える. (11.1.6) より $|\xi_1| \leq (1+\delta)\kappa\sqrt{q(x,\xi')}$ であり δ を $(1+\delta)\kappa < 1$ と選んでおけば適当な $C > 0$ について

168 第 11 章 双曲型シンボルの評価

$$q(x,\xi')/C \leq -\xi_1^2 + q(x,\xi') \leq q(x,\xi')$$

が成り立つ．一方 Glaeser の不等式より V で $|\nabla q(x,\xi')|^2 \leq C'q(x,\xi')$ であるから (11.1.9) に注意して

$$|r\xi_1|, \ |r\xi_1\eta_1|, \ |r\langle \nabla q(x,\xi'),(y,\eta')\rangle/2| \leq C(q(x,\xi')+r^2)$$

が成り立ち (11.1.2) が従う．

一般のときは $\eta_1 = \xi_1 - a_1(x,\xi')$, $y_1 = x_1$ とおくと y_1, η_1 は交換関係を満たし，$d\eta_1, dy_1, \Sigma \hat{\xi}_j dx_j$ は 1 次独立なので定理 4.5.2 より $(y_1,\ldots,y_n,\eta_1,\ldots,\eta_n)$ が斉次正準座標系となるようにできる．$w = \chi(z)$, $z = (x,\xi)$, $w = (y,\eta)$ と書くと χ は斉次正準変換であり $p(z) = P(\chi(z))$ とおくとき $P(w) = -\eta_1^2 + q(y,\eta')$ である．いま $D\chi(z)$ で χ の z における微分を表し $\chi(z+r\zeta) = \chi(z) + rD\chi(z)\zeta + h(z,\zeta,r)$, $h(z,\zeta,r) = O(|r|^2)$ と書くと (6.1.4) より $p_{\hat{z}}(\zeta) = P_{\hat{w}}(D\chi(\hat{z})\zeta)$ である．ここで $\hat{z} = \rho$, $\hat{w} = \chi(\hat{z})$ とした．したがって $-\zeta$ が $\Gamma(p_{\hat{z}})$ のコンパクト集合 K に含まれ，z が $\hat{z}$ の十分小さな近傍に含まれるときは $D\chi(z)\zeta$ は $\Gamma(P_{\hat{w}})$ のコンパクト集合に含まれるとしてよい．

$$\tilde{p}(z+ir\zeta) = \tilde{P}(w+irD\chi(z)\zeta) + \tilde{h}(z,\zeta,r)$$

と書くとき $P^{(\alpha)}_{(\beta)}(\hat{w}) = 0$, $|\alpha+\beta| = 1$ より十分小な $r_0 > 0$ を 1 つ固定して

$$\sup_{|z-\hat{z}|\leq \delta, -\zeta\in K, |r|\leq r_0} |\tilde{h}(z,\zeta,r)|/r^2 = C_\delta$$

とおくと $\lim_{\delta\to 0} C_\delta = 0$ を確かめるのは容易である．一方 $P(w - ir(0,\theta)) = p(z - ir(0,\theta))$ で $|p(z - ir(0,\theta))| \geq r^2$ であるから $|\tilde{h}(z,\zeta,r)| \leq C_\delta r^2$ を考慮すると P に対する (11.1.2) から p に対する主張が従う． □

系 11.1.1 $\rho = (\hat{x},\hat{\xi})$ を 2 次特性点，$f(x,\xi)$ を ρ での超局所時間関数とする．$\tilde{H}_f = (|\xi|\nabla_\xi f, -\nabla_x f)$ とおく．このとき ρ の錐近傍 U があって $z = (x,\xi) \in U$ のとき $|\xi|^{-1}|\tilde{H}_f|$ が十分小ならば

$$|\tilde{p}(z+iH_f)|/C \leq |p(z-i|\tilde{H}_f|(0,\theta))| \leq C|\tilde{p}(z+iH_f)| \qquad (11.1.10)$$

が成立する．

［証明］まず $f(x,\xi)$ が ρ での超局所時間関数であることより，ρ の錐近傍 U を十分小さく選ぶとコンパクト集合 $K \subset \Gamma_\rho$ があって $-\tilde{H}_f/|\tilde{H}_f| \in K$ とできることに注意する．$r = |\xi|^{-1}|\tilde{H}_f| \ll 1$ とおくと斉次性より

$$\tilde{p}((x,\xi)+iH_f) = |\xi|^2 \tilde{p}((x,\xi/|\xi|)+i|\xi|^{-1}\tilde{H}_f)$$
$$= |\xi|^2 \tilde{p}((x,\xi/|\xi|)+ir\tilde{H}_f/|\tilde{H}_f|),$$
$$p((x,\xi)-i|\tilde{H}_f|(0,\theta)) = |\xi|^2 p((x,\xi/|\xi|)-ir(0,\theta))$$

であるから (11.1.10) を示すには ρ の錐近傍 U があって十分小さな $0 < r \ll 1$ に対して

$$|\tilde{p}((x,\xi/|\xi|) + ir\tilde{H}_f/|\tilde{H}_f|)|/C \leq |p((x,\xi/|\xi|) - ir(0,\theta))|$$
$$\leq C|\tilde{p}((x,\xi/|\xi|) + ir\tilde{H}_f/|\tilde{H}_f|)| \quad (11.1.11)$$

の成立することを示せばよいがこれは補題 11.1.1 に他ならない. □

$\tilde{p}(z + iH_f)$ は $e^{-f}\#p\#e^f$ の主要部として現れる. これについては第 12 章で詳しく考察する. この系の証明で $f(x,\xi)$ に対して ξ に関する斉次性を課していないことに注意しよう. 重要な例として

$$t(x,\xi) = \sqrt{x_1^2 + \epsilon\langle\xi\rangle^{-1}} + x_1 = \phi(x,\xi) + x_1$$

とおき $f(x,\xi) = \log t(x,\xi)$ を考えよう. ここで $\epsilon > 0$ は十分小さな正数とする.

$$H_f = (\epsilon\partial_{\xi_1}\langle\xi\rangle^{-1}/(2t\phi), \ldots, \epsilon\partial_{\xi_n}\langle\xi\rangle^{-1}/(2t\phi), \phi^{-1}, 0, \ldots, 0)$$

を確かめるのは容易である. $\epsilon|\partial_{\xi_j}\langle\xi\rangle^{-1}/(2t\phi)| \leq 1$ であり $|x_1| \leq \sqrt{\epsilon}$ のとき $\phi^{-1} \geq 1/\sqrt{2\epsilon}$ に注意すると, ϵ を小さく選ぶと $H_f/|H_f|$ は $(0,\theta)$ に十分近い. 一方 $p(x,\xi) = -\prod_{j=1}^2 (\xi_1 - \lambda_j(x,\xi'))$ と書くと $\lambda_j(x,\xi')$ は実数値であり, 系 11.1.1 の証明を適用し, $|\xi| = 1$ のコンパクト性を考慮すると $x = 0$ の近傍で

$$C|\tilde{p}((x,\xi) + iH_f)| \geq |p((x,\xi) - i|\tilde{H}_f|(0,\theta))| \geq |\tilde{H}_f|^2 \geq \phi^{-2}$$

が成立する. $|x_1| \leq \langle\xi\rangle^{-1/2}$ のとき $\phi^{-2} \geq (1+\epsilon)^{-1}\langle\xi\rangle$ であるから時間に関して「瞬間的」には $\tilde{p}((x,\xi) + iH_f)$ は 1 階の楕円型作用素のような挙動をすることが分かる.

次に m 階の $p(x,\xi)$ を考える. $\tilde{p}(x + iy, \xi + i\eta)$ を (11.1.1) と同様に

$$\tilde{p}(x + iy, \xi + i\eta) = \sum_{|\alpha+\beta| \leq m} \frac{1}{\alpha!\beta!} \partial_x^\alpha \partial_\xi^\beta p(x,\xi)(iy)^\alpha(i\eta)^\beta \quad (11.1.12)$$

で定義する. $\rho = (\hat{x}, \hat{\xi})$ を p の 2 次特性点とする. Weierstrass の予備定理 (定理 2.4.1) より $p(x,\xi)$ は $\rho' = (\hat{x}, \hat{\xi}')$, $\hat{\xi} = (\hat{\xi}_1, \hat{\xi}')$ の錐近傍で

$$p(x,\xi) = p_{m-2}(x,\xi)p_2(x,\xi)$$

と分解される. ここで $p_{m-2}(x,\xi)$ および $p_2(x,\xi)$ はそれぞれ ξ に関して $m-2$ 次および 2 次斉次で ξ_1 についての多項式で θ 方向に双曲型である. すなわち ρ' の錐近傍で (1.2.7) が成立している. $p_{m-2}(\rho) \neq 0$ で p_2 は $|\alpha+\beta| \leq 1$ のとき $\partial_x^\alpha \partial_\xi^\beta p_2(\rho) = 0$ を満たす. $p_\rho(x,\xi) = p_{m-2,\rho}(x,\xi)p_{2,\rho}(x,\xi)$ は明らかであるから $\Gamma_\rho(p) = \Gamma_\rho(p_2)$ である. $K \subset \Gamma_\rho$ をコンパクト集合とする. 補題 3.3.2 より ρ の近傍 V および $e_2(z,\zeta,t) \in C^\infty(V) \times (-K) \times \{|t| < \delta\}$ があって

$$p_2(z + t\zeta) = e_2(z,\zeta,t)\prod_{j=1}^2 (t - \mu_j(z,\zeta)) \quad (11.1.13)$$

と書ける．ここで $\mu_j(z,\zeta)$ は実数値であり $(z,-\zeta,t) \in V \times K \times \{|t|<\delta\}$ で $e_2(z,\zeta,t) \neq 0$ である．次に $\prod_{j=1}^{2}(t-\mu_j) = \sum_{\ell=0}^{2} p_\ell t^\ell$ と書き $e(z,\zeta,t) = p_{m-2}(z+t\zeta)e_2(z,\zeta,t)$ とおくと

$$\tilde{p}(z+ir\zeta) = \sum_{j=0}^{m} \frac{1}{j!} \left(ir\frac{\partial}{\partial t}\right)^j \left(e(t-\mu_1)(t-\mu_2)\right)\Big|_{t=0}$$

$$= \sum_{j=0}^{m} \sum_{k_1+k_2=j} \frac{1}{k_1!}\left(ir\frac{\partial}{\partial t}\right)^{k_1} e \frac{1}{k_2!}\left(ir\frac{\partial}{\partial t}\right)^{k_2} \sum_{\ell=0}^{2} p_\ell t^\ell \Big|_{t=0}$$

$$= \sum_{\ell=0}^{2} \sum_{k=0}^{m-\ell} \frac{1}{k!}\left(ir\frac{\partial}{\partial t}\right)^k e\Big|_{t=0} p_\ell (ir)^\ell$$

でありさらに右辺は

$$\sum_{\ell=0}^{2} \left(\sum_{k=0}^{m} \frac{1}{k!}\left(ir\frac{\partial}{\partial t}\right)^k e\Big|_{t=0} - \sum_{k \geq m-\ell+1} \frac{1}{k!}\left(ir\frac{\partial}{\partial t}\right)^k e\Big|_{t=0} \right) p_\ell(ir)^\ell$$

$$= \sum_{\ell=0}^{2} \left(\sum_{k=0}^{m} \frac{1}{k!}\left(ir\frac{\partial}{\partial t}\right)^k e \right)\Big|_{t=0} p_\ell(ir)^\ell + O(r^{m+1})$$

$$= \sum_{k=0}^{m} \frac{1}{k!}\left(ir\frac{\partial}{\partial t}\right)^k e\Big|_{t=0} \prod_{j=1}^{2}(ir-\mu_j) + O(r^{m+1})$$

に等しいから $m \geq 2$ に注意して

$$\tilde{p}(z+ir\zeta) = e_{m-2}(z,\zeta,r) \prod_{k=1}^{2}(ir-\mu_j(z,\zeta)) + O(r^3) \tag{11.1.14}$$

が従う．ここで

$$e_{m-2}(z,\zeta,r) = \sum_{k=0}^{m} \left(ir\frac{\partial}{\partial t}\right)^k e(z,\zeta,t)/k!\Big|_{t=0}$$

ゆえ $e_{m-2}(z,\zeta,0) = p_{m-2}(z)e_2(z,\zeta,0) \neq 0$ である．

命題 11.1.1 $p(x,\xi)$ は θ 方向に双曲型とし，$\rho = (\hat{x},\hat{\xi})$, $|\hat{\xi}|=1$ を p の 2 次特性点とし，$K \subset \Gamma_\rho$ をコンパクト集合とする．このとき ρ の近傍 V と正数 $C>0$ が存在して任意の $(x,\xi) \in V$, $-\zeta \in K$ および絶対値が十分小な $r \in \mathbb{R}$ に対して

$$\tilde{p}(z+ir\zeta) = e(z,\zeta,r) \prod_{j=1}^{2}(ir-\mu_j(z,\zeta)) + O(r^3)$$

と書ける．ここで $\mu_j(z,\zeta)$ は実数値であり $(z,-\zeta,r) \in V \times K \times \{|r|<r_0\}$ のとき $e(z,\zeta,r) \neq 0$ である．さらに正数 $C>0$ が存在して任意の $(x,\xi) \in V$, $-\zeta \in K$ に対して（$|\mu_1(z,\eta)| \leq |\mu_2(z,\eta)|$ と番号づけることにして）

$$|\mu_j(z,(0,\theta))|/C \leq |\mu_j(z,\zeta)| \leq C|\mu_j(z,(0,\theta))|, \quad j=1,2 \tag{11.1.15}$$

が成立する[*2]. また任意の $(x,\xi) \in V$, $-\zeta \in K$, $0 < r \ll 1$ に対して

$$|\tilde{p}(z+ir\zeta)|/C \leq |p(z-ir(0,\theta))| \leq C|\tilde{p}(z+ir\zeta)| \tag{11.1.16}$$

が成立する.

[証明] 最初の主張は (11.1.14) より明らかである. $p_2(x,\xi)$ に補題 11.1.1 を適用する. $\mu_j(\zeta, z)$ は実であるから ρ の近傍 V と正数 $C > 0$ が存在して任意の $(z, -\zeta) \in V \times K$, $0 < r \ll 1$ に対し

$$\prod_{j=1}^{2}(r+|\mu_j(z,(0,\theta))|)/C \leq \prod_{j=1}^{2}(r+|\mu_j(z,\zeta)|) \tag{11.1.17}$$
$$\leq C\prod_{j=1}^{2}(r+|\mu_j(z,(0,\theta))|)$$

が成立する. $\mu_j = |\mu_j(z,\zeta)|$, $M_j = |\mu_j(z,(0,\theta))|$ とおき $r = \epsilon\mu_2$ と選ぶと (11.1.17) より $\mu_1 \leq \mu_2$, $M_1 \leq M_2$ に注意して

$$\epsilon\mu_2^2 \leq 2C(\epsilon^2\mu_2^2 + M_2^2)$$

を得る. したがって $\epsilon = 1/4C$ と選ぶと $\mu_2 \leq 4CM_2$ が成り立つ. $M_2 \leq 4C\mu_2$ も同様である. したがって $(r+M_2)/4C \leq r+\mu_2 \leq 4C(r+M_2)$ である. ゆえに (11.1.17) より

$$(r+M_1)/4C^2 \leq r+\mu_1 \leq 4C^2(r+M_1)$$

が得られ $M_1/4C^2 \leq \mu_1 \leq 4C^2 M_1$ が成り立つ. (11.1.16) については

$$C|\tilde{p}_2(z+ir\zeta)| \geq |p_2(z-ir(0,\theta))| \geq r^2$$

に注意すると (11.1.15) と補題 11.1.1 から直ちに従う. □

11.2 双曲型シンボルの評価II

まず特性根の Lipschitz 連続性から次が従う.

命題 11.2.1 $p(x,\xi) = \sum_{|\alpha|=m} a_\alpha(x)\xi^\alpha$ は $\theta = (1,0,\ldots,0) \in \mathbb{R}^n$ 方向に双曲型とする. すなわち任意の x, $\xi \in \mathbb{R}^n$ に対して $p(x,\xi - i\theta) \neq 0$ とする. また $a_\alpha(x) \in C^\infty(\mathbb{R}^n)$ とする. このとき任意のコンパクト集合 $K \subset \mathbb{R}^n$ に対して正数 $C = C(K) > 0$ が存在し任意の $(x,\xi) \in K \times \mathbb{R}^n$ および $|\alpha+\beta| = 1$ に対して

[*2] (11.1.15) は補題 3.3.3 の超局所版であり ρ が一般の多重特性点のときにも成立する. K.Kajitani and S.Wakabayashi: Microlocal a priori estimates and the Cauchy problem II, Japan J. Math. **20** (1994) 353-408.

$$\left|\frac{p_{(\beta)}^{(\alpha)}(x,\xi-i\theta)}{p(x,\xi-i\theta)}\right| \leq C|\xi|^{|\beta|} \tag{11.2.18}$$

が成立する．

［証明］　まず $p(x,\xi)$ を $p(x,\xi) = \prod_{j=1}^{m}(\xi_1 - \lambda_j(x,\xi'))$, $\lambda_1(x,\xi') \leq \cdots \leq \lambda_m(x,\xi')$ と書くと

$$\frac{p_{(\beta)}^{(\alpha)}(x,\xi-i\theta)}{p(x,\xi-i\theta)} = \sum_{k=1}^{m}\frac{\partial_x^\beta \partial_\xi^\alpha (\xi_1 - \lambda_k(x,\xi') - i)}{\xi_1 - \lambda_k(x,\xi') - i}$$

である．一方 $\lambda_k(x,\xi')$ の Lipschitz 連続性（定理 3.3.1）および $\lambda_k(x,\xi')$ が ξ' について 1 次斉次であることに注意すると，$K\times\{|\xi'|=1\}$ のコンパクト性より $C>0$ があって $|\alpha+\beta|=1$ のとき任意の $(x,\xi)\in K\times\mathbb{R}^n$ に対して $|\partial_x^\beta\partial_\xi^\alpha(\xi_1-\lambda_k(x,\xi')-i)|\leq C|\xi|^{1-|\alpha|}=C|\xi|^{|\beta|}$ が成立するから主張が従う． □

定義 11.2.1　ξ の多項式 $h_j(x,\xi)$, $j=0,1,\ldots,m$ を

$$|p(x,\xi-is\theta)|^2 = \sum_{j=1}^{m} s^{2(m-j)} h_j(x,\xi), \quad s\in\mathbb{R} \tag{11.2.19}$$

で定義する．特に $h_0(x,\xi)=1$, $h_m(x,\xi)=|p(x,\xi)|^2$ である．

一般の $h_j(x,\xi)$ の形をみるにはまず $p(x,\xi)=\prod_{j=1}^{m} q_j(x,\xi)$ と分解する．ここで $q_j(x,\xi)=\xi_1-\lambda_j(x,\xi')$ で $\lambda_j(x,\xi')$ は実数値で ξ' について 1 次斉次である（必ずしも滑らかではない）．この q_j を用いると h_j は

$$h_j(x,\xi) = \sum_{1\leq\ell_1<\ell_2<\cdots<\ell_j\leq m} |q_{\ell_1}(x,\xi)|^2 \cdots |q_{\ell_j}(x,\xi)|^2 \tag{11.2.20}$$

で与えられることが容易に分かる．

補題 11.2.1　$p(x,\xi)=\sum_{|\alpha|=m}a_\alpha(x)\xi^\alpha$ は $\theta=(1,0,\ldots,0)\in\mathbb{R}^n$ 方向に双曲型とし $a_\alpha(x)\in C^\infty(\mathbb{R}^n)$ とする．このとき任意のコンパクト集合 $K\subset\mathbb{R}^n$ に対して正数 $C=C(K)>0$ が存在し，任意の $(x,\xi)\in K\times\mathbb{R}^n$ および $|\alpha+\beta|=1$ に対して

$$|p_{(\beta)}^{(\alpha)}(x,\xi)| \leq C h_{m-1}(x,\xi)^{1/2}|\xi|^{|\beta|}$$

が成立する．

［証明］　定義から $h_{m-1}(x,\xi)=\sum_{k=1}^{m}\prod_{j\neq k}|\xi_1-\lambda_j(x,\xi')|^2$ は明らかであるから

$$p_{(\beta)}^{(\alpha)}(x,\xi) = \sum_{k=1}^{m} \partial_x^\beta\partial_\xi^\alpha(\xi_1-\lambda_k(x,\xi'))\prod_{j\neq k}(\xi_1-\lambda_k(x,\xi'))$$

に命題 11.2.1 の証明と同様の議論を適用して主張が得られる． □

実際は (11.2.18) はすべての $\alpha, \beta \in \mathbb{N}^n$, $|\alpha + \beta| \leq m$ に対して成立する．これを示すために関数の微分の評価に関する補間定理を準備しよう．

補題 11.2.2 $f(x) \in C^r(\mathbb{R}^n)$, $r \geq 2$ とし
$$M_k = \sup\{|\partial_x^\alpha f(x)| \mid |\alpha| = k,\ x \in \mathbb{R}^n\}$$
とおく．このとき正数 $c = c(r, n)$ が存在して M_0 および M_r が有限ならば $k = 1, \ldots, r-1$ に対して
$$M_k \leq c\, M_0^{1-k/r} M_r^{k/r} \tag{11.2.21}$$
が成立する．

[証明] $n = 1$ のときに (11.2.21) を示そう．一般の n のときは n に関する帰納法を用いればよい．任意の $1 \leq k \leq r-1$ および任意の $x, y \in \mathbb{R}$ に対して $0 < \theta < 1$ があって $f^{(k-1)}(x+y) - f^{(k-1)}(x) = y f^{(k)}(x) + (y^2/2) f^{(k+1)}(x+\theta y)$ が成り立つので任意の $y > 0$ に対して
$$M_k \leq (2/y) M_{k-1} + (y/2) M_{k+1} \tag{11.2.22}$$
が成立する．$r = 2$ のときは (11.2.22) で $k = 1$ および $y = 2 M_2^{-1/2} M_0^{1/2}$ として (11.2.21) を得る．$M_2 = 0$ なら M_0 が有限であるから $f = 0$ となって (11.2.21) は成立する．以下 r に関する帰納法で (11.2.21) を示そう．いま $c_{r-1} > 0$ があって $k = 1, \ldots, r-2$ に対して
$$M_k \leq c_{r-1} M_0^{1-k/(r-1)} M_{r-1}^{k/(r-1)} \tag{11.2.23}$$
が成立していると仮定する．このとき (11.2.22) および (11.2.23) より
$$M_{r-1} \leq (2/y) c_{r-1} M_0^{1-(r-2)/(r-1)} M_{r-1}^{(r-2)/(r-1)} + (y/2) M_r$$
が任意の $y > 0$ に対して成立する．ここで y として
$$y = 4 c_{r-1} M_0^{1-(r-2)/(r-1)} M_{r-1}^{(r-2)/(r-1)-1}$$
と選ぼう．このとき $M_{r-1} \leq (4 c_{r-1})^{(r-1)/r} M_0^{1-(r-1)/r} M_r^{(r-1)/r}$ となり，したがって帰納法によって (11.2.21) が示された． □

補題 11.2.3 $f(x), g(x) \in C^m(\mathbb{R}^n)$ とし $f(x)$ は $\mathbb{R}^n$ 上 $f(x) \neq 0$ とする．
$$F_k = \sup\{|\partial_x^\alpha f(x)/f(x)| \mid |\alpha| = k,\ x \in \mathbb{R}^n\},\quad k = 1, \ldots, m,$$
$$G_k = \sup\{|\partial_x^\alpha g(x)/f(x)| \mid |\alpha| = k,\ x \in \mathbb{R}^n\},\quad k = 0, 1, \ldots, m$$
とおく．このとき $c = c(m, n) > 0$ が存在して F_1 および F_m が有限なら $k = 1, \ldots, m-1$ に対して
$$F_k \leq c \max\{F_1^k,\, F_1^{1-(k-1)/(m-1)} F_m^{(k-1)/(m-1)}\} \tag{11.2.24}$$

が成立する．また G_0, G_m, F_1 および F_m が有限ならば $k=1,\ldots,m-1$ に対して

$$G_k \le c \max \{G_0 F_1^k, G_0 F_m^{k/m}, G_0^{1-k/m} G_m^{k/m}\} \tag{11.2.25}$$

が成立する．

[証明] $g_\mu(x) = \partial_{x_\mu} f(x)/f(x)$ とし $k=1,\ldots,m-1$ について

$$M_k = \sup \{|\partial_x^\alpha g_\mu(x)| \;\big|\; |\alpha|=k,\; \mu=1,\ldots,n,\; x \in \mathbb{R}^n\}$$

とおく．$f(x)g_\mu(x) = \partial_{x_\mu} f(x)$ であるから

$$\partial_x^\alpha(\partial_{x_\mu} f(x)) = \sum_{\alpha'+\alpha''=\alpha} \binom{\alpha}{\alpha'} \partial_x^{\alpha'} g_\mu(x) \partial_x^{\alpha''} f(x)$$

より $k=1,\ldots,m-1$ に対して

$$M_k \le c_k \sum_{j=0}^{k-1} M_j F_{k-j} + F_{k+1} \tag{11.2.26}$$

が成り立つ．同様に $k=1,\ldots,m$ に対して

$$F_k \le c_k \sum_{j=0}^{k-1} M_j F_{k-j-1} \tag{11.2.27}$$

が成立する．ここで $F_0 = 1$ とした．$F_1 = M_0$ であるから補題 11.2.2 で $r=m-1$ としたものと (11.2.27) から $k=1,\ldots,m$ に対して

$$F_k \le c_k \sum_{j=0}^{k-1} F_1^{1-j/(m-1)} M_{m-1}^{j/(m-1)} F_{k-j-1} \tag{11.2.28}$$

の成立することが分かる．これを用いて $k=1,\ldots,m$ に対して

$$F_k \le \tilde{c}_k \sum_{j=0}^{k-1} F_1^{k-j} (F_1^{-1} M_{m-1})^{j/(m-1)} \tag{11.2.29}$$

の成立することを示そう．$k=1$ のときは $\tilde{c}_1 = 1$ として明らかである．いま (11.2.29) が成立していると仮定しよう．このとき (11.2.28) および (11.2.29) より

$$F_{k+1} \le c_{k+1} \sum_{j=0}^{k} F_1^{1-j/(m-1)} M_{m-1}^{j/(m-1)} F_{k-j}$$

$$\le c_{k+1} \sum_{j=0}^{k} F_1^{1-j/(m-1)} M_{m-1}^{j/(m-1)} \sum_{l=0}^{k-j-1} \tilde{c}_{k-j} F_1^{k-j-l} (F_1^{-1} M_{m-1})^{l/(m-1)}$$

$$\le c_{k+1} \sum_{j=0}^{k} \tilde{c}_{k-j} \sum_{r=0}^{k} F_1^{k+1-r} (F_1^{-1} M_{m-1})^{r/(m-1)}$$

が成り立つから $\tilde{c}_{k+1} = c_{k+1} \sum_{j=0}^{k} \tilde{c}_{k-j}$ と選ぶことによって (11.2.29) が k を $k+1$

として成立することが分かる.

次に (11.2.29) から (11.2.24) が従うことを示そう. $C > 1$ は後で決める正数としてまず $F_1^{-1}(F_1^{-1}M_{m-1})^{1/(m-1)} \leq C$ が成立しているとする. このとき (11.2.29) から $k = 2, \ldots, m-1$ に対して

$$F_k \leq \tilde{c}_k \sum_{j=0}^{k-1} C^{j/(m-1)} F_1^k \leq \tilde{c} F_1^k$$

が成立し (11.2.24) は明らかである. 次に

$$F_1^{-1}(F_1^{-1}M_{m-1})^{1/(m-1)} \geq C > 1$$

とすると (11.2.29) より

$$\begin{aligned}F_k &\leq \tilde{c}_k \sum_{j=0}^{k-1} F_1^k \{F_1^{-1}(F_1^{-1}M_{m-1})^{1/(m-1)}\}^j \\ &\leq \tilde{c}_k \sum_{j=0}^{k-1} F_1^k \{F_1^{-1}(F_1^{-1}M_{m-1})^{1/(m-1)}\}^{k-1} \\ &\leq k\tilde{c}_k F_1^{1-(k-1)/(m-1)} M_{m-1}^{(k-1)/(m-1)}\end{aligned} \quad (11.2.30)$$

が従う. (11.2.26) で $k = m-1$ とした式に (11.2.30) の評価と補題 11.2.2 の $r = m-1$ の評価を利用すると

$$\begin{aligned}M_{m-1} &\leq c_{m-1} \sum_{j=0}^{m-2} cM_0^{1-j/(m-1)} M_{m-1}^{j/(m-1)} (m-j-1)\tilde{c}_{m-j-1} \\ &\quad \times F_1(F_1^{-1}M_{m-1})^{(m-2-j)/(m-1)} + F_m\end{aligned}$$

が従う. $F_1^{m/(m-1)} M_{m-1}^{(m-2)/(m-1)} \leq M_{m-1}/C$ に注意すると右辺はさらに $(\bar{c}/C)M_{m-1} + F_m$, $\bar{c} = cc_{m-1}\sum_{j=0}^{m-2}(m-j-1)\tilde{c}_{m-j-1}$ で評価される. ここで $C > 1$ を $\bar{c}/C \leq 1/2$ と選ぶと $M_{m-1} \leq 2F_m$ が従い (11.2.30) より (11.2.24) を得る.

次に $\phi = g/f$ とおき $M_k = \sup\{|\partial_x^\alpha \phi(x)| \mid |\alpha| = k, x \in \mathbb{R}^n\}$ とする. したがって $M_0 = G_0$ である. $g = f\phi$ より

$$G_k \leq c_k \sum_{j=0}^{k-1} M_j F_{k-j} + M_k, \quad M_k \leq c_k \sum_{j=0}^{k-1} M_j F_{k-j} + G_k \quad (11.2.31)$$

が成立している. (11.2.24) より F_k は

$$\begin{cases} F_m \leq F_1^m \implies F_k \leq cF_1^k, \\ F_m \geq F_1^m \implies F_k \leq cF_m^{k/m} \end{cases} \quad (11.2.32)$$

を満たす. $F_m \leq F_1^m$ とすると (11.2.31), 補題 11.2.2 および (11.2.32) より

$$G_k \leq \tilde{c} \sum_{j=0}^{k} M_0^{1-j/m} M_m^{j/m} F_1^{k-j} \tag{11.2.33}$$

が成り立つ. $C > 1$ は後で決めるとして $M_0^{-1/m} M_m^{1/m} F_1^{-1} \leq C$ とすると (11.2.33) より

$$G_k \leq \bar{c} M_0 F_1^k = \bar{c} G_0 F_1^k \tag{11.2.34}$$

が成り立つ. 一方 $M_0^{-1/m} M_m^{1/m} F_1^{-1} \geq C > 1$ とすると必要なら $\tilde{c}$ を取り替えることによって (11.2.33) より

$$G_k \leq \tilde{c} M_0^{1-k/m} M_m^{k/m} \tag{11.2.35}$$

を得る. さらに (11.2.31) で $k = m$ として $C > 1$ を $mc_m/C \leq 1/2$ となるように選ぶと

$$M_m \leq c_m \sum_{j=0}^{m-1} M_0^{1-j/m} M_m^{j/m} F_1^{m-j} + G_m$$

$$\leq mc_m \frac{M_m}{C} + G_m \leq \frac{M_m}{2} + G_m$$

が成立する. これより (11.2.35) に注意して

$$G_k \leq \bar{c} G_0^{1-k/m} G_m^{k/m}$$

を得る. したがって (11.2.34) と合わせて $F_m \leq F_1^m$ ならば

$$G_k \leq \bar{c} \max\{G_0 F_1^k, G_0^{1-k/m} G_m^{k/m}\} \tag{11.2.36}$$

が従う. 同様にして $F_m \geq F_1^m$ なら

$$G_k \leq \bar{c} \max\{G_0 F_m^{k/m}, G_0^{1-k/m} G_m^{k/m}\}$$

が従いこれより (11.2.36) を考慮して (11.2.25) を得る. □

上の結果を用いてシンボルの評価 (11.2.18) を任意の $\alpha, \beta \in \mathbb{N}^n$ について拡張しよう.

命題 11.2.2 $a_\alpha(x) \in C^\infty(\mathbb{R}^n)$ で $p(x,\xi) = \sum_{|\alpha|=m} a_\alpha(x) \xi^\alpha$ は $\theta \in \mathbb{R}^n$ 方向に双曲型であるとする. このとき任意のコンパクト集合 $K \subset \mathbb{R}^n$ および任意の $\alpha, \beta \in \mathbb{N}^n$ に対して正数 $C_{\alpha\beta K} > 0$ が存在し任意の $x \in K, \xi \in \mathbb{R}^n$ に対し

$$|p^{(\alpha)}_{(\beta)}(x, \xi - i\theta) / p(x, \xi - i\theta)| \leq C_{\alpha\beta K} (1+|\xi|)^{|\beta|} \tag{11.2.37}$$

が成立する.

[証明] 最初に $\alpha = 0$ のときを示す. R を $K \subset \{x \in \mathbb{R}^n \mid |x| \leq R\}$ と選び $\chi(x) \in C^\infty(\mathbb{R}^n; \mathbb{R}^n)$ は $|x| \leq R$ では $\chi(x) = x$ で $|x| \geq R+1$ では $\chi(x) = 0$ を満

たすとする. $f(x) = p(\chi(x), \xi - i\theta)$ とおく. F_k は補題 11.2.3 で定義したものとする. 命題 11.2.1 より $F_1 \leq c(1 + |\xi|)$ でまた p が θ 方向に双曲型であるから任意の x, ξ に対して $|p(\chi(x), \xi - i\theta)| \geq 1$ が成り立つ. $|p(\chi(x), \xi - i\theta)| \leq C(1 + |\xi|)^m$ から $F_m \leq C(1 + |\xi|)^m$ である. ゆえに補題 11.2.3 より

$$F_k \leq c \max\{F_1^k, F_1^{1-(k-1)/(m-1)} F_m^{(k-1)/(m-1)}\} \leq c(1 + |\xi|)^k$$

が従う. これより $|\alpha| = 0$, $|\beta| \leq m$ のときに主張は示された. 次に任意の $\alpha \in \mathbb{N}^n$, $|\alpha| \leq m$ に対して

$$|p^{(\alpha)}(\chi(x), \xi - i\theta)/p(\chi(x), \xi - i\theta)| \leq c \tag{11.2.38}$$

を示そう. $|p(\chi(x), \xi - i\theta)| \geq 1$ であり $p(\chi(x), \xi)$ は ξ について m 次斉次であるから $|\alpha| = m$ のとき任意の $x, \xi \in \mathbb{R}^n$ に対して $|p^{(\alpha)}(\chi(x), \xi)| \leq c$ となり (11.2.38) が成立する. 他方命題 11.2.1 より $|\alpha| = 1$ に対しては (11.2.38) は正しい. したがって補題 11.2.3 から $|\alpha| \leq m$ について (11.2.38) が成り立つ.

最後に一般の α, β について主張を示す. $g(x) = p^{(\alpha)}(\chi(x), \xi - i\theta)$ および $f(x) = p(\chi(x), \xi - i\theta)$ とおくと (11.2.38) より $|g/f| \leq c$ である. $|\beta| = m$ のとき

$$|\partial_x^\beta g/f| \leq c(1 + |\xi|)^m$$

は明らかである. すなわち $G_0 \leq c$ かつ $G_m \leq c(1 + |\xi|)^m$ となる. $F_1 \leq c(1 + |\xi|)$ および $F_m \leq c(1 + |\xi|)^m$ であったから補題 11.2.3 より $|\alpha| \leq m$, $|\beta| \leq m$ のとき主張は成立する. $|\alpha| > m$ あるいは $|\beta| > m$ のときは自明である. □

命題 11.2.3 $p(x, \xi) = \sum_{|\alpha|=m} a_\alpha(x) \xi^\alpha$ を θ 方向に双曲型とし $L \subset \Gamma(p(x^0, \cdot))$ をコンパクト集合とする. このとき x^0 の近傍 U と正数 $c > 0$ が存在し, 任意の $x \in U$, 任意の $\eta \in L$, $\xi \in \mathbb{R}^n$ について

$$|p(x, \xi - i\eta)| \geq c$$

が成立する. また任意の α, $\beta \in \mathbb{N}^n$ に対して正数 $C_{\alpha\beta}$ が存在して任意の $x \in U$, $\xi \in \mathbb{R}^n$, $\eta \in L$ に対して

$$|\partial_\xi^\alpha \partial_x^\beta p(x, \xi - i\eta)/p(x, \xi - i\eta)| \leq C_{\alpha\beta}(1 + |\xi|)^{|\beta|}$$

が成立する.

[証明] 最初に x^0 の近傍 U と正数 $C > 0$ が存在して任意の $x \in U$, $\xi \in \mathbb{R}^n$ および $\eta \in L$ に対して

$$|p(x, \xi - i\theta)| \leq C |p(x, \xi - i\eta)| \tag{11.2.39}$$

が成立することを示そう. $|p(x, \xi - i\theta)| \geq 1$ は明らかであるからこれより最初の主張が従う. 命題 8.2.1 より x^0 の近傍 U があって任意の $x \in U$ に対して $L \subset \Gamma(p(x, \cdot))$

が成立する．いま $x \in U$ を固定して $p_{[x]}(\xi) = p(x,\xi)$ を考える．$\eta \in L$ に対して

$$\begin{cases} p_{[x]}(\xi + t\eta) = p(x,\eta) \prod_{j=1}^{m}(t + \mu_j(x,\xi,\eta)), \\ \mu_1(x,\xi,\eta) \leq \cdots \leq \mu_m(x,\xi,\eta) \end{cases}$$

と書くと補題 3.3.3 より

$$|\mu_j(x,\xi,\theta)| \leq C_j(x)|\eta||\mu_j(x,\xi,\eta)| \tag{11.2.40}$$

が成立する．ここで $C_j(x)$ は

$$C_j(x) = \sup_{|\xi|=1} |\nabla_\xi \mu_j(x,\xi,\theta)|$$

であった．$\mu_j(x,\xi,\theta)$ の (x,ξ) に関する Lipschitz 連続性（定理 3.3.1）より $C_j(x)$ は $x \in U$ によらない C 以下としてよい．$p(x,\xi - i\eta) = p(x,\eta) \prod_{j=1}^{m}(-i + \mu_j(x,\xi,\eta))$ であるから

$$|p(x,\xi - i\eta)| = |p(x,\eta)| \prod_{j=1}^{m} \sqrt{1 + \mu_j(x,\xi,\eta)^2}$$

が成り立ち，$x \in U, \eta \in L$ のとき適当な $c > 0$ について $|p(x,\eta)| \geq c$ であるから (11.2.40) より (11.2.39) が従う．次に

$$p_{(\beta)}^{(\alpha)}(x,\xi - i\eta) = \sum_{|\gamma| \leq m} \frac{i^{|\gamma|}}{\gamma!} p_{(\beta)}^{(\alpha+\gamma)}(x,\xi - i\theta)(\theta - \eta)^\gamma \tag{11.2.41}$$

と書くと，$\eta \in L$ のとき $|\theta - \eta|$ は有界であるから命題 11.2.2 より任意の $x \in U$, $\xi \in \mathbb{R}^n, \eta \in L$ に対して

$$|p_{(\beta)}^{(\alpha)}(x,\xi - i\eta)/p(x,\xi - i\theta)| \leq C_{\alpha\beta}(1 + |\xi|)^{|\beta|} \tag{11.2.42}$$

の成立することが分かる．(11.2.39) とあわせて結論を得る．$\square$

系 11.2.1 $p(x,\xi) = \sum_{|\alpha|=m} a_\alpha(x)\xi^\alpha$ を θ 方向に双曲型とし，$L \subset \Gamma(p(x^0,\cdot))$ をコンパクト集合とする．$\tilde{p}$ を (11.1.12) で定義する．このとき任意の $R > 0$ に対して x^0 の近傍 U および正数 $\delta > 0, C > 0$ が存在し，任意の $x \in U, |\xi| \leq R, \eta \in L$, $|y| \leq \delta$ に対して

$$|p(x,\xi - i\theta)|/C \leq |\tilde{p}((x,\xi) + i(y,-\eta))| \leq C|p(x,\xi - i\theta)|$$

が成立する．

［証明］　まず

$$\tilde{p}(x + iy, \xi - i\eta) = \sum_{|\alpha+\beta| \leq m} \frac{1}{\alpha!\beta!} p_{(\beta)}^{(\alpha)}(x,\xi)(iy)^\beta(-i\eta)^\alpha$$

$$= p(x,\xi - i\eta) + \sum_{|\alpha+\beta| \leq m, |\beta| \geq 1} \frac{1}{\alpha!\beta!} p_{(\beta)}^{(\alpha)}(x,\xi)(iy)^\beta(-i\eta)^\alpha$$

$$= p(x, \xi - i\eta)\Big(1 + \sum_{|\alpha+\beta|\leq m, |\beta|\geq 1} \frac{1}{\alpha!\beta!} p_{(\beta)}^{(\alpha)}(x,\xi)(iy)^\beta(-i\eta)^\alpha / p(x, \xi - i\eta)\Big)$$

と書こう．
$$p_{(\beta)}^{(\alpha)}(x,\xi) = \sum_{|\gamma|\leq m} p_{(\beta)}^{(\alpha+\gamma)}(x, \xi - i\eta)(i\eta)^\gamma/\gamma!$$

を上式に代入して命題 11.2.3 を適用すると $\delta > 0$ を小さく選べば

$$|p(x, \xi - i\eta)|/2 \leq |\tilde{p}((x,\xi) + i(y, -\eta))| \leq 2|p(x, \xi - i\eta)|$$

が成立する．ゆえに (11.2.39) より望む結果を得る． □

第12章 シンボル $T^{-M}\#P\#T^M$ の漸近表現

この章では，実効的双曲型特性点をもつ微分作用素に対して超局所双曲型エネルギー評価を得るための準備として，超局所時間関数の高次冪をシンボルとする擬微分作用素と考えている微分作用素との合成シンボルに対して，その漸近展開の表現を与える．高次冪をシンボルとする擬微分作用素の合成を扱うにはシンボルを正則化しこの正則性を利用して剰余項を制御する．T を超局所時間関数とするとき $T^{-M}\#P\#T^M = e^{i(M\log T)}\#P\#e^{-i(M\log T)}$ の主要部が本質的に

$$\sum \frac{1}{\alpha!\beta!} P^{(\alpha)}_{(\beta)}(\hat{z})(iM\nabla_\xi T/T)^\beta(-iM\nabla_x T/T)^\alpha$$

に等しいこと，したがって形式的には $P(x+iM\nabla_\xi T/T, \xi - iM\nabla_x T/T)$ に等しいことを示す．

12.1 超局所時間関数とシンボルクラス

$\hat{z} = (\hat{x}, \hat{\xi})$, $|\hat{\xi}| = 1$ を $p(x,\xi)$ の 2 次特性点とする．$p(x,\xi) = \prod_{j=1}^m q_j(x,\xi)$ と書く．$q_j(x,\xi) = \xi_1 - \lambda_j(x,\xi')$ で $\lambda_j(x,\xi')$ は実数値で ξ' について 1 次斉次である．$q_1(\hat{z}) = q_2(\hat{z}) = 0$ として一般性を失わない．このとき $q_j(\hat{z}) \neq 0, j = 3,\dots,m$ である．

補題 12.1.1 p は 2 次特性点 $\hat{z}$ で実効的双曲型とする．このとき $\hat{z}$ での超局所時間関数 $t(x,\xi')$ と正数 $c > 0$ が存在して

$$q_1(x,\xi)^2 + q_2(x,\xi)^2 \geq c\, t(x,\xi')^2 |\xi|^2 \tag{12.1.1}$$

が $\hat{z}$ の錐近傍で成立する．

［証明］ Weierstrass の予備定理（定理 2.4.1）より $\hat{z} = (\hat{x},\hat{\xi}_1,\hat{\xi}')$ とするとき，$p(x,\xi)$ は $(\hat{x},\hat{\xi}')$ の錐近傍で

$$p(x,\xi) = p_{m-2}(x,\xi) p_2(x,\xi)$$

と分解される．ここで $p_{m-2}(x,\xi)$ および $p_2(x,\xi)$ はそれぞれ ξ_1 の $m-2$ 次および 2 次

の双曲型多項式で ξ に関してそれぞれ $m-2$ 次および 2 次正斉次である. $p_{m-2}(\hat{z}) \neq 0$ で p_2 は $|\alpha+\beta| \leq 1$ のとき $\partial_x^\alpha \partial_\xi^\beta p_2(\hat{z}) = 0$ を満たす. $H_p(\hat{z}) = p_{m-2}(\hat{z}) H_{p_2}(\hat{z})$ は明らかであるから p_2 は $\hat{z}$ で実効的双曲型である. $p_2 = -(\xi_1-a)^2 + q$ と書くと $q = (q_1-q_2)^2/4$ であり, また補題 6.4.3 より $\hat{z}$ での超局所時間関数 $t(x,\xi')$ が存在し,

$$q(x,\xi') \geq c\, t(x,\xi')^2 |\xi|^2$$

が $\hat{z}$ の錐近傍で成立する. $2(q_1^2+q_2^2) \geq (q_1-q_2)^2 = 4q$ より結論を得る. □

補題 12.1.1 の超局所時間関数を全空間に ξ については 0 次斉次で拡張したものを $t(z)$ としよう. $\chi(s) \in C^\infty(\mathbb{R})$ を $0 \leq \chi(s) \leq 1$ で $|s| \leq 1$ では 1, $|s| \geq 2$ では 0 とする. $\psi(\xi) = \chi(|\xi|/\gamma)$ および $t_\gamma(z) = (1-\psi(\xi))t(z)$ とおこう. したがって $\nu > 0$ を十分大に選んでおくと $|\xi| > \nu\gamma$ のとき $|\xi|/\langle\xi\rangle_\gamma$ はいくらでも 1 に近いとしてよいので

$$\begin{aligned}
&(-\langle\xi\rangle_\gamma \nabla_\xi t_\gamma(\hat{x}, |\xi|\hat{\xi}), \nabla_x t_\gamma(\hat{x}, |\xi|\hat{\xi})) \\
&= (-\nabla_\xi t(\hat{x}, (|\xi|/\langle\xi\rangle_\gamma)\hat{\xi}), \nabla_x t(\hat{x}, \hat{\xi})) \in \Gamma_{\hat{z}}
\end{aligned} \quad (12.1.2)$$

が成立する. また $|\partial_\xi^\alpha \psi(\xi)| \leq C_\alpha \langle\xi\rangle_\gamma^{-|\alpha|}$ であるから

$$t_\gamma(x,\xi) \in S(1, g_0) \quad (12.1.3)$$

も容易に確かめられる. このとき $t_\gamma(z)$ は任意の $z = (x,\xi), w = (y,\eta) \in \mathbb{R}^{2n}$ に対して

$$|t_\gamma(z+w) - t_\gamma(z)| \leq C(|y| + \langle\xi\rangle_\gamma^{-1}|\eta|) \quad (12.1.4)$$

を満たす. 実際 (12.1.3) よりある $|s| \leq 1$ があって

$$|t_\gamma(z+w) - t_\gamma(z)| \leq C(\langle\xi+s\eta\rangle_\gamma^{-1}|\eta| + |y|)$$

が成立するが, $|\eta| \leq \langle\xi\rangle_\gamma/2$ とするとある正数 $C > 0$ が存在して $\langle\xi+s\eta\rangle_\gamma/C \leq \langle\xi\rangle_\gamma \leq C\langle\xi+s\eta\rangle_\gamma$ より (12.1.4) が従う. 一方 $|\eta| \geq \langle\xi\rangle_\gamma/2$ のときは $|t_\gamma(z+w) - t_\gamma(z)| \leq C \leq 2C|\eta|\langle\xi\rangle_\gamma^{-1}$ であるから (12.1.4) は明らかである.

10.4 節で述べたように次のシンボルを導入する.

定義 12.1.1 $\lambda \geq 1$ とし

$$T(z) = \langle\xi\rangle_\gamma^{1/2}\Big((t_\gamma^2(z) + \lambda\langle\xi\rangle_\gamma^{-1})^{1/2} + t_\gamma(z)\Big) = \langle\xi\rangle_\gamma^{1/2}(\phi(z) + t_\gamma)$$

と定義する. ここで $\phi(z) = (t_\gamma^2(z) + \lambda\langle\xi\rangle_\gamma^{-1})^{1/2}$ である.

このシンボルは $t_\gamma < 0$ ならば

$$T(z) = \frac{\lambda\langle\xi\rangle_\gamma^{-1/2}}{|t_\gamma| + (t_\gamma^2 + \lambda\langle\xi\rangle_\gamma^{-1})^{1/2}}$$

であり, z が $t_\gamma < 0$ から $t_\gamma > 0$ へいたるときに $T(z)$ は $\langle\xi\rangle_\gamma^{-1/2}$ から $\langle\xi\rangle_\gamma^{1/2}$ へ増加

する．以下 2 つのパラメーター λ と γ の間には常に

$$\gamma \geq \lambda \geq 1$$

を仮定する．したがって $\lambda\langle\xi\rangle_\gamma^{-1} \leq 1$ であり特に $\phi(z) = \left(t_\gamma(z)^2 + \lambda\langle\xi\rangle_\gamma^{-1}\right)^{1/2} \leq C$ である．

補題 12.1.2 任意の α, β について

$$|\partial_x^\beta \partial_\xi^\alpha \phi(z)^{\pm 1}|/\phi(z)^{\pm 1},\ |\partial_x^\beta \partial_\xi^\alpha T(z)^{\pm 1}|/T(z)^{\pm 1} \leq C_{\alpha\beta}\phi^{-|\beta|}(\langle\xi\rangle_\gamma\phi)^{-|\alpha|}$$

が成立する．

[証明] まず ϕ に対する主張を示す．$|\alpha+\beta|=1$ のときは $|\partial_x^\beta \partial_\xi^\alpha t_\gamma(z)| \leq C\langle\xi\rangle_\gamma^{-|\alpha|}$ より容易である．$\phi^2 = t_\gamma^2 + \lambda\langle\xi\rangle_\gamma^{-1}$ より $|\alpha+\beta| \geq 2$ のとき

$$|\partial_x^\beta \partial_\xi^\alpha \phi^2(z)| \leq C_{\alpha\beta}(\langle\xi\rangle_\gamma^{-|\alpha|} + \lambda\langle\xi\rangle_\gamma^{-1-|\alpha|}) \leq C_{\alpha\beta}\langle\xi\rangle_\gamma^{-|\alpha|}$$
$$\leq CC_{\alpha\beta}\langle\xi\rangle_\gamma^{-|\alpha|}\phi^{-(|\alpha+\beta|-2)} = CC_{\alpha\beta}\phi^2\phi^{-|\beta|}(\langle\xi\rangle_\gamma\phi)^{-|\alpha|}$$

であるから

$$(\partial_x^\beta \partial_\xi^\alpha \phi)\phi = -\sum_{\alpha'+\beta'<\alpha+\beta} C_{\alpha'\beta'}(\partial_x^{\beta'}\partial_\xi^{\alpha'}\phi)\partial_x^{\beta-\beta'}\partial_\xi^{\alpha-\alpha'}\phi + \partial_x^\beta \partial_\xi^\alpha \phi^2$$

に帰納法を適用すればよい．$\phi(z)^{-1}$ に対する評価も $\phi^{-1}\phi=1$ を考慮すれば同様にして得られる．次に $T(z)$ を考える．$W(z) = \phi(z) + t_\gamma$ を評価すればよい．$|\alpha+\beta|=1$ のとき

$$\partial_x^\beta \partial_\xi^\alpha W(z) = \frac{\partial_x^\beta \partial_\xi^\alpha t_\gamma}{\phi(z)}W + \frac{\lambda\partial_x^\beta \partial_\xi^\alpha \langle\xi\rangle_\gamma^{-1}}{2\phi(z)} = \Phi_{\alpha\beta}W + \Psi_{\alpha\beta}$$

と書く．ϕ^{-1} に対する評価より

$$|\partial_x^\nu \partial_\xi^\mu \Phi_{\alpha\beta}| \leq C_{\mu\nu}\phi^{-1}\langle\xi\rangle_\gamma^{-|\alpha|}\phi^{-|\nu|}(\langle\xi\rangle_\gamma\phi)^{-|\mu|}$$
$$\leq C_{\mu\nu}\phi^{-|\beta+\nu|}(\langle\xi\rangle_\gamma\phi)^{-|\alpha+\mu|}$$

が成り立つ．同様にして $\lambda\langle\xi\rangle_\gamma^{-1} \leq CW$ に注意すると

$$|\partial_x^\nu \partial_\xi^\mu \Psi_{\alpha\beta}| \leq \lambda C_{\mu\nu}\langle\xi\rangle_\gamma^{-1}\phi^{-|\beta+\nu|}(\langle\xi\rangle_\gamma\phi)^{-|\alpha+\mu|}$$
$$\leq C_{\mu\nu}\phi^{-|\beta+\nu|}(\langle\xi\rangle_\gamma\phi)^{-|\alpha+\mu|}W$$

が従う．ゆえに帰納法によって $|\partial_x^\beta \partial_\xi^\alpha W|/W \leq C_{\alpha\beta}\phi^{-|\beta|}(\langle\xi\rangle_\gamma\phi)^{-|\alpha|}$ が成り立つ．これより $T(z)$ に対する評価が直ちに得られる．$T(z)^{-1}$ についても同様である． □

T あるいは T の高次冪をシンボルとする擬微分作用素を扱うためのクラスを導入したい．そこで補題 12.1.2 を考慮して次の metric を導入する．

定義 12.1.2 $\psi(z) = \phi(z)\langle\xi\rangle_\gamma$ とおき

$$g_z(w) = g_z(y, \eta) = \phi(z)^{-2}|y|^2 + \psi(z)^{-2}|\eta|^2$$
$$= \phi(z)^{-2}(|y|^2 + \langle\xi\rangle_\gamma^{-2}|\eta|^2) = \phi(z)^{-2}g_{0z}(y, \eta)$$

と定義する.

定義より $g_z(w) \leq \lambda^{-1}(\langle\xi\rangle_\gamma|y|^2 + \langle\xi\rangle_\gamma^{-1}|\eta|^2)$ である. また

$$g_z^\sigma(w) = \psi(z)^2|y|^2 + \phi(z)^2|\eta|^2 = (\phi\psi)^2 g_z(w) \geq \lambda^2 g_z(w) \tag{12.1.5}$$

も明らかである. $\phi(z)^{-2} = (t_\gamma^2(z) + \lambda\langle\xi\rangle_\gamma^{-1})^{-1}$ であるから,metric g_z は粗くいって $t_\gamma(z) = 0$ で定義される領域から離れたところでは古典的擬微分作用素のクラス $S_{1,0}$ を定義する metric と同値であり, $t_\gamma(z) = 0$ の近くではクラス $S_{1/2,1/2}$ を定義する metric と同値である. 以下 f, g がいくつかのパラメーターに依存するシンボルとするとき,パラメーターによらない正数 $C > 0$ が存在して $C^{-1}f \leq g \leq Cf$ が成立するならば

$$f \approx g$$

と表すことにする.

補題 12.1.3 (12.1.4) を仮定する. このとき $\langle\xi\rangle_\gamma$ および $n(z) = \langle\xi\rangle_\gamma^{1/2}\phi$ は g 連続である.

[証明] $g_z(w) \geq \psi^{-2}|\eta|^2 = \langle\xi\rangle_\gamma^{-2}\phi(z)^{-2}|\eta|^2 \geq c'\langle\xi\rangle_\gamma^{-2}|\eta|^2$ であるから $g_z(w) \leq c$ なら $|\eta| \leq \langle\xi\rangle_\gamma/2$ が成立するように c を選べる. このとき $\langle\xi + \eta\rangle_\gamma \approx \langle\xi\rangle_\gamma$ である. したがって $\langle\xi\rangle_\gamma$ が g 連続であることは明らかである. 以下 $\langle\xi + \eta\rangle_\gamma \approx \langle\xi\rangle_\gamma$ とする.

$$|n(z+w) - n(z)| = \left|t_\gamma(z+w)\langle\xi+\eta\rangle_\gamma^{1/2} - t_\gamma(z)\langle\xi\rangle_\gamma^{1/2}\right|$$
$$\times \left|t_\gamma(z+w)\langle\xi+\eta\rangle_\gamma^{1/2} + t_\gamma(z)\langle\xi\rangle_\gamma^{1/2}\right|(n(z+w) + n(z))^{-1}$$

を考えよう. $n(z) \geq |t_\gamma(z)|\langle\xi\rangle_\gamma^{1/2}$ より

$$|t_\gamma(z+w)\langle\xi+\eta\rangle_\gamma^{1/2} + t_\gamma(z)\langle\xi\rangle_\gamma^{1/2}|(n(z+w) + n(z))^{-1} \leq 2$$

である. また (12.1.4) および $|\langle\xi+\eta\rangle_\gamma^{1/2} - \langle\xi\rangle_\gamma^{1/2}| \leq C|\eta|\langle\xi\rangle_\gamma^{-1/2}$ を考慮すると $|t_\gamma(z+w)\langle\xi+\eta\rangle_\gamma^{1/2} - t_\gamma(z)\langle\xi\rangle_\gamma^{1/2}|$ は $C\langle\xi\rangle_\gamma^{1/2}(|y| + \langle\xi\rangle_\gamma^{-1}|\eta|)$ で評価されるので $n(z)^{-1}\langle\xi\rangle_\gamma^{1/2}(|y| + \langle\xi\rangle_\gamma^{-1}|\eta|) \leq \sqrt{2}g_z(w)^{1/2}$ に注意すると

$$|n(z+w)/n(z) - 1| \leq Cg_z(w)^{1/2} \tag{12.1.6}$$

が成立し,$Cg_z(w) < 1/2$ なら $n(z+w)/2 \leq n(z) \leq 2n(z+w)$ となり $n(z)$ は g 連続となる. □

系 12.1.1 (12.1.4) を仮定する. このとき ϕ および ψ は g 連続であり g は slowly varying である.

補題 12.1.4 (12.1.4) を仮定する．このとき次が成立する．

(i) $\phi(z+w)^{-1} \leq C\phi(z)^{-1}(1+g_z^\sigma(w))^{1/4}$, $\forall z, \forall w \in \mathbb{R}^{2n}$,

(ii) $\phi(z+w) \leq C\phi(z)(1+g_z^\sigma(w))^{1/2}$, $\forall z, \forall w \in \mathbb{R}^{2n}$,

(iii) ψ も (i) および (ii) を満たす．

特に $\phi^{\pm 1}$, $\psi^{\pm 1}$, $\langle \xi \rangle_\gamma$ は g admissible weight である．

[証明] 補題 12.1.3 と系 12.1.1 より $\phi, \psi, \langle \xi \rangle_\gamma$ は g 連続であるから $g_z(w) \leq c$ のときは (i), (ii), (iii) の成立は明らかである．以下 $g_z(w) \geq c$ と仮定する．記号を簡単にするために $\phi = \phi(z)$, $\phi_1 = \phi(z+w)$, $\psi = \psi(z)$, $\psi_1 = \psi(z+w)$, $g = g_z(w)$, $g_1 = g_{z+w}(w)$, $g^\sigma = g_z^\sigma(w)$ および $g_1^\sigma = g_{z+w}^\sigma(w)$ とおこう．最初に (i) を示そう．まず $|\eta| \leq \langle \xi \rangle_\gamma/2$ のときを考える．このとき $\psi_1 \phi_1^{-1} = \langle \xi + \eta \rangle_\gamma \approx \langle \xi \rangle_\gamma = \psi \phi^{-1}$ であるから $\phi_1 \psi_1 \geq 1$ および $g^\sigma = (\phi\psi)^2 g \geq c(\phi\psi)^2$ に注意すると

$$\phi_1^2 = (\phi_1\psi_1)\phi_1\psi_1^{-1} \geq \phi_1\psi_1^{-1} \geq c_1\phi\psi^{-1} \geq c_2\phi^2(g^\sigma)^{-1/2}$$

となり (i) が従う．次に $|\eta| \geq \langle \xi \rangle_\gamma/2$ とする．一般に $\phi^2|\eta|^2 \leq g^\sigma$, $\phi \leq C$ であるから

$$4\phi^{-4}g^\sigma \geq \phi^{-2}\langle \xi \rangle_\gamma^2 \geq c_1\phi^{-2}\phi_1^{-2}\psi_1^2 \geq c_1\phi^{-2}(\psi_1\phi_1)^2\phi_1^{-4} \geq c_2\phi_1^{-4}$$

となり (i) が従う．次に (ii) を示そう．$g_1 \leq c$ のときは $\phi_1 \approx \phi$ であるから (ii) は容易に従う．次に $g_1 \geq c$ とする．まず $|\eta| \leq \langle \xi \rangle_\gamma/2$ の場合を考えよう．$|y|^2 \leq \phi^2 g$, $|\eta|^2 \leq \psi^2 g$ および $\phi_1\psi_1^{-1} \approx \phi\psi^{-1}$ に注意すると $c(\phi_1\psi_1)^2 \leq (\phi_1\psi_1)^2 g_1 = \psi_1^2|y|^2 + \phi_1^2|\eta|^2 \leq \psi_1^2\phi^2 g + \phi_1^2\psi^2 g$ が分かる．ゆえに $\phi_1^2 \leq c^{-1}(\phi^2 + (\phi_1\psi_1^{-1})^2\psi^2)g \leq C_1(\phi^2 + (\phi\psi^{-1})^2\psi^2)g \leq 2C_1\phi^2 g \leq C_2\lambda^{-2}\phi^2 g^\sigma$ となり (ii) が従う．

次に $|\eta| \geq \langle \xi \rangle_\gamma/2$ とすると $\langle \xi \rangle_\gamma^{-1/2} \leq \phi \leq C$ および $\phi^2|\eta|^2 \leq g^\sigma$ より $\langle \xi \rangle_\gamma \leq 2|\eta| \leq C_1 \langle \xi \rangle_\gamma^{1/2}(g^\sigma)^{1/2}$ である．したがって $\phi_1 \leq C \leq C\langle \xi \rangle_\gamma^{1/2}\phi \leq C_1\phi(g^\sigma)^{1/2}$ となり (ii) を得る．(iii) についても同様である． □

系 12.1.2 (12.1.4) を仮定する．このとき g は admissible metric である．

補題 12.1.5 (12.1.4) を仮定する．このとき $T(z)$ は g 連続で任意の $z, w \in \mathbb{R}^{2n}$ に対して

$$T(z+w)^{\pm 1} \leq CT(z)^{\pm 1}(1+g_z^\sigma(w)) \tag{12.1.7}$$

が成立する．特に $T(z)$ は g admissible weight である．

[証明] まず

$$\begin{aligned}|T(z+w) - T(z)| = \big|t_\gamma(z+w)\langle \xi + \eta \rangle_\gamma^{1/2} - t_\gamma(z)\langle \xi \rangle_\gamma^{1/2}\big| \\ \times |T(z+w) + T(z)| \left(n(z+w) + n(z)\right)^{-1}\end{aligned} \tag{12.1.8}$$

と書き，n が g 連続であることに注意すると (12.1.6) を導いたのと同様にして，$g_z(w) \leq c$ のとき

$$|T(z+w)/T(z) - 1| \leq C\left(T(z+w)/T(z) + 1\right) g_z(w)^{1/2}$$

が得られ，これから T が g 連続であることが従う．次に (12.1.7) を示そう．$|\eta| \geq \langle \xi \rangle_\gamma / 2$ とする．$\phi^{-2} \leq 4 g_z^\sigma(w)$ より

$$|\eta| \leq \phi(z)^{-1} g_z^\sigma(w)^{1/2} \leq C g_z^\sigma(w)$$

である．一方 $\langle \xi + \eta \rangle_\gamma \leq C|\eta|$ から $|T(z+w)| \leq C|\eta|^{1/2}$ でありまた $T(z) \geq c \langle \xi \rangle_\gamma^{-1/2}$ に注意して

$$|T(z+w)/T(z)| \leq C|\eta| \leq C g_z^\sigma(w)$$

を得る．次に $|\eta| \leq \langle \xi \rangle_\gamma^{1/2}/2$ としよう．このときは (12.1.8) から $|\langle \xi + \eta \rangle_\gamma^{1/2} - \langle \xi \rangle_\gamma^{1/2}| \leq C|\eta|\langle \xi \rangle_\gamma^{-1/2}$ に注意すると

$$|T(z+w) - T(z)| \leq C\left(T(z+w) + T(z)\right)$$
$$\times (\langle \xi \rangle_\gamma^{1/2}|y| + \langle \xi \rangle_\gamma^{-1/2}|\eta|)(n(z+w) + n(z))^{-1}$$

が成り立つ．一方 $\langle \xi \rangle_\gamma |y|^2 + \langle \xi \rangle_\gamma^{-1}|\eta|^2 = (\phi\psi)^{-1}(z) g_z^\sigma(w)$ であるから

$$|T(z+w)/T(z) - 1| \leq C_0 \left(T(z+w)/T(z) + 1\right)$$
$$\times (g_z^\sigma)^{1/2}(w) \left(n(z+w) + n(z)\right)^{-1} (\phi\psi)^{-1/2}(z) \tag{12.1.9}$$

が従う．$(n(z+w) + n(z))(\phi\psi)^{1/2} \geq 2C_0 (g_z^\sigma)^{1/2}(w)$ なら (12.1.9) より $T(z+w) \leq 3T(z)$ である．他方 $(n(z+w) + n(z))(\phi\psi)^{1/2} \leq 2C_0 (g_z^\sigma)^{1/2}(w)$ ならば $2^{-1}n(z)^{-1} \leq T(z) \leq 2n(z)$ に注意すると

$$T(z+w)/T(z) \leq 4n(z+w)n(z) \leq 8C_0^2(\phi\psi)^{-1}g_z^\sigma(w) \leq 8C_0^2 g_z^\sigma(w)$$

を得る．これより T に対する主張が得られる．T^{-1} に対する主張も同様にして示される． □

補題 12.1.2 より

補題 12.1.6 $\phi(z)^{\pm 1} \in S(\phi^{\pm 1}, g)$, $T(z)^{\pm 1} \in S(T^{\pm 1}, g)$ である．

12.2 予備的な合成

次の補題から始める．

補題 12.2.1 g_1, g_2 は admissible metric で $g_2 = m g_1$, $m \geq 1$ とし，m_j は g_j admissible weight とする．また $h^2 = \sup g_1/g_1^\sigma$ とする．このとき $p \in S(m_1, g_1)$, $q \in S(m_2, g_2)$ とすると

$$p \# q - \sum_{|\alpha+\beta|<k} \frac{(-1)^{|\beta|}}{i^{|\alpha+\beta|}\alpha!\beta!} q_{(\alpha)}^{(\beta)} \# p_{(\beta)}^{(\alpha)} \in S(m_1 m_2 H^k, g_2)$$

が成立する．ここで $H^2 = mh^2$ である．

［証明］ $g_2/2 \leq (g_1+g_2)/2 \leq g_2$ であるから命題 9.3.2 と定理 9.3.2 より

$$p \# q - \sum_{|\alpha+\beta|<k} \frac{(-1)^{|\beta|}}{(2i)^{|\alpha+\beta|}\alpha!\beta!} p_{(\beta)}^{(\alpha)} q_{(\alpha)}^{(\beta)} \in S(m_1 m_2 H^k, g_2) \tag{12.2.10}$$

および

$$p_{(\beta)}^{(\alpha)} q_{(\alpha)}^{(\beta)} - \sum_{|\gamma+\delta|<k} \frac{(-1)^{|\gamma|}}{(2i)^{|\gamma+\delta|}\gamma!\delta!} q_{(\alpha+\delta)}^{(\beta+\gamma)} \# p_{(\beta+\gamma)}^{(\alpha+\delta)} \in S(m_1 m_2 H^k, g_2)$$

が成立する．これを確かめるには

$$\sum_{|\gamma+\delta|<k} \frac{(-1)^{|\gamma|}}{(2i)^{|\gamma+\delta|}\gamma!\delta!} q_{(\alpha+\delta)}^{(\beta+\gamma)} \# p_{(\beta+\gamma)}^{(\alpha+\delta)}$$

$$= \sum_{|\gamma+\delta|<k} \frac{(-1)^{|\gamma|}}{(2i)^{|\gamma+\delta|}\gamma!\delta!} \sum_{|\mu+\nu|<l} \frac{(-1)^{|\nu|}}{(2i)^{|\mu+\nu|}\mu!\nu!} q_{(\alpha+\delta+\nu)}^{(\beta+\gamma+\mu)} p_{(\beta+\gamma+\mu)}^{(\alpha+\delta+\nu)} + R_{k,l}^{\alpha,\beta}$$

$$= \sum_{|\tilde{\gamma}+\tilde{\delta}|<k+l} \frac{(-1)^{|\tilde{\gamma}|}}{(2i)^{|\tilde{\gamma}+\tilde{\delta}|}\tilde{\gamma}!\tilde{\delta}!} \Big(\sum \binom{\tilde{\gamma}}{\mu}\binom{\tilde{\delta}}{\nu}(-1)^{|\mu+\nu|}\Big) q_{(\alpha+\tilde{\delta})}^{(\beta+\tilde{\gamma})} p_{(\beta+\tilde{\gamma})}^{(\alpha+\tilde{\delta})} + \tilde{R}_{k,l}^{\alpha,\beta}$$

であるから $|\tilde{\gamma}+\tilde{\delta}|>0$ なら $\sum \binom{\tilde{\gamma}}{\mu}\binom{\tilde{\delta}}{\nu}(-1)^{|\mu+\nu|} = 0$ に注意すればよい．この表現式を (12.2.10) に代入し $\sum \binom{\tilde{\alpha}}{\alpha}\binom{\tilde{\beta}}{\beta} = 2^{|\tilde{\alpha}+\tilde{\beta}|}$ に注意すると

$$\sum_{|\alpha+\beta|<k} \frac{(-1)^{|\beta|}}{(2i)^{|\alpha+\beta|}\alpha!\beta!} \sum_{|\gamma+\delta|<k} \frac{(-1)^{|\gamma|}}{(2i)^{|\gamma+\delta|}\gamma!\delta!} q_{(\alpha+\delta)}^{(\beta+\gamma)} \# p_{(\beta+\gamma)}^{(\alpha+\delta)}$$

$$= \sum \frac{(-1)^{|\tilde{\beta}|}}{(2i)^{|\tilde{\alpha}+\tilde{\beta}|}\tilde{\alpha}!\tilde{\beta}!} \Big(\sum \binom{\tilde{\alpha}}{\delta}\binom{\tilde{\beta}}{\gamma}\Big) q_{(\tilde{\alpha})}^{(\tilde{\beta})} p_{(\tilde{\beta})}^{(\tilde{\alpha})} = \sum \frac{(-1)^{|\tilde{\beta}|}}{i^{|\tilde{\alpha}+\tilde{\beta}|}\tilde{\alpha}!\tilde{\beta}!} q_{(\tilde{\alpha})}^{(\tilde{\beta})} p_{(\tilde{\beta})}^{(\tilde{\alpha})}$$

が従う．ここで $|\tilde{\alpha}+\tilde{\beta}|>k$ ならば

$$q_{(\tilde{\alpha})}^{(\tilde{\beta})} p_{(\tilde{\beta})}^{(\tilde{\alpha})} \in S(m_1 m_2 H^k, g_2)$$

であるから結論が従う． □

補題 12.2.2 g_1, g_2 は admissible metric で $g_2 = mg_1$, $m \geq 1$ とし m_j は g_j admissible weight とする．また $h^2 = \sup g_1/g_1^\sigma$ とおく．$p \in S(m_1, g_1)$, $q \in S(m_2, g_2)$, $\tilde{q} \in S(m_2^{-1}, g_2)$ に対して $H^2 = mh^2$ として

$$\tilde{q} \# p \# q - \sum_{|\alpha+\beta|<k} \frac{1}{i^{|\alpha+\beta|}\alpha!\beta!} p_{(\beta)}^{(\alpha)} w_\alpha^\beta \in S(m_1 H^k, g_2)$$

が成立する．ここで

$$w_\alpha^\beta = \sum_{\tilde\alpha \leq \alpha, \tilde\beta \leq \beta} \frac{(-1)^{|\alpha-\tilde\alpha|}}{2^{|\alpha-\tilde\alpha+\beta-\tilde\beta|}} \binom{\alpha}{\tilde\alpha}\binom{\beta}{\tilde\beta} (\tilde{w}_{\tilde\alpha}^{\tilde\beta})_{(\alpha-\tilde\alpha)}^{(\beta-\tilde\beta)}, \tag{12.2.11}$$

$$\tilde{w}_\alpha^\beta = (-1)^{|\beta|} \tilde{q} \# q_{(\alpha)}^{(\beta)} \tag{12.2.12}$$

である.

[証明] いま $\tilde{w}_\alpha^\beta = (-1)^{|\beta|} \tilde{q} \# q_{(\alpha)}^{(\beta)}$ とおくと補題 12.2.1 より

$$\tilde{q}\#p\#q - \sum_{|\alpha+\beta|<k} \frac{1}{i^{|\alpha+\beta|}\alpha!\beta!} \tilde{w}_\alpha^\beta \# p_{(\beta)}^{(\alpha)} \in S(m_1 H^k, g_2)$$

であり,定理 9.3.2 より

$$\tilde{w}_\alpha^\beta \# p_{(\beta)}^{(\alpha)} - \sum_{|\gamma+\delta|<\ell} \frac{(-1)^{|\delta|}}{(2i)^{|\gamma+\delta|}\gamma!\delta!} (\tilde{w}_\alpha^\beta)_{(\delta)}^{(\gamma)} p_{(\beta+\gamma)}^{(\alpha+\delta)} \in S(m_1 H^{|\alpha+\beta|+\ell}, g_2)$$

である.ここで $\ell = k - |\alpha+\beta|$ と選ぶと

$$\tilde{q}\#p\#q - \sum_{|\alpha+\beta+\gamma+\delta|<k} \frac{(-1)^{|\delta|}i^{-|\alpha+\beta|}}{(2i)^{|\gamma+\delta|}\alpha!\beta!\gamma!\delta!} (\tilde{w}_\alpha^\beta)_{(\delta)}^{(\gamma)} p_{(\beta+\gamma)}^{(\alpha+\delta)} \in S(m_1 H^k, g_2)$$

が成立する.次に

$$\sum_{|\alpha+\beta+\gamma+\delta|<k} \frac{(-1)^{|\delta|}i^{-|\alpha+\beta|}}{(2i)^{|\gamma+\delta|}\alpha!\beta!\gamma!\delta!} (\tilde{w}_\alpha^\beta)_{(\delta)}^{(\gamma)} p_{(\beta+\gamma)}^{(\alpha+\delta)}$$

$$= \sum_{|\tilde\alpha+\tilde\beta|<k} \frac{1}{i^{|\tilde\alpha+\tilde\beta|}\tilde\alpha!\tilde\beta!} \Big(\sum \frac{(-1)^{|\tilde\alpha-\alpha|}}{2^{|\tilde\alpha-\alpha+\tilde\beta-\beta|}} \binom{\tilde\alpha}{\alpha}\binom{\tilde\beta}{\beta} (\tilde{w}_\alpha^\beta)_{(\tilde\alpha-\alpha)}^{(\tilde\beta-\beta)}\Big) p_{(\tilde\beta)}^{(\tilde\alpha)}$$

に注意して

$$w_{\tilde\alpha}^{\tilde\beta} = \sum \frac{(-1)^{|\tilde\alpha-\alpha|}}{2^{|\tilde\alpha-\alpha+\tilde\beta-\beta|}} \binom{\tilde\alpha}{\alpha}\binom{\tilde\beta}{\beta} (\tilde{w}_\alpha^\beta)_{(\tilde\alpha-\alpha)}^{(\tilde\beta-\beta)}$$

とおけば結論を得る. □

次に合成 $\langle\xi\rangle_\gamma^{-a\rho} \# e^{-\gamma\zeta(x)} \# P \# e^{\gamma\zeta(x)} \# \langle\xi\rangle_\gamma^{a\rho}$ の漸近表現を求めよう.(10.1.4) に従って

$$P_{\gamma\zeta}(x,\xi) = e^{-\gamma\zeta(x)} \# P(x,\xi) \# e^{\gamma\zeta(x)}$$

とおく.

命題 12.2.1 $\gamma \geq \gamma_0(a)$ のとき

$$W_\alpha^\beta - (-a\nabla_\xi\rho)^\beta (a\nabla_x\rho)^\alpha$$
$$\in S(a^{|\alpha+\beta|}(\log\langle\xi\rangle_\gamma)^{|\alpha+\beta|-1}\langle\xi\rangle_\gamma^{-|\beta|}, g_0)$$

を満たす $W_\alpha^\beta \in S((a\log\langle\xi\rangle_\gamma)^{|\alpha+\beta|}\langle\xi\rangle_\gamma^{-|\beta|}, g_0)$, $W_0^0 = 1$ が存在して任意の $N \in \mathbb{N}$ に対して

$$\langle\xi\rangle_\gamma^{-a\rho} \# P_{\gamma\zeta} \# \langle\xi\rangle_\gamma^{a\rho} - \sum_{|\alpha+\beta|<N} \frac{1}{i^{|\alpha+\beta|}\alpha!\beta!} P_{\gamma\zeta(\beta)}^{(\alpha)} W_\alpha^\beta \quad (12.2.13)$$

は a をとめるごとに $S(\langle\xi\rangle_\gamma^{m-N}(\log\langle\xi\rangle_\gamma)^{2N}, \tilde{g})$ に属する.

[証明] $P_{\gamma\zeta} \in S(\langle\xi\rangle_\gamma^m, g_0)$ は容易である.

$$S = \langle\xi\rangle_\gamma^\rho = e^{\rho\log\langle\xi\rangle_\gamma}$$

とおこう. 補題 10.3.1 より $a>1$ を固定するごとに $S^{\pm a}$ は $\tilde{g}$ admissible weight であり $S^{\pm a} \in S(S^{\pm a}, \tilde{g})$ である. 補題 12.2.2 を $g_1 = g_0$, $g_2 = \tilde{g}$, $q = S^a$, $\tilde{q} = S^{-a}$ として適用すると $H = (\log\langle\xi\rangle_\gamma)\langle\xi\rangle_\gamma^{-1}$ であるから

$$\langle\xi\rangle_\gamma^{-a\rho} \# P_{\gamma\zeta} \# \langle\xi\rangle_\gamma^{a\rho} - \sum_{|\alpha+\beta|<N} \frac{1}{i^{|\alpha+\beta|}\alpha!\beta!} P_{\gamma\zeta(\beta)}^{(\alpha)} w_\alpha^\beta \quad (12.2.14)$$

は a をとめるごとに $S(\langle\xi\rangle_\gamma^{m-N}(\log\langle\xi\rangle_\gamma)^N, \tilde{g})$ に属する. ここで $\tilde{w}_\alpha^\beta = (-1)^{|\beta|} S^{-a} \# S_{(\alpha)}^{a(\beta)}$ であり w_α^β は (12.2.11) によって $\tilde{w}_\alpha^\beta$ から定義される. $\tilde{w}_\alpha^\beta$ を調べよう.

$$S_{(\alpha)}^{a(\beta)} = \partial_x^\alpha \partial_\xi^\beta e^{a\rho\log\langle\xi\rangle_\gamma} = \Omega_\alpha^\beta S^a$$

とおくと

補題 12.2.3 $\Omega_\beta^\alpha \in S((a\log\langle\xi\rangle_\gamma)^{|\alpha+\beta|} \langle\xi\rangle_\gamma^{-|\alpha|}, g_0)$ である.

[証明] 主張を示すには任意の $\gamma, \delta \in \mathbb{N}^n$ に対して a にはよらない正数 $C_{\gamma\delta}$ が存在し

$$|\Omega_{\beta(\delta)}^{\alpha(\gamma)}(z)| \le C_{\gamma\delta} a^{|\alpha+\beta|} (\log\langle\xi\rangle_\gamma)^{|\alpha+\beta|} \langle\xi\rangle_\gamma^{-|\alpha+\gamma|} \quad (12.2.15)$$

が成り立つことを示せばよい. $|\alpha+\beta|$ に関する帰納法で示す. まず $|\alpha+\beta|=0$ のとき主張は明らかである. $|\alpha+\beta| = k \ge 1$ のとき (12.2.15) が成立していると仮定する. $|e_1 + e_2| = 1$ として $\Omega_{\beta+e_2}^{\alpha+e_1} = \Omega_{\beta(e_2)}^{\alpha(e_1)} + a(\rho\log\langle\xi\rangle_\gamma)_{(e_2)}^{(e_1)} \Omega_\beta^\alpha$ であるから (10.3.23) より

$$\left|\Omega_{\beta+e_2(\delta)}^{\alpha+e_1(\gamma)}\right|$$
$$= \left|\Omega_{\beta(\delta+e_2)}^{\alpha(\gamma+e_1)} + a\sum \binom{\gamma}{\gamma'}\binom{\delta}{\delta'}(\rho\log\langle\xi\rangle_\gamma)_{(e_2+\delta')}^{(e_1+\gamma')} \Omega_{\beta(\delta-\delta')}^{\alpha(\gamma-\gamma')}\right|$$
$$\le C_{\gamma\delta}' a^{|\alpha+\beta|}(\log\langle\xi\rangle_\gamma)^{|\alpha+\beta|} \langle\xi\rangle_\gamma^{-|\alpha+\gamma+e_1|} + a\sum\binom{\gamma}{\gamma'}\binom{\delta}{\delta'} C_{\gamma'\delta'}'' C_{\gamma-\gamma'\delta-\delta'} a^{|\alpha+\beta|}$$
$$\times (\log\langle\xi\rangle_\gamma)^{|\alpha+\beta|+1} \langle\xi\rangle_\gamma^{-|\alpha+\gamma+e_1|}$$

と評価され, これはさらに

$$\left(C_{\gamma\delta}' + \sum\binom{\gamma}{\gamma'}\binom{\delta}{\delta'} C_{\gamma'\delta'}'' C_{\gamma-\gamma'\delta-\delta'}\right)\langle\xi\rangle_\gamma^{-|\gamma|}$$
$$\times a^{|\alpha+\beta|+1}(\log\langle\xi\rangle_\gamma)^{|\alpha+\beta|+1} \langle\xi\rangle_\gamma^{-|\alpha+e_1|}$$

で評価される. したがって帰納法により主張が示された. □

補題 12.2.3 より a をとめれば，$\Omega_\alpha^\beta \in S((\log \langle \xi \rangle_\gamma)^{|\alpha+\beta|} \langle \xi \rangle_\gamma^{-|\beta|}, \tilde{g})$ であるから，定理 9.3.1 より $z = (x, \xi)$, $w = (y, \eta)$ と書くとき，$\tilde{g}/\tilde{g}^\sigma \leq (\log \langle \xi \rangle_\gamma)^4 \langle \xi \rangle_\gamma^{-2}$ に注意すると

$$S^{-a} \# (\Omega_\alpha^\beta S^a) - \sum_{k < N - |\alpha + \beta|} (i\sigma(D)/2)^k \left(S^{-a}(z) \Omega_\alpha^\beta(w) S^a(w)\right)/k! \Big|_{z=w}$$

は a をとめるごとに $S((\log \langle \xi \rangle_\gamma)^{2N-|\alpha+\beta|} \langle \xi \rangle_\gamma^{-N+|\alpha|}, \tilde{g})$ に属する．

次に上式の第 2 項を調べよう．(w, z) の関数 $f(w, z)$ が $f(w, z) = -f(z, w)$ を満たすとき $f(z, w)$ を反対称，$f(w, z) = f(z, w)$ を満たすとき $f(z, w)$ を対称と呼ぶことにする．

補題 12.2.4 $f(z, w)$ を反対称とする．このとき $j > k$ なら

$$\sigma(D_z, D_w)^k f(z, w)^j \big|_{w=z} = 0$$

である．

[証明] 記号を簡略化して $\sigma(f) = \sigma(D_z, D_w)f = \langle D_y, D_\xi \rangle f - \langle D_x, D_\eta \rangle f$, $\sigma[f, g] = \langle D_\xi f, D_y g \rangle - \langle D_x f, D_\eta g \rangle$ と書くことにする．f が対称（反対称）なら $\sigma(f)$ が反対称（対称）であること，f, g がともに反対称なら $\sigma[f, g]$ も反対称であることは明らかである．次の関係式も容易に確かめられる．

$$\sigma(D_z, D_w)(fg) = \sigma(f)g + \sigma(g)f + \sigma[f, g] + \sigma[g, f],$$

$$\sigma \left[\prod_{i=1}^p g_i, f \right] = \sum_{i=1}^p \sigma[g_i, f] \prod_{\mu \neq i} g_\mu. \tag{12.2.16}$$

いま g_i, $1 \leq i \leq q$ は反対称とする．このとき

$$\sigma(D_z, D_w) \left(\prod_{j=1}^q g_j \right) = \sigma(D_z, D_w) \left(\left(\prod_{j=1}^{q-1} g_j \right) g_q \right)$$

と書き (12.2.16) を利用すると $\sigma(D_z, D_w) \prod_{j=1}^q g_j$ は $q-1$ 個の反対称な関数の積の有限和からなることが分かる．この議論を繰り返すと $j > k$ のとき $\sigma(D_z, D_w)^k f(z, w)^j$ は反対称な関数の $j - k$ 個の積の有限和となり結論を得る． □

系 12.2.1 次が成立する．

$$\sigma(D_z, D_w)^k e^{-\Lambda(z) + \Lambda(w)} f(w) \big|_{w=z}$$
$$= \sigma(D_z, D_w)^k \sum_{j=0}^k (\Lambda(w) - \Lambda(z))^j f(w)/j! \big|_{w=z}.$$

[証明] まず

$$(\sigma(D_z, D_w))^k e^{-\Lambda(z) + \Lambda(w)} f(w)$$

$$= \sum_{j=0} \sigma(D_z, D_w)^k (\Lambda(w) - \Lambda(z))^j f(w)/j!$$

に注意して次に補題 12.2.4 を適用すればよい. □

補題 12.2.5 任意の $\gamma, \delta \in \mathbb{N}^n$ に対して $C_{\gamma\delta}$ が存在し

$$\left| \left((\sigma(D_z, D_w)^k (S^{-a}(z) S_{(\alpha)}^{a(\beta)}(w))/k! \big|_{z=w} \right)_{(\delta)}^{(\gamma)} \right| \\ \leq C_{\gamma\delta}(a \log \langle\xi\rangle_\gamma)^{|\alpha+\beta|+k} \langle\xi\rangle_\gamma^{-|\beta|-k} \langle\xi\rangle_\gamma^{-|\gamma|} \tag{12.2.17}$$

が成立する. すなわちシンボル $(i\sigma(D_z, D_w)/2)^k (S^{-a}(z) S_{(\alpha)}^{a(\beta)}(w))/k!\big|_{z=w}$ はクラス $S((a\log\langle\xi\rangle_\gamma)^{|\alpha+\beta|+k} \langle\xi\rangle_\gamma^{-|\beta|-k}, g_0)$ に属する.

[証明] $z = (x, \xi), w = (y, \eta)$ とするとき $(\Lambda(w) - \Lambda(z))^j$ は Taylor 展開より

$$\sum \frac{\Lambda_{(\nu_1)}^{(\mu_1)}(z) \cdots \Lambda_{(\nu_j)}^{(\mu_j)}(z)}{\mu_1! \cdots \mu_j! \nu_1! \cdots \nu_j!} (y-x)^{\nu_1+\cdots+\nu_j} (\eta-\xi)^{\mu_1+\cdots+\mu_j} + O(|w-z|^N)$$

と書ける. ここで $|\mu_i + \nu_i| \geq 1$ である. 一方

$$\sigma(D_z, D_w)^k F/k! = \sum_{|\gamma+\delta|=k} (-1)^{|\gamma|} \frac{\partial_\xi^\gamma \partial_y^\gamma \partial_x^\delta \partial_\eta^\delta F}{\gamma! \delta!}$$

であるから

$$\sigma(D_z, D_w)^k (\Lambda(w) - \Lambda(z))^j f(z)/k!|_{w=z}$$
$$= \sum_{|\gamma+\delta|=k} (-1)^{|\gamma|} \sum (-1)^{|\gamma_2|+|\delta_2|} \frac{\partial_x^{\delta_1} \partial_\xi^{\gamma_1} (\Lambda_{(\nu_1)}^{(\mu_1)}(z) \cdots \Lambda_{(\nu_j)}^{(\mu_j)}(z) f(z)) \mu! \nu!}{\gamma_1! \gamma_2! \delta_1! \delta_2! \mu_1! \cdots \mu_j! \nu_1! \cdots \nu_j!} \tag{12.2.18}$$

が成り立つ. ここで和は $\gamma_1 + \gamma_2 = \gamma$, $\delta_1 + \delta_2 = \delta$, $\gamma_2 + \delta = \mu$, $\delta_2 + \gamma = \nu$, $\mu_1 + \cdots + \mu_j = \mu$, $\nu_1 + \cdots + \nu_j = \nu$ を満たすすべての μ_j, ν_j, γ_j および δ_j にわたる. $S^{\pm a} = e^{\pm a\rho \log\langle\xi\rangle_\gamma} = e^{\pm\Lambda}$, $f = \Omega_\alpha^\beta$ として系 12.2.1 を適用すると

$$\sigma(D_z, D_w)^k (S^{-a}(z) S^a(w) \Omega_\alpha^\beta(w))\big|_{w=z}$$
$$= \sigma(D_z, D_w)^k \sum_{j=0}^k a^j (\rho(w) \log\langle\eta\rangle_\gamma - \rho(z) \log\langle\xi\rangle_\gamma)^j \Omega_\alpha^\beta(w)/j!\big|_{w=z}$$

である. したがって (12.2.18), (10.3.23) および補題 12.2.3 より

$$\left| \sigma(D_z, D_w)^k (S^{-a}(z) S^a(w) \Omega_\alpha^\beta(w))\big|_{w=z} \right| \\ \leq C(a \log\langle\xi\rangle_\gamma)^{|\alpha+\beta|+k} \langle\xi\rangle_\gamma^{-|\beta|-k}$$

が従い (12.2.17) の $|\gamma+\delta| = 0$ の場合を得る. $|\gamma+\delta| \geq 1$ のときの評価は (10.3.23) に注意すると (12.2.18) から容易に従う. □

ここで
$$\tilde{W}_{N\alpha}^{\beta} = (-1)^{|\beta|} \sum_{k<N-|\alpha+\beta|} (i\sigma(D)/2)^k (S^{-a}(z) S_{(\alpha)}^{a(\beta)}(w))/k!|_{z=w}$$

とおくと補題 12.2.5 より $\tilde{W}_{N\alpha}^{\beta} \in S((a\log\langle\xi\rangle_\gamma)^{|\alpha+\beta|}\langle\xi\rangle_\gamma^{-|\beta|}, g_0)$ であり,定理 9.3.1 より a をとめるごとに $\tilde{w}_\alpha^\beta - \tilde{W}_{N\alpha}^\beta$ は $S((\log\langle\xi\rangle_\gamma)^{2N-|\alpha+\beta|}\langle\xi\rangle_\gamma^{-N+|\alpha|}, \tilde{g})$ に属する. (12.2.11) に従って

$$W_{N\alpha}^\beta = \sum \frac{(-1)^{|\alpha-\tilde{\alpha}|}}{2^{|\alpha-\tilde{\alpha}+\beta-\tilde{\beta}|}} \binom{\alpha}{\tilde{\alpha}} \binom{\beta}{\tilde{\beta}} (\tilde{W}_{N\tilde{\alpha}}^{\tilde{\beta}})_{(\alpha-\tilde{\alpha})}^{(\beta-\tilde{\beta})}$$

とおくと $W_{N\alpha}^\beta \in S((a\log\langle\xi\rangle_\gamma)^{|\alpha+\beta|}\langle\xi\rangle_\gamma^{-|\beta|}, g_0)$ であり,a をとめるごとに $W_{N\alpha}^\beta - w_\alpha^\beta$ は $S((\log\langle\xi\rangle_\gamma)^{2N-|\alpha+\beta|}\langle\xi\rangle_\gamma^{-N+|\alpha|}, g_0)$ に属する.

補題 12.2.6 次が成立する.
$$\Omega_\alpha^\beta - (a\log\langle\xi\rangle_\gamma)^{|\alpha+\beta|}(\nabla_\xi\rho)^\beta(\nabla_x\rho)^\alpha \in S(a^{|\alpha+\beta|}(\log\langle\xi\rangle_\gamma)^{|\alpha+\beta|-1}\langle\xi\rangle_\gamma^{-|\beta|}, g_0).$$

［証明］ $|\alpha+\beta|$ に関する帰納法で示す.$|\alpha+\beta|=1$ のとき $\Omega^{e_j} = a\partial_{\xi_j}(\rho\log\langle\xi\rangle_\gamma)$, $\Omega_{e_j} = a\partial_{x_j}(\rho\log\langle\xi\rangle_\gamma)$ であるから主張は成り立つ.$|e+f|=1$ としよう.このとき

$$\Omega_{\alpha+e}^{\beta+f} = \partial_x^e \partial_\xi^f \Omega_\alpha^\beta + a\Omega_\alpha^\beta \partial_x^e \partial_\xi^f (\rho\log\langle\xi\rangle_\gamma)$$
$$= a(\partial_x^e \partial_\xi^f \rho)(\log\langle\xi\rangle_\gamma)\Omega_\alpha^\beta + \partial_x^e \partial_\xi^f \Omega_\alpha^\beta + a\Omega_\alpha^\beta \rho \partial_x^e \partial_\xi^f (\log\langle\xi\rangle_\gamma)$$

である.$\partial_x^e \partial_\xi^f \Omega_\alpha^\beta \in S((a\log\langle\xi\rangle_\gamma)^{|\alpha+\beta|}\langle\xi\rangle_\gamma^{-|\beta+f|}, g_0)$ および

$$a\Omega_\alpha^\beta \rho \partial_x^e \partial_\xi^f (\log\langle\xi\rangle_\gamma) \in S(a^{|\alpha+\beta|+1}(\log\langle\xi\rangle_\gamma)^{|\alpha+\beta|}\langle\xi\rangle_\gamma^{-|\beta+f|}, g_0)$$

に注意すれば帰納法によって一般の場合も示される. □

［命題 12.2.1 の証明の続き］ (12.2.14) と以上の考察から

$$\langle\xi\rangle_\gamma^{-a\rho} \# P_{\gamma\zeta} \# \langle\xi\rangle_\gamma^{a\rho} - \sum_{|\alpha+\beta|<N} \frac{1}{i^{|\alpha+\beta|}\alpha!\beta!} P_{\gamma\zeta(\beta)}^{(\alpha)} W_{N\alpha}^\beta \quad (12.2.19)$$

は a をとめるごとに $S(\langle\xi\rangle_\gamma^{m-N}(\log\langle\xi\rangle_\gamma)^{2N}, \tilde{g})$ に属する.ここで

$$\tilde{W}_{N\alpha}^\beta - (-1)^{|\beta|}\Omega_\alpha^\beta \in S((a\log\langle\xi\rangle_\gamma)^{|\alpha+\beta|}\langle\xi\rangle_\gamma^{-|\beta|}a(\log\langle\xi\rangle_\gamma)\langle\xi\rangle_\gamma^{-1}, \tilde{g})$$

であるから $a(\log\langle\gamma_0\rangle)^2\langle\gamma_0\rangle^{-1} \leq 1$ と γ_0 を選ぶと $\gamma \geq \gamma_0$ で $\tilde{W}_{N\alpha}^\beta - (-1)^{|\beta|}\Omega_\alpha^\beta \in S(a^{|\alpha+\beta|}(\log\langle\xi\rangle_\gamma)^{|\alpha+\beta|-1}\langle\xi\rangle_\gamma^{-|\beta|}, g_0)$ であり,$W_{N\alpha}^\beta - \tilde{W}_{N\alpha}^\beta$ も同じクラスに属するので補題 12.2.6 より $\gamma \geq \gamma_0$ のとき

$$W_{N\alpha}^\beta - (a\log\langle\xi\rangle_\gamma)^{|\alpha+\beta|}(-\nabla_\xi\rho)^\beta(\nabla_x\rho)^\alpha$$
$$\in S(a^{|\alpha+\beta|}(\log\langle\xi\rangle_\gamma)^{|\alpha+\beta|-1}\langle\xi\rangle_\gamma^{-|\beta|}, g_0)$$

が成り立ち,したがって W_α^β を $W_{N\alpha}^\beta$ と選べば主張が従う. □

次に
$$P_{\gamma\zeta} = \sum_{|\delta|\leq m} \frac{1}{i^{|\delta|}\delta!} P^{(\delta)}(x,\xi)\tilde{\omega}_\delta, \quad \tilde{\omega}_\delta - (\gamma\nabla\zeta(x))^\delta = O(\gamma^{|\delta|-1})$$
と書いて
$$\left(\sum_{|\delta|\leq m} \frac{1}{i^{|\delta|}\delta!} P^{(\delta)}(x,\xi)\tilde{\omega}_\delta\right)^{(\alpha)}_{(\beta)}$$
を (12.2.13) の $P^{(\alpha)}_{\gamma\zeta(\beta)}$ に代入しよう. $|(\tilde{\omega}_\delta)_{(\beta_2)}| \leq C_{\delta\beta_2}\gamma^{|\delta|}$ を考慮すると
$$\sum_{|\alpha+\beta|<N}\sum_{|\delta|\leq m} \frac{i^{-|\alpha+\beta+\delta|}}{\alpha!\beta_1!\delta!\beta_2!} P^{(\delta+\alpha)}_{(\beta_1)}(\tilde{\omega}_\delta)_{(\beta_2)} W^{\beta_1+\beta_2}_\alpha, \quad \beta_1+\beta_2=\beta$$
において $\gamma^{|\delta|}(a\log\langle\xi\rangle_\gamma)^{|\alpha+\beta|} \leq (\gamma + a\log\langle\xi\rangle_\gamma)^{|\alpha+\beta+\delta|}$ と評価すると $|\alpha+\beta+\delta| \geq N$ に関する和は $S(\langle\xi\rangle^m_\gamma ((\gamma+a\log\langle\xi\rangle_\gamma)\langle\xi\rangle^{-1}_\gamma)^N, g_0)$ に属する. 次に $|\alpha+\beta+\delta| < N$ に対する和を考えよう. 上式を
$$\sum \frac{i^{-|\tilde{\alpha}+\beta_1|}}{\tilde{\alpha}!\beta_1!} P^{(\tilde{\alpha})}_{(\beta_1)} \sum_{\beta\geq\beta_1} \frac{i^{-|\beta-\beta_1|}}{(\beta-\beta_1)!} \binom{\tilde{\alpha}}{\delta}(\tilde{\omega}_\delta)_{(\beta-\beta_1)} W^{\beta_1+\beta_2}_{\tilde{\alpha}-\delta}$$
$$= \sum \frac{i^{-|\alpha+\mu|}}{\alpha!\beta!} P^{(\alpha)}_{(\beta)} \left(\sum_{\tilde{\beta}\geq\beta} \frac{i^{-|\tilde{\mu}-\mu|}}{(\tilde{\beta}-\beta)!} \binom{\alpha}{\delta}(\tilde{\omega}_\delta)_{(\tilde{\beta}-\beta)} W^{\tilde{\beta}}_{\alpha-\delta}\right)$$
$$= \sum \frac{i^{-|\alpha+\beta|}}{\alpha!\beta!} P^{(\alpha)}_{(\beta)} \hat{W}^\beta_\alpha$$
と書き直す. ここで
$$\hat{W}^\beta_\alpha = \sum_{\tilde{\beta}\geq\beta, |\tilde{\beta}|<N-|\alpha|} \frac{i^{-|\tilde{\beta}-\beta|}}{(\tilde{\beta}-\beta)!} \binom{\alpha}{\delta}(\tilde{\omega}_\delta)_{(\tilde{\beta}-\beta)} W^{\tilde{\beta}}_{\alpha-\delta}$$
とおいた. $\tilde{\beta}>\beta$ ならば
$$(\tilde{\omega}_\delta)_{(\tilde{\beta}-\beta)} W^{\tilde{\beta}}_{\alpha-\delta} \in S((\gamma+a\log\langle\xi\rangle_\gamma)^{|\tilde{\beta}+\alpha|}\langle\xi\rangle^{-|\tilde{\beta}|}_\gamma, g_0)$$
$$\subset S((\gamma+a\log\langle\xi\rangle_\gamma)^{|\alpha+\beta|-1}\langle\xi\rangle^{-|\beta|}_\gamma, g_0)$$
であるから $\hat{W}^\beta_\alpha - \sum \binom{\alpha}{\delta}\tilde{\omega}_\delta W^\beta_{\alpha-\delta} \in S((\gamma+a\log\langle\xi\rangle_\gamma)^{|\alpha+\beta|-1}\langle\xi\rangle^{-|\beta|}_\gamma, g_0)$ が従う. 一方 $\tilde{\omega}_\delta - (\gamma\nabla\zeta)^\delta \in S(\gamma^{|\delta|-1}, g_0)$ で命題 12.2.1 から $\gamma\geq\gamma_0(a)$ のとき
$$W^\beta_{\alpha-\delta} - (a\log\langle\xi\rangle_\gamma)^{|\alpha+\beta-\delta|}(-\nabla_\xi\rho)^\beta(\nabla_x\rho)^{\alpha-\delta}$$
$$\in S(a^{|\alpha+\beta-\delta|}(\log\langle\xi\rangle_\gamma)^{|\alpha+\beta-\delta|-1}\langle\xi\rangle^{-|\beta|}_\gamma, g_0)$$
であるから
$$\tilde{\omega}_\delta W^\beta_{\alpha-\delta} - (\gamma\nabla_x\zeta)^\delta(-a\log\langle\xi\rangle_\gamma\nabla_\xi\rho)^\beta(a\log\langle\xi\rangle_\gamma\nabla_x\rho)^{\alpha-\delta}$$
$$\in S((\gamma+a\log\langle\xi\rangle_\gamma)^{|\alpha+\beta|}(\gamma^{-1}+(\log\langle\xi\rangle_\gamma)^{-1})\langle\xi\rangle^{-|\beta|}_\gamma, g_0)$$

$$\subset S((\gamma + a\log\langle\xi\rangle_\gamma)^{|\alpha+\beta|}(\log\langle\gamma\rangle)^{-1}\langle\xi\rangle_\gamma^{-|\beta|}, g_0)$$

が従う．ゆえに
$$\sum \binom{\alpha}{\delta}\tilde{\omega}_\delta W_{\alpha-\delta}^\beta - (\gamma\nabla_x\zeta + a\log\langle\xi\rangle_\gamma\nabla_x\rho)^\alpha(-a\log\langle\xi\rangle_\gamma\nabla_\xi\rho)^\beta$$
$$\in S((\gamma + a\log\langle\xi\rangle_\gamma)^{|\alpha+\beta|}(\log\langle\gamma\rangle)^{-1}\langle\xi\rangle_\gamma^{-|\beta|}, g_0)$$

である．以上のことから
$$\tilde{\Lambda} = \gamma\zeta(x) + a\rho(x,\xi)\log\langle\xi\rangle_\gamma$$

とおくと

命題 12.2.2 $\gamma \geq \gamma_0(a)$ のとき
$$\hat{W}_\alpha^\beta - (\nabla_x\tilde{\Lambda})^\alpha(-\nabla_\xi\tilde{\Lambda})^\beta \in S((\gamma + a\log\langle\xi\rangle_\gamma)^{|\alpha+\beta|}(\log\langle\gamma\rangle)^{-1}\langle\xi\rangle_\gamma^{-|\beta|}, g_0)$$

を満たす $\hat{W}_\alpha^\beta \in S((\gamma+a\log\langle\xi\rangle_\gamma)^{|\alpha+\beta|}\langle\xi\rangle_\gamma^{-|\beta|}, g_0)$, $\hat{W}_0^0 = 1$ が存在して任意の $N \in \mathbb{N}$ に対して
$$\langle\xi\rangle_\gamma^{-a\rho}\#P_\gamma\zeta\#\langle\xi\rangle_\gamma^{a\rho} - \sum_{|\alpha+\beta|<N}\frac{1}{i^{|\alpha+\beta|}\alpha!\beta!}P_{(\beta)}^{(\alpha)}(x,\xi)\hat{W}_\alpha^\beta$$

は a をとめるごとに $S(\langle\xi\rangle_\gamma^m((\gamma + \log\langle\xi\rangle_\gamma)^2\langle\xi\rangle_\gamma^{-1})^N, \tilde{g})$ に属する．

12.3 超局所時間関数の高次冪シンボル

次に超局所双曲型エネルギー評価を得るのに最も重要なステップである合成 $\mathrm{Op}(T^{-M})\mathrm{Op}(P)\mathrm{Op}(T^M)$ を考えたい．補題 12.2.2 より
$$\sum_{|\alpha+\beta|<k}\frac{1}{i^{|\alpha+\beta|}\alpha!\beta!}P_{(\beta)}^{(\alpha)}w_\alpha^\beta, \quad w_\alpha^\beta = \sum\binom{\alpha}{\tilde{\alpha}}\binom{\beta}{\tilde{\beta}}(\tilde{w}_{\tilde{\beta}}^{\tilde{\beta}})_{(\alpha-\tilde{\alpha})}^{(\beta-\tilde{\beta})}$$

を考えることになる．ここで $\tilde{w}_\alpha^\beta = (-1)^{|\beta|}T^{-M}\#T_{(\alpha)}^{M(\beta)}$ である．この場合は $\mathrm{Op}(\langle\xi\rangle_\gamma^{-a\rho})\mathrm{Op}(P)\mathrm{Op}(\langle\xi\rangle_\gamma^{a\rho})$ のように簡単にはいかない．$\langle\xi\rangle_\gamma^{\pm a\rho}$ の場合は $\langle\xi\rangle_\gamma^{\pm\rho} \in S(\langle\xi\rangle_\gamma^{\pm\rho}, \tilde{g})$, $\tilde{g}/\tilde{g}^\sigma \leq (\log\langle\xi\rangle_\gamma)^2\langle\xi\rangle_\gamma^{-1} \leq (\log\langle\gamma\rangle)^2\langle\gamma\rangle^{-1}$ であり，γ は他のパラメーター M, λ, a に独立にいくらでも大きく選べるので，γ を大きく選ぶことによって a に依存する定数を依存の仕方にかかわらず制御できる．他方 $T^{\pm 1}$ については $T^{\pm 1} \in S(T^{\pm 1}, g)$ で一般には $g/g^\sigma \leq \lambda^{-2}$ が最良の評価であり，しかも 10.4 節で述べたように $\lambda \ll M^2$ なる条件の下で議論を行わねばならない．系 12.2.1 および (12.2.18) から $T^{-M}\#T_{(\alpha)}^{M(\beta)}$ の漸近展開の最初の有限項は $M\lambda^{-1}$ で制御できることが従うが，剰余項を制御するにはさらに何らかの考察や工夫が必要である．実際 $\tilde{w}_0^0 = T^{-M}\#T^M = 1 - R$ とおくと補題 12.1.6 より $R \in S(\lambda^{-1}, g)$ であり，した

がって
$$|\partial_x^\alpha \partial_\xi^\beta R| \leq C_{\alpha\beta}(M)\lambda^{-1}\phi^{-|\alpha|}\psi^{-|\beta|}$$
と評価されるが，$C_{\alpha\beta}(M)$ が α, β, M に関して何らの規則性ももっていなければ $\lambda \ll M^2$ の制限の下で R を制御することは難しい．そこでここでは $T(z)$ の導関数が規則的に評価されることを仮定する．より詳しくは T はある $\kappa > 1$ について Gevrey クラス κ に属すると仮定する．すなわち正数 $C > 0$ が存在しすべての非負整数 $k \in \mathbb{N}$ に対して
$$|T|_k^g(z)/T(z) \leq C^{k+1}k!^\kappa \tag{12.3.20}$$
が成立しているとする．このように仮定してもよいことは以下に示す．

以下 $\kappa > 1$ を 1 つ固定する．次の補題は補題 9.1.1 から直ちに従う．

補題 12.3.1 G を $\mathbb{R}^{2N}$ 上の slowly varying な metric とする．このとき $\mathbb{R}^{2N}$ の点列 $w_1, w_2, \ldots$ と $N_0 \in \mathbb{N}$ があって $B_\nu = \{w \in \mathbb{R}^{2N} \mid G_{w_\nu}(w_\nu - w) < R^2\}$ とするとき，$c/16 \leq R^2$ ならば $\{B_\nu\}$ は $\mathbb{R}^{2N}$ を覆い，$R^2 \leq c$ ならば N_0 個以上の B_ν の交わりは空になる．さらに $c/4 < R^2 < c$ ならば $\phi_\nu \in \gamma_0^{(\kappa)}(B_\nu)$ かつ $\sum \phi_\nu = 1$ で任意の ν, k に対して
$$|\phi_\nu|_k^G \leq (C_{N_0,\kappa}CN_0/c)^k k!^\kappa$$
を満たすものが存在する．

補題 12.3.1 を $N = n$ および $G = g$ として適用すると，点列 $z_1, z_2, \ldots \in \mathbb{R}^{2n}$ と $N_0 \in \mathbb{N}$ を球
$$B_\nu = \{z \in \mathbb{R}^{2n} \mid g_{z_\nu}(z - z_\nu) < R^2\}$$
が $\mathbb{R}^{2n}$ を覆い，しかも N_0 個以上の B_ν は交わらないように選べる．また $\chi_\nu \in \gamma_0^{(\kappa)}(B_\nu)$ ですべての ν, k について
$$|\chi_\nu|_k^g \leq \tilde{C}^{k+1}k!^\kappa$$
を満たし，かつ $\sum \chi_\nu = 1$ が成立するように選べる．さて
$$\tilde{\phi}(z) = \sum \phi(z_\nu)\chi_\nu(z), \quad \tilde{\psi}(z) = \sum \psi(z_\nu)\chi_\nu(z)$$
とおこう．

補題 12.3.2 正数 $C > 0$ があって任意の $z \in \mathbb{R}^{2n}$ について
$$\begin{aligned}&\phi(z)/C \leq \tilde{\phi}(z) \leq C\phi(z),\ \psi(z)/C \leq \tilde{\psi}(z) \leq C\psi(z),\\ &|\tilde{\phi}|_k^{\tilde{g}}(z)|/\tilde{\phi}(z) + |\tilde{\psi}|_k^{\tilde{g}}(z)|/\tilde{\psi}(z) \leq C^{k+1}k!^\kappa\end{aligned} \tag{12.3.21}$$
が成立する．ここで $\tilde{g}_z(w) = \tilde{\phi}(z)^{-2}|y|^2 + \tilde{\psi}(z)^{-2}|\eta|^2$ である．

［証明］ 系 12.1.1 より ϕ は g 連続ゆえ，$z \in B_\nu$ とすると $\phi(z)/C \leq \phi(z_\nu) \leq C\phi(z)$ であるから $\phi(z)/C \leq \tilde{\phi}(z) \leq C\phi(z)$ が従う．ψ についても同様である．これより

$g_z/C^2 \leq \tilde{g}_z \leq C^2 g_z$ である．これに注意すると

$$|\tilde{\phi}|_k^{\tilde{g}}(z) \leq \sum_{\nu, z \in B_\nu} \phi(z_\nu)|\chi_\nu|_k^{\tilde{g}}(z) \leq C^3 \tilde{\phi}(z) \sum_{\nu, z \in B_\nu} |\chi_\nu|_k^{g}(z)$$

であり, $z \in B_\nu$ なる ν は高々 N_0 個であるから (12.3.21) が従う．ψ についても同様である． □

以後 $\tilde{\phi}, \tilde{\psi}, \tilde{g}$ の代わりに改めて ϕ, ψ, g と書くことにする．したがって

$$\phi \in S(\phi, g), \quad \psi \in S(\psi, g) \tag{12.3.22}$$

である．$t_\gamma(z)$ は 12.1 節で定義したものとする．$T(x, \xi)$ を (12.3.20) のように評価され，かつ $\log T$ が (12.1.2) を満たすものに置き換えたい．$\rho(s) \in \gamma_0^{(\kappa)}(\mathbb{R})$, $\rho(s) \geq 0$ を $|s| \geq c^2$ では 0 で $\int \rho(|w|^2) dw = 1$ を満たすものとする．$\tilde{T}$ を

$$\tilde{T}(z) = \int \int \rho(g_z(z-w))(\phi\psi)(z)^{-n} T(w) dw \tag{12.3.23}$$

で定義すると次が成り立つ．

補題 12.3.3 $\tilde{T} \in S(\tilde{T}(z), g)$ である．また正数 C が存在して

$$T(z)/C \leq \tilde{T}(z) \leq CT(z), \quad z \in \mathbb{R}^{2n} \tag{12.3.24}$$

が成り立つ．さらに $\hat{z}$ の錐近傍 U, コンパクト集合 $K \subset \Gamma_{\hat{z}}$ および $\nu > 0$ が存在して $|\xi| > \nu\gamma$ のとき

$$-\phi(z)(\langle\xi\rangle_\gamma \nabla_\xi \tilde{T}, -\nabla_x \tilde{T})/\tilde{T}(z) \in K, \quad z \in U$$

が成立する．

［証明］$\tilde{T}$ を

$$\tilde{T}(z) = \int \int \rho(|w|^2) T(x - \phi(z)y, \xi - \psi(z)\eta) dw$$

と書こう．$T(z)$ は g 連続で $\rho(|w|^2) \neq 0$ のとき $g_z(\phi(z)y, \psi(z)\eta) \leq c^2$ であるから (12.3.24) が直ちに従う．$\tilde{T} \in S(\tilde{T}, g)$ を示すには

$$\tilde{T}_{(\beta)}^{(\alpha)}(z) = \int \int \partial_x^\beta \partial_\xi^\alpha \big(\rho(g_z(z-w))(\phi\psi)(z)^{-n} T(w)\big) dw$$

であるから適当な $C > 0, C_2 > 0$ に対して

$$|\partial_x^\beta \partial_\xi^\alpha (\rho(g_z(z-w)))| \leq CC_2^{|\alpha+\beta|}|\alpha+\beta|!^\kappa \phi(z)^{-|\beta|}\psi(z)^{-|\alpha|} \tag{12.3.25}$$

が成立することを示せばよい．まず

$$\partial_x^\beta \partial_\xi^\alpha \rho(g_z(z-w)) = \sum C_{\alpha_1, \ldots, \alpha_s, \beta_1, \ldots, \beta_s} \rho^{(s)}$$
$$\times \partial_x^{\beta_1} \partial_\xi^{\alpha_1} g_z(z-w) \cdots \partial_x^{\beta_s} \partial_\xi^{\alpha_s} g_z(z-w)$$

に注意する．ここで $\sum C_{\alpha_1,\ldots,\alpha_s,\beta_1,\ldots,\beta_s}$ は $C^{|\alpha+\beta|}$ で評価される．$g_z(z-w) \leq c^2$ のとき

$$|\partial_x^\beta \partial_\xi^\alpha g_z(z-w)| \leq C_1^{|\alpha+\beta|+1}|\alpha+\beta|!^\kappa \phi(z)^{-|\beta|}\psi(z)^{-|\alpha|} \tag{12.3.26}$$

であるから $|\alpha_i + \beta_i| \geq 1$ より

$$s!^\kappa |\alpha_1+\beta_1|!^\kappa \cdots |\alpha_s+\beta_s|!^\kappa \leq |\alpha+\beta|!^\kappa$$

に注意すると (12.3.26) から (12.3.25) が従い，ゆえに $\tilde{T} \in S(\tilde{T},g)$ となる．$T(z) = \{((t_\gamma(z)\langle\xi\rangle_\gamma^{1/2})^2 + \lambda)^{1/2} + t_\gamma(z)\langle\xi\rangle_\gamma^{1/2}\}$ と書くと

$$\begin{cases} \nabla_\xi T(z) = n(z)^{-1}\nabla_\xi(t_\gamma(z)\langle\xi\rangle_\gamma^{1/2})T(z), \\ \nabla_x T(z) = n(z)^{-1}\nabla_x(t_\gamma(z)\langle\xi\rangle_\gamma^{1/2})T(z) \end{cases}$$

は容易に分かる．記号を簡単にするために $\phi = \phi(z)$, $\psi = \psi(z)$, $A_x = (\nabla_x T)(x-y\phi, \xi-\eta\psi)$, $A_\xi = (\nabla_\xi T)(x-y\phi, \xi-\eta\psi)$ とおくと

$$(\langle\xi\rangle_\gamma \nabla_\xi \tilde{T}(z), -\nabla_x \tilde{T}(z))/\tilde{T}(z) = \tilde{T}^{-1} \int \rho(|w|^2)(\langle\xi\rangle_\gamma A_\xi, -A_x)dw + r(z)$$

である．ここで

$$r(z) = \tilde{T}^{-1} \int \rho(|w|^2)(\langle\xi\rangle_\gamma(-y\phi_\xi)A_x + \langle\xi\rangle_\gamma(-\eta\psi_\xi)A_\xi, (y\phi_x)A_x + (\eta\psi_x)A_\xi)dw$$

である．ゆえに

$$\tilde{T}(z)^{-1} \int \rho(|w|^2)(\langle\xi\rangle_\gamma A_\xi, -A_x)dw$$
$$= \int \rho(g_z(z-w))\tilde{T}(z)^{-1}(\langle\xi\rangle_\gamma \nabla_\eta T(w), -\nabla_y T(w))(\phi\psi)^{-n}dw$$
$$= \int \rho(g_z(z-w))T(w)\tilde{T}(z)^{-1}(\phi\psi)^{-n}$$
$$\quad \times n(w)^{-1}(\langle\xi\rangle_\gamma \nabla_\eta(t_\gamma(w)\langle\eta\rangle_\gamma^{1/2}), -\nabla_y t_\gamma(w)\langle\eta\rangle_\gamma^{1/2})dw$$

が成立する．ここで $(\langle\xi\rangle_\gamma \nabla_\eta(t_\gamma(w)\langle\eta\rangle_\gamma^{1/2}), -\nabla_y t_\gamma(w)\langle\eta\rangle_\gamma^{1/2})$ を調べよう．(12.1.3) より $\langle\xi\rangle_\gamma \nabla_\xi t_\gamma, \nabla_x t_\gamma \in S(1,g_0)$ であるから $w = (y,\eta)$ として

$$\begin{aligned}&|\langle\eta\rangle_\gamma \nabla_\eta t_\gamma(w) - \langle\xi\rangle_\gamma \nabla_\xi t_\gamma(z)| + |\nabla_y t_\gamma(w) - \nabla_x t_\gamma(z)| \\ &\leq C(\langle\xi+s(\eta-\xi)\rangle_\gamma^{-1}|\eta-\xi| + |y-x|)\end{aligned} \tag{12.3.27}$$

が成り立つ．ここで $0 < s < 1$ である．ある $C > 0$ が存在して $|y-x|^2 + \langle\xi\rangle_\gamma^{-2}|\eta-\xi|^2 \leq Cg_z(w-z)$ であることに注意する．$\langle\xi\rangle_\gamma^{-1}|\eta-\xi| \leq 1/2$ なら $\langle\xi+s(\eta-\xi)\rangle_\gamma^{-1} \leq C_1\langle\xi\rangle_\gamma^{-1}$ であるから $Cg_z(w-z) \leq Cc^2$ が十分小なら (12.3.27) の右辺は C_2c で評価される．(12.3.27) で $z = (\hat{x}, |\xi|\hat{\xi})$, $|\xi| > \nu\gamma$ と選ぶと (12.1.2) より $\hat{z}$ の錐近傍 U，コンパクト凸集合 $K \subset \Gamma_{\hat{z}}$ および正数 $\nu > 0$ があって $z \in U$, $|\xi| \geq \nu\gamma$ および $g_z(w-z) \leq c^2$ なる w に対して

$$-\phi(z)(\langle\xi\rangle_\gamma \nabla_\eta t_\gamma(w), -\nabla_y t_\gamma(w))\phi(w)^{-1} \in K$$

が成立しているとしてよい．$\tilde{T}(z)$ は g 連続であるから

$$C^{-1} \leq \int \rho(g_z(z-w)) T(w) \tilde{T}(z)^{-1} (\phi\psi)^{-n} dw \leq C$$

が成り立っている．$\phi(w) n(w)^{-1} = \langle \eta \rangle_\gamma^{-1/2}$ であり ϕ は g 連続であるから必要なら K を取り替えれば

$$-\phi(z) \int \rho(g_z(z-w))(\langle\xi\rangle_\gamma \nabla_\eta t_\gamma(w), -\nabla_y t_\gamma(w))\langle\eta\rangle_\gamma^{1/2}$$
$$\times n(w)^{-1} T(w) \tilde{T}(z)^{-1} (\phi\psi)^{-n} dw \in K$$

とできる．一方 $t(\hat{z}) = 0$ であり，$\phi(z)$ および $\langle\xi\rangle_\gamma$ が g 連続であることに注意すると，ν を十分大に選び必要なら U をさらに小さく選ぶことによって任意の $z \in U$, $|\xi| > \nu\gamma$ について

$$\phi(z) \int \rho(g_z(z-w)) T(w) \tilde{T}(z)^{-1} (n(w)^{-1} \langle\xi\rangle_\gamma t_\gamma(w) \nabla_\eta \langle\eta\rangle_\gamma^{1/2}, 0)(\phi\psi)^{-n} dw$$

はいくらでも小さくできる．最後に $r(z)$ を評価しよう．$T \in S(T, g)$ であるから $X = x - y\phi$, $\Xi = \xi - \eta\psi$ として $|(\nabla_x T)(X, \Xi)|/T(X, \Xi) \leq C\phi(X, \Xi)^{-1}$ が成り立つが $\rho(|w|^2) \neq 0$ なら $g_z(y\phi, \eta\psi) \leq c$ であるから T, ϕ が g 連続であることと (12.3.24) より

$$|(\nabla_x T)(x - y\phi, \xi - \eta\psi)/\tilde{T}(z)| \leq C\phi(z)^{-1}$$

が成立する．同様にして $|(\nabla_\xi T)(x - y\phi, \xi - \eta\psi)/\tilde{T}(z)| \leq C\phi(z)^{-1}\langle\xi\rangle_\gamma^{-1}$ も従う．他方 $\phi \in S(\phi, g)$, $\psi \in S(\psi, g)$ より

$$\langle\xi\rangle_\gamma |\phi_\xi|, \ |\phi_x| \leq C, \quad \langle\xi\rangle_\gamma |\psi_\xi|, \ |\psi_x| \leq C\langle\xi\rangle_\gamma$$

であり $\rho(|w|^2) \neq 0$ より $|y| + |\eta| \leq c$ であるから $|r(z)| \leq Cc\phi(z)^{-1}$ が分かる．したがって c を十分小さく選び必要なら $K \subset \Gamma_{\hat{z}}$ を取り替えて結論が従う． □

12.4 高次冪シンボルの合成

この節では

$$g_{(x,\xi)}(y,\eta) = \phi^{-2}|y|^2 + \psi^{-2}|\eta|^2$$

をパラメーター $1 \leq \lambda \leq \gamma$ を含む admissible な Beals-Fefferman metric とし

$$\sup_{(y,\eta)} g_{(x,\xi)}(y,\eta)/g^\sigma_{(x,\xi)}(y,\eta) = h(x,\xi)^2 = (\phi\psi)^{-2} \leq C\lambda^{-2} \quad (12.4.28)$$

を満たしているとする．まず Gevrey クラスの関数の評価に有用な初等的な補題を 1 つ用意しておく．

補題 12.4.1 $\kappa > 1$, $M \geq 1$ とする. このとき M によらない定数 $C > 0$ が存在して以下のことが成り立つ.

(i) $j!k! \leq (j+k)! \leq 2^{j+k} j!k!$, $j, k = 0, 1, \ldots$,

(ii) $j! \leq j^j \leq C^j j!$, $j = 0, 1, \ldots$,

(iii) $\sum_{\alpha' \leq \alpha} \binom{\alpha}{\alpha'} A_2^{|\alpha'|} |\alpha'|!^\kappa A_1^{|\alpha-\alpha'|} |\alpha - \alpha'|!^\kappa \leq A_2^{1+|\alpha|}(A_2 - A_1)^{-1} |\alpha|!^\kappa$, $A_2 > A_1, |\alpha| = 0, 1, \ldots$,

(iv) $\sum_{\alpha' \leq \alpha} \binom{\alpha}{\alpha'} (|\alpha'|^\kappa + M)^{|\alpha'|} (|\alpha - \alpha'|^\kappa + M)^{|\alpha-\alpha'|} \leq 2^{|\alpha|} (|\alpha|^\kappa + M)^{|\alpha|}$, $|\alpha| = 0, 1, \ldots$,

(v) $((j+k)^\kappa + M)^{j+k} \leq C^{j+k+M} (j^\kappa + M)^j k!^\kappa$, $j, k = 0, 1, \ldots$.

［証明］ (i) は明らか. (ii) は Stirling の公式より従う. $\sum_{|\alpha'|=j} \binom{\alpha}{\alpha'} = \binom{|\alpha|}{j}$ に注意すると

$$\sum_{\alpha' \leq \alpha} \binom{\alpha}{\alpha'} A_2^{|\alpha'|} |\alpha'|!^\kappa A_1^{|\alpha-\alpha'|} |\alpha - \alpha'|!^\kappa \leq \sum_{j=0}^{|\alpha|} \binom{|\alpha|}{j}^{1-\kappa} A_2^j A_1^{|\alpha|-j} |\alpha|!^\kappa$$

$$\leq |\alpha|!^\kappa \sum_{j=0}^{|\alpha|} A_2^j A_1^{|\alpha|-j}$$

となり (iii) が従う. (iv) は次の不等式

$$(|\alpha'|^\kappa + M)^{|\alpha'|}(|\alpha - \alpha'|^\kappa + M)^{|\alpha-\alpha'|}$$
$$\leq \max\{(|\alpha'|^\kappa + M)^{|\alpha|}, (|\alpha - \alpha'|^\kappa + M)^{|\alpha|}\} \leq (|\alpha|^\kappa + M)^{|\alpha|}$$

より従う. 最後に (v) を確かめよう. $l = [M^{1/\kappa}]$ で $M^{1/\kappa}$ の整数部分を表すものとしよう. $(j+k)^\kappa + M \leq C_\kappa (j+k+[M^{1/\kappa}])^\kappa$ に注意する. (ii) から

$$(j+k+l)^{j+k} \leq C^{j+k+l}(j+k+l)!(j+k+l)^{-l}$$
$$\leq (2C)^{j+k+l}(j+l)!k!(j+k+l)^{-l}$$
$$\leq C_1^{j+k+l}(j+l)^{j+l}(j+k+l)^{-l}k! \leq C_2^{j+k+l}(j+l)^j k!$$

が従うので $(j+[M^{1/\kappa}])^\kappa \leq C_3(j^\kappa + M)$ に注意して (v) を得る. □

この補題を利用して次の補題を確かめよう.

補題 12.4.2 T は (12.3.20) を満たすとする. このとき T^{-1} も

$$|T^{-1}|_k^g(z)T(z) \leq C^{k+1} k!^\kappa$$

を満たす. また a_i が $|a_i|_k^g(z) \leq C_i^{k+1} k!^\kappa m_i(z)$, $i = 1, 2$ を満たすとき $C > 0$ が存在して $|a_1 a_2|_k^g(z) \leq C^{k+1} k!^\kappa m_1(z) m_2(z)$ が成立する.

［証明］ 仮定から $|T|_k^g \leq A_1^{k+1} k!^\kappa T$ が成立している. ここで A_2 を $2^\kappa A_1^2/(A_2 - 2^\kappa A_1) \leq 1$ を満たすように選ぶ. いま $|T^{-1}|_l^g T \leq A_2^{l+1} l!^\kappa$ が $l \leq k-1$ について成

立していると仮定しよう．$l=1$ のときは自明である．次に $T^{-1}T=1$ より Leibniz の公式から

$$|T^{-1}|_k^g T \leq \sum_{l=0}^{k-1} \binom{k}{l} |T^{-1}|_l^g |T|_{k-l}^g$$

が成立するので

$$|T^{-1}|_k^g T \leq \sum_{l=0}^{k-1} \binom{k}{l} A_2^{l+1} l!^\kappa A_1^{k-l+1} (k-l)!^\kappa$$

$$= A_1^2 \sum_{l=1}^{k} \binom{k}{l-1} A_2^l (l-1)!^\kappa A_1^{k-l} (k-l+1)!^\kappa$$

が成り立つ．ここで $\binom{k}{l-1} \leq \binom{k}{l} l$ と補題 12.4.1 を利用すると右辺は

$$A_1^2 2^\kappa \sum_{l=1}^{k} \binom{k}{l} A_2^l l!^\kappa (2^\kappa A_1)^{k-l} (k-l)!^\kappa \leq \frac{2^\kappa A_1^2}{A_2 - 2^\kappa A_1} A_2^{k+1} k!^\kappa$$

と評価されるので帰納法より求める T^{-1} の評価を得る．a_i に関する主張も同様にして示される． □

補題 12.4.2 から

$$|\log T|_k^g \leq C^{k+1} k!^\kappa \tag{12.4.29}$$

の成立することが容易に分かる．次に $M>1$ を正の大きなパラメーターとして $e^{Mf(x,\xi)}$ の導関数の評価を与えよう．

$$\omega_\beta^\alpha(z) = e^{-Mf(z)} \partial_x^\beta \partial_\xi^\alpha e^{Mf(z)}$$

とおくと次が成立する．

補題 12.4.3 $f(z)$ は $k \geq 1$ について

$$|f|_k^g(z) \leq C_1^{k+1} k!^\kappa \tag{12.4.30}$$

を満たすとする．このとき M によらない定数 C が存在し任意の $z \in \mathbb{R}^{2n}$ に対し

$$|\omega_\beta^\alpha|_k^g(z) \leq C^{|\alpha+\beta|+k+1} \phi^{-|\beta|} \psi^{-|\alpha|} \sum_{j=0}^{|\alpha+\beta|} (CM)^{|\alpha+\beta|-j} (k+j)!^\kappa$$

が成立する．特に $|e^{Mf}|_k^g(z) \leq C^{k+1} \left(\sum_{j=0}^{k} (CM)^{k-j} j!^\kappa \right) e^{Mf(z)}$ が成立する．

［証明］ $|\alpha+\beta|$ に関する帰納法で示す．まず $|\alpha+\beta|=0$ のときは主張は明らかである．$|\alpha+\beta|=k \geq 1$ とし定数 $C>0$, $A_1>0$, $A_2>0$ が存在し

$$|\omega_{\beta(\delta)}^{\alpha(\gamma)}(z)| \leq CA_1^{|\gamma+\delta|} A_2^{|\alpha+\beta|} \phi^{-|\beta+\delta|} \psi^{-|\alpha+\gamma|}$$

$$\times \sum_{j=0}^{|\alpha+\beta|} (CM)^{|\alpha+\beta|-j} (|\gamma+\delta|+j)!^\kappa \tag{12.4.31}$$

が成立していると仮定する．$|e_1 + e_2| = 1$ のとき $\omega^{\alpha+e_1}_{\beta+e_2} = \omega^{\alpha(e_1)}_{\beta(e_2)} + M f^{(e_1)}_{(e_2)} \omega^{\alpha}_{\beta}$ であり，また $C \geq C_1 \geq 1$ と仮定してよいので (12.4.29) と補題 12.4.1 より

$$|\omega^{\alpha+e_1(\gamma)}_{\beta+e_2(\delta)}| = \left|\omega^{\alpha(\gamma+e_1)}_{\beta(\delta+e_2)} + M \sum \binom{\gamma}{\gamma'}\binom{\delta}{\delta'} f^{(e_1+\gamma')}_{(e_2+\delta')} \omega^{\alpha(\gamma-\gamma')}_{\beta(\delta-\delta')}\right|$$

$$\leq C A_1^{|\gamma+\delta|+1} A_2^{|\alpha+\beta|} \phi^{-|\beta+\delta+e_2|} \psi^{-|\alpha+\gamma|c_1|}$$

$$\times \sum_{j=0}^{|\alpha+\beta|} (CM)^{|\alpha+\beta|-j} (|\gamma+\delta|+1+j)!^{\kappa}$$

$$+ \sum \binom{\gamma}{\gamma'}\binom{\delta}{\delta'} (CM) C^{|\gamma'+\delta'|+1} (|\gamma'+\delta'|+1)!^{\kappa}$$

$$\times \phi^{-|e_2+\delta'|} \psi^{-|e_1+\gamma'|} C A_1^{|\gamma+\delta-\gamma'-\delta'|} A_2^{|\alpha+\beta|} \phi^{-|\beta+\delta-\delta'|}$$

$$\times \psi^{-|\alpha+\gamma-\gamma'|} \sum_{j=0}^{|\alpha+\beta|} (CM)^{|\alpha+\beta|-j} (|\gamma-\gamma'+\delta-\delta'|+j)!^{\kappa}$$

と評価され，さらに

$$A_1 A_2^{-1} C A_1^{|\gamma+\delta|} A_2^{|\alpha+\beta|+1} \phi^{-|\beta+\delta+e_2|} \psi^{-|\alpha+\gamma+e_1|}$$

$$\times \sum_{j=1}^{|\alpha+\beta|+1} (CM)^{|\alpha+\beta|+1-j} (|\gamma+\delta|+j)!^{\kappa}$$

$$+ 2^{\kappa} C A_1 A_2^{-1} (A_1 - 2^{\kappa} C)^{-1} C A_1^{|\gamma+\delta|} A_2^{|\alpha+\beta|+1} \phi^{-|\beta+\delta+e_2|}$$

$$\times \psi^{-|\alpha+\gamma+e_1|} \sum_{j=0}^{|\alpha+\beta|} (CM)^{|\alpha+\beta|+1-j} (|\gamma+\delta|+j)!^{\kappa}$$

で評価される．ここで

$$\sum \binom{\gamma}{\gamma'}\binom{\delta}{\delta'} C^{|\gamma'+\delta'|+1} (|\gamma'+\delta'|+1)!^{\kappa} A_1^{|\gamma+\delta-\gamma'-\delta'|} (|\gamma-\gamma'+\delta-\delta'|+j)!^{\kappa}$$

$$\leq \sum \binom{|\gamma+\delta|}{k} (2^{\kappa} C)^{k+1} k!^{\kappa} A_1^{|\gamma+\delta|-k} (|\gamma+\delta|-k+j)!^{\kappa}$$

$$\leq 2^{\kappa} C A_1 (A_1 - 2^{\kappa} C)^{-1} A_1^{|\gamma+\delta|} (|\gamma+\delta|+j)!^{\kappa}$$

を利用した．したがって A_1, A_2 を $A_1 A_2^{-1} + 2^{\kappa} C A_1 A_2^{-1} (A_1 - 2^{\kappa} C)^{-1} \leq 1$ が成立するように選ぶと $|\alpha+\beta| = k+1$ のときも (12.4.31) が成立する．したがって帰納法により主張が示された． □

$\sum_{j=0}^{k} M^{k-j} j!^{\kappa} \leq (k^{\kappa} + M)^k$ であるから補題 12.4.3 より

$$|e^{Mf}|^g_k(z) \leq C^{k+1} (k^{\kappa} + M)^k e^{Mf(z)},$$
$$|\omega^{\alpha}_{\beta}|^g_k(z) \leq C^{|\alpha+\beta|+k} \phi^{-|\beta|} \psi^{-|\alpha|} k!^{\kappa} (|\alpha+\beta|^{\kappa} + M)^{|\alpha+\beta|} \qquad (12.4.32)$$

が任意の $z \in \mathbb{R}^{2n}$ に対して成立する．ここで (12.4.32) の評価をまとめておく．

系 12.4.1 $f(z)$ は $k \geq 1$ について (12.4.30) を満たすとする．このとき M によらない正数 C, A が存在して
$$|e^{Mf}|_k^g(z) \leq CA^k(k^\kappa + M)^k e^{Mf(z)}$$
がすべての $k \in \mathbb{N}$ について成立する．また $C_{\alpha\beta} > 0$ が存在して
$$|\omega_\beta^\alpha|_k^g(z) \leq C_{\alpha\beta}(M^{|\alpha+\beta|}\phi^{-|\beta|}\psi^{-|\alpha|})A^k k!^\kappa \tag{12.4.33}$$
が任意の $k \in \mathbb{N}$ について成立する．

次に $T(z)$ は g admissible weight とする．このとき $m = T^M$ は
$$\begin{aligned}&g_z(w) \leq c \Longrightarrow m(z)/C^M \leq m(z+w) \leq C^M m(z),\\ &m(w) \leq C^M m(z)(1 + g_w^\sigma(w-z))^{MN}\end{aligned} \tag{12.4.34}$$
を満たす．ここで C, N は M にはよらない定数である．次に e^{Mf} の評価 (12.4.32) を考慮して任意の $k \in \mathbb{N}$ に対して
$$|a|_k^g(z) \leq CA^k(k^\kappa + M)^k m(z) \tag{12.4.35}$$
を満たすパラメーター M に依存するシンボル $a(x,\xi)$ を考察する．以下 M をパラメーターとして含む $m_i(x,\xi)$, $a_i(x,\xi)$ を考える．ここで $m_i(x,\xi)$ は (12.4.34) を満たし，$a_i(x,\xi)$ は $m = m_i$ として (12.4.35) を満たすとする．各 M につき m_i は g admissible weight で $a_i(x,\xi) \in S(m_i, g)$ であるから積 $a_1(x,D)a_2(x,D)$ のシンボルは定理 9.3.1 によれば
$$(a_1 \# a_2)(z) = \sum (i\sigma(D_z, D_w)/2)^j a_1(z)a_2(w)/j!\big|_{w=z}$$
で与えられる．右辺の展開式の第 k 項までの和を $(a_1 \# a_2)(z)$ から引き去った残りを
$$r_k(z) = (a_1 \# a_2)(z) - \sum_{j<k} (i\sigma(D_z, D_w)/2)^j (a_1(z)a_2(w))/j!\big|_{w=z}$$
とおき，これを γ, λ, M への依存が明らかな形で評価しよう．以下現れる定数は γ, λ および M にはよらないものとする．また同じ C で異なる行では一般には異なる定数を表すものとする．

命題 12.4.1 g は (12.4.28) を満たすとする．$m_i(x,\xi)$ は (12.4.34) を満たし $a_i(x,\xi)$ は (12.4.35) を $m = m_i$ として満たすとする．このとき正数 $C > 0$ が存在し，任意の非負整数 k, l に対して正数 $C_{k,l}$ を適当に選ぶと
$$|r_{k+M}|_l^g(z) \leq C_{k,l} m_1(z) m_2(z) h(z)^k (CM^{2\kappa-1}\lambda^{-1})^M$$
が任意の $z \in \mathbb{R}^{2n}$，任意の $\gamma \geq \lambda \geq M^{2\kappa-1}$ に対して成立する．

証明の考え方は簡単なのでまずそれを述べる．$G = g \oplus g$, $m(z_1, z_2) = m_1(z_1) m_2(z_2)$ とおく．$G = g \oplus g$ は明らかに slowly varying である．すなわち

$$\tilde{w}, T \in \mathbb{R}^{4n},\ G_w(\tilde{w}) \le c \Longrightarrow G_w(T)/C \le G_{w+\tilde{w}}(T) \le CG_w(T) \tag{12.4.36}$$

が成り立つ．また (12.4.34) より

$$\begin{aligned}&w, \tilde{w} \in \mathbb{R}^{4n},\ G_w(\tilde{w}) \le c \\ &\Longrightarrow m(w)/C^M \le m(w+\tilde{w}) \le C^M m(w)\end{aligned} \tag{12.4.37}$$

も明らかである．ここで補題 9.3.2 より G は対角集合に関して一様に A 緩増加である．すなわち任意の $w, T \in \mathbb{R}^{4n}, z \in \mathbb{R}^{2n}$ に対して

$$G_w(T) \le CG_{(z,z)}(T)(1+G_w^A(w-(z,z)))^N \tag{12.4.38}$$

が成り立つ．また (12.4.34) より $m = m_1 \otimes m_2$ は

$$m(w) \le C^M m(z,z)(1+G_w^A((z,z)-w))^{MN} \tag{12.4.39}$$

を満たす．したがって問題は (12.4.39) の右辺の $(1+G_w^A((z,z)-w))^{MN}$ をどのように処理するかである．$U_\nu = \{w \in \mathbb{R}^{4n} \mid G_{w_\nu}(w-w_\nu) \le c/2\}$ および $U'_\nu = \{w \in \mathbb{R}^{4n} \mid G_{w_\nu}(w-w_\nu) \le c\}$ とし，$d_\nu(w) = \inf_{\tilde{w} \in U_\nu} G_{\tilde{w}}^A(w-\tilde{w})$ とおく．ここで $\{w_\nu\}$ は補題 12.3.1 を $N=2n$ として適用し得られる点列である．以下に示すように $(z,z) \notin U'_\nu$ ならば $d_\nu(z,z) > C_?\lambda^2$ が成立する．部分積分を ℓ 回繰り返すことによって $(1+d_\nu(z,z))^{-\ell/2}$ の因子を得る．ゆえに評価すべきは $(1+d_\nu(z,z))^{-\ell/2+MN}$ となるが一方で部分積分における微分操作によって $\ell! \sum_{j=0}^\ell A^j (j^\kappa + M)^j/j!$ の大きな因子が生ずる．そこで ℓ を

$$(1+\lambda^2)^{-\ell/2+MN} \ell! \sum_{j=0}^\ell A^j (j^\kappa + M)^j/j! \tag{12.4.40}$$

が小さくなるように選ぶ．$\ell! \sum_{j=0}^\ell (j^\kappa+M)^j/j! \lesssim (\ell^\kappa + M)^\ell$ であるから $\ell/2 - MN = \alpha M$ と選ぶと (12.4.40) の右辺はほぼ

$$\lambda^{-2\alpha M} M^{2\kappa(N+\alpha)M} = (\lambda^{-1} M^{\kappa(N+\alpha)/\alpha})^{2\alpha M}$$

となり，$\alpha = \kappa N/(\kappa - 1)$ と選ぶと $\lambda^{-1} M^{2\kappa - 1} \le 1$ のとき右辺は $(\lambda^{-1} M^{2\kappa-1})^M$ で評価される．

以下，この考察を実行する．補題 9.2.3 より

補題 12.4.4 $G_{(z,z)} \le G_{(z,z)}^A$ とする．このとき z によらない $C' > 0, L$ が存在して

$$\sum_{\nu=1}^\infty (1+d_\nu(z,z))^{-L} \le C'$$

が成立する．

次に $(z,z) \notin U'_\nu$ のときの $d_\nu(z,z)$ を評価しよう．

補題 12.4.5 $h(v)^2 \leq C_1/\lambda^2, v \in \mathbb{R}^{2n}$ を仮定する. このとき $C_2 > 0$ が存在して
$$(z,z) \notin U'_\nu \Longrightarrow d_\nu(z,z) \geq C_2\lambda^2$$
が成立する.

［証明］ $w = (v_1, v_2) \in U_\nu$ とする. $G_w^A((z,z) - w) = g_{v_1}^\sigma(z - v_2) + g_{v_2}^\sigma(z - v_1)$ であるから
$$g_{v_1}^\sigma(z - v_2) + g_{v_2}^\sigma(z - v_1) \geq C_1^{-1}\lambda^2(g_{v_1}(z - v_2) + g_{v_2}(z - v_1))$$
に注意すると $g_{v_1}(z - v_2) + g_{v_2}(z - v_1) \geq c$ のときは主張は明らかである. 次に $g_{v_1}(z - v_2) + g_{v_2}(z - v_1) \leq c$ とする. g が slowly varying であるから
$$g_{v_j}(X)/C \leq g_{v_1 + v_2 - z}(X) \leq Cg_{v_j}(X), \quad j = 1, 2, \quad X \in \mathbb{R}^{2n}$$
が成立する. したがって例えば $g_{v_1}(X)/C^2 \leq g_{v_2}(X) \leq C^2 g_{v_1}(X)$ となり
$$G_w^A((z,z) - w) \geq C_1^{-1}C^{-2}\lambda^2(g_{v_1}(z - v_1) + g_{v_2}(z - v_2))$$
$$= C_1^{-1}C^{-2}\lambda^2 G_w((z,z) - w)$$
が成り立つ. ところで
$$G_{w_\nu}((z,z) - w_\nu) \leq 4G_{w_\nu}((z,z) - w) + \frac{1}{2}G_{w_\nu}(w_\nu - w)$$
であるから $G_{w_\nu}((z,z) - w) \geq c/8$ となって結論を得る. □

$u = a_1 a_2 \in C^\infty(\mathbb{R}^{4n})$ に対して, 補題 12.3.1 の ϕ_ν を用いて $u_\nu = \phi_\nu u$ とおこう.

補題 12.4.6 $w \in U'_\nu$ とすると
$$\left|(e^{i\sigma(D)/2}u_\nu)(w) - \sum_{j<k}(i\sigma(D)/2)^j u_\nu(w)/j!\right|$$
$$\leq C_n(nCH(w))^k \sup_{j \leq 2n+1} \sup_{\tilde{w} \in U_\nu} |u_\nu|_{j+2k}^G(\tilde{w})/k!$$
が成立する. ただし $H(w)^2 = \sup_X G_w(X)/G_w^A(X)$ とおいた.

［証明］ 命題 9.1.1 より
$$\left|e^{i\sigma(D)/2}u_\nu - \sum_{j<k}(i\sigma(D)/2)^j u_\nu/j!\right|$$
$$\leq C_n \sup_{j \leq 2n+1} \sup_{\tilde{w} \in U_\nu} |(\sigma(D)/2)^k u_\nu|_j^{G_{\tilde{w}}}(\tilde{w})/k! \quad (12.4.41)$$
が成り立つ. 座標系を取り替えると $G_{\tilde{w}}$ は Euclid ノルム e であると仮定してよく, このとき $2\sigma(\Xi) = A(\Xi_1, \ldots, \Xi_{4n}) = \sum_{j=1}^{4n} b_j \Xi_j^2$ となる. 容易に分かるように $H(\tilde{w}) = \sup_{1 \leq j \leq 4n} |b_j|$ であり, したがって
$$2|\sigma(D)f|_j^e(\tilde{w}) = \sum_{i=1}^{4n}|b_i D_i^2 f|_j^e(\tilde{w}) \leq 4nH(\tilde{w})|f|_{j+2}^e$$
を得る. $w, \tilde{w} \in U'_\nu$ に対して $H(\tilde{w}) \leq CH(w)$ であるから上の評価を k 回繰り返すことによって (12.4.41) から示すべき評価が得られる. □

次に $w \notin U_\nu$ の場合を考える．

補題 12.4.7 $w \notin U_\nu$ とする．このとき $C_1 > 0$ が存在して

$$|(e^{i\sigma(D)/2}u_\nu)(w)| \leq C_1 B_1^\ell (1 + d_\nu(w))^{-\ell/2}$$
$$\times (B_2 H(w_\nu))^k \ell! k! \sum_{\mu=0}^{\ell+2k+2n+1} B_3^\mu \sup_{\tilde{w} \in B_\nu} |u_\nu|_\mu^G(\tilde{w})/\mu! \quad (12.4.42)$$

が任意の ℓ, k に対して成立する．

［証明］ $w \notin U_\nu$ とし $w_0 \in \mathbb{R}^{4n}$ を $L(\tilde{w}) = \langle \tilde{w} - w, w_0 \rangle \neq 0$ が任意の $\tilde{w} \in U_\nu$ に対して成立するように選ぶ．このとき (9.1.3), (9.1.4) より任意の $\ell, k = 0, 1, \ldots$ に対して

$$|(e^{i\sigma(D)/2}u_\nu)(w)|$$
$$\leq 2^\ell C_n \sup_{j \leq 2n+1} \sup_{\tilde{w} \in B_\nu} |(\sigma(D)/2)^k (\langle Aw_0, D \rangle L^{-1})^\ell u_\nu|_j^{G_{w_\nu}}(\tilde{w})/k! \quad (12.4.43)$$

が成立する．ここで補題12.3.1の c は $c \leq 4$ と選んだ．補題12.4.6の証明より $\tilde{w} \in B_\nu$ に対して

$$|(\sigma(D)/2)^k (\langle Aw_0, D \rangle L^{-1})^\ell u_\nu|_j^{G_{w_\nu}}(\tilde{w})$$
$$\leq (nH(w_\nu))^k |(\langle Aw_0, D \rangle L^{-1})^\ell u_\nu|_{j+2k}^{G_{w_\nu}}(\tilde{w}) \quad (12.4.44)$$

である．右辺を評価しよう．補題9.1.2より

$$|L(w_\nu)/L|_k^{G_{w_\nu}}(\tilde{w}) \leq 2^{k+1} k! R^{-k}$$

である．いま $G = G_{w_\nu}$ として

$$|(\langle Aw_0, D \rangle L^{-1})^\ell u|_k^G \leq 8^\ell 2^k R^{-(k+\ell)} (G(Aw_0)^{1/2}/L(w_\nu))^\ell$$
$$\times (\ell + k)! \sum_{j=0}^{k+\ell} (2/R)^{-j} |u|_j^G/j! \quad (12.4.45)$$

が成立していると仮定する．$\ell = 0$ ではもちろん正しい．$\ell + 1$ のとき

$$|(\langle Aw_0, D \rangle L^{-1})^{\ell+1} u|_k^G = |(\langle Aw_0, D \rangle L^{-1})(\langle Aw_0, D \rangle L^{-1})^\ell u|_k^G$$
$$= \frac{1}{|L(w_\nu)|} \left| \langle Aw_0, D \rangle \frac{L(w_\nu)}{L} (\langle Aw_0, D \rangle L^{-1})^\ell u \right|_k^G$$
$$\leq \frac{G(Aw_0)^{1/2}}{|L(w_\nu)|} \sum_{j=0}^{k+1} |(\langle Aw_0, D \rangle L^{-1})^\ell u|_j^G |L(w_\nu)/L|_{k+1-j}^G$$
$$\leq \frac{G(Aw_0)^{1/2}}{|L(w_\nu)|} \sum_{j=0}^{k+1} 8^\ell (\ell + j)! 2^{k+2} R^{-(k+\ell+1)} (k + 1 - j)!$$

$$\times (G(Aw_0)^{1/2}/L(w_\nu))^\ell \sum_{\mu=0}^{\ell+j} (2/R)^{-\mu} |u|_\mu^G/\mu!$$

と評価され，これはさらに

$$\left(\frac{G(Aw_0)^{1/2}}{|L(w_\nu)|}\right)^{\ell+1} R^{-(k+\ell+1)}(k+\ell+1)! 8^\ell 2^{k+2}$$

$$\times \sum_{\mu=0}^{\ell+k+1} (2/R)^{-\mu} |u|_\mu^G/\mu! \sum_{j=0}^{k+1} \frac{(\ell+j)!(k+1-j)!}{(k+\ell+1)!}$$

に等しいから $\sum_{j=0}^{k+1}(\ell+j)!(k+1-j)!/(k+\ell+1)! \leq 2$ に注意すると ℓ に関する帰納法によって (12.4.45) を得る．命題 9.1.1 の証明でみたように $G_{w_\nu}(Aw_0)^{1/2}/|L(w_\nu)| \leq (\inf_{\tilde{w} \in U_\nu} G^A_{w_\nu}(w-\tilde{w}))^{-1/2}$ を満たす $w_0 \in \mathbb{R}^{4n}$ が存在するので (12.4.43) と (12.4.44) から望む結果を得る． □

$a(z_1, z_2) = a_1(z_1)a_2(z_2)$ とおき $a_\nu = \phi_\nu a$ を考えよう．Leibniz の公式と補題 12.3.1 より正数 $\tilde{C}$ が存在して

$$|a_\nu|_l^G(z_1, z_2) \leq \tilde{C}^l m_1(z_1) m_2(z_2)(l^\kappa + M)^l$$

が成立する．$(z, z) \in U'_\nu$ として剰余項を評価しよう．まず

$$H(z,z)^2 = \sup \frac{G_{(z,z)}(\tilde{w})}{G^A_{(z,z)}(\tilde{w})} = \sup \frac{g_z(v_1) + g_z(v_2)}{g_z^\sigma(v_2) + g_z^\sigma(v_1)} \leq h(z)^2$$

である．$\langle X, D \rangle f(z, z) = \langle (X, X), D \rangle f(w)|_{w=(z,z)}$ および $(z,z), (z_1, z_2) \in U'_\nu$ に対して

$$C^{-2} G_{(z_1, z_2)}(X, X) \leq G_{(z,z)}(X, X)/2 = g_z(X),$$
$$m_1(z_1) m_2(z_2) \leq C_2^{4M} m_1(z) m_2(z)$$

が成立することに注意すれば補題 12.4.6 より $X_p \in \mathbb{R}^{2n}$ として

$$\left| \prod_{p=1}^\mu \langle X_p, D \rangle ((e^{i\sigma(D)/2} a_\nu)(z,z) - \sum_{j<k} ((i\sigma(D)/2)^j a_\nu)(z,z)/j!) \right| \bigg/ \prod_{p=1}^\mu g_z(X_p)^{1/2}$$
$$\leq C_1 C_2^k C_3^\mu C_4^M m_1(z) m_2(z) h(z)^k ((2n+1+2k+\mu)^\kappa + M)^{2n+1+2k+\mu}/k!$$

が従う．したがって $(z,z) \in U'_\nu$ に対して

$$\left| (e^{i\sigma(D)/2} a_\nu)(z,z) - \sum_{j<k} ((i\sigma(D)/2)^j a_\nu)(z,z)/j! \right|_\mu^g$$
$$\leq C_1 C_2^k C_3^\mu C_4^M m_1(z) m_2(z) h(z)^k ((2n+1+2k+\mu)^\kappa + M)^{2n+1+2k+\mu}/k!$$

(12.4.46)

が成立する．次に $(z,z) \notin U'_\nu$ の場合を考えよう．$w \in U_\nu$ とする．$G_w(W) \leq$

$CC_1 G_{(z,z)}(W)(1+d_\nu(z,z))^N$ ゆえ $G^A_{(z,z)}(\tilde{w}) \le CC_1 G^A_w(\tilde{w})(1+d_\nu(z,z))^N$ となって
$$H(w)^2 \le (CC_1)^2 h(z)^2 (1+d_\nu(z,z))^{2N}$$
が従う．したがって $H(w)^2 \le (CC_1)^2 H(z,z)^2(1+d_\nu(z,z))^{2N}$ を得る．
$$g_z(X) \ge (2C^2 C_1)^{-1}(1+d_\nu(z,z))^{-N} G_w(X,X),$$
$$m(w) \le C_0^{2M} C_1^M m_1(z) m_2(z)(1+d_\nu(z,z))^{MN_1}$$
に注意すると補題 12.4.7 より $(z,z) \notin U_\nu$, $\ell, k = 0, 1, \ldots$ に対して
$$\begin{aligned}|(e^{i\sigma(D)/2} a_\nu)(z,z)|^g_\mu &\le C_\mu C_2^\ell C_3^k C_4^M m_1(z) m_2(z) h(z)^k \\ &\quad \times (1+d_\nu(z,z))^{-\ell/2+\mu N/2+MN_1+kN} \ell! k! \\ &\quad \times \sum_{j=0}^{\ell+2k+2n+1} C_5^j ((j+\mu)^\kappa + M)^{j+\mu}/j!\end{aligned} \quad (12.4.47)$$
が成立する．

以上の準備の下に命題 12.4.1 を証明しよう．以下 C, C_j, $j \in \mathbb{N}$ などは M にはよらない定数を表す．まず
$$\begin{aligned}r_{k+M}(z) = &\sum_{(z,z) \in U'_\nu} \left((e^{i\sigma(D)/2} a_\nu)(z,z) - \sum_{j < k+M} ((i\sigma(D)/2)^j a_\nu)(z,z)/j! \right) \\ &+ \sum_{(z,z) \notin U'_\nu} (e^{i\sigma(D)/2} a_\nu)(z,z)\end{aligned}$$
と書く．(12.4.46) および (12.4.47) より
$$\begin{aligned}|r_{k+M}|^g_\mu(z) &\le m_1(z) m_2(z) h(z)^k \\ &\times \Big(C_{k,\mu} C_1^M \lambda^{-M}((2n+1+2k+2M+\mu)^\kappa+M)^{2n+1+2k+2M+\mu}/(k+M)! \\ &\quad + C_{k,\mu} C_2^\ell C_3^M (1+C_4\lambda^2)^{-\ell_1} \ell! k! \sum_{j=0}^{\ell+2k+2n+1} C_5^j ((j+\mu)^\kappa + M)^{j+\mu}/j! \Big)\end{aligned}$$
が従う．ここで $\ell_1 = \ell/2 - (\mu N/2 + MN_1 + kN)$ である．補題 12.4.1 の (v) より右辺括弧内の第 1 項が $C_{k,\mu}(CM^{2\kappa-1}\lambda^{-1})^M$ で評価されることは容易に分かる．右辺括弧内の第 2 項も同じに評価されるように ℓ を選ぼう．$\ell_2 = \ell+2k+2n+1$ として $((\ell_2-j)^\kappa + M)^{\ell_2 - j} \ge (\ell_2-j)!$ に注意すると補題 12.4.1 の (iv), (v) より
$$\begin{aligned}\ell! \sum_{j=0}^{\ell+2k+2n+1} &((j+\mu)^\kappa + M)^{j+\mu}/j! \\ &\le C_\mu \sum_{j=0}^{\ell_2} \binom{\ell_2}{j} (j^\kappa + M)^j ((\ell_2-j)^\kappa + M)^{\ell_2 - j} \\ &\le C_\mu 2^{\ell_2} (\ell_2^\kappa + M)^{\ell_2} \le C_{k,\mu} 2^\ell (\ell^\kappa + M)^\ell\end{aligned}$$

が成立する．$\ell = \mu N + 2kN + 2MN_1 + 2\alpha M$ として α を選ぼう．このとき

$$\lambda^{-2\ell_1} 2^\ell (\ell^\kappa + M)^\ell$$
$$\leq C_{k,\mu} \lambda^{-2\alpha M} 2^{2MN_1 + 2\alpha M} ((2(N_1 + \alpha)M)^\kappa + M)^{2(N_1 + \alpha)M}$$
$$\leq C_{k,\mu} C_1^M 4^{\alpha M} A(\alpha, M) (\lambda^{-1} M^{\kappa(N_1 + \alpha)/\alpha})^{2\alpha M}$$

が成り立つ．ここで $A(\alpha, M) = ((2(N_1 + \alpha))^\kappa + 1)^{2(N_1 + \alpha)M}$ とおいた．そこで $\alpha = [\kappa N_1/(\kappa-1)]+1$ と選べば α は M によらないので右辺は $C_{k,\mu} C_2^M (M^{2\kappa - 1} \lambda^{-1})^{2\alpha M} \leq C_{k,\mu} C_2^M (M^{2\kappa - 1} \lambda^{-1})^M$ で評価される．したがって命題 12.4.1 の結論を得る．

命題 12.4.1 で剰余項は評価できたので次に主要項

$$\sum_{j<k} (i\sigma(D_z, D_w)/2)^j a_1(z) a_2(w)/j! \big|_{w=z}$$

を評価しよう．

補題 12.4.8 $|\Lambda|_k^g(z), |f|_k^g(z)/m(z) \leq C^k k!^\kappa, z \in \mathbb{R}^{2n}, k = 0, 1, \ldots$ が成立するとする．このとき正数 $C > 0$ が存在して

$$\left| \left(\sigma(D_z, D_w)^k ((\Lambda(w) - \Lambda(z))^j f(z))/k! \big|_{w=z} \right)_{(\delta)}^{(\gamma)} \right|$$
$$\leq C_{\gamma\delta} C^k (2k!)^{\kappa - 1} k! \phi^{-|\delta|} \psi^{-|\gamma|} h^k m, \quad 0 \leq j \leq k$$

が成立する．

[証明] $z = (x, \xi), w = (y, \eta)$ とするとき (12.2.18) より

$$\sigma(D_z, D_w)^k ((\Lambda(w) - \Lambda(z))^j f(z))/k! \big|_{w=z}$$
$$= \sum_{|\gamma + \delta| = k} (-1)^{|\gamma|} \sum (-1)^{|\gamma_2| + |\delta_2|} \frac{\partial_x^{\delta_1} \partial_\xi^{\gamma_1} \left(\Lambda_{(\beta_1)}^{(\alpha_1)}(z) \cdots \Lambda_{(\beta_j)}^{(\alpha_j)}(z) f(z) \right) \alpha! \beta!}{\gamma_1! \gamma_2! \delta_1! \delta_2! \alpha_1! \cdots \alpha_j! \beta_1! \cdots \beta_j!}$$

であった．ここで和は $\gamma_1 + \gamma_2 = \gamma, \delta_1 + \delta_2 = \delta, \gamma_2 + \delta = \alpha, \delta_2 + \gamma = \beta, \alpha_1 + \cdots + \alpha_j = \alpha, \beta_1 + \cdots + \beta_j = \beta$ を満たすすべての $\alpha_j, \beta_j, \gamma_j$ および δ_j にわたる．この右辺が

$$C^k \sum \frac{\left| \Lambda_{(\beta_1 + \delta_1)}^{(\alpha_1 + \gamma_1)}(z) \cdots \Lambda_{(\beta_j + \delta_j)}^{(\alpha_j + \gamma_j)}(z) f_{(\delta_{j+1})}^{(\gamma_{j+1})} \right| k!}{\alpha_1! \cdots \alpha_j! \beta_1! \cdots \beta_j! \gamma_1! \cdots \gamma_{j+1}! \delta_1! \cdots \delta_{j+1}!} \tag{12.4.48}$$

で評価されることは容易に分かる．和は $|\alpha_1 + \cdots + \alpha_j + \gamma_1 + \cdots + \gamma_j + \gamma_{j+1}| = k$, $|\beta_1 + \cdots + \beta_j + \delta_1 + \cdots + \delta_j + \delta_{j+1}| = k$ を満たすすべての $\alpha_j, \gamma_j, \beta_j, \delta_j$ にわたる．Λ は

$$\left| \Lambda_{(\beta)}^{(\alpha)} \right| \leq C^{|\alpha + \beta|} |\alpha + \beta|!^\kappa \phi^{-|\beta|} \psi^{-|\alpha|}, \quad (\phi\psi)^{-1} = h$$

のように評価されたから (12.4.48) は $C_1 C^k (2k!)^{\kappa - 1} k! h^k(z)$ で評価され $|\gamma + \delta| = 0$ の場合の評価を得る．$|\gamma + \delta| \geq 1$ については同様の議論を繰り返せばよい． □

208 第12章 シンボル $T^{-M} \# P \# T^M$ の漸近表現

次に $\log T(z)$ は (12.4.29) を満たすとする.

補題 12.4.9 f は $|f|_k^g \leq m(z) A^k k!^\kappa$ を満たすとする. このとき $C > 0$ が存在して $k \leq 2M$ に対して
$$\frac{1}{k!}(i\sigma(D_z, D_w)/2)^k \left(T^{-M}(z)T^M(w)f(w)\right)\big|_{w=z} \in S((CM^{2\kappa-1}h)^k m, g)$$
が成立する.

[証明] $T^{\pm M} = e^{\pm M \log T} = e^{\pm \Lambda}$ として系 12.2.1 を適用すると
$$\sigma(D_z, D_w)^k \left(T^{-M}(z)T^M(w)f(w)\right)\big|_{w=z}$$
$$= \sigma(D_z, D_w)^k \sum_{j=0}^k M^j (\log T(w) - \log F(z))^j f(w)/j!\big|_{w=z}$$
である. $k \leq 2M$ に注意すると補題 12.4.8 の証明から
$$\left|\sigma(D_z, D_w)^k \left(e^{\Lambda(w) - \Lambda(z)} f(w)\right)/k!\big|_{w=z}\right|$$
$$\leq C^k m \sum_{j=0}^k \frac{(2k)!^{\kappa-1} k!}{j!} M^j h^k$$
$$\leq C_1^k m \sum_{j=0}^k \binom{k}{j} k^{2k(\kappa-1)} (k-j)^{k-j} M^j h^k$$
$$\leq C_2^k m \sum_{j=0}^k \binom{k}{j} k^{2k(\kappa-1)} k^{k-j} M^j h^k$$
$$\leq C_3^k m k^{2k(\kappa-1)} M^k h^k \leq C_4^k m M^{(2\kappa-1)k} h^k$$
が従う. $|\gamma + \delta| \geq 1$ の場合も同様にして
$$\left|\left(\frac{1}{k!}(i\sigma(D_z, D_w)/2)^k \left(e^{\Lambda(w) - \Lambda(z)} f(w)\right)\big|_{w=z}\right)_{(\delta)}^{(\gamma)}\right|$$
$$\leq C_{\gamma\delta} m(z) C_4^k M^{(2\kappa-1)k} h^k \phi^{-|\delta|} \psi^{-|\gamma|}$$
が成り立つ. □

以下ある $\bar\delta > 0$ $(2\kappa - 1 + 2\bar\delta < 2)$ に対して M, λ は常に
$$M^{2\kappa - 1 + \bar\delta} \leq \lambda \leq M^{2 - \bar\delta} \tag{12.4.49}$$
を満たすとする.

命題 12.4.2 (12.4.49) を仮定する. $0 < m(z)$ は (12.4.34) を満たし f は $|f|_k^g \leq m(z) A^k k!^\kappa$, $k = 0, 1, \ldots$ を満たすとする. また $\log T(z)$ は (12.4.29) を満たすとする. このとき $\lambda_0 > 0$ が存在して $\lambda \geq \lambda_0$ のとき任意の $\ell \leq M$ に対して

$$T^{-M}\#(T^Mf) - \sum_{k<\ell}\frac{1}{j!}(i\sigma/2)^k\bigl(T^{-M}(z)T^M(w)f(w)\bigr)\bigr|_{w=z}$$

は $S(m(M^{2\kappa-1}h)^\ell, g)$ に属する.

［証明］ まず $T^M(z)f(z)$ は m を mT^M として (12.4.35) を満たす. mT^M は (12.4.34) を満たすので $q(z) = T^{-M}\#(T^Mf)$ として

$$r_{\ell+M}(z) = q(z) - \sum_{k<\ell+M}\frac{1}{k!}(i\sigma/2)^k\bigl(T(z)^{-M}T(w)^Mf(w)\bigr)\bigr|_{w=z}$$

とおくと命題 12.4.1 より M, λ にはよらない正数 C が存在し

$$|r_{\ell+M}|^g_s \leq C_{\ell,s}(CM^{2\kappa-1}\lambda^{-1})^M m(z)h^\ell(z)$$

が成立する. (12.4.49) より $\lambda \geq \lambda_0$ のとき $CM^{2\kappa-1}\lambda^{-1} \leq 1$ としてよいので $\ell \leq M$ より右辺はさらに $C_{\ell,s}(M^{2\kappa-1}h)^\ell$ で評価される. 一方補題 12.4.9 より

$$\left|\left(\sum_{k=\ell}^{\ell+M}\frac{1}{k!}(i\sigma/2)^k\bigl(T(z)^{-M}T(w)^Mf(w)\bigr)\bigr|_{w=z}\right)^{(\gamma)}_{(\delta)}\right|$$

$$\leq C_{\gamma\delta}m(z)\phi^{-|\delta|}\psi^{-|\gamma|}\sum_{k=\ell}^{\ell+M}(CM^{2\kappa-1}h)^k$$

$$= C_{\gamma\delta}m(z)\phi^{-|\delta|}\psi^{-|\gamma|}(CM^{2\kappa-1}h)^\ell\sum_{k=0}^{M}(CM^{2\kappa-1}\lambda^{-1})^j$$

が成り立ち, $\lambda \geq \lambda_0$ なら $CM^{2\kappa-1}\lambda^{-1} \leq 1/2$ と仮定してよいので結論が従う. □

補題 12.4.10 (12.4.49) を仮定する. また $\log T(z)$ は (12.4.29) を満たすとする. このとき $\lambda_0 > 0$ が存在して $\lambda \geq \lambda_0$ のとき $K_M \in S(T^{-M}, g)$ で

$$T^M\#K_M = 1, \quad K_M\#T^M = 1$$

を満たすものが存在する.

［証明］ 命題 12.4.2 を $f(z) = 1, \ell = 1$ として適用すると $T^M\#T^{-M} = 1-R$ とおくとき $R \in S(\lambda^{-1}M^{2\kappa-1}, g)$ である. したがって $\lambda \geq \lambda_0$ のとき $\|Ru\| \leq \|u\|/2$ とできる. ゆえに $1-R$ の L^2 での逆が存在するが定理 9.4.4 によればこの逆は $\tilde{R}(x,D)$, $\tilde{R} \in S(1,g)$ で与えられる. したがって $K_M = T^{-M}\#\tilde{R} \in S(T^{-M},g)$ とおけばよい. □

12.5 $T^{-M}\#P\#T^M$ の漸近表現

この節以降 $\tilde{g}$ および g はそれぞれ 10.3 節と 12.3 節の metric とする. $S(m,g)$ と

$S(\tilde{m}, \tilde{g})$ の擬微分作用素の積を扱うので metric
$$G = (g + \tilde{g})/2$$
を導入する．まず $G = 2^{-1}(1 + \phi^2 (\log \langle \xi \rangle_\gamma)^2) g$ に注意しよう．したがって
$$G_{(x,\xi)}(y, \eta) = \Phi^{-2}(x, \xi) |y|^2 + \Psi^{-2}(x, \xi) |\eta|^2$$
と書くと $\sqrt{2} \Phi^{-1} = (1 + \phi^2 (\log \langle \xi \rangle_\gamma)^2)^{1/2} \phi^{-1}$, $\Psi = \Phi \langle \xi \rangle_\gamma$ である．また $G^\sigma = (\Phi \Psi)^2 G$ より
$$G/G^\sigma = \left\{ \left((\phi \psi)^{-1} + \langle \xi \rangle_\gamma^{-1} (\log \langle \xi \rangle_\gamma)^2 \right)/2 \right\}^2$$
は明らかである．以下 $\langle \xi \rangle_\gamma^{-1} (\log \langle \xi \rangle_\gamma)^2 \leq \lambda^{-1}$ が成り立つように常に $\gamma \geq \gamma_0$ として考える．したがって $G/G^\sigma \leq \lambda^{-2}$ である．補題 12.1.4 より $\phi(\log \langle \xi \rangle_\gamma)$ は g admissible weight であり命題 9.3.3 より G は admissible metric となる．次に $G = 2^{-1}(1 + \phi^{-2}(\log \langle \xi \rangle_\gamma)^{-2}) \tilde{g}$ を考慮して補題 12.2.2 を適用する．まず
$$\begin{aligned} H^2 &= 2^{-1}(1 + \phi^{-2}(\log \langle \xi \rangle_\gamma)^{-2})(\log \langle \xi \rangle_\gamma)^4 \langle \xi \rangle_\gamma^{-2} \\ &= (\log \langle \xi \rangle_\gamma)^4 \langle \xi \rangle_\gamma^{-2}/2 + (\log \langle \xi \rangle_\gamma)^2 (\phi \psi)^{-1} \langle \xi \rangle_\gamma^{-1}/2 \\ &\leq \lambda^{-1} (\log \langle \xi \rangle_\gamma)^2 \langle \xi \rangle_\gamma^{-1} \end{aligned} \quad (12.5.50)$$
に注意しておこう．

命題 12.5.1 $P \in S(\langle \xi \rangle_\gamma^m, \tilde{g})$ とする．このとき $\gamma \geq \gamma_0(M, \lambda)$, $\lambda \geq \lambda_0$ で
$$\begin{aligned} & w_\alpha^\beta - (-M \nabla_\xi T/T)^\beta (M \nabla_x T/T)^\alpha \\ & \in S(M^{|\alpha + \beta|} \phi^{-|\alpha|} \psi^{-|\beta|} M^{2\kappa - 1} \lambda^{-1}, g) \end{aligned}$$
を満たす $w_\alpha^\beta \in S(M^{|\alpha + \beta|} \phi^{-|\alpha|} \psi^{-|\beta|}, g)$, $w_0^0 = 1$ が存在し，
$$T^{-M} \# P \# T^M - \sum_{|\alpha + \beta| < k} \frac{1}{i^{|\alpha + \beta|} \alpha! \beta!} P_{(\beta)}^{(\alpha)}(z) w_\alpha^\beta(z)$$
は M をとめるごとに $S((\log \langle \xi \rangle_\gamma)^k \langle \xi \rangle_\gamma^{m - k/2}, G)$ に属する．

［証明］ まず (12.2.12) に従って
$$\tilde{w}_\alpha^\beta = (-1)^{|\beta|} T^{-M} \# T_{(\alpha)}^{M(\beta)} \quad (12.5.51)$$
とおき (12.2.11) で w_α^β を定義する．補題 12.2.2 を $g_1 = \tilde{g}$, $g_2 = G$ として適用すると最後の主張が得られる．他の主張の証明に移る．

補題 12.5.1 $\partial_x^\alpha \partial_\xi^\beta T^M = T_{(\alpha)}^{M(\beta)} = \Omega_\alpha^\beta T^M$ とおくとき任意の $\ell \in \mathbb{N}$, $\ell \leq M$ に対して $\lambda \geq \lambda_0$ のとき
$$T^{-M} \# T_{(\alpha)}^{M(\beta)} - \sum_{j=0}^{\ell-1} \frac{1}{j!} \sum_{k=j}^{\ell-1} \frac{1}{k!} (i\sigma/2)^k M^j (\log T(w) - \log T(z))^j \Omega_\alpha^\beta(w) \big|_{w = z}$$
は $S(M^{|\alpha + \beta|} (M^{2\kappa - 1} \lambda^{-1})^\ell \phi^{-|\alpha|} \psi^{-|\beta|}, g)$ に属する．

[証明]　(12.4.33) より $\Omega_\alpha^\beta T^M$ は $m = M^{|\alpha+\beta|}T^M\phi^{-|\alpha|}\psi^{-|\beta|}$ として (12.4.35) を満たす．したがって命題 12.4.2 より

$$T^{-M}\#T_{(\alpha)}^{M(\beta)} - \sum_{k=0}^{\ell-1}\frac{1}{k!}(i\sigma/2)^k\bigl(T^{-M}(z)T^M(w)\Omega_\alpha^\beta(w)\bigr)\bigr|_{w=z}$$

は $S(M^{|\alpha+\beta|}(M^{2\kappa-1}\lambda^{-1})^\ell \phi^{-|\alpha|}\psi^{-|\beta|}, g)$ に属する．一方，系 12.2.1 より

$$(i\sigma/2)^k\bigl(T^{-M}(z)T^M(w)\Omega_\alpha^\beta(w)\bigr)\bigr|_{w=z}$$
$$= (i\sigma/2)^k \sum_{j=0}^{k}\frac{1}{j!}(M\log T(w) - M\log T(z))^j \Omega_\alpha^\beta\bigr|_{w=z}$$

であるから主張が従う．　□

補題 12.5.1 で $\ell = 1$ と選ぶと

$$\begin{aligned}\tilde{w}_\alpha^\beta - (-1)^{|\beta|}\Omega_\alpha^\beta &\in S(M^{|\alpha+\beta|}\phi^{-|\alpha|}\psi^{-|\beta|}(M^{2\kappa-1}\lambda^{-1}), g),\\ \tilde{w}_\alpha^\beta &\in S(M^{|\alpha+\beta|}\phi^{-|\alpha|}\psi^{-|\beta|}, g)\end{aligned} \qquad (12.5.52)$$

が成り立つ．

補題 12.5.2　次が成立する．
$$\Omega_\alpha^\beta - (M\nabla_\xi T/T)^\beta (M\nabla_x T/T)^\alpha \in S(M^{|\alpha+\beta|-1}\phi^{-|\alpha|}\psi^{-|\beta|}, g).$$

[証明]　$|\alpha+\beta|$ に関する帰納法で示す．$|\alpha+\beta| = 1$ のとき $\Omega^{e_j} = M\partial_{\xi_j}T/T$，$\Omega_{e_j} = M\partial_{x_j}T/T$ であるから主張は成り立つ．$|e+f| = 1$ としよう．このとき

$$\Omega_{\alpha+e}^{\beta+f} = \partial_x^e \partial_\xi^f \Omega_\alpha^\beta + M\Omega_\alpha^\beta \partial_x^e \partial_\xi^f T/T$$

である．$\partial_x^e \partial_\xi^f \Omega_\alpha^\beta \in S(M^{|\alpha+\beta|}\phi^{-|\alpha+e|}\psi^{-|\beta+f|}, g)$ に注意すれば帰納法によって一般の場合も示される．　□

[命題 12.5.1 の証明の続き]　$|\tilde\alpha + \tilde\beta| < |\alpha + \beta|$ のとき

$$(\tilde{w}_{\tilde\alpha}^{\tilde\beta})_{(\alpha-\tilde\alpha)}^{(\beta-\tilde\beta)} \in S(M^{|\tilde\alpha+\tilde\beta|}\phi^{-|\alpha|}\psi^{-|\beta|}, g)$$
$$\subset S(M^{|\alpha+\beta|-1}\phi^{-|\alpha|}\psi^{-|\beta|}, g)$$

であるから $w_\alpha^\beta - \tilde{w}_\alpha^\beta \in S(M^{|\alpha+\beta|-1}\phi^{-|\alpha|}\psi^{-|\beta|}, g)$ が分かる．したがって

$$\begin{aligned}w_\alpha^\beta - (-1)^{|\beta|}\Omega_\alpha^\beta &\in S(M^{|\alpha+\beta|-1}\phi^{-|\alpha|}\psi^{-|\beta|}, g),\\ w_\alpha^\beta - (-M\nabla_\xi T/T)^\beta (M\nabla_x T/T)^\alpha &\in S(M^{|\alpha+\beta|-1}\phi^{-|\alpha|}\psi^{-|\beta|}, g)\end{aligned}$$

が成り立つ．$\lambda \leq M^{2\kappa}$ より $M^{-1} \leq M^{2\kappa-1}\lambda^{-1}$ であるから命題が示された．　□

Λ を
$$\Lambda = \gamma\zeta(x) + a\rho(z)\log\langle\xi\rangle_\gamma + M\log T(z)$$
とおく．

命題 12.5.2 (12.4.49) を仮定する. $\lambda \geq \lambda_0$, $\gamma \geq \gamma_0(M, \lambda, a)$ のとき
$$\hat{w}_\alpha^\beta - (\Lambda_x)^\alpha(-\Lambda_\xi)^\beta$$
$$\in S(M^{2\kappa-1}\lambda^{-1}((\gamma + a\log\langle\xi\rangle_\gamma)\phi + M)^{|\alpha+\beta|}\phi^{-|\alpha|}\psi^{-|\beta|}, g)$$

を満たす $\hat{w}_\alpha^\beta \in S(((\gamma + a\log\langle\xi\rangle_\gamma)\phi + M)^{|\alpha+\beta|}\phi^{-|\alpha|}\psi^{-|\beta|}, g)$, $\hat{w}_0^0 = 1$ が存在し任意の $\ell \in \mathbb{N}$ に対して

$$T^{-M}\#\langle\xi\rangle_\gamma^{-a\rho}\#P_{\gamma\zeta}\#\langle\xi\rangle_\gamma^{a\rho}\#T^M - \sum_{|\alpha+\beta|<\ell} \frac{1}{i^{|\alpha+\beta|}\alpha!\beta!} P_{(\beta)}^{(\alpha)}\hat{w}_\alpha^\beta$$

は M, a をとめるごとに $S(\langle\xi\rangle_\gamma^{m-\ell/2}(\log\langle\xi\rangle_\gamma)^{2\ell}, G)$ に属する.

[証明] $\tilde{P}$ を $\tilde{P} = \langle\xi\rangle_\gamma^{-a\rho}\#P_{\gamma\zeta}\#\langle\xi\rangle_\gamma^{a\rho} \in S(\langle\xi\rangle_\gamma^m, \tilde{g})$ とおき $\tilde{w}_\alpha^\beta, w_\alpha^\beta$ を命題12.5.1のそれとする. 命題12.5.1 より

$$T^{-M}\#\tilde{P}\#T^M - \sum_{|\mu+\nu|<k} \frac{1}{i^{|\mu+\nu|}\mu!\nu!} \tilde{P}_{(\nu)}^{(\mu)} w_\mu^\nu$$

は M をとめるごとに $S((\log\langle\xi\rangle_\gamma)^k \langle\xi\rangle_\gamma^{m-k/2}, G)$ に属する. 一方命題12.2.2 より

$$\tilde{P} = \sum_{|\alpha+\beta|<\ell} \frac{1}{i^{|\alpha+\beta|}\alpha!\beta!} P_{(\beta)}^{(\alpha)}\hat{W}_\alpha^\beta + R_\ell$$

とおくと R_ℓ は a をとめるごとに $S(\langle\xi\rangle_\gamma^m((\gamma + \log\langle\xi\rangle_\gamma)^2\langle\xi\rangle_\gamma^{-1})^\ell, \tilde{g})$ に属する. この $\tilde{P}$ を $\ell = k - |\mu+\nu|$ として代入しよう. ここで $R_{\ell(\nu)}^{(\mu)} w_\mu^\nu$ は a をとめるごとに

$$S(\langle\xi\rangle_\gamma^m((\gamma + \log\langle\xi\rangle_\gamma)^2\langle\xi\rangle_\gamma^{-1})^{k-|\mu+\nu|}(\log\langle\xi\rangle_\gamma)^{|\mu+\nu|}\langle\xi\rangle_\gamma^{-|\mu|}M^{|\mu+\nu|}\phi^{-|\mu|}\psi^{-|\nu|}, G)$$

に属し, $\psi^{-1} = \phi^{-1}\langle\xi\rangle_\gamma^{-1}$ ゆえ, この項は

$$S(\langle\xi\rangle_\gamma^m((\gamma + \log\langle\xi\rangle_\gamma)^2\langle\xi\rangle_\gamma^{-1})^k M^{|\mu+\nu|}\phi^{-|\mu+\nu|}, G)$$

に属しさらに $\phi^{-1} \leq \lambda^{-1/2}\langle\xi\rangle_\gamma^{1/2}$ より $S(\langle\xi\rangle_\gamma^{m-k/2}(\gamma + \log\langle\xi\rangle_\gamma)^{2k}, G)$ に属する. したがって

$$T^{-M}\#\tilde{P}\#T^M - \sum_{|\alpha+\beta+\mu+\nu|<k} \frac{i^{-|\alpha+\beta+\mu+\nu|}}{\alpha!\beta!\mu!\nu!} \left(P_{(\beta)}^{(\alpha)}\hat{W}_\alpha^\beta\right)_{(\nu)}^{(\mu)} w_\mu^\nu$$

は M, a を固定するごとに $S(\langle\xi\rangle_\gamma^{m-k/2}(\gamma + \log\langle\xi\rangle_\gamma)^{2k}, G)$ に属する. 第2項を

$$\sum \frac{i^{-|\tilde{\alpha}+\tilde{\beta}|}}{\tilde{\alpha}!\tilde{\beta}!} P_{(\tilde{\beta})}^{(\tilde{\alpha})} \sum \frac{i^{-|\mu-\mu'+\nu-\nu'|}}{(\mu-\mu')!(\nu-\nu')!} \binom{\tilde{\alpha}}{\mu'}\binom{\tilde{\beta}}{\nu'} \left(\hat{W}_{\tilde{\alpha}-\mu'}^{\tilde{\beta}-\nu'}\right)_{(\nu-\nu')}^{(\mu-\mu')} w_\mu^\nu$$

と書き直して

$$\hat{w}_{\tilde{\alpha}}^{\tilde{\beta}} = \sum \frac{i^{-|\mu-\mu'+\nu-\nu'|}}{(\mu-\mu')!(\nu-\nu')!} \binom{\tilde{\alpha}}{\mu'}\binom{\tilde{\beta}}{\nu'} \left(\hat{W}_{\tilde{\alpha}-\mu'}^{\tilde{\beta}-\nu'}\right)_{(\nu-\nu')}^{(\mu-\mu')} w_\mu^\nu$$

とおく.

$$\hat{w}_{\tilde{\alpha}}^{\tilde{\beta}} = \sum \binom{\tilde{\alpha}}{\mu}\binom{\tilde{\beta}}{\nu} \hat{W}_{\tilde{\alpha}-\mu}^{\tilde{\beta}-\nu} w_\mu^\nu$$

$$+ \sum_{|\mu-\mu'+\nu-\nu'|\geq 1} \frac{i^{-|\mu-\mu'+\nu-\nu'|}}{(\mu-\mu')!(\nu-\nu')!} \binom{\tilde{\alpha}}{\mu'}\binom{\tilde{\beta}}{\nu'} \left(\hat{W}_{\tilde{\alpha}-\mu'}^{\tilde{\beta}-\nu'}\right)_{(\nu-\nu')}^{(\mu-\mu')} w_\mu^\nu \tag{12.5.53}$$

と書こう. $\langle\xi\rangle_\gamma^{-1} = \psi^{-1}\phi$ より

$$\langle\xi\rangle_\gamma^{-|\tilde{\beta}-\nu'+\mu-\mu'|} = \phi^{-|\tilde{\alpha}-\mu'+\nu-\nu'|}\psi^{-|\tilde{\beta}-\nu'+\mu-\mu'|}\phi^{|\tilde{\alpha}+\tilde{\beta}-\mu'-\nu'|}\phi^{|\mu-\mu'+\nu-\nu'|}$$

$$\leq C\phi^{-|\tilde{\alpha}-\mu'+\nu-\nu'|}\psi^{-|\tilde{\beta}-\nu'+\mu-\mu'|}\phi^{|\tilde{\alpha}+\tilde{\beta}-\mu'-\nu'|}$$

に注意すると $(\hat{W}_{\tilde{\alpha}-\mu'}^{\tilde{\beta}-\nu'})_{(\nu-\nu')}^{(\mu-\mu')} w_\mu^\nu$ は

$$S\left((\phi(\gamma+a\log\langle\xi\rangle_\gamma))^{|\tilde{\alpha}+\tilde{\beta}-\mu'-\nu'|}\phi^{-|\tilde{\alpha}-\mu'+\nu-\nu'|}\psi^{-|\tilde{\beta}-\nu'+\mu-\mu'|}, g_0\right)$$
$$\times S(M^{|\nu+\mu|}\phi^{-|\mu|}\psi^{-|\nu|}, g)$$
$$\subset S\left((\phi(\gamma+a\log\langle\xi\rangle_\gamma)+M)^{|\tilde{\alpha}+\tilde{\beta}|}\phi^{-|\tilde{\alpha}|}\psi^{-|\tilde{\beta}|}(M\phi^{-1}\psi^{-1})^{|\mu-\mu'+\nu-\nu'|}, g\right)$$

に属するので $|\mu-\mu'+\nu-\nu'| \geq 1$ に注意すると (12.5.53) の右辺第2項は

$$S((\phi(\gamma+a\log\langle\xi\rangle_\gamma)+M)^{|\tilde{\alpha}+\tilde{\beta}|}(M\lambda^{-1})\phi^{-|\tilde{\alpha}|}\psi^{-|\tilde{\beta}|}, g)$$

に属する. 次に $\sum \binom{\tilde{\alpha}}{\mu}\binom{\tilde{\beta}}{\nu} \hat{W}_{\tilde{\alpha}-\mu}^{\tilde{\beta}-\nu} w_\mu^\nu$ を調べよう. 命題 12.2.2 より

$$\hat{W}_{\tilde{\alpha}-\mu}^{\tilde{\beta}-\nu} - (\gamma\nabla_x\zeta + a\log\langle\xi\rangle_\gamma\nabla_x\rho)^{\tilde{\alpha}-\mu}(-a\log\langle\xi\rangle_\gamma\nabla_\xi\rho)^{\tilde{\beta}-\nu}$$
$$\in S((\gamma+a\log\langle\xi\rangle_\gamma)^{|\tilde{\alpha}+\tilde{\beta}-\mu-\nu|}(\log\langle\gamma\rangle)^{-1}\langle\xi\rangle_\gamma^{-|\tilde{\beta}-\nu|}, g_0)$$
$$\subset S((\log\langle\gamma\rangle)^{-1}(\phi(\gamma+a\log\langle\xi\rangle_\gamma))^{|\tilde{\alpha}+\tilde{\beta}-\mu-\nu|}\phi^{-|\tilde{\alpha}-\mu|}\psi^{-|\tilde{\beta}-\nu|}, g_0)$$

であり, また命題 12.5.1 より $\gamma \geq \gamma_0(M,\lambda)$, $\lambda \geq \lambda_0$ のとき

$$w_\mu^\nu - (-M\nabla_\xi T/T)^\nu (M\nabla_x T/T)^\mu$$
$$\in S(M^{|\mu+\nu|}\phi^{-|\mu|}\psi^{-|\nu|}M^{2\kappa-1}\lambda^{-1}, g)$$

である. $\langle\xi\rangle_\gamma^{-|\tilde{\beta}-\nu|} = \phi^{|\tilde{\alpha}+\tilde{\beta}-\mu-\nu|}\phi^{-|\tilde{\alpha}-\mu|}\psi^{-|\tilde{\beta}-\nu|}$ より

$$(\gamma\nabla_x\zeta + a\log\langle\xi\rangle_\gamma\nabla_x\rho)^{\tilde{\alpha}-\mu}(-a\log\langle\xi\rangle_\gamma\nabla_\xi\rho)^{\tilde{\beta}-\nu}$$
$$\in S((\phi(\gamma+a\log\langle\xi\rangle_\gamma))^{|\tilde{\alpha}+\tilde{\beta}-\mu-\nu|}\phi^{-|\tilde{\alpha}-\mu|}\psi^{-|\tilde{\beta}-\nu|}, g_0)$$

であり, また $(M\nabla_x T/T)^\mu(-M\nabla_\xi T/T)^\nu \in S(M^{|\mu+\nu|}\phi^{-|\mu|}\psi^{-|\nu|}, g)$ であるから $\gamma_0 = \gamma_0(M,\lambda)$ を $(\log\langle\gamma_0\rangle)^{-1} \leq M^{2\kappa-1}\lambda^{-1}$ と選んでおくと, $M^{-1} \leq M^{2\kappa-1}\lambda^{-1}$ であるから $\gamma \geq \gamma_0(M,\lambda)$ のとき

$$\sum \binom{\tilde{\alpha}}{\mu}\binom{\tilde{\beta}}{\nu} \hat{W}_{\tilde{\alpha}-\mu}^{\tilde{\beta}-\nu} w_\mu^\nu$$

$$
\begin{aligned}
&= \sum \binom{\tilde{\alpha}}{\mu}\binom{\tilde{\beta}}{\nu}(\gamma\nabla_x\zeta + a\log\langle\xi\rangle_\gamma \nabla_x\rho)^{\tilde{\alpha}-\mu}(-a\log\langle\xi\rangle_\gamma \nabla_\xi\rho)^{\tilde{\beta}-\nu} \\
&\quad \times (-M\nabla_\xi T/T)^\nu (M\nabla_x T/T)^\mu + R \\
&= (\gamma\nabla_x\zeta + a\log\langle\xi\rangle_\gamma \nabla_x\rho + M\nabla_x T/T)^{\tilde{\alpha}}(-a\log\langle\xi\rangle_\gamma \nabla_\xi\rho - M\nabla_\xi T/T)^{\tilde{\beta}} + R
\end{aligned}
$$

と書いて
$$
R \in S\left(M^{2\kappa-1}\lambda^{-1}\bigl(\phi(\gamma + a\log\langle\xi\rangle_\gamma) + M\bigr)^{|\tilde{\alpha}+\tilde{\beta}|}\phi^{-|\tilde{\alpha}|}\psi^{-|\tilde{\beta}|}, g\right)
$$

が従う.以上で主張が証明された. □

第13章 実効的双曲型特性点での超局所双曲型エネルギー評価

この章では定理 10.4.1 の証明を与える．$\hat{z} = (\hat{x}, \hat{\xi})$ を p の 2 次の実効的双曲型特性点とするとき 10.4 節で概略を述べた推論を正当化する．前章で求めた $P_{T^M} = T^{-M} \# \tilde{P} \# T^M$ に対して P_{T^M} を分離する作用素 Q を第 2 章で述べた方法に従って定義し，$\mathrm{Im}(P_{T^M}u, Qu)$ を下から評価し，これを利用して $\|P_{T^M}u\|$ の下からの評価を導くことにより $\hat{z}$ での超局所双曲型エネルギー評価が得られる．

13.1　$Q(z)$ の定義と $p(z; H_\Lambda)$ の $Q(z)$ による分離

この章では $\hat{z} = (\hat{x}, \hat{\xi})$ は p の実効的双曲型 2 次特性点とする．(11.1.12) を用いて $\tilde{p}(x+iy, \xi+i\eta)$ を定義する．$H_\Lambda = (\Lambda_\xi, -\Lambda_x)$ とするとき

$$\tilde{p}(z + iH_\Lambda) = \sum_{|\alpha+\beta| \leq m} \frac{1}{\alpha!\beta!} p^{(\alpha)}_{(\beta)}(z) (i\Lambda_\xi)^\beta (-i\Lambda_x)^\alpha \tag{13.1.1}$$

である．ここで $p^{(\alpha)}_{(\beta)}(z) = \partial_x^\beta \partial_\xi^\alpha p(z)$ であった．記号を簡単にするために

$$P_{T^M} = T^{-M} \# \langle \xi \rangle^{-a\rho} \# P_{\gamma\varsigma} \# \langle \xi \rangle_\gamma^{a\rho} \# T^M$$

とおくと命題 12.5.2 から

$$P_{T^M} - \sum_{|\alpha+\beta| \leq m} \frac{1}{\alpha!\beta!} P^{(\alpha)}_{(\beta)}(-i)^{|\alpha+\beta|} \hat{w}_\alpha^\beta = r$$

は $m \geq 2$ より M, a をとめるごとに $S(\langle \xi \rangle_\gamma^{m-3/2} (\log \langle \xi \rangle_\gamma)^{2(m+1)}, G)$ に属する．

ここで次のことに注意しよう．

補題 13.1.1 $\mu(z, \gamma)$, $m(z, \gamma)$ を $\mu(z, \gamma) m(z, \gamma) \langle \xi \rangle_\gamma^{-t}$ が有界な g admissible weight とし，μ は $\inf_z \mu(z, \gamma) \geq \bar{\mu}(\gamma)$ で $\lim_{\gamma \to \infty} \bar{\mu}(\gamma) = +\infty$ を満たすとする．A はパラメーター γ, M, λ, a に依存するシンボルで (M, λ, a) をとめるごとに $S(m, g)$ に属するとする．このとき任意の $s \in \mathbb{R}$ に対して $\gamma(M, \lambda, a, s)$ が存在し，$\gamma \geq \gamma(M, \lambda, a, s)$ のとき

$$\|\langle D \rangle_\gamma^s A u\| \leq C \|\langle D \rangle_\gamma^{s+t} u\|, \quad u \in \mathcal{S}$$

が成立する．ここで C は γ, M, λ, a によらない．

[証明] $s = 0$ のときを示そう．(M, λ, a) を固定するごとに $A \in S(m, g)$ であるから正数 $C_\ell(M, \lambda, a)$ が存在し

$$|A|_\ell^g(z) \le C_\ell(M, \lambda, a) m(z) \le C_\ell(M, \lambda, a) \bar\mu(\gamma)^{-1} \mu(z) m(z)$$

が成り立っている．したがって与えられた $N \in \mathbb{N}$ に対して $\gamma_0(N, M, \lambda, a)$ を，$\gamma \ge \gamma_0(N, M, \lambda, a)$ のとき $\ell = 0, \ldots, N$ に対して $C_\ell(M, \lambda, a) \bar\mu(\gamma)^{-1} \le 1$ が成立するように選ぶことができる．すなわち $\gamma \ge \gamma_0(N, M, \lambda, a)$ のとき

$$|A|_k^g(z)/\langle \xi \rangle_\gamma^t \le C, \quad k = 1, \ldots, N$$

が成立する．したがって定理 9.4.1 より結論が従う． □

r は M, a をとめるごとに $S(\langle \xi \rangle_\gamma^{m-3/2}(\log \langle \xi \rangle_\gamma)^{2(m+1)}, G)$ に属するとしよう．$0 < \delta < 1/4$ を1つ選んで $\mu = \langle \xi \rangle_\gamma^\delta (\log \langle \xi \rangle_\gamma)^{-2(m+1)}$ として補題 13.1.1 を適用すると，$\gamma_0(M, \lambda, a)$ が存在して $\gamma \ge \gamma_0(M, \lambda, a)$ のとき

$$\|ru\| \le C\gamma^{-(1/4-\delta)} \|\langle D \rangle_\gamma^{m-5/4} u\| \qquad (13.1.2)$$

が成立する．この評価を満たす r は 13.3 節で $\|P_{T^M} u\|$ の下からの評価を導く議論に全く影響を与えないので以下 13.3 節の (13.3.25) 式までは

$$P_{T^M} = \sum_{|\alpha+\beta| \le m} \frac{1}{\alpha! \beta!} P_{(\beta)}^{(\alpha)} (-i)^{|\alpha+\beta|} \hat{w}_\alpha^\beta$$

として P_{T^M} を調べる．命題 12.5.2 より

$$\begin{aligned}
(-i)^{|\alpha+\beta|} \hat{w}_\alpha^\beta(z) &- (-i\Lambda_x)^\alpha (i\Lambda_\xi)^\beta = \rho_\alpha^\beta(z) \\
&\in S(M^{2\kappa-1}\lambda^{-1}(\phi(\gamma + a\log\langle\xi\rangle_\gamma) + M)^{|\alpha+\beta|} \phi^{-|\alpha|}\psi^{-|\beta|}, g)
\end{aligned} \qquad (13.1.3)$$

であり

$$\begin{aligned}
P_{T^M}(z) = \tilde{p}(z + iH_\Lambda) &+ \sum_{0 < |\alpha+\beta| \le m} p_{(\beta)}^{(\alpha)} \rho_\alpha^\beta \Big/ \alpha! \beta! \\
&+ \sum_{j=0}^{m-1} \sum_{|\alpha+\beta| \le m} P_{j(\beta)}^{(\alpha)} \hat{w}_\alpha^\beta \Big/ i^{|\alpha+\beta|} \alpha! \beta!
\end{aligned} \qquad (13.1.4)$$

と書ける．ここで右辺第 2 項の和には $p_{(\beta)}^{(\alpha)}$, $|\alpha+\beta| \ge 1$ しか現れない．したがって (13.1.3) に注意すると P_{T^M} の主要部は $\tilde{p}(z+iH_\Lambda)$ である．$\tilde{p}(z+iH_\Lambda)$ は次のようにも書ける．

$$\tilde{p}(z+iH_\Lambda) = \sum_{j=0}^m \left(i\frac{\partial}{\partial t}\right)^j p(z+tH_\Lambda)/j! \Big|_{t=0}.$$

この表現式を用いて P_{T^M} を分離する $Q(z)$ を

$$Q(z) = |\tilde{H}_\Lambda|^{-1} \left(\frac{\partial}{\partial t}\right) \sum_{j=0}^{m} \left(i\frac{\partial}{\partial t}\right)^j p(z + tH_\Lambda)/j!\big|_{t=0}$$

で定義する. ただし
$$\tilde{H}_\Lambda = (\langle\xi\rangle_\gamma \Lambda_\xi, -\Lambda_x)$$
とおいた. ここで
$$\Lambda(z) = \gamma\zeta(x) + a\rho(z)\log\langle\xi\rangle_\gamma + M\log T(z)$$
である. $t > 0$ に対して $\tilde{p}((x, t\xi) + i(y, t\eta)) = t^m \tilde{p}((x, \xi) + i(y, \eta))$ であるから
$$\lambda(x, \xi) = |\tilde{H}_\Lambda|\langle\xi\rangle_\gamma^{-1}, \quad \tilde{z} = (x, \xi\langle\xi\rangle_\gamma^{-1})$$
とおくと $\tilde{p}(z + iH_\Lambda)$ は
$$\tilde{p}(z + iH_\Lambda) = \langle\xi\rangle_\gamma^m \tilde{p}(\tilde{z} + i\langle\xi\rangle_\gamma^{-1}\tilde{H}_\Lambda) = \langle\xi\rangle_\gamma^m \tilde{p}(\tilde{z} + i\lambda(z)\tilde{H}_\Lambda/|\tilde{H}_\Lambda|)$$
と表される.

以上で P_{T^M} および $Q(z)$ は $\mathbb{R}^n \times \mathbb{R}^n$ 上のシンボルとして定義され, それぞれ $P_{T^M} \in S(\langle\xi\rangle_\gamma^m, g)$ および $Q \in S(\langle\xi\rangle_\gamma^{m-1}, g)$ を満たすが, 構成のもとになった $t(z)$ は 2 次特性点 $\hat{z}$ での超局所時間関数であり, $P_{T^M}, Q(z)$ も $\hat{z}$ の錐近傍上で p と $t(z)$ の性質を反映している. 以下 $\hat{z}$ の錐近傍で P_{T^M}, Q を調べよう.

定義 13.1.1 $\hat{g}$ を admissible metric, $\hat{m}$ を $\hat{g}$ admissible weight とし, U を $\mathbb{R}^n \times \mathbb{R}^n$ の開錐集合とする. $a \in C^\infty(\mathbb{R}^n \times \mathbb{R}^n)$ が
$$\sup_{z \in U} |a|_k^{\hat{g}}(z)/\hat{m}(z) < +\infty, \quad k \in \mathbb{N}$$
を満たすとき a は U で $S(\hat{m}, \hat{g})$ である, あるいは U で $S(\hat{m}, \hat{g})$ に属するという.

補題 13.1.2 $\hat{z}$ の錐近傍 U が存在し, 任意の $z \in U, \gamma \geq \gamma_0(M, \lambda, a), M \gg 1$ に対して
$$C^{-1} \leq |\tilde{p}(z + iH_\Lambda)/p(x, \xi - i\langle\xi\rangle_\gamma \lambda(x, \xi)\theta)| \leq C$$
が成り立つ. これは $C^{-1} \leq |\tilde{p}(\tilde{z} + i\lambda(z)\tilde{H}_\Lambda/|\tilde{H}_\Lambda|)/p(x, \xi\langle\xi\rangle_\gamma^{-1} - i\lambda(z)\theta)| \leq C$ と同値である.

この補題を示すためにまず次の補題を確かめよう.

補題 13.1.3 次が成立する.
(i) $\hat{z}$ の錐近傍 U とコンパクト凸集合 $K \subset \Gamma_{\hat{z}}$ が存在し, 任意の $z \in U, \gamma \geq \gamma_0(M, a)$, $M \gg 1$ に対して $-\tilde{H}_\Lambda/|\tilde{H}_\Lambda| \in K$ が成立する.
(ii) $\hat{z}$ の錐近傍 U と正数 $C > 0$ が存在して任意の $z \in U, \gamma \geq \gamma_0(M, a), M \gg 1$ に対して $C^{-1} \leq |\tilde{H}_\Lambda|/(\gamma + a\log\langle\xi\rangle_\gamma + M\phi^{-1}) \leq C$ が成立する.

[証明] $\zeta(x)$ は $\hat{x}$ での局所時間関数だったから $\tilde{\theta} \in \Gamma(p(\hat{x}, \cdot))$ が存在して $\hat{x}$ の近傍で $|\zeta(x) - \langle x - \hat{x}, \tilde{\theta} \rangle| \leq k|x - \hat{x}|^2$ が成立している. したがって $\hat{x}$ の近傍で

$$|(0, \gamma \nabla \zeta(x)) - (0, \gamma \tilde{\theta})| \leq C\gamma |x - \hat{x}| \tag{13.1.5}$$

が成り立つ. $|\xi| \geq \gamma$ のとき $\hat{z}$ の錐近傍で $\rho(z) \log\langle\xi\rangle_\gamma = (x_1 - \hat{x}_1 + |x' - \hat{x}'|^2 + \left||\xi|/|\xi| - \hat{\xi}/|\hat{\xi}|\right|^2) \log\langle\xi\rangle_\gamma$ であるからこのとき

$$\begin{aligned}&|-\tilde{H}_{a\rho \log\langle\xi\rangle_\gamma} - (0, a\log\langle\xi\rangle_\gamma \theta)| \\ &\leq Ca\log\langle\xi\rangle_\gamma (|x - \hat{x}| + |\xi/|\xi| - \hat{\xi}/|\hat{\xi}||)\end{aligned} \tag{13.1.6}$$

が成立する. 補題 12.3.3 より $z \in U$, $K \subset \Gamma_{\hat{z}}$ があって $|\xi| \geq \nu\gamma$ に対して

$$-\phi(z)(\langle\xi\rangle_\gamma \nabla_\xi T, -\nabla_x T)/T \in K \tag{13.1.7}$$

である. これより $z \in U$, $|\xi| \geq \nu\gamma$ に対して

$$C^{-1} \leq \phi(z)|(\langle\xi\rangle_\gamma \nabla_\xi T, -\nabla_x T)|/T \leq C \tag{13.1.8}$$

が成立する. 8.1 節より $(0, \tilde{\theta}) \in \Gamma_{\hat{z}}$ であるから必要なら K をより大きなものに取り替えて $(0, \theta)$, $(0, \tilde{\theta})$ は K の内部にあるとしてよい. (13.1.5) および (13.1.6) から $z \in U$ に対して

$$-\tilde{H}_{\gamma\zeta(x) + a\rho \log\langle\xi\rangle_\gamma}/(\gamma + a\log\langle\xi\rangle_\gamma) \in K$$

の成立することが分かる. (13.1.7) と (13.1.8) より

$$-\tilde{H}_\Lambda/(\gamma + a\log\langle\xi\rangle_\gamma + M\phi^{-1}) \in K$$

を得る. これより $|\xi| \geq \nu\gamma$ のとき (ii) の成立することが分かる. 次に

$$-\tilde{H}_\Lambda/|\tilde{H}_\Lambda| = -\{\tilde{H}_\Lambda/(\gamma + a\log\langle\xi\rangle_\gamma + M\phi^{-1})\}\left(\frac{\gamma + a\log\langle\xi\rangle_\gamma + M\phi^{-1}}{|\tilde{H}_\Lambda|}\right)$$

であるから必要なら再び K を取り替えて, (ii) より $|\xi| \geq \nu\gamma$ に対して (i) の成立することが従う.

次に $z \in U$ かつ $|\xi| \leq \nu\gamma$ の場合を調べる. $|\tilde{H}_{\log T}| \leq C\phi^{-1}$ であるが $|\xi| \leq \nu\gamma$ より $\phi^{-1} \leq C\gamma^{1/2}\lambda^{-1/2}$ であるから

$$|\tilde{H}_{a\rho \log\langle\xi\rangle_\gamma + M\log T}| \leq C(a\log\gamma + M\gamma^{1/2}\lambda^{-1/2}) \leq C\gamma^{1/2}(a + M)$$

が従う. いま $|x - \hat{x}|$ が十分小なら $c > 0$ が存在して $\gamma|\nabla\zeta(x)| \geq c\gamma$ が成立するので, $\gamma \geq \gamma_0(M, a)$ を十分大に, U を十分小さく選ぶと $C^{-1}\gamma \leq |\tilde{H}_\Lambda| \leq C\gamma$ となり, $-\tilde{H}_\Lambda/|\tilde{H}_\Lambda|$ は $(0, \tilde{\theta}) \in \Gamma_{\hat{z}}$ に十分近い. これより $|\xi| \leq \nu\gamma$ のとき (i) および (ii) が従う. □

[補題 13.1.2 の証明] 補題 13.1.3 より $z \in U$, $\gamma \geq \gamma_0$ のとき $-\tilde{H}_\Lambda/|\tilde{H}_\Lambda| \in K$ である. $|\xi| \geq \nu\gamma$ とする. したがって $z \in U$ のとき $\tilde{z} = (x, \xi/\langle\xi\rangle_\gamma)$ は $\hat{z}$ に十分近い.

また補題 13.1.3 の (ii) より $C^{-1} \leq |\tilde{H}_\Lambda|/(\gamma + a\log\langle\xi\rangle_\gamma + M\phi^{-1}) \leq C$ であるから，ν を大にとれば $|\xi| \geq \nu\gamma$ のとき $\lambda(z)$ はいくらでも小さくできる．したがって補題 11.1.1 から $z \in U$ に対して

$$C^{-1} \leq |\tilde{p}(\tilde{z} + i\lambda(z)\tilde{H}_\Lambda/|\tilde{H}_\Lambda|)/p(x, \xi\langle\xi\rangle_\gamma^{-1} - i\lambda(z)\theta)| \leq C$$

の成立することが従う．

$|\xi| \leq \nu\gamma$ とする．このとき $z \in U$ なら $\gamma \leq \langle\xi\rangle_\gamma \leq C\gamma$ かつ $C^{-1} \leq \lambda(z) \leq C$ であることに注意すると

$$C^{-1}\gamma^m \leq |p(x, \xi - i\langle\xi\rangle_\gamma\lambda(z)\theta)| \leq C\gamma^m$$

が分かる．次に $\tilde{p}(z + iH_\Lambda)$ を調べる．

$$\tilde{p}(z + iH_\Lambda) = \gamma^m \tilde{p}((x, \gamma^{-1}\xi) + i(\nabla_\xi\Lambda, -\gamma^{-1}\nabla_x\Lambda))$$

と書こう．いま U が十分小さく γ が大ならば $|\nabla_\xi\Lambda| \leq C\gamma^{-1/2}$ はいくらでも小さくでき，また $\gamma^{-1}\nabla_x\Lambda$ は $\tilde{\theta}$ に十分近く $\Gamma(p(\hat{x}, \cdot))$ のコンパクト集合に含まれるとしてよい．したがって $1 \leq |p(x, \gamma^{-1}\xi - i\theta)| \leq C'$ に注意すると系 11.2.1 より $C > 0$ が存在して $C^{-1} \leq |\tilde{p}((x, \gamma^{-1}\xi) + i(\nabla_\xi\Lambda, -\gamma^{-1}\nabla_x\Lambda))| \leq C$ が成立する．したがって $C^{-1}\gamma^m \leq \tilde{p}(z + iH_\Lambda) \leq C\gamma^m$ となり結論を得る． □

ここでもう一度 (11.1.14) を思い出すと $\hat{z}$ の近傍 V が存在して $(z, -\zeta) \in V \times K$ に対して

$$\tilde{p}(z + ir\zeta) = e_{m-2}(z, \zeta, r) \prod_{j=1}^{2}(ir - \mu_j(z, \zeta)) + O(r^3) \tag{13.1.9}$$

と書ける．ここで $\mu_j(z, \zeta)$ は実数値で $\mu_j(\hat{z}, \zeta) = 0$ でありまた

$$e_{m-2}(z, \zeta, r) = \sum_{k=0}^{m}(ir\partial/\partial t)^k e(z, \zeta, t)/k!|_{t=0} \tag{13.1.10}$$

であった．$Q(z)$ を (13.1.9) に対応して書き換えよう．

補題 13.1.4 $\tilde{z} = (x, \xi\langle\xi\rangle_\gamma^{-1}) \in V$, $\lambda(z) = |\tilde{H}_\Lambda|\langle\xi\rangle_\gamma^{-1}$, $\omega = \tilde{H}_\Lambda/|\tilde{H}_\Lambda|$ とする．このとき

$$Q(z) = \langle\xi\rangle_\gamma^{m-1}\left\{-i\partial e_{m-2}(\tilde{z}, \omega, \lambda)\bigg/\partial\lambda \prod_{j=1}^{2}(i\lambda - \mu_j(\tilde{z}, \omega)) + e_{m-2}(\tilde{z}, \omega, \lambda)\sum_{j=1}^{2}(i\lambda - \mu_j(\tilde{z}, \omega)) + O(\lambda^2)\right\}$$

と書ける．

[証明] $Q(z)$ の定義から $\lambda(z)|\tilde{H}_\Lambda|^{-1}\langle\xi\rangle_\gamma = 1$ に注意して

$$Q(z) = |\tilde{H}_\Lambda|^{-1}\sum_{j=0}^{m}\left(\frac{\partial}{\partial t}\right)\left(i\frac{\partial}{\partial t}\right)^j p(z+tH_\Lambda)/j!\Big|_{t=0}$$

$$= |\tilde{H}_\Lambda|^{-1}\langle\xi\rangle_\gamma^m \sum_{j=0}^{m}\left(\frac{\partial}{\partial t}\right)\left(i\frac{\partial}{\partial t}\right)^j p(\tilde{z}+t\lambda(z)\omega)/j!\Big|_{t=0}$$

$$= \langle\xi\rangle_\gamma^{m-1}\sum_{j=0}^{m}\lambda(z)^j \left(\frac{\partial}{\partial t}\right)\left(i\frac{\partial}{\partial t}\right)^j p(\tilde{z}+t\omega)/j!\Big|_{t=0}$$

である．これはさらに

$$\langle\xi\rangle_\gamma^{m-1}\frac{\partial}{\partial r}\sum_{j=0}^{m}\frac{r^{j+1}}{(j+1)!}\left(\frac{\partial}{\partial t}\right)\left(i\frac{\partial}{\partial t}\right)^j p(\tilde{z}+t\omega)\Big|_{t=0,r=\lambda(z)}$$

$$= \langle\xi\rangle_\gamma^{m-1}\frac{\partial}{\partial r}\frac{1}{i}\sum_{j=0}^{m}\frac{1}{(j+1)!}\left(ir\frac{\partial}{\partial t}\right)^{j+1}p(\tilde{z}+t\omega)\Big|_{t=0,r=\lambda(z)} \quad (13.1.11)$$

$$= \frac{1}{i}\langle\xi\rangle_\gamma^{m-1}\frac{\partial}{\partial r}\{\tilde{p}(\tilde{z}+ir\omega)-p(\tilde{z})+O(r^{m+1})\}_{r=\lambda(z)}$$

$$= \frac{1}{i}\langle\xi\rangle_\gamma^{m-1}\left\{\frac{\partial}{\partial r}\tilde{p}(\tilde{z}+ir\omega)\Big|_{r=\lambda(z)}+O(\lambda^m)\right\}$$

に等しい．(13.1.9) より (13.1.11) の右辺は

$$\frac{1}{i}\langle\xi\rangle_\gamma^{m-1}\left\{\frac{\partial}{\partial r}\left(e_{m-2}(\tilde{z},\omega,r)\prod_{j=1}^{2}(ir-\mu_j(\tilde{z},\omega))+O(r^3)\right)|_{r=\lambda}+O(\lambda^m)\right\} \quad (13.1.12)$$

に等しく $m\geq 2$ であるから結論を得る． □

ここで w,τ を

$$\begin{cases} w(z) = \gamma + a\log\langle\xi\rangle_\gamma + M\phi(z)^{-1}, \\ \tau(z) = \gamma + a\log\langle\xi\rangle_\gamma + M\lambda^{-1}\psi(z) \end{cases}$$

で定義する．$\phi\psi \geq \lambda$ より $\tau(z) \geq w(z)$ は明らかである．また $\tau^2 \geq M^2\lambda^{-2}\psi^2 = M^2\lambda^{-2}\psi\phi\langle\xi\rangle_\gamma \geq M^2\lambda^{-1}\langle\xi\rangle_\gamma$ である．エネルギー評価を得るには

$$S(z) = (\bar{Q}\#P_{T^M} - \overline{P_{T^M}}\#Q)/2i \quad (13.1.13)$$

の非負性を示すことが重要であるがまずはその主要部を考察しよう．

補題 13.1.5 S_0 を

$$S_0(z) = \mathsf{Im}\bigl(\tilde{p}(z+iH_\Lambda)\overline{Q(z)}\bigr)$$

とおく．このとき $\hat{z}$ の近傍 V と正数 $C>0$ が存在して $\tilde{z} = (x,\xi\langle\xi\rangle_\gamma^{-1}) \in V$, $\gamma \geq \gamma_0(M,\lambda,a)$ のとき

$$w(z)h_{m-1}(x,\xi-iw(z)\theta)/C \leq S_0(z) \leq Cw(z)h_{m-1}(x,\xi-iw(z)\theta)$$

が成立する．

[証明] (13.1.10) において $e_{m-2}(\tilde{z},\omega,\lambda) = e(\tilde{z},\omega,0) + i\lambda(\partial e/\partial \lambda)(\tilde{z},\omega,0) + O(\lambda^2)$ と書くと
$$|e_{m-2}(\tilde{z},\omega,\lambda)|^2 = |e(\tilde{z},\omega,0)|^2 + O(\lambda^2)$$
であり, したがって $\mathrm{Re}\,(\partial \bar{e}_{m-2}/\partial \lambda)e_{m-2} = 2^{-1}\partial|e_{m-2}|^2/\partial \lambda = O(\lambda)$ が分かる. これから補題 13.1.4 より
$$\mathrm{Im}\big(\tilde{p}(z+iH_\Lambda)\overline{Q(z)}\big) = \langle\xi\rangle_\gamma^{2m-1}|e_{m-2}|^2\lambda$$
$$\times \sum_{j=1}^{2}(\lambda^2+\mu_j^2)\left(1+O\left(\lambda+\sum_{j=1}^{2}|\mu_j|\right)\right)$$
が従う. $\mu_j((\hat{x},\hat{\xi}\langle\hat{\xi}\rangle_\gamma^{-1}),\omega) = 0, j=1,2$ より
$$S_0(z) \approx \langle\xi\rangle_\gamma^{2m-1}\lambda\sum_{j=1}^{2}\big(\lambda^2+\mu_j(\tilde{z},\omega)^2\big)$$
が成立する. 一方 $h_{m-1}(x,\xi-ir\theta) = \sum_{k=1}^{m}\prod_{j\neq k}|ir - \mu_j(x,\xi,(0,\theta))|^2$ より
$$h_{m-1}(x,\xi-iw(z)\theta) \approx \langle\xi\rangle_\gamma^{2m-2}\sum_{j=1}^{2}\big(w(z)^2\langle\xi\rangle_\gamma^{-2} + \mu_j(\tilde{z},(0,\theta))^2\big)$$
であるから $\lambda(z) \approx w(z)\langle\xi\rangle_\gamma^{-1}$ に注意すると命題 11.1.1 より結論を得る. □

13.2 シンボル $T^{-M}\#P\#T^M$ の評価

2 次特性点 $\hat{z}$ の錐近傍 U で $p(x,\xi) = \prod_{j=1}^{m}q_j(x,\xi)$, $q_j(x,\xi) = \xi_1 - \lambda_j(x,\xi')$ と分解するとき $q_1(\hat{z}) = q_2(\hat{z}) = 0$ として一般性を失わない. このとき $q_j(\hat{z}) \neq 0$, $j=3,\ldots,m$ である. $z \in U$ に対して
$$h_{m-1}(z) = \sum_{1\leq \ell_1 < \cdots < \ell_{m-1} \leq m}|q_{\ell_1}(z)|^2\cdots|q_{\ell_{m-1}}(z)|^2$$
$$\geq c|\xi|^{2m-4}\big(|q_1(z)|^2 + |q_2(z)|^2\big)$$
が成立するので $w(z) \geq \gamma$ に注意すると $\gamma \geq \gamma_0$ に対し
$$h_{m-1}(x,\xi-iw(z)\theta)$$
$$= \sum_{1\leq \ell_1<\cdots<\ell_{m-1}\leq m}(w(z)^2+|q_{\ell_1}(z)|^2)\cdots(w(z)^2+|q_{\ell_{m-1}}(z)|^2)$$
$$\geq c\langle\xi\rangle_\gamma^{2m-4}\big(w(z)^2 + q_1(z)^2 + q_2(z)^2\big)$$
が成り立つことに注意しよう. $m_1(x,\xi)$ を
$$m_1(x,\xi) = h_{m-1}(x,\xi-iw(z)\theta)$$
とおく. このとき

補題 13.2.1 正数 $c > 0$ と $\hat{z}$ の錐近傍 U が存在して $z \in U$, $\gamma \geq \gamma_0$ に対して
$$c\,\tau(z)^2 \langle \xi \rangle_\gamma^{2m-4} \leq m_1(x, \xi)$$
が成立する.

［証明］ $w(z) \geq \gamma + a \log \langle \xi \rangle_\gamma$ であるから $c > 0$ があって $\lambda \geq M$ のとき
$$w(z)^2 + |q_1(z)|^2 + |q_2(z)|^2 \geq cM^2 \lambda^{-2} \psi(z)^2$$
が成立することを示せばよい. 補題 12.1.1 より $q_1^2 + q_2^2 \geq c\,t_\gamma(z)^2 |\xi|^2$ であるが, $t_\gamma(z) \neq 0$ なら $|\xi| \geq \gamma$ であるから右辺は $c\,t_\gamma(z)^2 \langle \xi \rangle_\gamma^2 / 2$ で評価されることに注意して
$$t_\gamma(z)^2 \langle \xi \rangle_\gamma^2 + M^2 \phi^{-2} \geq M^2 \lambda^{-2} \big(t_\gamma(z)^2 \langle \xi \rangle_\gamma^2 + \lambda^2 \phi^{-2}\big)$$
$$= M^2 \lambda^{-2} \phi^{-2} \langle \xi \rangle_\gamma^2 \big(t_\gamma(z)^2 \phi^2 + \lambda^2 \langle \xi \rangle_\gamma^{-2}\big)$$
が成り立つ. ここで ϕ は元々の $\hat{\phi} = (t_\gamma(z)^2 + \lambda \langle \xi \rangle_\gamma^{-1})^{1/2}$ を 12.2 節で正則化したものであるが, 補題 12.3.2 より $\phi(z)/C \leq \hat{\phi}(z) \leq C\phi(z)$ が成り立っているので右辺はさらに
$$C^{-2} M^2 \lambda^{-2} \phi^{-2} \langle \xi \rangle_\gamma^2 (t_\gamma(z)^2 \hat{\phi}^2 + \lambda^2 \langle \xi \rangle_\gamma^{-2})$$
$$\geq C^{-2} M^2 \lambda^{-2} \phi^{-2} \langle \xi \rangle_\gamma^2 (t_\gamma(z)^4 + \lambda^2 \langle \xi \rangle_\gamma^{-2}) \geq C^{-2} M^2 \lambda^{-2} \phi^{-2} \hat{\phi}^4 \langle \xi \rangle_\gamma^2 / 2$$
$$\geq C^{-6} M^2 \lambda^{-2} \phi^2 \langle \xi \rangle_\gamma^2 / 2 = C^{-6} M^2 \lambda^{-2} \psi^2 / 2$$
となって結論を得る. □

補題 13.2.2 $\hat{z}$ の錐近傍 U があって $m - j + |\alpha + \beta| \geq 1$, $z \in U$, $\gamma \geq \gamma_0(M, a)$ のとき
$$|P_{j(\beta)}^{(\alpha)}| \leq C_{\alpha\beta} \tau(z)^{-2(m-j) - |\alpha+\beta| + 1} \langle \xi \rangle_\gamma^{m-j+|\beta|} \sqrt{m_1}$$
が成立する.

［証明］ 補題 11.2.1 より $|\alpha + \beta| = 1$ に対し
$$|p_{(\beta)}^{(\alpha)}(z)| \leq C h_{m-1}(z)^{1/2} |\xi|^{|\beta|} \leq C h_{m-1}(x, \xi - iw(z)\theta)^{1/2} \langle \xi \rangle_\gamma^{|\beta|}$$
$$= C \sqrt{m_1} \langle \xi \rangle_\gamma^{|\beta|}$$
が成立する. 補題 13.2.1 より $\langle \xi \rangle_\gamma^{m-2} \leq C \tau^{-1} \sqrt{m_1}$ であるから $\langle \xi \rangle_\gamma^{-1} \leq C \tau(z)^{-1}$ に注意して, $|\alpha + \beta| \geq 2$ のとき
$$|p_{(\beta)}^{(\alpha)}| \leq C_{\alpha\beta} \langle \xi \rangle_\gamma^{m-|\alpha|} \leq C_{\alpha\beta} \langle \xi \rangle_\gamma^{m-2} \langle \xi \rangle_\gamma^{2-|\alpha|} \leq C_{\alpha\beta} \tau^{-1} \sqrt{m_1} \langle \xi \rangle_\gamma^{2-|\alpha|}$$
$$\leq C_{\alpha\beta} \tau \sqrt{m_1} \langle \xi \rangle_\gamma^{|\beta|} \langle \xi \rangle_\gamma^{-(|\alpha+\beta|-2)} \tau^{-2} \leq C_{\alpha\beta} \tau \sqrt{m_1} \langle \xi \rangle_\gamma^{|\beta|} \tau^{-|\alpha+\beta|}$$
(13.2.14)
となって $P_m = p$ に対する結論を得る. 次に P_j, $j < m$ を調べる. まず
$$|P_{j(\beta)}^{(\alpha)}| \leq C_{\alpha\beta} \langle \xi \rangle_\gamma^{j-|\alpha|} \leq C_{\alpha\beta} \langle \xi \rangle_\gamma^{m-2} \langle \xi \rangle_\gamma^{j-m-|\alpha|+2}$$

$$\leq C_{\alpha\beta}\tau^{-1}\sqrt{m_1}\langle\xi\rangle_\gamma^{m-j+|\beta|}\langle\xi\rangle_\gamma^{-2(m-j)-|\alpha+\beta|+2}$$

に注意する．$-2(m-j)-|\alpha+\beta|+2\leq 0$ より $\langle\xi\rangle_\gamma^{-1}\leq C\tau(z)^{-1}$ を利用して望む結果を得る． □

補題 13.2.3 (12.4.49) を仮定する．このとき $\hat{z}$ の錐近傍 U が存在して $z\in U$, $\gamma\geq\gamma_0(M,\lambda,a)$ のとき任意の $\rho,\delta\in\mathbb{N}^n$, $|\rho+\delta|\geq 1$ に対して

$$|P_{T^M(\delta)}^{(\rho)}|\leq C_{\rho\delta}\tau\sqrt{m_1}(\lambda M^{-1})^{|\rho+\delta|}\phi^{-|\delta|}\psi^{-|\rho|}$$

が成り立つ．

[証明] 前節の最初に注意したように

$$P_{T^M}=\sum_{j=0}^m\sum_{|\alpha+\beta|\leq m}P_{j(\beta)}^{(\alpha)}\hat{w}_\alpha^\beta\Big/i^{|\alpha+\beta|}\alpha!\beta!$$

であるから，

$$P_{T^M(\delta)}^{(\rho)}=\sum_{j=0}^m\sum_{|\alpha+\beta|\leq m}\sum\binom{\rho}{\rho'}\binom{\delta}{\delta'}P_{j(\beta+\delta')}^{(\alpha+\rho')}\hat{w}_{\alpha(\delta-\delta')}^{\beta(\rho-\rho')}\Big/i^{|\alpha+\beta|}\alpha!\beta!$$

において，$m-j+|\alpha+\beta+\rho'+\delta'|=0$ かつ $|\rho+\delta|\geq 1$ なら $\hat{w}_{\alpha(\delta-\delta')}^{\beta(\rho-\rho')}=0$ であり，$m-j+|\alpha+\beta+\rho'+\delta'|\geq 1$ のときは補題 13.2.2 および命題 12.5.2 から $\phi(\gamma+a\log\langle\xi\rangle_\gamma)+M=\phi w$ に注意して

$$|P_{T^M(\delta)}^{(\rho)}|\leq\sum\tau^{-2(m-j)-|\alpha+\beta+\rho'+\delta'|+1}\langle\xi\rangle_\gamma^{m-j+|\beta+\delta'|}\sqrt{m_1}$$
$$\times(\phi w)^{|\alpha+\beta|}\phi^{-|\alpha+\delta-\delta'|}\psi^{-|\beta+\rho-\rho'|}$$

が従う．$\phi^{-|\alpha|}\psi^{-|\beta|}=\phi^{-|\alpha+\beta|}\langle\xi\rangle_\gamma^{-|\beta|}$ に注意すると

$$\tau^{-2(m-j)-|\alpha+\beta+\rho'+\delta'|+1}\langle\xi\rangle_\gamma^{m-j+|\beta+\delta'|}(\phi w)^{|\alpha+\beta|}\phi^{|\delta'|}\psi^{|\rho'|}$$
$$=\tau^{-2(m-j)}\langle\xi\rangle_\gamma^{m-j}(w\tau^{-1})^{|\alpha+\beta|}\tau^{-|\rho'+\delta'|+1}\psi^{|\delta'+\delta'|} \tag{13.2.15}$$

が成立する．

$$\begin{cases}\tau^{-2}\langle\xi\rangle_\gamma\leq\lambda M^{-2}, & \psi\tau^{-1}\leq\lambda M^{-1},\\ w\tau^{-1}\leq 1, & 1\leq\lambda M^{-1}\end{cases} \tag{13.2.16}$$

であるから (13.2.15) の右辺は

$$\tau(\lambda M^{-2})^{m-j}(\lambda M^{-1})^{|\rho'+\delta'|}\leq\tau(\lambda M^{-1})^{|\rho+\delta|}$$

で評価され，したがって主張が示された． □

g と共形の g_1 を

$$g_1=(\lambda M^{-1})^2 g$$

で定義すると $(\lambda M^{-1})^4(\phi\psi)^{-2}\leq(\lambda M^{-2})^2\leq 1$ より g_1 は admissible metric である．

系 13.2.1 $|\alpha+\beta|=1$ のとき $P_{T^M(\beta)}^{(\alpha)}$ は U で
$$S(\tau\sqrt{m_1}(\lambda M^{-1})\phi^{-|\beta|}\psi^{-|\alpha|}, g_1)$$
に属する.

補題 13.2.4 $\gamma \geq \gamma_0(M, \lambda, a)$ のとき $P_{T^M} - \tilde{p}(z + iH_\Lambda)$ は U で
$$S((M^{2\kappa-1}\lambda^{-1} + \lambda M^{-2})w\sqrt{m_1}, g_1)$$
に属する.

［証明］ (13.1.4) より
$$\begin{aligned}
&\left(P_{T^M} - \tilde{p}(z+iH_\Lambda)\right)_{(\delta)}^{(\nu)} \\
&= \sum_{1 \leq |\alpha+\beta| \leq m} \binom{\nu}{\nu'}\binom{\delta}{\delta'} p_{(\beta+\delta')}^{(\alpha+\nu')} \rho_{\alpha(\delta-\delta')}^{\beta(\nu-\nu')} \Big/ \alpha!\beta! \\
&\quad + \sum_{j=0}^{m-1} \sum_{|\alpha+\beta|\leq m} \binom{\nu}{\nu'}\binom{\delta}{\delta'} P_{j(\beta+\delta')}^{(\alpha+\nu')} \hat{w}_{\alpha(\delta-\delta')}^{\beta(\nu-\nu')} \Big/ i^{|\alpha+\beta|}\alpha!\beta!
\end{aligned} \qquad (13.2.17)$$

である. $|\alpha+\beta|\geq 1$ に注意して (13.2.17) の右辺第 1 項は補題 13.2.2 と (13.1.3) より
$$\sum_{1\leq |\alpha+\beta|\leq m} \tau^{-|\alpha+\beta+\nu'+\delta'|+1}\langle\xi\rangle_\gamma^{|\beta+\delta'|}\sqrt{m_1}M^{2\kappa-1}\lambda^{-1}$$
$$\times (\phi w)^{|\alpha+\beta|}\phi^{-|\alpha+\delta-\delta'|}\psi^{-|\beta+\nu-\nu'|}$$
と評価される. これはさらに $\psi = \langle\xi\rangle_\gamma \phi$, $w\tau^{-1} \leq 1$ および $|\alpha+\beta|\geq 1$ に注意して
$$\begin{aligned}
&M^{2\kappa-1}\lambda^{-1}\phi^{-|\delta|}\psi^{-|\nu|}(w\tau^{-1})^{|\alpha+\beta|}\tau\sqrt{m_1}\tau^{-|\nu'+\delta'|}\psi^{|\nu'+\delta'|} \\
&\leq C_{\nu\delta}M^{2\kappa-1}\lambda^{-1}w\sqrt{m_1}(\lambda M^{-1})^{|\nu+\delta|}\phi^{-|\delta|}\psi^{-|\nu|}
\end{aligned}$$
で評価される. 次に (13.2.17) の右辺第 2 項を評価する. $m-j \geq 1$ および (13.2.16) に注意して命題 12.5.2 と補題 13.2.2 から第 2 項は
$$\begin{aligned}
&\sum_{j=0}^{m-1} (w\tau^{-1})^{|\alpha+\beta|}\tau\sqrt{m_1}\phi^{-|\delta|}\psi^{-|\nu|}(\tau^{-1}\psi)^{|\delta'+\nu'|}(\tau^{-2}\langle\xi\rangle_\gamma)^{m-j} \\
&\leq C_{\nu\delta}(\lambda M^{-1})^{|\nu+\delta|}\phi^{-|\delta|}\psi^{-|\nu|}\tau^{-1}\langle\xi\rangle_\gamma\sqrt{m_1}
\end{aligned}$$
で評価される. したがって
$$\tau^{-1}\langle\xi\rangle_\gamma \leq \langle\xi\rangle_\gamma(M\lambda^{-1}\psi)^{-1} = \lambda M^{-1}\phi^{-1} \leq \lambda M^{-2}w$$
より望む評価が得られる. □

補題 13.2.5 $\gamma \geq \gamma_0(M, \lambda, a)$ のとき Q は U で $S(\sqrt{m_1}, g_1)$ に属する.

[証明] まず

$$\sum_{j=0}^{m} \frac{\partial}{\partial t}\left(i\frac{\partial}{\partial t}\right)^{j} p(z+tH_{\Lambda})/j!|_{t=0} = \left(\Lambda_{\xi}\frac{\partial}{\partial x} - \Lambda_{x}\frac{\partial}{\partial \xi}\right)\tilde{p}(z+i\zeta)|_{\zeta=H_{\Lambda}}$$

に注意して

$$Q = |\tilde{H}_{\Lambda}|^{-1}\sum_{j=0}^{m}\sum_{|\alpha+\beta|=j}\left(\left(\Lambda_{\xi}\frac{\partial}{\partial x} - \Lambda_{x}\frac{\partial}{\partial \xi}\right)p_{(\beta)}^{(\alpha)}(z)\right)(i\Lambda_{\xi})^{\beta}(-i\Lambda_{x})^{\alpha}/\alpha!\beta!$$

と書くと，その一般項は定数倍を除けば

$$p_{(\beta)}^{(\alpha)}(z)\Lambda_{\xi}^{\beta}\Lambda_{x}^{\alpha}/(\langle\xi\rangle_{\gamma}^{2}|\Lambda_{\xi}|^{2}+|\Lambda_{x}|^{2})^{1/2}, \quad 1 \leq |\alpha+\beta| \leq m+1$$

の形をしている．補題 13.1.3 および補題 12.3.3 より U で

$$\begin{cases} \Lambda_{\xi} \in S(w\langle\xi\rangle_{\gamma}^{-1}, g), \\ \Lambda_{x} \in S(w, g) \end{cases}$$

であり，したがって任意の $s \in \mathbb{R}$ について U で $(\langle\xi\rangle_{\gamma}^{2}|\Lambda_{\xi}|^{2}+|\Lambda_{x}|^{2})^{s/2} \in S(w^{s}, g)$ となり

$$\Lambda_{\xi}^{\beta}\Lambda_{x}^{\alpha}(\langle\xi\rangle_{\gamma}^{2}|\Lambda_{\xi}|^{2}+|\Lambda_{x}|^{2})^{-1/2} \in S((\phi w)^{|\alpha+\beta|}w^{-1}\phi^{-|\alpha|}\psi^{-|\beta|}, g)$$

が成立する．次に $V_{\alpha}^{\beta} = \Lambda_{\xi}^{\beta}\Lambda_{x}^{\alpha}(\langle\xi\rangle_{\gamma}^{2}|\Lambda_{\xi}|^{2}+|\Lambda_{x}|^{2})^{-1/2}$ とおくと

$$\left|\left(\sum_{1\leq|\alpha+\beta|\leq m+1}p_{(\beta)}^{(\alpha)}V_{\alpha}^{\beta}\right)_{(\delta)}^{(\gamma)}\right| \leq C\sum_{1\leq|\alpha+\beta|\leq m+1}\left|p_{(\beta+\delta')}^{(\alpha+\gamma')}V_{\alpha(\delta-\delta')}^{\beta(\gamma-\gamma')}\right|$$

$$\leq C\sum_{1\leq|\alpha+\beta|\leq m+1}\tau^{-|\alpha+\beta+\gamma'+\delta'|+1}\langle\xi\rangle_{\gamma}^{|\beta+\delta'|}\sqrt{m_{1}}$$

$$\times (\phi w)^{|\alpha+\beta|}w^{-1}\phi^{-|\alpha+\delta-\delta'|}\psi^{-|\beta+\gamma-\gamma'|}$$

が成立し，さらにこれは $|\alpha+\beta| \geq 1$ を考慮すると

$$C\sum \phi^{-|\delta|}\psi^{-|\gamma|}(w\tau^{-1})^{|\alpha+\beta|}(\tau^{-1}\psi)^{|\gamma'+\delta'|}(\tau w^{-1})\sqrt{m_{1}}$$

$$\leq C_{\gamma\delta}(\lambda M^{-1})^{|\gamma+\delta|}\sqrt{m_{1}}\phi^{-|\delta|}\psi^{-|\gamma|}$$

と評価される．これより望む評価が得られる． □

13.3 超局所双曲型エネルギー評価

補題 13.3.1 ある $\ell \geq 2$ があって $M \leq \lambda \leq M^{\ell}$ とする．このとき $b(z) > 0$ が g admissible weight なら b は g_{1} admissible weight でもある．

［証明］ $g \leq g_1$ より b が g_1 連続であることは明らか．$g_z^\sigma = (\lambda M^{-1})^2 g_{1z}^\sigma$ であり，b が σ, g 緩増加ゆえ

$$b(w) \leq Cb(z)(1 + g_z^\sigma(w-z))^N \tag{13.3.18}$$

である．$g_z(w-z) \leq c_0$ なら $b(w) \leq Cb(z)$ である．$g_z(w-z) \geq c_0$ なら

$$g_{1z}^\sigma(w-z) = \lambda^{-2} M^2 g_z^\sigma(w-z) \geq M^2 g_z(w-z) \geq c_0 M^2$$

であるから

$$g_z^\sigma(w-z) \leq M^{2\ell} M^{-2} g_{1z}^\sigma(w-z) \leq M^{2\ell-2} g_{1z}^\sigma(w-z) \leq C g_{1z}^\sigma(w-z)^\ell$$

が従う．ここで C は M によらない．ゆえに (13.3.18) とあわせて b は σ, g_1 緩増加である． □

補題 13.3.2 $M \leq \lambda \leq M^\ell$, $\gamma \geq \gamma_0(M)$ とする．このとき $w(z), \tau(z), m_1(z)$ は g_1 admissible weight である．

［証明］ $\phi^{\pm 1}, \psi^{\pm 1}, \log \langle \xi \rangle_\gamma$ は g admissible weight であるから補題 13.3.1 から g_1 admissible weight である．したがって $w(z), \tau(z)$ も g_1 admissible weight である．次に $m_1(z)$ を調べる．

$$m_1(z) = \sum_{1 \leq \ell_1 < \cdots < \ell_{m-1} \leq m} (q_{\ell_1}(z)^2 + w^2) \cdots (q_{\ell_{m-1}}(z)^2 + w^2)$$

であり $\hat{z}$ の近くで $q_j(x, \xi)$ は Lipschitz 連続であるから $|q_j(x+y, \xi+\eta)| \leq |q_j(x,\xi)| + C((|\xi| + |\eta|)|y| + |\eta|)$ が成り立つ．ここで C は $\hat{z}$ にも j にもよらないと仮定してよい．ゆえに

$m_1(x+y, \xi+\eta)$
$\leq C \sum_{j=0}^{m-1} h_j(x, \xi)((|\xi| + |\eta|)^2 |y|^2 + |\eta|^2 + w(x+y, \xi+\eta)^2)^{m-1-j}$

が成立する．ここで

$$h_j(x, \xi) = \sum_{1 \leq \ell_1 < \cdots < \ell_j \leq m} |q_{\ell_1}(z)|^2 \cdots |q_{\ell_j}(z)|^2 \leq C \langle \xi \rangle_\gamma^{2j}$$

である．補題 13.2.1 より $j \leq m-2$ について $m_1 \geq c \langle \xi \rangle_\gamma^{2m-4} \tau^2 \geq c' \langle \xi \rangle_\gamma^{2j} \tau^{2m-2j-2}$ であり，したがって $\tau^{2m-2j-2} h_j(x, \xi) \leq Cm_1$ が成り立つ．これより $j \leq m-1$ について

$$h_j(z)/m_1(z) \leq C\tau(z)^{-2(m-j-1)}$$

である．ゆえに $\tau^{-1} \leq w^{-1}$ に注意して

$m_1(x+y, \xi+\eta)/m_1(x, \xi)$

$$\le C \sum_{j=0}^{m-1} \tau(x,\xi)^{-2(m-j-1)}(((|\xi|^2+|\eta|^2)|y|^2+|\eta|^2+w(x+y,\xi+\eta)^2)^{m-1-j}$$

$$\le C \sum_{j=0}^{m-1} ((|\xi|^2|y|^2+|\eta|^2|y|^2+|\eta|^2)\tau(x,\xi)^{-2}+w(x+y,\xi+\eta)^2 w(x,\xi)^{-2})^{m-1-j}$$

を得る.

$$g_{1z}(w) = (\lambda M^{-1})^2(\phi^{-2}(z)|y|^2+\psi(z)^{-2}|\eta|^2),$$
$$\tau^{-1} \le (\lambda M^{-1})\psi^{-1} = (\lambda M^{-1})\langle\xi\rangle_\gamma^{-1}\phi^{-1}$$

より $|\eta|^2\tau^{-2} \le g_{1z}(w)$, $\langle\xi\rangle_\gamma^2|y|^2\tau^{-2} \le g_{1z}(w)$ が従う. したがって

$$m_1(x+y,\xi+\eta)/m_1(x,\xi)$$
$$\le C \sum_{j=0}^{m-1}(g_{1(x,\xi)}(y,\eta)+|\eta|^2|y|^2\tau^{-2}+w(x+y,\xi+\eta)^2 w(x,\xi)^{-2})^{m-1-j}$$

$$(13.3.19)$$

が成立する. まず m_1 が g_1 連続であることをみよう. $g_1 \le c_0$ ならば $|y| \le c_0^{1/2}M\lambda^{-1}\phi \le C$ かつ $|\eta| \le c_0^{1/2}M\lambda^{-1}\psi \le c_0^{1/2}\tau$ であるから, w が g_1 連続であることに注意すると (13.3.19) より

$$m_1(x+y,\xi+\eta)/m_1(x,\xi) \le C$$

が従う. したがって m_1 は g_1 連続である. 次に $|y|^2 \le (\lambda M^{-1})^2\psi^{-2}g_1^\sigma$, $|\eta|^2 \le (\lambda M^{-1})^2\phi^{-2}g_1^\sigma$ および $\lambda^{-1}M\psi \le \tau$, $\lambda \le \phi\psi$, $\lambda \le \lambda^{1/2}\gamma^{1/2} \le \psi$ より

$$|\eta|^2|y|^2\tau^{-2} \le (\lambda M^{-1})^4(\phi\psi)^{-2}(g_{1z}^\sigma)^2\tau^{-2}$$
$$\le (\lambda M^{-1})^4\lambda^{-2}(\lambda M^{-1}\psi^{-1})^2(g_{1z}^\sigma)^2 \le (\lambda M^{-3})^2(g_{1z}^\sigma)^2 \le (g_{1z}^\sigma)^2$$

が従う. $g_{1z} \le g_{1z}^\sigma$ であり w は σ,g_1 緩増加ゆえ (13.3.19) より m_1 は σ,g_1 緩増加である. すなわち m_1 は g_1 admissible weight である. □

$\tilde\chi \in C^\infty(\mathbb{R}^n \times (\mathbb{R}^n \setminus \{0\}))$ は ξ について 0 次斉次で $\operatorname{supp}\tilde\chi \subset U$ を満たし $\hat z$ のある錐近傍では 1 とする. $\chi_0(r) \in C_0^\infty(\mathbb{R})$ を $|r| \le 1$ で 1, $|r| \ge 2$ で 0 を満たすものとし $\tilde\chi(x,\xi)(1-\chi_0(|\xi|/\mu\gamma))$ を χ で表すことにする. ここで $0 < \mu < 1$ は十分小さな正数とする. $\chi \in S(1,g_0)$ は明らかである. $g_1 = (\lambda M^{-1})^2\phi^{-2}g_0$ であるから命題 9.3.2 より g_1,g_0 は (9.3.19) を満たす. また $g_1/g_1^\sigma \le (\lambda M^{-1})^4(\phi\psi)^{-2} \le (\lambda M^{-2})^2 \le 1$ であるから

$$H \le \langle\xi\rangle_\gamma^{-1/2}$$

である. $P_{T^M} \in S(\langle\xi\rangle_\gamma^m,g)$ であるから定理 9.3.2 を g と g_0 について適用すると

$$P_{T^M} \# \chi - \left(P_{T^M} \chi + \sum_{|\alpha+\beta|<N} \frac{(-1)^{|\beta|}}{(2i)^{|\alpha+\beta|}\alpha!\beta!} (P_{T^M})^{(\alpha)}_{(\beta)} \chi^{(\beta)}_{(\alpha)} \right) \tag{13.3.20}$$
$$= P_{T^M} \# \chi - (P_{T^M} \chi + R_{1N}) \in S(\langle \xi \rangle_\gamma^{m-N/2}, g)$$

を得る. 系 13.2.1 より U で $R_{1N} \in S(\tau\sqrt{m_1}(\lambda M^{-1})\psi^{-1}, g_1)$ であり R_{1N} の台は χ の台に含まれる. 同様にして U で $R_{2N} \in S(\sqrt{m_1}(\lambda M^{-1})\psi^{-1}, g_1)$ でその台が χ の台に含まれるものが存在して

$$Q \# \chi - (Q\chi + R_{2N}) \in S(\langle \xi \rangle_\gamma^{m-N/2}, g) \tag{13.3.21}$$

が成立する. $\chi \# P_{T^M}$, $\chi \# Q$ についても同様である. さて

$$\chi \# S \# \chi = \frac{1}{2i}(\chi \# \bar{Q} \# P_{T^M} \# \chi - \chi \# \overline{P_{T^M}} \# Q \# \chi)$$
$$= \frac{1}{2i}((\chi \# \bar{Q}) \# (P_{T^M} \# \chi) - (\chi \# \overline{P_{T^M}}) \# (Q \# \chi))$$

を考えよう. (13.3.20), (13.3.21) より任意の $\ell \in \mathbb{N}$ について

$$\chi \# S \# \chi - \frac{1}{2i}(P_{T^M} \bar{Q} - \overline{P_{T^M}} Q)\chi^2 - R_\ell \in S(\langle \xi \rangle_\gamma^{-\ell}, g)$$

と書ける. ここで R_ℓ は U で $S(\tau m_1 (\lambda M^{-1})^2 \psi^{-1}, g_1)$ でその台は χ の台に含まれる. $\lambda \tau \psi^{-1} \leq C \lambda \tau (\phi \psi)^{-1} \leq C w$ が成り立つので

$$w_1 = w m_1 \tag{13.3.22}$$

と定義すると R_ℓ は U で $S(w_1(\lambda M^{-2}), g_1)$ である. 補題 13.2.4 と補題 13.2.5 より

$$\chi^2 (\mathsf{Im}\,(P_{T^M} \bar{Q}) - S_0) \in S((M^{2\kappa-1}\lambda^{-1} + \lambda M^{-2})w_1, g_1)$$

であるから

$$\chi \# S \# \chi - (S_0 \chi^2 + r_\ell) \in S(\langle \xi \rangle_\gamma^{-\ell}, g) \tag{13.3.23}$$

が従う. ここで r_ℓ は U で $S((M^{2\kappa-1}\lambda^{-1} + \lambda M^{-2})w_1, g_1)$ で台は χ の台に含まれる.

S_0 の $\hat{z}$ の周りだけの性質を利用するために十分小さな $0 < \delta < 1/2$ について, $\chi_2 \in C_0^\infty(\mathbb{R})$ を $|t| \leq \delta$ で 1 また $|t| \geq 2\delta$ では 0 として

$$\begin{cases} X(x) = \chi_2(|x - \hat{x}|)(x - \hat{x}) + \hat{x}, \\ \Xi(\xi) = \chi_2(|\xi \langle \xi \rangle_\gamma^{-1} - \hat{\xi}|)(\xi - \langle \xi \rangle_\gamma \hat{\xi}) + \langle \xi \rangle_\gamma \hat{\xi} \end{cases}$$

を考える. $U_1 = \{(x, \xi) \mid |x - \hat{x}| < \delta, |\xi \langle \xi \rangle_\gamma^{-1} - \hat{\xi}| < \delta\}$ とすると

$$(x, \xi) \in U_1 \Longrightarrow (X(x), \Xi(\xi)) = (x, \xi)$$

は明らかで, また $\nu > 0$ を大に選ぶと $|\xi| \geq \nu\gamma$ のとき任意の $(x, \xi) \in \mathbb{R}^{2n}$ について $(X(x), \Xi(\xi)) \in U$ である.

補題 13.3.3 g を admissible metric とし $\tilde{g}_{(x,\xi)} = g_{(X(x),\Xi(\xi))}$ とする. このとき $\tilde{g}$ は admissible metric である. $m(z)$ が g admissible weight のとき $m(X(x), \Xi(\xi))$ は $\tilde{g}$ admissible weight である.

[証明] 定義より γ によらない正数 $B > 0$ があって任意の $x \in \mathbb{R}^n$, 任意の $\xi \in \mathbb{R}^n$ および任意の $|\alpha| = 1$ について $|\partial_x^\alpha X(x)|, |\partial_\xi^\alpha \Xi(\xi)| \leq B$ が成り立つ. したがって $(X(x), \Xi(\xi)) = (\bar{x}, \bar{\xi})$, $(X(x+y), \Xi(\xi+\eta)) = (\bar{x}+\bar{y}, \bar{\xi}+\bar{\eta})$ と書くと $|\bar{y}| \leq B|y|$, $|\bar{\eta}| \leq B|\eta|$ が成り立つ. $g_{(\bar{x},\bar{\xi})}(y,\eta) < B^{-2}c$ とすると $g_{(\bar{x},\bar{\xi})}(\bar{y},\bar{\eta}) < c$ より

$$g_{(\bar{x},\bar{\xi})}(T)/C \leq g_{(\bar{x}+\bar{y},\bar{\xi}+\bar{\eta})}(T) \leq C g_{(\bar{x},\bar{\xi})}(T), \quad T \in \mathbb{R}^{2n}$$

となって $\tilde{g}$ は slowly varying である. 同様に $g^\sigma_{(\bar{x},\bar{\xi})}(\bar{y},\bar{\eta}) \leq B^2 g^\sigma_{(\bar{x},\bar{\xi})}(y,\eta)$ に注意すると $\tilde{g}$ が σ 緩増加であることは容易に分かる. したがって $\tilde{g}$ は admissible metric である. 次に m を g admissible weight としよう. $g_{(\bar{x},\bar{\xi})}(y,\eta) < B^{-2}c$ のとき $m(\bar{x},\bar{\xi})/C \leq m(\bar{x}+\bar{y},\bar{\xi}+\bar{\eta}) \leq Cm(\bar{x},\bar{\xi})$ は明らかである. 最後に $\sigma, \tilde{g}$ 緩増加を示すには

$$m(\bar{x}+\bar{y},\bar{\xi}+\bar{\eta}) \leq Cm(\bar{x},\bar{\xi})\big(1 + g^\sigma_{(\bar{x},\bar{\xi})}(y,\eta)\big)^N$$

の成立することを示せばよいが $g^\sigma_{(\bar{x},\bar{\xi})}(\bar{y},\bar{\eta}) \leq B^2 g^\sigma_{(\bar{x},\bar{\xi})}(y,\eta)$ から直ちに従う. □

さて

$$\tilde{g}_{1(x,\xi)} = g_{1(X(x),\Xi(\xi))}, \quad \tilde{w}_1(z) = w_1(X(x), \Xi(\xi))$$

とおこう. 補題 13.3.3 より $\tilde{w}_1^{\pm 1/2}$ は $\tilde{g}_1$ admissible weight である.

補題 13.3.4 $a(x,\xi)$ が U で $S(m, g_1)$ なら $\tilde{a}(x,\xi) = a(X(x), \Xi(\xi))$, $\tilde{m}(x,\xi) = m(X(x), \Xi(\xi))$ とするとき $\tilde{a} \in S(\tilde{m}, \tilde{g}_1)$ である. 特に $a(x,\xi)$ が U で $S(m, g_1)$ で $\mathrm{supp}\, a \subset U_1$ ならば $a(x,\xi) \in S(\tilde{m}, \tilde{g}_1)$ である.

[証明] $|\partial_\xi^\alpha \Xi(\xi)| \leq C_\alpha \langle \xi \rangle_\gamma^{1-|\alpha|}, |\partial_x^\beta X(x)| \leq C_\beta$ および

$$\langle \xi \rangle_\gamma^{-1} \leq C \langle \Xi(\xi) \rangle^{-1} \leq C_1 \psi^{-1}(X(x), \Xi(\xi)), \quad 1 \leq C_1 \phi^{-1}(X(x), \Xi(\xi))$$

に注意すると主張は合成関数の微分に関する連鎖率から容易に従う. □

$E(z)$ を

$$E(z) = S_0(X(x), \Xi(\xi))^{1/2}$$

で定義すると補題 13.3.3 より $E^{\pm 1} \in S(\tilde{w}_1^{\pm 1/2}, \tilde{g}_1)$ である. ここで次のことに注意しよう.

補題 13.3.5 $a \in S(\langle \Xi(\xi) \rangle_\gamma^s, \tilde{g}_1)$ とすると $a \in S(\langle \xi \rangle_\gamma^s, \langle \xi \rangle_\gamma g_0)$ である.

[証明] まず $g_1 = (\lambda M^{-1})\phi^{-2} g_0 \leq \langle \xi \rangle_\gamma g_0$ は明らかである. 次に $|\Xi(\xi) - \langle \xi \rangle_\gamma \hat{\xi}| \leq 2\delta \langle \xi \rangle_\gamma$ で, $2\delta < 1$ より $C > 0$ が存在して

$$\langle \xi \rangle_\gamma / C \leq \langle \Xi(\xi) \rangle_\gamma \leq C \langle \xi \rangle_\gamma \tag{13.3.24}$$

が成り立つので, 同様にして $\tilde{g}_1 \leq C \langle \xi \rangle_\gamma g_0$ が従う. したがって結論を得る. □

$\langle \xi \rangle_\gamma g_0$ は admissible metric であることを注意しておこう。補題 13.3.4 より (13.3.23) の r_ℓ は $r_\ell \in S((M^{2\kappa-1}\lambda^{-1} + \lambda M^{-2})\tilde{w}_1, \tilde{g}_1)$ であるから (13.3.23) より

$$E^{-1}\#\chi\#S\#\chi\#E^{-1} = \chi\#\chi + \tilde{S}_1 + \tilde{R}_\ell$$

となる。ここで $\tilde{S}_1 \in S((M^{2\kappa-1}\lambda^{-1} + \lambda M^{-2}), \tilde{g}_1)$, $\tilde{R}_\ell \in S(\langle\xi\rangle_\gamma^{-\ell}, \langle\xi\rangle_\gamma g_0)$ である。$\|\tilde{R}_\ell u\| \leq C_\ell \gamma^{-\ell}\|u\|$ より $M^{2\kappa-1}\lambda^{-1} + \lambda M^{-2}$ を十分小さく、また $\ell = 1$ と選び γ を大にとると

$$(S\chi E^{-1}u, \chi E^{-1}u) \geq \|\chi u\|^2 - C(M^{2\kappa-1}\lambda^{-1} + \lambda M^{-2})\|u\|^2 - C\gamma^{-1}\|u\|^2$$
$$\geq \|u\|^2/4 - \|(1-\chi)u\|^2$$

が成り立つ。$\tilde{g}_1/\tilde{g}_1^\sigma \leq (\lambda M^{-2})^2$ より

$$E^{-1}\#E - 1 = R \in S(\lambda M^{-2}, \tilde{g}_1)$$

であり、$\lambda M^{-2} \leq \lambda^{-\tilde{\delta}/(2-\tilde{\delta})}$ に注意すると λ が十分大ならば $1 + R$ の逆が $L^2(\mathbb{R}^n)$ で存在するが、定理 9.4.4 によれば $K \in S(1, \tilde{g}_1)$ が存在しこの逆は $K(x, D)$ で与えられる。したがって $\tilde{E} = E\#K \in S(\tilde{w}_1^{1/2}, \tilde{g}_1)$ とおくと $E^{-1}\#\tilde{E} = 1$ である。$\tau \geq M\lambda^{-1}\langle\xi\rangle_\gamma\phi$, $w \geq M\phi^{-1}$ に注意すると補題 13.2.1 より $z \in U$ のとき

$$C\langle\xi\rangle_\gamma^{2m-1} \geq w_1 = wm_1 \geq c\langle\xi\rangle_\gamma^{2m-4}\tau^2 w \geq cM^3\lambda^{-2}\phi\langle\xi\rangle_\gamma^{2m-2}$$
$$\geq c(M^2\lambda^{-1})^{3/2}\langle\xi\rangle_\gamma^{2m-5/2} \geq c\langle\xi\rangle_\gamma^{2m-5/2}$$

である。したがって $\langle\Xi(\xi)\rangle_\gamma \approx \langle\xi\rangle_\gamma$ に注意すると

$$C^{-1}\langle\xi\rangle_\gamma^{m-5/4} \leq \tilde{w}_1^{1/2} \leq C\langle\xi\rangle_\gamma^{m-1/2}$$

が成立し、$\langle\xi\rangle_\gamma^{m-5/4}\#E^{-1} \in S(1, \langle\xi\rangle_\gamma g_0)$, $\tilde{E}\#\langle\xi\rangle_\gamma^{-(m-1/2)} \in S(1, \langle\xi\rangle_\gamma g_0)$ であるから、$\langle\xi\rangle_\gamma^{m-5/4} = (\langle\xi\rangle_\gamma^{m-5/4}\#E^{-1})\#\tilde{E}$, $\tilde{E} = (\tilde{E}\#\langle\xi\rangle_\gamma^{-(m-1/2)})\#\langle\xi\rangle_\gamma^{m-1/2}$ と書いて $C^{-1}\|\langle D\rangle_\gamma^{m-5/4}v\| \leq \|\tilde{E}v\| \leq C\|\langle D\rangle_\gamma^{m-1/2}v\|$ を得る。$u = \tilde{E}v$ とおくと $E^{-1}u = v$ より $(S\chi v, \chi v) \geq \|\tilde{E}v\|^2/4 - \|(1-\chi)\tilde{E}v\|^2$ であり、$(1-\chi)\tilde{E} = \tilde{E}(1-\chi) - [\chi, \tilde{E}]$ および $[\chi, \tilde{E}]E^{-1} \in S(\lambda M^{-2}, \tilde{g}_1)$ に注意すると $\|[\chi, \tilde{E}]v\| = \|[\chi, \tilde{E}]E^{-1}\tilde{E}v\| \leq C\lambda M^{-2}\|\tilde{E}v\|$ から

$$\begin{aligned}(S\chi v, \chi v) &\geq \|\tilde{E}v\|^2/4 - \|\tilde{E}(1-\chi)v\|^2 - \|[\chi,\tilde{E}]v\|^2 \\ &\geq \|\tilde{E}v\|^2/8 + c\|\langle D\rangle_\gamma^{m-5/4}v\|^2 - C\|\langle D\rangle_\gamma^{m-1/2}(1-\chi)v\|^2\end{aligned} \quad (13.3.25)$$

が成り立つ。最後に超局所双曲型エネルギー評価を導こう.

$$2(S\chi v, \chi v) = 2\mathsf{Im}\,(P_{T^M}\chi v, Q\chi v) \leq 2\|P_{T^M}\chi v\|\|Q\chi v\|$$
$$\leq \gamma^{-1/2}\|P_{T^M}\chi v\|^2 + \gamma^{1/2}\|Q\chi v\|^2$$

から始める。13.1 節で述べたようにここで実際には P_{T^M} の代わりに $P_{T^M} + r$ を考える必要があるが、(13.1.2) の評価より $\|r\chi v\|^2$ は (13.3.25) の右辺第 2 項に吸収され

る. (13.3.20) と同様に考えると補題 13.2.5 および補題 13.3.4 より $Q\#\chi = \tilde{Q} + r$ と書ける. ここで $\tilde{Q} \in S(\tilde{m}_1^{1/2}, \tilde{g}_1)$, $r \in S(\langle\xi\rangle_\gamma^{m-3/2}, g)$ である. $\tilde{Q} = \tilde{Q}\#E^{-1}\#\tilde{E}$ と書くと $\tilde{Q}\#E^{-1} \in S(\tilde{m}_1^{1/2}\tilde{w}_1^{-1/2}, \tilde{g}_1)$ であるが, $\tilde{m}_1^{1/2}\tilde{w}_1^{-1/2} = \tilde{w}^{-1/2} \leq \gamma^{-1/2}$ であるから $\|\tilde{Q}v\|^2 \leq C\gamma^{-1}\|\tilde{E}v\|^2$ が成り立つ. 同様にして系 13.2.1 と補題 13.3.4 より $P_{T^M}\#\chi = \chi\#P_{T^M} + \tilde{P} + r$ と書ける. ここで $\tilde{P} \in S(\tilde{\tau}\tilde{m}_1^{1/2}(\lambda M^{-1})\tilde{\psi}^{-1}, \tilde{g}_1)$, $r \in S(\langle\xi\rangle_\gamma^{m-3/2}, g)$ である. また $\tilde{\tau} = \tau(X(x), \Xi(\xi))$, $\tilde{\psi} = \psi(X(x), \Xi(\xi))$ である. $\tau m_1^{1/2}\psi^{-1} \leq C\lambda^{-1}w_1^{1/2}$ に注意すると $\tilde{P} = \tilde{P}\#E^{-1}\#\tilde{E}$ と書いて $\|\tilde{P}v\| \leq \|\tilde{E}v\|$ が成立するので, (13.3.25) から $c > 0$ が存在して

$$\gamma^{-1/2}\|\chi P_{T^M}v\|^2 \geq c(\|\tilde{E}v\|^2 + \|\langle D\rangle_\gamma^{m-5/4}v\|^2) - C\|\langle D\rangle_\gamma^m(1-\chi)v\|^2 \quad (13.3.26)$$

が従う. 再び (13.3.20) と同様に

$$P_{T^M}\#\langle\xi\rangle_\gamma^t = \langle\xi\rangle_\gamma^t\#P_{T^M} + \Bigg(\sum_{1\leq|\alpha|<3}\frac{(-1)^{|\alpha|}}{(2i)^{|\alpha|}\alpha!}(P_{T^M})_{(\alpha)}(\langle\xi\rangle_\gamma^t)^{(\alpha)}$$
$$-\frac{1}{(2i)^{|\alpha|}\alpha!}(\langle\xi\rangle_\gamma^t)^{(\alpha)}(P_{T^M})_{(\alpha)}\Bigg) + R = \tilde{P} + R$$

と書くと $\tilde{P}$ は系 13.2.1 より U で $S(\tau\sqrt{m_1}(\lambda M^{-1})\psi^{-1}\langle\xi\rangle_\gamma^t, g_1)$ で, また $R \in S(\langle\xi\rangle_\gamma^{m-3/2+t}, g)$ である. したがって補題 13.3.4 より $\chi\#\tilde{P} = \hat{P} + r$ と書ける. ここで $r \in S(\langle\xi\rangle_\gamma^{m-3/2+t}, g)$ および $\hat{P} \in S(\tilde{\tau}\tilde{m}_1^{1/2}(\lambda M^{-1})\tilde{\psi}^{-1}\langle\xi\rangle_\gamma^t, \tilde{g}_1)$ である. 上と同じ議論を繰り返し

$$\|\chi P_{T^M}\langle D\rangle_\gamma^t v\| \leq \|\chi\langle D\rangle_\gamma^t P_{T^M}v\| + C\|\tilde{E}\langle D\rangle_\gamma^t v\| + C\gamma^{-1/4}\|\langle D\rangle_\gamma^{m-5/4+t}v\|$$

が成立するので (13.3.26) で v を $\langle D\rangle_\gamma^t v$ で置き換えて

$$\gamma^{-1/2}\|\chi\langle D\rangle_\gamma^t P_{T^M}v\|^2 \geq c\|\langle D\rangle_\gamma^{m-5/4+t}v\|^2 - C\|\langle D\rangle_\gamma^m(1-\chi)\langle D\rangle_\gamma^t v\|^2 \quad (13.3.27)$$

を得る. 補題 12.4.10 より $T^M\#K_M = 1$ なる $K_M \in S(T^{-M}, g)$ が存在する. $S(T^{\pm M}, g) \subset S(\langle\xi\rangle_\gamma^{M/2}, g)$ であるから $v = K_M u$ とおくと

$$\|\langle D\rangle_\gamma^{-M/2+m-5/4+t}u\| \leq C_M\|\langle D\rangle_\gamma^{m-5/4+t}v\|$$

が従う. $\tilde{\chi}_1 \in C^\infty(\mathbb{R}^n \times (\mathbb{R}^n \setminus \{0\}))$ を ξ について 0 次斉次で, $\mathrm{supp}\,\tilde{\chi}_1 \subset \{\tilde{\chi} = 1\}$ を満たし, $\hat{z}$ のある錐近傍では 1 とする. $\tilde{\chi}_1(x,\xi)(1-\chi_0(|\xi|/2\mu\gamma))$ を χ_1 で表すことにする. このとき $(1-\chi)\chi_1 = 0$ に注意すると

$$\|\langle D\rangle_\gamma^m(1-\chi)\langle D\rangle_\gamma^t K_M u\|$$
$$\leq C_M\|\langle D\rangle_\gamma^{m+t+M/2}(1-\chi_1)u\| + C_M\gamma^{-1}\|\langle D\rangle_\gamma^{-M/2+m-5/4+t}u\| \quad (13.3.28)$$

は容易である. また $P_{T^M}K_M u = T^{-M}\mathrm{Op}(\langle\xi\rangle_\gamma^{-a\rho})P_{\gamma\zeta}\mathrm{Op}(\langle\xi\rangle_\gamma^{a\rho})u$ であるから

$$\|\chi\langle D\rangle_\gamma^t P_{T^M}K_M u\| \leq C_M\|\langle D\rangle_\gamma^{M/2+t}\mathrm{Op}(\langle\xi\rangle_\gamma^{-a\rho})P_{\gamma\zeta}\mathrm{Op}(\langle\xi\rangle_\gamma^{a\rho})u\|$$

は明らかで, γ を十分大に選ぶと (13.3.27), (13.3.28) より

$$\|\langle D\rangle_\gamma^{-M/2+m-5/4+t}u\|$$
$$\leq C_M\big(\|\langle D\rangle_\gamma^{M/2+t}\mathrm{Op}(\langle\xi\rangle_\gamma^{-a\rho})P_{\gamma\zeta}\mathrm{Op}(\langle\xi\rangle_\gamma^{a\rho})u\|+\|\langle D\rangle_\gamma^{m+t+M/2}(1-\chi_1)u\|\big)$$

が成り立つ．連続性によりこの評価は任意の $u\in\mathcal{S}(\mathbb{R}^n)$ について成立する．これは定義 10.3.1 で定義した超局所双曲型エネルギー評価である．以上で定理 10.4.1 の証明が終わる．

第14章 Ivrii-Petkov-Hörmander 条件

この章では，初期値問題が C^∞ 適切であるためには非実効的双曲型特性点で Ivrii-Petkov-Hörmander 条件の成立することが必要であることの証明を与える．最初の節では条件の意味が容易に理解できるような簡単な例をとりあげ厳密解の族を利用して条件の必要性を証明する．一般の場合の証明は 1.2 節の Lax-Mizohata の定理の証明と同様，因果律を表現する不等式に矛盾する漸近解の族を構成することによるが，Ivrii-Petkov-Hörmander 条件は Hamilton 写像の純虚数固有値の絶対値の和と副主表象の実部との量的関係を規定するものであり，この量的関係をどのようにして漸近解の構成に反映させるかが問題となる．

この章では微分作用素のみを扱うのでシンボル $A(x,\xi)$ は常に ξ の多項式であり微分作用素の取扱いに便利な 0–量子化を用いる．したがって $A(x,D)$ は $\mathrm{Op}^0(A(x,\xi))$ を表すものとする．

14.1 簡単な例

Ivrii-Petkov-Hörmander 条件の証明に入る前に簡単な例についてその意味をみておく．

$$P = -D_0^2 + a(x_1^2 D_n^2 + D_1^2) + bD_n \tag{14.1.1}$$

を考えよう．ここで a は正数で b は一般に複素数とする．主シンボルは

$$p(x,\xi) = -\xi_0^2 + a(x_1^2\xi_n^2 + \xi_1^2)$$

で与えられ，$\Sigma = \{(x,\xi) \mid x_1 = 0, \xi_0 = 0, \xi_1 = 0, \xi_n \neq 0\}$ は p の 2 次特性集合で，$\rho \in \Sigma$, $\xi_n > 0$ のとき

$$\mathrm{Tr}^+ F_p(\rho) = a\xi_n$$

は容易に確かめられる．$P_{sub}(\rho) = b\xi_n$ であるから Ivrii-Petkov-Hörmander 条件は b が実数でかつ $-a\xi_n \leq b\xi_n \leq a\xi_n$ を満たすこと，すなわち

$$b \in \mathbb{R}, \quad -a \leq b \leq a \tag{14.1.2}$$

234

となる．

命題 14.1.1 P に対する初期値問題が原点の近傍で C^∞ 適切ならば
$$b \in \mathbb{R}, \quad a+b \geq 0$$
が成立する．

今この命題が示されたとする．$x_n \to -x_n$ とした座標系でも初期値問題は C^∞ 適切であるから，命題を $P = -D_0^2 + a(x_1^2 D_n^2 + D_1^2) - bD_n$ に適用することによって $a - b \geq 0$ も必要であることが分かり (14.1.2) の必要性が従う．

［命題 14.1.1 の証明］ 原点の近傍 U が存在して次の初期値問題が任意の $\phi(x_1)$, $\theta(x_n) \in C_0^\infty(\mathbb{R}), \psi(x'') \in C_0^\infty(\mathbb{R}^{n-2}), x'' = (x_2, \ldots, x_{n-1})$ に対して解 $v \in C^2(U)$ をもつとしよう．

$$\begin{cases} Pv = 0 \text{ in } U, \\ v(0, x') = 0, \\ D_0 v(0, x') = \bar{\phi}(x_1)\bar{\psi}(x'')\bar{\theta}(x_n). \end{cases} \quad (14.1.3)$$

ここで $\bar{\phi}$ は ϕ の複素共役である．P は多項式係数であるから
$$D_\delta = \{x \in \mathbb{R}^{n+1} | |x_0| + |x'|^2 < \delta\}$$
とおくと Holmgren の定理[*1)] より

命題 14.1.2 正の $\epsilon_0 > 0$ が存在して $v \in C^2(D_\epsilon), 0 < \epsilon < \epsilon_0$ が
$$\begin{cases} Pv = 0 \text{ in } D_\epsilon, \\ D_0^j v(0, x') = 0, \; j = 0, 1, \; x' \in D_\epsilon \cap \{x_0 = 0\} \end{cases}$$
を満たせば D_ϵ で $v = 0$ である．

この命題より (14.1.3) の解 v に対して，$\phi(x_1)\psi(x'')\theta(x_n)$ の台が十分小さく $U \cap \{x_0 = 0\}$ に含まれているとすれば，$T > 0$ を十分小に選べば $r > 0$ が存在して $0 \leq x_0 \leq T, |x'| \geq r$ で $v(x) = 0$ と仮定してよい．

次に $Pu = 0$ の特殊解を探すために (14.1.1) を (x_0, x_n) に関して Fourier 変換すると
$$\left(-\frac{d^2}{dx_1^2} + x_1^2 \xi_n^2\right) w(x_1) = \frac{1}{a}(\xi_0^2 - b\xi_n)w(x_1)$$
を考えることになる．以下 $\xi_n > 0$ とする．$v(x_1) = w(\xi_n^{-1/2} x_1)$ とおくと $v(x_1)$ は
$$-\frac{d^2}{dx_1^2} v + x_1^2 v = a^{-1}(\xi_0^2 \xi_n^{-1} - b) v$$
を満たす．$L^2(\mathbb{R})$ で固有値問題 $-d^2 v/dx_1^2 + x_1^2 v = \lambda v$ を考えると最小固有値は 1 で

[*1)] [24] の第 4 章参照．

固有関数の 1 つは $e^{-x_1^2/2}$ である．$a^{-1}(\xi_0^2 \xi_n^{-1} - b) = 1$ を解くと
$$\xi_0^2 = (a+b)\xi_n$$
を得る．命題の条件が満たされていないと仮定する．すなわち $\text{Im}(a+b) \neq 0$ または $a+b < 0$ を仮定する．いずれの場合でも
$$\text{Im}\,\zeta \neq 0, \quad \zeta^2 = (a+b)\xi_n$$
を満たす ζ が存在する．どちらでも議論に差はないので $\text{Im}\,\zeta < 0$ としよう．$\xi_n = \lambda^2$，$\lambda > 0$ とおき $T > 0$ として
$$U_\lambda(x) = e^{i\lambda^2 x_n + i\zeta\lambda(T-x_0)} e^{-\lambda^2 x_1^2/2}$$
と定義すると明らかに $PU_\lambda = 0$ である．このとき $(\cdot, \cdot)$ を $L^2(\mathbb{R}^n)$ 内積として
$$0 = \int_0^T (PU_\lambda, v) dx_0$$
$$= \int_0^T (U_\lambda, Pv) dx_0 + i\sum_{j=0}^1 (D_0^{1-j} U_\lambda(T), D_0^j v(T)) - i(U_\lambda(0), D_0 v(0))$$
から
$$\sum_{j=0}^1 (D_0^{1-j} U_\lambda(T), D_0^j v(T)) = (U_\lambda(0), D_0 v(0)) \tag{14.1.4}$$
が従う．U_λ の形から (14.1.4) の左辺は $\lambda \to \infty$ のとき明らかに $O(\lambda)$ である．一方右辺は
$$e^{i\zeta\lambda T} \int_0^T e^{i\lambda^2 x_n - \lambda^2 x_1^2/2} \phi(x_1) \psi(x'') \theta(x_n) dx_1 dx'' dx_n$$
$$= \lambda^{-1} e^{i\zeta\lambda T} \hat{\theta}(\lambda^2) \Big(\int \psi(x'') dx''\Big) \int e^{-x_1^2/2} \phi(\lambda^{-1} x_1) dx_1$$
である．ここで $\hat{\theta}$ は θ の Fourier 変換である．ϕ と ψ は $\phi(0) \neq 0$, $\int \psi(x'') dx'' \neq 0$ と選ぼう．次に θ を選ぶ．まず $\beta \in C_0^\infty(\mathbb{R})$ を $\int \beta(s) ds \neq 0$ なる関数とし α を $\alpha(t) = \int \beta(t+s) \bar{\beta}(s) ds$ で定義する．
$$\hat{\alpha}(\eta) = |\hat{\beta}(\eta)|^2 \geq 0, \quad \hat{\alpha}(0) = \left|\int \beta(s) ds\right|^2 > 0$$
に注意しよう．さらに $0 < \nu < 1$, $c > 0$ を適当に選んで $\theta(s)$ を
$$\theta(s) = \sum_{k=1}^\infty e^{-ck^\nu} e^{isk^2} \alpha(s)$$
で定義する．このとき $\theta(s) \in C_0^\infty(\mathbb{R})$ は明らかである．さらに
$$\hat{\theta}(\lambda^2) = \sum_{k=1}^\infty e^{-ck^\nu} \hat{\alpha}(\lambda^2 - k^2) \geq e^{-c\lambda^\nu} \hat{\alpha}(0)$$

236 第 14 章 Ivrii-Petkov-Hörmander 条件

であるから適当な $c_1 > 0$ に対して
$$|e^{i\zeta\lambda T}\hat{\theta}(\lambda^2)| \geq e^{-(\operatorname{Im}\zeta)\lambda T}e^{-c\lambda^\nu}\hat{\alpha}(0) \geq e^{c_1\lambda}\hat{\alpha}(0)$$
となって $\lambda \to \infty$ のとき (14.1.4) に矛盾する. すなわちこの初期値に対しては解 $v \in C^2(U)$ は存在しない. 以上で命題が示された. □

(14.1.1) の P の代わりに $-P$ を考えると $\rho \in \Sigma$, $\xi_n > 0$ では $\operatorname{Tr}^+ F_{-p}(\rho) = a\xi_n$ および $(-P)_{sub}(\rho) = -b\xi_n$ である. 勿論 $-P$ に対しても初期値問題は原点の近傍で適切であるから命題 14.1.1 より
$$(-P)_{sub}(\rho) \in \mathbb{R}, \quad \operatorname{Tr}^+ F_{-p}(\rho) - (-P)_{sub}(\rho) \geq 0$$
の必要性が得られる. このように超局所的に (すなわち $\xi_n > 0$ の錐近傍でのみ) 初期値問題を考察するときには, 条件の述べ方に $\partial^2 p/\partial \xi_0^2$ の符号を考慮する必要がある.

14.2 漸近的座標変換

定理 6.3.3 を 2 階 3 独立変数の微分作用素に対して証明する. 3 独立変数に限ったのは少しばかり証明を簡単にするためで証明の本質的な部分は全く同じである (他方, 独立変数の数を 2 に制限すると証明の本質的な一部が失われてしまう). 以下 $\mathbb{R}^3$ の原点の近傍 Ω で定義された 2 階の微分作用素
$$P = P_2(x, D) + P_1(x, D) + P_0(x)$$
を考える. 必要なら局所座標系 $x = (x_0, x_1, x_2)$ を取り替えることによって主シンボルは
$$P_2(x, \xi) = -\xi_0^2 + \sum_{i,j=1}^2 a_{ij}(x)\xi_i\xi_j = p(x, \xi)$$
の形をしていると仮定してよい.
$$Q_2(x, \xi') = \sum_{i,j=1}^2 a_{ij}(x)\xi_i\xi_j$$
とおくと, 定理 1.2.1 より, P に対する初期値問題が原点の近傍で C^∞ 適切であるためには原点の近傍の任意の x および任意の $\xi' = (\xi_1, \xi_2) \in \mathbb{R}^2$ に対して $Q_2(x, \xi') \geq 0$ となることが必要である. したがって以下このことを仮定する. $(0, \bar{\xi})$, $\bar{\xi} = (\bar{\xi}_0, \bar{\xi}') \in \mathbb{R}^3 \setminus \{0\}$ を 2 次特性点とすると $\bar{\xi}_0 = 0$, $Q_2(0, \bar{\xi}') = 0$ である. 局所座標系 $x' = (x_1, x_2)$ の線形変換を行って
$$(0, \bar{\xi}') = (0, e_2'), \ e_2' = (0, 1)$$
と仮定できる. $Q_2(x, \xi')$ は非負より $|\alpha' + \beta| < 2$ に対し $\partial_x^\beta \partial_{\xi'}^{\alpha'} Q_2(0, e_2') = 0$ が成

立するので
$$Q_2(x,\xi') = a_{11}(x)\xi_1^2 + a_{12}(x)\xi_1\xi_2 + a_{22}(x)\xi_2^2$$
と書くと $x \to 0$ のとき $a_{12}(x) = O(|x|)$, $a_{22}(x) = O(|x|^2)$ である. したがって
$$a_{12}(x) = a_{12}^{(1)}(x) + O(|x|^2), \quad a_{22}(x) = a_{22}^{(2)}(x) + O(|x|^3)$$
と書ける. $a_{12}^{(1)}, a_{22}^{(1)}$ はそれぞれ $a_{12}(x), a_{22}(x)$ の $x=0$ の周りでの Taylor 展開の 1 次, 2 次部分である. これから Q_2 は
$$Q_2(x,\xi') = a_{11}(0)\xi_1^2 + a_{12}^{(1)}(x)\xi_1\xi_2 + a_{22}^{(2)}(x)\xi_2^2 + O\big(|x|\xi_1^2 + |x|^2|\xi_1\xi_2| + |x|^3\xi_2^2\big)$$
となる. $a_{12}^{(1)}(x), a_{22}^{(2)}(x)$ から x_2 を含む項を除いたものをそれぞれ $a_{12}^{[1]}(x), a_{22}^{[2]}(x)$ と表すことにする. 記号を簡単にするために
$$O\big(|x|\xi_1^2 + |x|^2|\xi_1\xi_2| + |x|^3\xi_2^2 + |x_2||\xi_1\xi_2| + |x||x_2|\xi_2^2\big)$$
を単に $O(f)$ と書くことにする. この記法によると
$$Q_2(x,\xi') = a_{11}(0)\xi_1^2 + a_{12}^{[1]}(x)\xi_1\xi_2 + a_{22}^{[2]}(x)\xi_2^2 + O(f)$$
と書ける. まとめると

補題 14.2.1 $(0,e_2) \in \mathbb{R}^3 \times \mathbb{R}^3$, $e_2 = (0,0,1)$ を $P_2(x,\xi) = -\xi_0^2 + Q_2(x,\xi')$ の 2 次特性点とする. このとき $Q_2(x,\xi')$ は
$$Q_2(x,\xi') = Q(x,\xi') + O(f),$$
$$Q(x,\xi') = a\xi_1^2 + a^{[1]}(x)\xi_1\xi_2 + a^{[2]}(x)\xi_2^2$$
と書ける. ここで $a^{[1]}(x) = a^{[1]}(x_0,x_1)$ は (x_0,x_1) の線形関数で $a^{[2]}(x) = a^{[2]}(x_0,x_1)$ は (x_0,x_1) の 2 次形式である.

ここで $-\xi_0^2 + Q(x,\xi')$ ができるだけ簡単になるような局所座標系を選びたい. いま $(\tilde{x},\tilde{\xi}) = (x_0,x_1,\xi_0,\xi_1)$ を $T^*\mathbb{R}^2 \simeq \mathbb{R}^2 \times \mathbb{R}^2$ の標準座標系とする.

補題 14.2.2 $T^*\mathbb{R}^2$ 上の symplectic 同型写像で部分空間 $\tilde{x} = 0$ を保存するものは次の 2 種類の symplectic 同型写像から生成される.
 (i) $(\tilde{x},\tilde{\xi}) \mapsto (\tilde{x},\tilde{\xi} + A\tilde{x})$, A は 2×2 実対称行列,
 (ii) 座標系 $\tilde{x}$ の線形変換から引き起こされる symplectic 同型写像.

[証明] $T: T^*\mathbb{R}^2 \to T^*\mathbb{R}^2$ を symplectic 同型写像とし T_{ij} を 2×2 行列として
$$(\tilde{x},\tilde{\xi}) \mapsto (T_{11}\tilde{x} + T_{12}\tilde{\xi}, T_{21}\tilde{x} + T_{22}\tilde{\xi})$$
と書くとき T が部分空間 $\tilde{x} = 0$ を保存するのは $T_{12} = O$ のときに限る. すなわち T が微分作用素のシンボルを微分作用素のシンボルに変換する場合に限る. $(\tilde{x},\tilde{\xi})$ を標準的な座標系とする. このとき σ

$$\sigma((\tilde{x},\tilde{\xi}),(\tilde{y},\tilde{\eta})) = \langle \tilde{\xi},\tilde{y}\rangle - \langle \tilde{x},\tilde{\eta}\rangle$$

で与えられる. $J:(\tilde{x},\tilde{\xi}) \mapsto (\tilde{\xi},-\tilde{x})$ とすると定義 4.5.2 の後に述べたように

$$T \text{ が symplectic} \iff J = {}^t TJT$$

である. したがって $T_{12} = O$ のとき

$${}^t TJT(x,\xi) = ({}^t T_{11}T_{21}\tilde{x} + {}^t T_{11}T_{22}\tilde{\xi} - {}^t T_{21}T_{11}\tilde{x}, -{}^t T_{22}T_{11}\tilde{x}) = (\tilde{\xi},-\tilde{x})$$

から

$${}^t T_{11}T_{21} - {}^t T_{21}T_{11} = 0, \quad {}^t T_{11}T_{22} = E \tag{14.2.5}$$

が従う. $T_{22} = {}^t T_{11}^{-1}$ であるから T を

$$(\tilde{x},\tilde{\xi}) \to (T_{11}\tilde{x}, {}^t T_{11}^{-1}\tilde{\xi}) \to (T_{11}\tilde{x}, {}^t T_{11}^{-1}\tilde{\xi} + AT_{11}\tilde{x}) \tag{14.2.6}$$

と分解しよう. ここで A は $AT_{11} = T_{21}$ を満たす. (14.2.5) から

$${}^t A = {}^t(T_{21}T_{11}^{-1}) = {}^t T_{11}^{-1}\, {}^t T_{21} = T_{21}T_{11}^{-1} = A$$

となり A は対称である. したがって (14.2.6) より補題の証明が終わる. □

A を 2×2 実対称行列として次の座標変換を考える.

$$y_j = x_j \ (j=0,1), \quad y_2 = x_2 + \frac{1}{2}\langle A\tilde{x},\tilde{x}\rangle \tag{14.2.7}$$

この座標変換は $T^*\mathbb{R}^3 \simeq \mathbb{R}^3 \times \mathbb{R}^3$ に次の座標変換を引き起こす.

$$(x,\xi) \mapsto (\tilde{x}, x_2 + \frac{1}{2}\langle A\tilde{x},\tilde{x}\rangle, \tilde{\xi} - \xi_2 A\tilde{x}, \xi_2).$$

7.3 節でも述べたようにこの座標変換は $T^*\mathbb{R}^2 \ni (\tilde{x},\tilde{\xi})$ 上では

$$(\tilde{x},\tilde{\xi}) \mapsto (\tilde{x},\tilde{\xi} - \xi_2 A\tilde{x})$$

である. すなわち $T^*\mathbb{R}^2$ の symplectic 同型写像

$$(\tilde{x},\tilde{\xi}) \mapsto (\tilde{x},\tilde{\xi} + A\tilde{x})$$

は座標系 $x = (\tilde{x},x_2)$ の 2 次の座標変換 (14.2.7) から引き起こされる.

補題 14.2.2 を考慮に入れて以下では (14.2.7) のタイプの 2 次の座標変換および

$$y_0 = x_0, \ y_1 = kx_0 + lx_1 + mx_2, \ y_2 = x_2 \quad (0 \neq l) \tag{14.2.8}$$

なる座標系 $x = (x_0,x_1,x_2)$ の 1 次変換を考える. この座標系 x の 1 次変換は $T^*\mathbb{R}^3$ に次の変換を引き起こす.

$$(x,\xi) \mapsto (x_0, l^{-1}(x_1 - kx_0 - mx_2), x_2, \xi_0 + k\xi_1, l\xi_1, m\xi_1 + \xi_2).$$

以下に行う推論では平面 $x_0 = $ 定数 は保存される必要があり, また既に正規化した 2 次特性点の座標 $(0,e_2)$ を不変にする座標系 x の線形変換としてはこの形の変換に限る.

14.2 漸近的座標変換　239

定理 14.2.1 p は $(0, e_2)$ で非実効的双曲型とする．このとき (14.2.7) および (14.2.8) の変換を繰り返すことによって $-\xi_0^2 + Q_2(x, \xi')$ を $O(f)$ の項を除いて次の形に変換できる．

(I) $-\xi_0^2 + 2\xi_0 L_0(x_1\xi_2, \xi_1) + Q'(x_1\xi_2, \xi_1)$, ここで L_0, Q' は次のいずれかである．

$$\begin{cases} Q'(x_1, \xi_2) = \mu(x_1^2 + \xi_1^2), \ \mu > 0, \ L_0 \text{は } (x_1, \xi_1) \text{ について線形}, \\ Q'(x_1, \xi_1) = x_1^2, \ \ (\text{または } \xi_1^2), \ L_0 = 0, \\ Q'(x_1, \xi_1) = 0, \ L_0 = 0. \end{cases}$$

(II) $-\xi_0^2 + 2c\xi_0\xi_1 + (x_1\xi_2)^2, \ 0 \neq c \in \mathbb{R}$.

(III) $-\xi_0^2 + 2cx_1\xi_2\xi_0 + \xi_1^2 + k\xi_1\xi_0, \ 0 \neq c \in \mathbb{R}$.

(II), (III) の場合は $\mathrm{Tr}^+ F_p(0, e_2) = 0$ であり (I) の最初の場合は $\mathrm{Tr}^+ F_p(0, e_2) = \mu$ である．

証明のためにまず次を示す．

補題 14.2.3 (14.2.7) および (14.2.8) によって $O(f)$ は $O(f)$ に変換される．

[証明] 証明は易しい． □

補題 14.2.3 より定理 14.2.1 を示すには

$$Q(x, \xi') = a\xi_1^2 + a^{[1]}(x)\xi_1\xi_2 + a^{[2]}(x)\xi_2^2$$

を考察すればよい．

補題 14.2.4 $l(x_1\xi_2, \xi_1)$ を $(x_1\xi_2, \xi_1)$ の線形関数とする．このとき $k \in \mathbb{R}$ を選んで

$$l(x_1\xi_2, \xi_1 - kx_1\xi_2) = a\xi_1 \ \text{または} \ ax_1\xi_2$$

とできる．ここで a はある定数である．すなわち座標系 x の 2 次の変換で線形関数 $l(x_1\xi_2, \xi_1)$ は $a\xi_1$ または $ax_1\xi_2$ となる．

[証明] 容易である． □

$a^{[2]}(x)$ が x_0^2 の項を含まなければ $a^{[2]}(x) = \alpha x_1^2, \alpha \geq 0$ で

$$Q(x, \xi') = a(x_1\xi_2)^2 \ \text{または} \ a(\xi_1 - \beta x_1\xi_2)^2 + b(x_1\xi_2)^2$$

である．後者の場合は補題 14.2.4 によって座標系 x を

$$Q(x, \xi_1 + \beta x_1\xi_2, \xi_2) = a\xi_1^2 + b(x_1\xi_2)^2$$

となるように選べる．座標系の変換 $x_1 \to kx_1, \xi_1 \to k^{-1}\xi_1, k^4 = a/b$ を行うと (I) を得る．

次に $a^{[2]}(x)$ が x_0^2 を含むとしよう．したがって

$$Q(x,\xi') = a(x_0\xi_2 - l(x_1\xi_2,\xi_1))^2 + q(x_1\xi_2,\xi_1)$$

である．ここで $q(x_1\xi_2,\xi_1) \geq 0$ である．$(x_1\xi_2,\xi_1)$ の 2 次形式 Q' を

$$Q'(x_1\xi_2,\xi_1) = al(x_1\xi_2,\xi_1)^2 + q(x_1\xi_2,\xi_1) \tag{14.2.9}$$

と定義すると

$$Q(x,\xi') = a(x_0\xi_2)^2 - 2ax_0\xi_2 l(x_1\xi_2,\xi_1) + Q'(x_1\xi_2,\xi_1)$$

となる．

補題 14.2.5 p は $(0,e_2)$ で非実効的双曲型とする．このとき $\operatorname{Rad} Q' = \{X \mid Q'(X,Y) = 0, \forall Y\}$ とおくと $\dim \operatorname{Rad} Q' = 0$ である．

［証明］ $\dim \operatorname{Rad} Q' = 2$ と仮定すると $l = 0$ および $q = 0$ であるから $p = -\xi_0^2 + a(x_0\xi_2)^2$ となるが，これは補題 6.4.4 より $(0,e_2)$ で実効的双曲型となり仮定に反する．次に $\dim \operatorname{Rad} Q' = 1$ と仮定して矛盾を導こう．このときは線形関数 ϕ が存在して

$$Q'(x_1\xi_2,\xi') = \phi(x_1\xi_2,\xi_1)^2$$

と書ける．補題 14.2.4 より k を選んで

$$Q'(x_1\xi_2,\xi_1 - kx_1\xi_2) = A\xi_1^2 \quad (\text{または } A(x_1\xi_2)^2), \quad A > 0$$

とできる．$q \geq 0$ であるからこれより

$$l(x_1\xi_2,\xi_1 - kx_1\xi_2) = \alpha\xi_1 \quad (\text{または } \alpha(x_1\xi_2))$$

が従う．したがって 2 次の座標変換で p は

$$\begin{cases} -\xi_0^2 + a(x_0\xi_2)^2 - 2a\alpha x_0\xi_2\xi_1 + A\xi_1^2, \\ -\xi_0^2 + a(x_0\xi_2)^2 - 2a\alpha x_0\xi_2 x_1\xi_2 + A(x_1\xi_2)^2 \end{cases} \tag{14.2.10}$$

となる．p が (14.2.10) の前者なら変換 $\xi_1 \to \rho^{-1}\xi_1$, $x_1 \to \rho x_1$ の後で $\rho \to \infty$ とすると p は $(0,e_2)$ で実効的双曲型のシンボル

$$-\xi_0^2 + a(x_0\xi_2)^2$$

に近づく．Hamilton 写像の固有値は symplectic 変換の下で不変であるから p は $(0,e_2)$ で実効的双曲型となり仮定に反する．後者の場合は変換 $\xi_1 \to \rho\xi_1$, $x_1 \to \rho^{-1}x_1$ を行うと同じ結果を得る．したがって $\dim \operatorname{Rad} Q' = 0$ である． □

補題 14.2.6 p は $(0,e_2)$ で非実効的双曲型とする．このとき $\dim \operatorname{Rad} Q' = 0$ かつ $\dim \operatorname{Rad} q = 1$ である．

［証明］ $\dim \operatorname{Rad} q = 1$ を示すことだけが残っている．q が正定値と仮定する．すると

$$(x_0\xi_2)^2 \leq 2(x_0\xi_2 - l(x_1\xi_2,\xi_1))^2 + 2l^2(x_1\xi_2,\xi_1)$$
$$\leq M\{(x_0\xi_2 - l(x_1\xi_2,\xi_1))^2 + q(x_1\xi_2,\xi_1)\}$$

であるから補題 6.4.4 より p は $(0, e_2)$ で実効的双曲型となり仮定に反する. $\dim \operatorname{Rad} q = 2$ のときは $q = 0$ で, したがって

$$p = -\xi_0^2 + a(x_0\xi_2 - l(x_1\xi_2,\xi_1))^2$$

となり, 補題 6.4.2 のすぐ後の例より実効的双曲型となりやはり仮定に反する. 以上から結論が従う. □

補題 14.2.4 および補題 14.2.6 より $k \in \mathbb{R}$ が存在して

$$q(x_1\xi_2, \xi_1 - kx_1\xi_2) = \begin{cases} m(x_1\xi_2)^2 \\ m\xi_1^2 \end{cases}$$

となる. ここで $m > 0$ である.

$$l(x_1\xi_2, \xi_1 - kx_1\xi_2) = sx_1\xi_2 + t\xi_1$$

とおくと

$$\begin{cases} p = -\xi_0^2 + a(x_0\xi_2 - sx_1\xi_2 - t\xi_1)^2 + m(x_1\xi_2)^2, \\ p = -\xi_0^2 + a(x_0\xi_2 - sx_1\xi_2 - t\xi_1)^2 + m\xi_1^2 \end{cases} \quad (14.2.11)$$

である. $\operatorname{Rad} Q' = \{0\}$ であるから (14.2.11) の前者では $t \neq 0$, 後者では $s \neq 0$ である. 最初に (14.2.11) の後者を調べる. 座標変換 $y_0 = x_0$, $y_1 = x_0 - sx_1$, $y_2 = x_2$ で p は

$$-(\xi_0 + \xi_1)^2 + a(x_1\xi_2 + ts\xi_1)^2 + ms^2\xi_1^2$$

となる. 再び変換 $\xi_1 \to s^{-1}\xi_1$, $x_1 \to sx_1$ で

$$-\xi_0^2 - 2s^{-1}\xi_1\xi_0 + \{a(sx_1\xi_2 + t\xi_1)^2 + (m - s^{-2})\xi_1^2\}$$

を得る. ここで

$$R(x_1\xi_2, \xi_1) = a(sx_1\xi_2 + t\xi_1)^2 + (m - s^{-2})\xi_1^2$$

が非負定値であることを確かめる. $m \geq s^{-2}$ なら主張は明らかである. $m - s^{-2} < 0$ のときは座標変換 $\xi_0 \to \rho^{-1}\xi_0$, $x_0 \to \rho x_0$ を行い, 次に $\rho \to \infty$ とすると p は

$$a(sx_1\xi_2 + t\xi_1)^2 - (s^{-2} - m)\xi_1^2$$

に近づくが, これは再び補題 6.4.2 の直後の例より実効的双曲型なので矛盾である. ゆえに R は非負定値である. 次に $m = s^{-2}$ とする. したがって

$$p = -\xi_0^2 - 2s^{-1}\xi_1\xi_0 + a(sx_1\xi_2 + t\xi_1)^2$$

である. $t \neq 0$ ならば座標系の 2 次の変換 $\xi_1 \to \xi_1 - (s/t)x_1\xi_2$ で

$$-\xi_0^2 + 2t^{-1}x_1\xi_2\xi_0 + at^2\xi_1^2 - 2s^{-1}\xi_1\xi_0$$

となる．再び座標変換 $\xi_1 \to (\sqrt{a}t)^{-1}\xi_1,\ x_1 \to \sqrt{a}tx_1$ で (III) になる．$t = 0$ とすると

$$p = -\xi_0^2 - 2s^{-1}\xi_1\xi_0 + as^2(x_1\xi_2)^2$$

でありこれは (II) である．$m > s^{-2}$ とすると R は正定値である．ゆえに

$$R(x_1\xi_2, \xi_1) = \alpha(\xi_1 + \beta x_1\xi_2)^2 + \gamma(x_1\xi_2)^2,\quad \alpha, \gamma > 0$$

となる．変換 $x_1 \to x_1,\ \xi_1 \to \xi_1 - \beta x_1\xi_2$ で p は

$$-\xi_0^2 - 2s^{-1}(\xi_1 - \beta x_1\xi_2)\xi_0 + \alpha\xi_1^2 + \gamma(x_1\xi_2)^2$$

となる．さらに変換 $\xi_1 \to \lambda\xi_1,\ x_1 \to \lambda^{-1}x_1,\ \lambda^4 = \gamma/\alpha$ を行うと (I) になる．

(14.2.11) の最初の場合を調べる．座標系の 2 次の変換

$$\xi_1 \to \xi_1 + t^{-1}x_0\xi_2,\quad \xi_0 \to \xi_0 + t^{-1}x_1\xi_2,\quad x_j \to x_j\ (j = 0, 1)$$

で p は

$$-(\xi_0 + t^{-1}x_1\xi_2)^2 + a(sx_1\xi_2 + t\xi_1)^2 + m(x_1\xi_2)^2$$

となる．さらに 2 次の変換 $\xi_1 \to \xi_1 - (s/t)x_1\xi_2,\ x_j \to x_j\ j = 0, 1$ を行うと p は

$$-\xi_0^2 - 2t^{-1}x_1\xi_2\xi_0 + at^2\xi_1^2 + (m - t^{-2})(x_1\xi_2)^2$$

となる．$\xi_0 \to \rho^{-1}\xi_0,\ x_0 \to \rho x_0\ (\rho \to +\infty)$ として上と同じ議論を繰り返すと $m - t^{-2} < 0$ なら p は実効的双曲型であることが分かるので $m - t^{-2} \geq 0$ である．いま $m - t^{-2} = 0$ とすると (III) となり $m - t^{-2} > 0$ なら (I) を得る．以上で証明が終わる．

14.3　漸近解の構成（定理 6.3.3 の証明）

P は

$$P = -D_0^2 + \tilde{Q}(x_1 D_2, D_0, D_1) + \sum_{j=1}^{2} b_j(x)D_j + c(x) + O(f)$$

の形をしている．ここで $-\xi_0^2 + \tilde{Q}(x_1\xi_2, \xi_0, \xi_1)$ は定理 14.2.1 のいずれかの形をしている．副主表象は 2 次特性点で不変に定義されているから

$$P_{sub}(0, e_2) = b_2(0) = b \tag{14.3.12}$$

である．ここで $\lambda > 0$ を正の大きなパラメーターとして λ に依存する次の座標変換

$$x_0 = y_0\lambda^{-s/2+\kappa},\ x_1 = y_1\lambda^{-s/2+\sigma},\ x_2 = y_2\lambda^{-s} \tag{14.3.13}$$

を行う．ここで $\nu \geq 1,\ s \gg \nu$ と選び κ, σ は

(I) $Q' = (x_1\xi_2)^2$ のとき $\kappa = 0$, $\sigma = -\nu$, $Q' = \xi_1^2$ のとき $\kappa = 0$, $\sigma = \nu$, それ以外の場合は $\kappa = 0$, $\sigma = 0$,

(II) $\kappa = 1$, $\sigma = -1$,

(III) $\kappa = 1$, $\sigma = 0$

と定める．次に P をこの座標系 y で表したものに λ^{-s} を乗じた

$$\lambda^{-s} P(\lambda^{-s/2+\kappa} y_0, \lambda^{-s/2+\sigma} y_1, \lambda^{-s} y_2, \lambda^{s/2-\kappa} D_0, \lambda^{s/2-\sigma} D_1, \lambda^s D_2)$$

を $P_\lambda(y, D)$ とおく．

補題 14.3.1 $|\kappa|, |\sigma| \leq \nu$ とする．このとき

$$P_\lambda(y, D) = Q_\infty(y_1 D_2, D; \lambda) + O(\lambda^{-s/2+3\nu})$$

である．ここで $O(\lambda^{-s/2+3\nu})$ は係数が $O(\lambda^{-s/2+3\nu})$ である 2 階の微分作用素を表し，$D = (D_0, D_1, D_2)$ である．$Q_\infty(x_1, \xi; \lambda)$ は

(I)
$$\begin{cases} Q_\infty(x_1, \xi; \lambda) = -\xi_0^2 + 2\xi_0 L_0(x_1, \xi_1) + \alpha(x_1^2 + \xi_1^2) + b\xi_2, \\ Q_\infty(x_1, \xi; \lambda) = -\xi_0^2 + b\xi_2 + \lambda^{-2\nu} x_1^2 \quad (\text{または} \lambda^{-2\nu} \xi_1^2) \end{cases}$$

(II) $Q_\infty(x_1, \xi; \lambda) = -\lambda^{-2} \xi_0^2 + 2c\xi_1 \xi_0 + \lambda^{-2} x_1^2 + b\xi_2$,

(III) $Q_\infty(x_1, \xi; \lambda) = -\lambda^{-2} \xi_0^2 + 2c\lambda^{-1} x_1 \xi_0 + \xi_1^2 + k\lambda^{-1} \xi_1 \xi_0 + b\xi_2$

のいずれかの形をしている．また $L_0(x_1, \xi_1)$ は (x_1, ξ_1) の線形関数である．

［証明］$|\kappa|, |\sigma| \leq \nu$ であるから (14.2.7) および (14.2.8) の変換で $\lambda^{-s} O(f)$ は $O(\lambda^{-s/2+3\nu})$ に変換される．他方 $\sum_{j=0}^{1} b_j(x) D_j + c(x)$ が $O(\lambda^{-s/2})$ に変換されることは明らかである．したがって

$$P_\lambda(y, D) = -\lambda^{-2\kappa} D_0^2 + \tilde{Q}(\lambda^\sigma y_1 D_2, \lambda^{-\kappa} D_0, \lambda^{-\sigma} D_1) + b D_2 + O(\lambda^{-s/2+3\nu})$$

となる．これより κ, σ の選び方に注意すると証明は明らかである． □

まず (I) の最初の場合を調べる．E_λ を

$$E_\lambda = \exp\left[i\lambda^2 \left(y_2 + \frac{i}{2} y_1^2\right) + i\lambda \phi(y)\right]$$

と定義する[*2]．ここで $\phi(y)$ は後で決める．

$$Q'(y_1 D_2, D_1) = \alpha(y_1^2 D_2^2 + D_1^2)$$

であったから

$$Q'(y_1, \partial_{y_1}(iy_1^2/2)) = 0$$

[*2] 空間変数の数が 3 以上のときはこの $iy_1^2/2$ に対応する関数をみつけるために 7.4 節で準備した補題 7.4.4 を利用する．

が成り立ち，したがって

$$\begin{aligned}
E_\lambda^{-1} Q' E_\lambda &= 2\alpha y_1 \lambda^3 (y_1 \phi_{y_2} + i\phi_{y_1}) \\
&\quad + \alpha \lambda^2 (2y_1^2 D_2 + 2iy_1 D_1 + y_1^2 \phi_{y_2}^2 + \phi_{y_1}^2 + 1) \\
&\quad + \alpha \lambda (2y_1^2 \phi_{y_2} D_2 + 2\phi_{y_1} D_1 + y_1^2 D_2 \phi_{y_2} + D_1 \phi_{y_1}) \\
&\quad + Q'(y_1 D_2, D_1)
\end{aligned} \quad (14.3.14)$$

である．同様にして

$$\begin{aligned}
E_\lambda^{-1} D_0 L_0(y_1 D_2, D_1) E_\lambda &= \lambda^3 \phi_{y_0} L_0(y_1, iy_1) \\
&\quad + \lambda^2 \{ L_0(y_1, iy_1) D_0 + \phi_{y_0} L_0(y_1 \phi_{y_2}, \phi_{y_1}) \} \\
&\quad + \lambda \{ L_0(y_1 \phi_{y_2}, \phi_{y_1}) D_0 + L_0(y_1 D_0 \phi_{y_2}, D_0 \phi_{y_1}) \\
&\qquad + \phi_{y_0} L_0(y_1 D_2, D_1) \} \\
&\quad + D_0 L_0(y_1 D_2, D_1)
\end{aligned}$$
$$(14.3.15)$$

も容易に確かめられる．

$$E_\lambda^{-1} D_0^2 E_\lambda = \lambda^2 \phi_{y_0}^2 + \lambda \{ 2\phi_{y_0} D_0 + D_0 \phi_{y_0} \} + D_0^2$$

に注意して，ここまでに得たことをまとめておくと

$$\begin{aligned}
E_\lambda^{-1} Q_\infty(y_1 D_2, D) E_\lambda &= 2\lambda^3 \{ \alpha y_1 (y_1 \phi_{y_2} + i\phi_{y_1}) + \phi_{y_0} L_0(y_1, iy_1) \} \\
&\quad + \lambda^2 \{ 2\alpha y_1 (y_1 D_2 + iD_1) + 2L_0(y_1, iy_1) D_0 + \alpha y_1^2 \phi_{y_2}^2 + \alpha \phi_{y_1}^2 + \alpha \\
&\qquad + 2\phi_{y_0} L_0(y_1 \phi_{y_2}, \phi_{y_1}) - \phi_{y_0}^2 + b \} \\
&\quad + \lambda \{ 2\alpha (y_1^2 \phi_{y_2} D_2 + \phi_{y_1} D_1) + 2L_0(y_1 \phi_{y_2}, \phi_{y_1}) D_0 - 2\phi_{y_0} D_0 - D_0 \phi_{y_0} \} \\
&\quad + Q_\infty(y_1 D_2, D)
\end{aligned}$$

となる．ここで $Q_\infty(x_1, \xi) = -\xi_0^2 + 2\xi_0 L_0(x_1, \xi_1) + Q'(x_1, \xi_1) + b\xi_2$ である．
Λ を

$$\Lambda = 2\alpha y_1^2 D_2 + 2i\alpha y_1 D_1 + 2L_0(y_1, iy_1) D_0$$

とおくと $i\Lambda \phi = 2\alpha y_1^2 \phi_{y_2} + 2i\alpha y_1 \phi_{y_1} + 2L_0(y_1, iy_1)\phi_{y_0}$ である．ここで $L_0(x_1, \xi_1) = A\xi_1 + Bx_1$ とおき，さらに記号を簡略化するために

$$\begin{aligned}
\bar{c}_0 &= Q'(y_1 \phi_{y_2}, \phi_{y_1}) - \phi_{y_0}^2 + 2\phi_{y_0} L_0(y_1 \phi_{y_2}, \phi_{y_1}) + \alpha + b, \\
C_0 &= \alpha y_1^2 D_2 \phi_{y_2} + \alpha D_1 \phi_{y_1} + 2L_0(y_1 D_0 \phi_{y_2}, D_0 \phi_{y_1}) - D_0 \phi_{y_0}, \\
(R_0, R_1, R_2) &= \bigl(L_0(y_1 \phi_{y_2}, \phi_{y_1}) - \phi_{y_0}, \alpha \phi_{y_1} + A\phi_{y_0}, \alpha y_1^2 \phi_{y_2} + By_1 \phi_{y_0} \bigr)
\end{aligned}$$

とおこう．微分作用素

$$R = 2\sum_{j=0}^{2} R_j(y) D_j + C_0$$

14.3 漸近解の構成（定理 6.3.3 の証明）

を導入すると
$$E_\lambda^{-1} Q_\infty(y_1 D_2, D) E_\lambda = i\lambda^3 \Lambda\phi + \lambda^2(\Lambda + \bar{c}_0) + \lambda R + Q_\infty(y_1 D_2, D)$$
と書ける. $\Lambda\phi = 0$ としよう. この式を y_1 で割ると
$$2\alpha y_1 \phi_{y_2} + 2i\alpha \phi_{y_1} + 2L_0(1, i)\phi_{y_0} = 0 \tag{14.3.16}$$
となる. Λ は $y_1 = 0$ 上で 0 になるので $(\Lambda + \bar{c}_0)v = 0$ が非自明な解をもつためには $\bar{c}_0$ も $y_1 = 0$ 上で 0 になることが必要である. この条件は $y_1 = 0$ 上で
$$\alpha \phi_{y_1}^2 - \phi_{y_0}^2 + 2A\phi_{y_0}\phi_{y_1} + \alpha + b = 0 \tag{14.3.17}$$
の成立することと同値である. (14.3.16) より $y_1 = 0$ 上で $i\alpha\phi_{y_1} + L_0(1, i)\phi_{y_0} = 0$ であるからこれより $\phi_{y_1} = i\alpha^{-1} L_0(1, i)\phi_{y_0}$ を求めることができる. これを (14.3.17) に代入すると
$$\{-\alpha^{-1} L_0(1, i)^2 - 1 + 2Ai\alpha^{-1} L_0(1, i)\}\phi_{y_0}^2 + \alpha + b = 0$$
を得る. $L_0(1, i) = iA + B$ であるから $\phi_{y_0}^2$ の係数は $-1 - \alpha^{-1}(A^2 + B^2)$ であり次を得る.

補題 14.3.2 $\Lambda\phi = 0$ とする. $y_1 = 0$ 上で $\bar{c}_0 = 0$ であるためには $y_1 = 0$ で
$$(\alpha + b) - \{1 + \alpha^{-1}(A^2 + B^2)\}\phi_{y_0}^2 = 0 \tag{14.3.18}$$
の成立することが必要十分である.

s を大きく選ぶと
$$E_\lambda^{-1} O(\lambda^{-s/2+3\nu}) E_\lambda = \sum_{j=0} \lambda^{-j} a_j(y, D)$$
となる. ここで $a_j(y, D)$ は 2 階の微分作用素である. したがって
$$E_\lambda^{-1} P_\lambda(y, D) E_\lambda = E_\lambda^{-1} Q_\infty(y_1 D_2, D) E_\lambda + \sum_{j=0} \lambda^{-j} P_j(y, D)$$
となる. ゆえに解くべき方程式は
$$i\Lambda\phi = 2y_1\{\alpha y_1 \phi_{y_2} + i\alpha\phi_{y_1} + L_0(1, i)\phi_{y_0}\} = 0$$
となる. $\alpha \neq 0$ であるからこの方程式を $y_1 = 0$ に初期値 ψ を与えて解くことができる. すなわち
$$\begin{cases} i\alpha\phi_{y_1} + L_0(1, i)\phi_{y_0} + \alpha y_1 \phi_{y_2} = 0, \\ \phi(y_0, 0, y_2) = \psi(y_0, y_2) \end{cases} \tag{14.3.19}$$
を解いて ϕ を求める. 補題 14.3.2 より ϕ は (14.3.18) を満たす必要があるので ψ は
$$\psi_{y_0}^2 = \frac{\alpha + b}{1 + \alpha^{-1}(A^2 + B^2)} \tag{14.3.20}$$

を満たす必要がある. $[0, \infty)$ で非負の実数全体を表すものとし

$$\frac{\alpha + b}{1 + \alpha^{-1}(A^2 + B^2)} \in \mathbb{C} \setminus [0, \infty) \tag{14.3.21}$$

とすると $\mathrm{Im}\, \gamma < 0$ なる $\gamma \in \mathbb{C}$ で

$$\gamma^2 = \frac{\alpha + b}{1 + \alpha^{-1}(A^2 + B^2)} \in \mathbb{C} \setminus [0, \infty)$$

を満たすものが存在する. $\psi = \gamma y_0 + i y_2^2$ と選ぶと ψ は (14.3.20) を満たす. したがって ψ を初期値とする (14.3.19) の解 ϕ は $y_1 = 0$ 上で $\bar{c}_0 = 0$ を満たす.

補題 14.3.3 (14.3.21) を仮定する. このとき $\Lambda \phi = 0$ の解 ϕ で $y_1 = 0$ 上で $\bar{c}_0 = 0$ が成立し, ある正数 C とある $\gamma \in \mathbb{C}$, $\mathrm{Im}\, \gamma < 0$ に対して

$$\mathrm{Im}\, \left(\lambda^2 \left(y_2 + \frac{i}{2} y_1^2 \right) + \lambda \phi \right) \geq -C^2 + \lambda (\mathrm{Im}\, \gamma) y_0 + \lambda y_2^2 + \frac{1}{4} \lambda^2 y_1^2$$

を満たすものが存在する.

[証明] 不等式を示すことだけが残っている. ϕ は

$$\phi = \gamma y_0 + i y_2^2 + \phi_{y_1}(y_0, 0, y_2) y_1 + O(|y_1|^2)$$

と書けるから

$$\mathrm{Im}\, \phi \geq (\mathrm{Im}\, \gamma) y_0 + y_2^2 - C|y_1|$$

は明らかである. したがって

$$\mathrm{Im}\, \left(\lambda^2 \left(y_2 + \frac{i}{2} y_1^2 \right) + \lambda \phi \right) \geq \frac{1}{2} \lambda^2 y_1^2 + \lambda (\mathrm{Im}\, \gamma) y_0 + \lambda y_2^2 - C \lambda |y_1|$$

$$= \frac{1}{4} (\lambda |y_1| - 2C)^2 - C^2 + \lambda (\mathrm{Im}\, \gamma) y_0 + \lambda y_2^2 + \frac{\lambda^2}{4} y_1^2$$

$$\geq -C^2 + \lambda (\mathrm{Im}\, \gamma) y_0 + \lambda y_2^2 + \frac{\lambda^2}{4} y_1^2$$

となり結論を得る. □

$P_\lambda(y, D) U = 0$ を満たす U を

$$E_\lambda \sum_{j=0} v_j(y) \lambda^{-j}$$

の形で探そう. $v_j(y)$ を決める方程式は

$$(\Lambda + \bar{c}_0) v_{l+1} + R v_l + \sum_{j=1}^{l} P_j v_{l-j} = 0, \quad l = -1, 0, 1, \ldots \tag{14.3.22}$$

である. ここで $P_j(y, D)$ は 2 階の微分作用素であった. (14.3.16) より $y_1 = 0$ 上で $\phi_{y_1} = i \alpha^{-1} L_0(1, i) \phi_{y_0}$ であったからこれを $R_0(0, y_1, y_2) = L_0(0, \phi_{y_1}) - \phi_{y_0}$ に代入すると

14.3 漸近解の構成 (定理 6.3.3 の証明) 247

$$L_0(0, \phi_{y_1}) - \phi_{y_0} = -(1 + \alpha^{-1}A^2 - i\alpha^{-1}AB)\phi_{y_0}$$

となり $\phi_{y_0} \neq 0$ であるから R における D_0 の係数は $y_1 = 0$ 上で 0 ではない．

以下 (14.3.22) の解を x の形式的冪級数として求めることが問題となるので，係数を x の形式的冪級数に展開することによって R, P_j の係数は x の形式的冪級数と仮定してよい．$\mathbb{C}^2$ の原点の近傍の座標系に対し次の座標変換を行う．

$$x_0 = y_0 + ky_1, \quad x_1 = y_1, \quad k = -L(1,i)/i\alpha.$$

この新しい座標系 x で

$$\Lambda = 2\alpha x_1^2 D_2 + 2i\alpha x_1 D_1$$

であり Λ は D_0 を含まない．R は

$$R = a_0(x)D_0 + a_1(x)D_1 + a_2(x)D_2$$

と表現される．ここで $a_j(x)$ は上で注意したように x の形式的冪級数で

$$a_0(0) \neq 0 \tag{14.3.23}$$

である．また

$$\bar{c}_0 = \sum_{j=1} c_j(x_b) x_1^j, \quad x_b = (x_0, x_2)$$

で $c_j(x_b)$ は x_b の形式的冪級数である．

補題 14.3.4 f は x の形式的冪級数とする．このとき方程式

$$(\Lambda + \bar{c}_0)w = f$$

が x の形式的冪級数の解をもつための必要十分条件は $x_1 = 0$ 上で $f(x) = 0$ となることである．

［証明］ 必要性は明らかである．十分性を示すために w を

$$w = \sum_{j=0} w_j(x_b) x_1^j$$

の形で求めよう．このとき

$$(\Lambda + \bar{c}_0)w = \sum_{j=1}\{2\alpha j w_j(x_b) + 2i^{-1}\alpha \partial_{x_2} w_{j-2}(x_b) + \sum_{k+l=j} c_k(x_b) w_l(x_b)\} x_1^j$$

は明らかである．したがって $f = \sum_{j=1} f_j(x_b) x_1^j$ と書くとき $w_j(x_b)$ を $w_{-1}(x_b) = 0$ から始めて

$$\begin{aligned}2\alpha j w_j(x_b) + 2i^{-1}\alpha \partial_{x_2} w_{j-2}(x_b) + \sum_{k+l=j} c_k(x_b) w_l(x_b) \\ = f_j(x_b), \ j = 1, 2, \ldots\end{aligned} \tag{14.3.24}$$

と選べばよい． □

補題 14.3.5 v を x の形式的冪級数とする．このとき任意の $N \in \mathbb{N}$ に対して x の形式的冪級数 w で

$$\begin{cases} (\Lambda + \bar{c}_0)w = O(|x|^N), \\ Rw + v = O(|x_b|^N), \quad x_1 = 0 \end{cases}$$

を満たすものが存在する．

[証明] まず x の形式的冪級数 w で $(\Lambda + \bar{c}_0)w = 0$ を満たすものをとる．このとき $w_0(x_b)$ は自由に選べることに注意する．2 番目の方程式が満たされるように $w_0(x_b)$ を選ぶことができることを示そう．$R = \tilde{a}(x_b)D_0 + \tilde{b}(x_b)D_1 + \tilde{c}(x_b)D_2 + x_1\tilde{R}$ と書くと

$$Rw|_{x_1=0} = \{\tilde{a}(x_b)D_0 + \tilde{c}(x_b)D_2\}w_0(x_b) + i^{-1}\tilde{b}(x_b)w_1(x_b)$$

は明らかである．他方 $w_1(x_b)$ は

$$2\alpha w_1(x_b) + c_1(x_b)w_0(x_b) = 0$$

を満たすので $w_1(x_b) = -(2\alpha)^{-1}c_1(x_b)w_0(x_b)$ が成り立つ．したがって

$$\begin{aligned}Rw|_{x_1=0} &= \{\tilde{a}(x_b)D_0 + \tilde{c}(x_b)D_2 + i(2\alpha)^{-1}\tilde{b}(x_b)c_1(x_b)\}w(0, x_b) \\ &= K(x_b, D_b)w(0, x_b)\end{aligned}$$

である．(14.3.23) より $\tilde{a}(0) \neq 0$ に注意して $w^*(x_b)$ を

$$K(x_b, D_b)w^*(x_b) = -v|_{x_1=0} + O(|x_b|^N)$$

の形式的冪級数解とすると $w_0(x_b) = w^*(x_b)$ が求めるものである． $\square$

命題 14.3.1 $N \in \mathbb{N}$ を任意に固定する．このとき x の形式的冪級数 $v_j(x)$, $v_0(0) \neq 0$, $j = 0, 1, \ldots$ で

$$(\Lambda + \bar{c}_0)v_{l+1} + Rv_l + \sum_{j=1}^{l} P_j v_{l-j} = O(|x|^N) \tag{14.3.25}$$

を満たすものが存在する．

[証明] $v_0, \ldots, v_l$ まで得られたとしよう．ここで $v_0(0) \neq 0$ である．補題 14.3.5 より

$$\begin{cases} (\Lambda + \bar{c}_0)w = O(|x|^N), \\ Rw + Rv_l + \sum_{j=1}^{l} P_j v_{l-j} = O(|x_b|^N), \quad x_1 = 0 \end{cases}$$

を満たす w が存在する．いま v_l だけを $v_l + w$ で置き換え，それを同じ v_l で表すことにする．このとき明らかに $v_0, \ldots, v_{l-1}, v_l$ は l が $l-1$ のときの (14.3.25) を満たす．さらに $x_1 = 0$ 上で

$$Rv_l + \sum_{j=1}^{l} P_j v_{l-j} = O(|x_b|^N)$$

14.3 漸近解の構成（定理 6.3.3 の証明） 249

が成り立っている．したがって補題 14.3.4 より (14.3.25) を満たす v_{l+1} が存在する．以下帰納法による． □

[定理 6.3.3 の証明] ((I) の最初の場合) 上で証明したように (14.3.21) を仮定すると任意の $N \in \mathbb{N}$ に対して $p(N) \in \mathbb{N}$ が存在して v_j を

$$P_\lambda(y,D)E_\lambda \sum_{j=0}^{p(N)} v_j(y)\lambda^{-j} = O\big((|y|+\lambda^{-1})^N\big)E_\lambda \qquad (14.3.26)$$

を満たすように構成できる．補題 14.3.3 より

$$|E_\lambda| \leq \exp\left\{-\frac{1}{4}\lambda^2 y_1^2 - \lambda y_2^2 - \lambda(\mathsf{Im}\,\gamma)y_0 + C^2\right\}$$

であり，したがって

$$|y|^N |E_\lambda| \leq C_N \lambda^{-N}, \quad y_0 \leq 0$$

が成り立つ．ゆえに (14.3.26) の右辺は $O(\lambda^{-N})$ である．補題 14.3.3 を考慮して以下定理 1.2.1 の証明を繰り返せばよい．以上で条件

$$\frac{\alpha+b}{1+\alpha^{-1}(A^2+B^2)} \in [0,\infty) \qquad (14.3.27)$$

が適切であるために必要であることが証明できた．これより $b \in \mathbb{R}$ かつ $b \geq -\alpha$ であることが従う．次に ξ_2 を $-\xi_2$ に変えて同じ議論を繰り返すと $-b \geq \alpha$ も必要であることが従う．$\alpha = \mathrm{Tr}^+ F_p(0,e_2)$, $b = P_{sub}(0,e_2)$ であったから望む結果が従う．

次に (I) の残りの場合を調べる．

$$Q_\infty(x_1,\xi;\lambda) = -\xi_0^2 + b\xi_2 + \lambda^{-2\nu}x_1^2 \quad (\text{または} \lambda^{-2\nu}\xi_1^2)$$

であった．このときは $\phi(y)$ を $\phi_{y_0}^2 = b$ を満たすように選び E_λ として

$$E_\lambda = \exp\{i\lambda^2 y_2 + i\lambda\phi(y)\}$$

と選ぶ．この場合は

$$P_\lambda(y,D)E_\lambda \sum_{j=0}^{p(N)} v_j(y)\lambda^{-j} = O(\lambda^{-N})E_\lambda$$

なる漸近解の構成は定理 1.2.1 と同じであり，その証明より

$$b \geq 0$$

が必要であることが従う．$\xi_2 \to -\xi_2$ として上と同じ議論により $b = 0$ が必要であることが分かる． (次項に続く) □

14.4　定理 6.3.3 の証明（続き）

ここでは補題 14.3.1 の (II) および (III) の場合を調べる.
$$E_\lambda = \exp\{i\lambda^2 y_2 + i\lambda \phi(y)\}$$
として $E_\lambda^{-1} Q_\infty(y_1 D_2, D; \lambda) E_\lambda$ を計算すると

命題 14.4.1　(II) の場合は
$$\begin{aligned}
\lambda^{-1} E_\lambda^{-1} Q_\infty E_\lambda = &\ \lambda \{2c\phi_{y_0}\phi_{y_1} + y_1^2 + b\} \\
& + \{2c\phi_{y_0} D_1 + 2c\phi_{y_1} D_0 + 2y_1^2 \phi_{y_2} + b\phi_{y_2} + 2cD_0 \phi_{y_1}\} \\
& + \lambda^{-1} h^{(1)}(y, D) + \lambda^{-2} h^{(2)}(y, D) + \lambda^{-3} h^{(3)}(y, D)
\end{aligned}$$
となり (III) の場合は
$$\begin{aligned}
\lambda^{-1} E_\lambda^{-1} Q_\infty E_\lambda = &\ \lambda \{2c y_1 \phi_{y_0} + \phi_{y_1}^2 + b\} \\
& + \{2c y_1 D_0 + 2c \phi_{y_1} D_1 + 2c y_1 \phi_{y_2} \phi_{y_0} + k\phi_{y_2} + \phi_{y_1}\phi_{y_0} + D_1 \phi_{y_1}\} \\
& + \lambda^{-1} h^{(1)}(y, D) + \lambda^{-2} h^{(2)}(y, D) + \lambda^{-3} h^{(3)}(y, D)
\end{aligned}$$
となる. ここで $h^{(j)}(y, D)$ は高々 2 階の微分作用素である.

［定理 6.3.3 の証明続き］　最初に (II) の場合を考察する.
$$b \in \mathbb{C} \setminus [0, \infty) \tag{14.4.28}$$
を仮定する. 命題 14.4.1 より ϕ としては
$$2c\phi_{y_0}\phi_{y_1} + y_1^2 + b = 0 \tag{14.4.29}$$
を満たすように選ぶ. 2 つの場合に分けて考える.

(i) $\operatorname{Im} b \neq 0$ の場合：(14.4.29) を満たす ϕ で $y_0 = 0$ 上では
$$\phi = \gamma y_1 + i y_1^2 + i y_2^2 \tag{14.4.30}$$
となるものを選ぶ. ここで $0 \neq \gamma \in \mathbb{R}$ は求めた ϕ が $\operatorname{Im} \phi_{y_0}(0) < 0$ を満たすように選ぶ. 実際 $\operatorname{Im} b \neq 0$ でありまた (14.4.29) と (14.4.30) より $y_0 = 0, y_1 = 0$ 上で
$$\phi_{y_0} = -\frac{b}{2c\gamma}$$
であるからこのような γ を選べる. したがって
$$\phi_{y_0}(y) = -\frac{b}{2c\gamma} + O(|y_a|), \quad y_a = (y_1, y_2)$$
であり, ゆえに

$$\phi(y) = \gamma y_1 + iy_1^2 + iy_2^2 + \left(-\frac{b}{2c\gamma} + O(|y_a|)\right) y_0 + O(y_0^2)$$

が成り立つ. 特に

$$\operatorname{Im}\phi \geq y_1^2 + y_2^2 + \left(-\operatorname{Im}\frac{b}{2c\gamma} + C|y_a|\right) y_0, \quad y_0 \leq 0$$

である. 右辺は

$$|y_a|^2 - \left(\operatorname{Im}\frac{b}{2c\gamma}\right) y_0 + \frac{1}{2}(\epsilon^{-1}y_0 + \epsilon C|y_a|)^2 - \frac{\epsilon^{-2}}{2}y_0^2 - \frac{\epsilon^2 C^2}{2}|y_a|^2$$
$$= \left(1 - \frac{\epsilon^2 C^2}{2}\right)|y_a|^2 - \left(\operatorname{Im}\frac{b}{2c\gamma} + \frac{\epsilon^{-2}}{2}y_0\right) y_0 + \frac{1}{2}(\epsilon^{-1}y_0 + \epsilon C|y_a|)^2$$

と変形でき, $\delta > 0$ が十分小ならば $-\operatorname{Im}\phi$ は $\{y \mid |y|^2 < \delta, y_0 \leq 0\}$ において $y = 0$ で狭義の最大値をとることが分かる.

(ii) $b = -\gamma^2$, $\gamma < 0$ の場合：(14.4.29) を満たす ϕ で $y_1 = \gamma$ 上では

$$\phi = (i\gamma/c)y_0 + iy_2^2$$

となるものを選ぶ. このとき $y_1 = \gamma$ 上で $\phi_{y_0} = i\gamma/c$ であるから (14.4.29) より $y_1 = \gamma$ 上では $\phi_{y_1} = 0$ となり, したがって $y_1 = \gamma$ 上で

$$2y_1 + 2c\phi_{y_0}\phi_{y_1 y_1} = 0$$

である. これから $y_1 = \gamma$ 上で $\phi_{y_1 y_1} = i$ となる. 以上のことから

$$\phi = \frac{i\gamma}{c}y_0 + iy_2^2 + \frac{i}{2}(y_1 - \gamma)^2 + O(|y_1 - \gamma|^3)$$

となることが分かる. したがって

$$\operatorname{Im}\phi \geq \frac{\gamma}{c}y_0 + y_2^2 + \frac{1}{2}(y_1 - \gamma)^2 - C|y_1 - \gamma|^3$$

となり $\delta > 0$ を十分小さく選べば $-\operatorname{Im}\phi$ は $\{y \mid y_0 \leq 0, y_0^2 + |y_1 - \gamma|^2 + y_2^2 \leq \delta\}$ において $(0, \gamma, 0)$ で狭義の最大値をとることが分かる. この場合には $\phi_{y_0} \neq 0$ であることに注意して v_j は $(0, \gamma, 0)$ の近傍で方程式を y_1 方向に解いて求める.

次に (III) の場合を考える. (14.4.28) を仮定する. 命題 14.4.1 より ϕ は

$$2cy_1\phi_{y_0} + \phi_{y_1}^2 + b = 0 \tag{14.4.31}$$

を満たすように選ぶ. 再び場合を 2 つに分けて考える.

(i) $\operatorname{Im} b \neq 0$ の場合：$y_1^* \in \mathbb{R}$ を

$$\operatorname{Im}\frac{b}{cy_1^*} > 0$$

であるように選び $y^* = (0, y_1^*, 0)$ の近傍で (14.4.31) を満たす ϕ を $y_0 = 0$ 上では

$$\phi = (y_1 - y_1^*) + i(y_1 - y_1^*)^2 + iy_2^2$$

を満たすように解く．$\phi = (y_1 - y_1^*) + i(y_1 - y_1^*)^2 + iy_2^2 + \phi_{y_0}(0, y_a)y_0 + O(y_0^2)$ であるから $\text{Im}\,\phi_{y_0}(y^*) < 0$ に注意すると正数 $C > 0$ があって $y_0 \leq 0$ で

$$\text{Im}\,\phi \geq (y_1 - y_1^*)^2 + y_2^2 + \bigl(\text{Im}\,\phi_{y_0}(y^*) + C|y_a - y_a^*|\bigr)y_0$$

が成り立つ．$\alpha = \text{Im}\,\phi_{y_0}(y^*)$ とおいて

$$(y_1 - y_1^*)^2 + y_2^2 + \alpha y_0 + \frac{1}{2}(\epsilon^{-1}y_0 + \epsilon C|y_a - y_a^*|)^2 - \frac{\epsilon^{-2}}{2}y_0^2 - \frac{\epsilon^2 C^2}{2}|y_a - y_a^*|^2$$

$$= \left(1 - \frac{\epsilon^2 C^2}{2}\right)|y_a - y_a^*|^2 + \left(\alpha - \frac{\epsilon^{-2}}{2}y_0\right)y_0 + \frac{1}{2}(\epsilon^{-1}y_0 + \epsilon C|y_a - y_a^*|)^2$$

が成立する．したがって $\delta > 0$ を十分小にとると $-\text{Im}\,\phi$ は $\{y \mid |y - y^*| < \delta, y_0 \leq 0\}$ において y^* で狭義の最大値をとる．y^* の近傍では $y_1 \neq 0$ で v_j を決める方程式の主要部は $2\phi_{y_1}D_1 + 2cy_1 D_0$ であるから方程式を y_0 方向に解いて v_j が決まる．

(ii) $b = -\gamma^2$ の場合：ϕ としては $\phi_{y_1} = \sqrt{\gamma^2 - 2cy_1\phi_{y_0}}$ を満たし，$y_1 - 0$ では

$$\phi = -iy_0 + iy_2^2$$

となるものを選ぶ．このとき

$$\phi_{y_1} = \left(\gamma + i\frac{cy_1}{\gamma}\right) + O(y_1^2)$$

は明らかである．ここで γ の符号は自由に選べることに注意する．これより

$$\phi = -iy_0 + iy_2^2 + \left(\gamma + i\frac{cy_1}{\gamma}\right)y_1 + O(y_1^3)$$

となり，したがって $\text{Im}\,\phi \geq -y_0 + y_2^2 + (c/\gamma)y_1^2 - C|y_1|^3$ が成り立つ．いま γ の符号を $c/\gamma > 0$ となるように選ぶ．このとき $\delta > 0$ を小さく選べば $-\text{Im}\,\phi$ は $\{y \mid |y| < \delta, y_0 \leq 0\}$ において $y = 0$ で狭義の最大値をとる．$y = 0$ の近傍では $\phi_{y_1} \neq 0$ であるから方程式を y_1 方向に解くことによって v_j を求めることができる．

以上のことから (II) あるいは (III) の場合にも (I) の場合の証明を繰り返せば (14.4.28) の下では初期値問題が適切でないことが示せる．すなわち $b \geq 0$ が初期値問題の適切性のために必要である．$\xi_2 \to -\xi_2$ として同様に $b \leq 0$ も必要であることが従う．以上で定理 6.3.3 の証明が終わる． □

14.1 節の例における Ivrii-Petkov-Hörmander 条件の意味の明瞭さに比べて実際の証明が複雑であるのは証明の過程において因果律を保つ座標系の変換しか利用できない，ということが大きな原因の 1 つである．

第15章 Gevrey クラスでの初期値問題

この章では Gevrey クラス $m/(m-1)$ を係数とし実特性根をもつ m 階の微分作用素に対して初期値問題が Gevrey クラス $m/(m-1)$ で適切となる，という Bronshtein の結果を証明する．Gevrey クラスの評価をもつシンボル $p(x,\xi)$ に対して合成 $\exp(\langle D'\rangle^{(m-1)/m})p(x,D)\exp(-\langle D'\rangle^{-(m-1)/m})$ を考える．これは $p(x,D)$ と同じ階数の作用素 $\tilde{p}(x,D)$ になる．特性根の Lipschitz 連続性を利用して，$\tilde{p}(x,D)$ を含み Weyl-Hörmander calculus が適用できるような擬微分作用素のクラスが設定できることを示し，$\tilde{p}(x,D)$ がこのクラスの中で逆をもつことを証明することによって解を時空全空間で求める．この解が因果律を満たすことを確かめるには別の考察が必要となる．

15.1 合成公式

最初に $u(x)\in\gamma_0^{(s)}(\mathbb{R}^n)$ の Fourier 変換 $\hat{u}(\xi)$ について簡単な評価を求めておく．

補題 15.1.1 $u(x)\in\gamma_0^{(s)}(\mathbb{R}^n)$ とする．このとき正数 $L,C>0$ が存在して
$$|\hat{u}(\xi)|\leq Ce^{-L|\xi|^{1/s}} \tag{15.1.1}$$
が成立する．逆にある正数 $L,C>0$ に対して u の Fourier 変換 $\hat{u}$ が (15.1.1) を満たせば $u\in\gamma^{(s)}(\mathbb{R}^n)$ である．

［証明］部分積分によって
$$(i\xi)^\alpha \hat{u}(\xi)=\int e^{-ix\xi}\partial_x^\alpha u(x)dx$$
であるから $|\xi|^{|\alpha|}|\hat{u}(\xi)|\leq CA^{|\alpha|}|\alpha|^{s|\alpha|}$ が従う．ここで $|\alpha|=[(|\xi|/eA)^{1/s}]$ と選ぶと
$$|\hat{u}(\xi)|\leq C(A|\alpha|^s/|\xi|)^{|\alpha|}\leq C'e^{-(|\xi|/eA)^{1/s}}$$
が成り立つ．逆に $\hat{u}$ が (15.1.1) を満たせば，
$$|D_x^\alpha u(x)|=(2\pi)^{n/2}\left|\int e^{ix\xi}\xi^\alpha \hat{u}(\xi)d\xi\right|\leq C\int |\xi|^{|\alpha|}e^{-L|\xi|^{1/s}}d\xi$$

において $|\xi|^{|\alpha|}e^{-L|\xi|^{1/s}} \leq (s/L'e^s)^{|\alpha|}|\alpha|^{s|\alpha|}e^{-(L-L')|\xi|^{1/s}}$ に注意すれば $u \in \gamma^{(s)}(\mathbb{R}^n)$ が従う。 □

定義 15.1.1 $1 < s$, $m \in \mathbb{R}$ とする。γ によらない正数 $C > 0$, $A > 0$ が存在して任意の $\alpha, \beta \in \mathbb{N}^n$ に対して

$$|\partial_x^\beta \partial_\xi^\alpha a(x,\xi;\gamma)| \leq CA^{|\alpha+\beta|}|\alpha+\beta|!^s \langle\xi\rangle_\gamma^{m-|\alpha|}$$

を満たす $a(x,\xi;\gamma) \in C^\infty(\mathbb{R}^n \times \mathbb{R}^n)$ の全体を $S_{(s)}(\langle\xi\rangle_\gamma^m, g_0)$ と表す。

以下しばしば γ を省略して単に $a(x,\xi)$ と書く。特に $a(x,\xi)$ が $|x| > R$ では定数であるような $a_\alpha(x) \in \gamma^{(s)}(\mathbb{R}^n)$ を係数とする ξ の m 次多項式のとき $a(x,\xi) \in S_{(s)}(\langle\xi\rangle_\gamma^m, g_0)$ である。

補題 15.1.2 $f \in S_{(s)}(\langle\xi\rangle_\gamma^\kappa, g_0)$, $\kappa > 0$ とし $\omega_\beta^\alpha = e^{-f}\partial_x^\beta \partial_\xi^\alpha e^f$ とおく。このとき $\Lambda_i > 0$ が存在して

$$|\partial_x^\nu \partial_\xi^\mu \omega_\beta^\alpha| \leq CA_1^{|\nu+\mu|}A_2^{|\alpha+\beta|}\langle\xi\rangle_\gamma^{-|\alpha+\mu|}\sum_{j=0}^{|\alpha+\beta|}\langle\xi\rangle_\gamma^{\kappa(|\alpha+\beta|-j)}(|\mu+\nu|+j)!^s$$

が成立する。

[証明] $\langle\xi\rangle_\gamma^\kappa$ を M と置き換えれば補題 12.4.3 の証明とほとんど同じであるがもう一度繰り返しておく。$f \in S_{(s)}(\langle\xi\rangle_\gamma^\kappa, g_0)$ より $|\mu+\nu| \geq 1$ に対して

$$|\partial_x^\nu \partial_\xi^\mu f| \leq C_0 A_0^{|\mu+\nu|}(|\mu+\nu|-1)!^s\langle\xi\rangle_\gamma^{\kappa-|\mu|}$$

が成り立っている。$|\alpha+\beta|$ に関する帰納法で証明しよう。$|\alpha+\beta|=0$ なら $\omega_\beta^\alpha = 1$ ゆえ主張は明らか。いま主張が $|\alpha+\beta| \leq \ell$ に対して成立すると仮定する。$|e+e'|=1$ としよう。

$$(\omega_{\beta+e'}^{\alpha+e})_{(\nu)}^{(\mu)} = (\omega_\beta^\alpha)_{(e'+\nu)}^{(e+\mu)} + (f_{(e')}^{(e)}\omega_\beta^\alpha)_{(\nu)}^{(\mu)}$$

であるから

$$\left|(\omega_{\beta+e'}^{\alpha+e})_{(\nu)}^{(\mu)}\right| \leq CA_1^{|\mu+\nu|+1}A_2^{|\alpha+\beta|}\langle\xi\rangle_\gamma^{-|\alpha+\mu+e|}$$

$$\times \sum_{j=0}^{|\alpha+\beta|}\langle\xi\rangle_\gamma^{\kappa(|\alpha+\beta|-j)}(|\mu+\nu|+j+1)!^s$$

$$+ C_0 C \sum \binom{\nu}{\nu'}\binom{\mu}{\mu'}A_0^{|\mu'+\nu'|+1}\langle\xi\rangle_\gamma^{\kappa-|\mu'+e|}|\mu'+\nu'|!^s$$

$$\times A_1^{|\mu''+\nu''|}A_2^{|\alpha+\beta|}\langle\xi\rangle_\gamma^{-|\alpha+\mu''|}$$

$$\times \sum_{j=0}^{|\alpha+\beta|}\langle\xi\rangle_\gamma^{\kappa(|\alpha+\beta|-j)}(|\mu''+\nu''|+j)!^s$$

と評価される。右辺第 2 項は

$$C_0 C A_2^{|\alpha+\beta|} \sum_{j=0}^{|\alpha+\beta|} \langle\xi\rangle_\gamma^{\kappa(|\alpha+\beta|+1-j)} \langle\xi\rangle_\gamma^{-|\alpha+\mu+e|}$$
$$\times \sum \binom{\nu}{\nu'}\binom{\mu}{\mu'} A_0^{|\mu'+\nu'|+1} |\mu'+\nu'|!^s A_1^{|\mu''+\nu''|} (|\mu''+\nu''|+j)!^s$$
$$\le C_0 C A_2^{|\alpha+\beta|} \langle\xi\rangle_\gamma^{-|\alpha+\mu-e|}$$
$$\times \sum_{j=0}^{|\alpha+\beta|} \langle\xi\rangle_\gamma^{\kappa(|\alpha+\beta|+1-j)} \frac{A_0}{A_1-A_0} A_1^{|\mu+\nu|+1} (|\mu+\nu|+j)!^s$$

と評価される．ここで A_1 と A_2 を

$$\frac{C_0 A_0 A_1}{(A_1-A_0)A_2} + \frac{A_1}{A_2} \le 1$$

が成立するように選ぶと

$$\left| (\omega_{\beta+e'}^{\alpha+e})_{(\nu)}^{(\mu)} \right| \le C A_1^{|\mu+\nu|} A_2^{|\alpha+\beta|+1} \langle\xi\rangle_\gamma^{-|\alpha+\mu+e|} \sum_{j=0}^{|\alpha+\beta|+1} \langle\xi\rangle_\gamma^{\kappa(|\alpha+\beta|+1-j)} (|\mu+\nu|+j)!^s$$

となり $|\alpha+\beta| = \ell+1$ のときにも主張が成り立つことが分かる． □

系 15.1.1 次の評価が成り立つ．

$$|\partial_x^\beta \partial_\xi^\alpha e^f| \le C e^f A^{|\alpha+\beta|} \langle\xi\rangle_\gamma^{-|\alpha|} \sum_{j=0}^{|\alpha+\beta|} \langle\xi\rangle_\gamma^{\kappa(|\alpha+\beta|-j)} j!^s$$
$$\le C A_1^{|\alpha+\beta|} |\alpha+\beta|!^s \langle\xi\rangle_\gamma^{-|\alpha|} e^f e^{\langle\xi\rangle_\gamma^{\kappa/s}}.$$

[証明] 任意の $N \in \mathbb{N}$ に対して $e^{-\langle\xi\rangle_\gamma^{\kappa/s}} \langle\xi\rangle_\gamma^{\kappa N} \le C^N N!^s$ が成立するので

$$e^{-\langle\xi\rangle_\gamma^{\kappa/s}} \sum_{j=0}^{|\alpha+\beta|} \langle\xi\rangle_\gamma^{\kappa(|\alpha+\beta|-j)} j!^s \le C^{|\alpha+\beta|} |\alpha+\beta|!^s$$

を得る．これより 2 番目の不等式が従う． □

補題 15.1.2 と系 15.1.1 の証明において $\langle\xi\rangle_\gamma^\kappa$ を正で大なパラメーター $h > 0$ に置き換え $f = hb(x,\xi)$, $b(x,\xi) \in S_{(s)}(1,g_0)$ として同じ議論を繰り返すと

系 15.1.2 $b(x,\xi) \in S_{(s)}(1,g_0)$ とする．このとき $h > 0$ によらない正数 A_1, C_1 があって任意の $h > 0$ に対して

$$|\partial_x^\beta \partial_\xi^\alpha e^{hb(x,\xi)}| \le C_1 A_1^{|\alpha+\beta|} |\alpha+\beta|!^s \langle\xi\rangle_\gamma^{-|\alpha|} e^{hb} e^{h^{1/s}}$$

が成立する．特に $\sup_{x,\xi} b(x,\xi) < 0$ ならば h について一様に $e^{hb(x,\xi)} \in S_{(s)}(1,g_0)$ である．

補題 15.1.3 $a(x,\xi) \in S_{(s)}(\langle\xi\rangle_\gamma^m, g_0)$ は $|\alpha| > 0$ のとき $|x| \leq R$ の外では $\partial_x^\alpha a(x,\xi) = 0$ を満たすとする.
$$e^{t\langle D\rangle_\gamma^\kappa} a(x,D) e^{-t\langle D\rangle_\gamma^\kappa} = b(x,D)$$
と書くとき $b(x,\xi)$ は
$$b(x,\xi) = \int e^{-iy\eta} e^{t\langle\xi+\frac{\eta}{2}\rangle^\kappa - t\langle\xi-\frac{\eta}{2}\rangle^\kappa} a(x+y,\xi) dy d\eta$$
で与えられる.

[証明] $t=1$ として示せばよい. 記号を簡単にするために $\phi(\xi) = \langle\xi\rangle_\gamma^\kappa$ とおく.
$$e^{\phi(D)} a(x,D) v = \int e^{i(x\xi - z\xi + (z-y)\eta)} e^{\phi(\xi)} a\left(\frac{z+y}{2}, \eta\right) v(y) dy d\eta dz d\xi$$
に
$$v = e^{-\phi(D)} u(y) = \int e^{iy\zeta - \phi(\zeta)} \hat{u}(\zeta) d\zeta$$
を代入すると
$$e^{\phi(D)} a(x,D) e^{-\phi(D)} u = \int e^{ix\zeta} I(x,\zeta,\mu) \hat{u}(\zeta) d\zeta$$
を得る. ここで
$$I = \int e^{i(x\xi - z\xi + (z-y)\eta + y\zeta - x\zeta)} e^{\phi(\xi)} a\left(\frac{z+y}{2}, \eta\right) e^{-\phi(\zeta)} dy d\eta dz d\xi$$
である. 変数変換 $\tilde{z} = (y+z)/2, \tilde{y} = (y-z)/2$ を行うと
$$I = 2^n \int e^{i\tilde{y}(\xi - 2\eta + \zeta)} d\tilde{y} \int e^{-i(\tilde{z}-x)(\xi-\zeta)} e^{\phi(\xi)} a(\tilde{z}, \eta) e^{-\phi(\zeta)} d\eta d\tilde{z} d\xi$$
$$= 2^n \int e^{-2i(\tilde{z}-x)(\eta-\zeta)} e^{\phi(2\eta-\zeta)} a(\tilde{z}, \eta) e^{-\phi(\zeta)} d\eta d\tilde{z}$$
$$= \int e^{-i\tilde{z}\eta} e^{\phi(\sqrt{2}\eta + \zeta) - \phi(\zeta)} a\left(x + \frac{\tilde{z}}{\sqrt{2}}, \zeta + \frac{\eta}{\sqrt{2}}\right) d\eta d\tilde{z}$$
となり
$$e^{\phi(D)} a(x,D) e^{-\phi(D)} u = \int e^{i(x-y)\xi} p(x,\xi) u(y) dy d\xi = \text{Op}^0(p) u$$
を得る. ここで
$$p(x,\xi) = \int e^{-iy\eta} e^{\phi(\xi + \sqrt{2}\eta) - \phi(\xi)} a\left(x + \frac{y}{\sqrt{2}}, \xi + \frac{\eta}{\sqrt{2}}\right) dy d\eta \qquad (15.1.2)$$
とおいた. 一方 $b(x,D) = \text{Op}^0(p)$ と書くと補題 4.1.1 より $b(x,\xi)$ は
$$b(x,\xi) = \int e^{iz\zeta} p\left(x + \frac{z}{\sqrt{2}}, \xi + \frac{\zeta}{\sqrt{2}}\right) dz d\zeta \qquad (15.1.3)$$
で与えられる. いま (15.1.3) に (15.1.2) を代入して

$$b(x,\xi) = \int e^{i(z\zeta - y\eta)} e^{\phi(\sqrt{2}\eta + \xi + \frac{\zeta}{\sqrt{2}}) - \phi(\xi + \frac{\zeta}{\sqrt{2}})} a\left(x + \frac{z+y}{\sqrt{2}}, \xi + \frac{\eta + \zeta}{\sqrt{2}}\right) dy d\eta dz d\zeta$$

を得る. ここで変数変換

$$\tilde{z} = \frac{z+y}{\sqrt{2}}, \quad \tilde{y} = \frac{y-z}{\sqrt{2}}, \quad \tilde{\zeta} = \frac{\zeta + \eta}{\sqrt{2}}, \quad \tilde{\eta} = \frac{\eta - \zeta}{\sqrt{2}}$$

を行うと

$$b(x,\xi) = \int e^{-i(\tilde{z}\tilde{\eta} + \tilde{y}\tilde{\zeta})} e^{\phi(\frac{3\tilde{\zeta}}{2} + \xi + \frac{\tilde{\eta}}{2}) - \phi(\xi + \frac{\tilde{\zeta}}{2} - \frac{\tilde{\eta}}{2})} a(x + \tilde{z}, \xi + \tilde{\zeta}) d\tilde{y} d\tilde{\eta} d\tilde{z} d\tilde{\zeta}$$

$$= \int e^{-i\tilde{z}\tilde{\eta}} e^{\phi(\xi + \frac{\tilde{\eta}}{2}) - \phi(\xi - \frac{\tilde{\eta}}{2})} a(x + \tilde{z}, \xi) d\tilde{z} d\tilde{\eta}$$

が従う. これが求める式であった. □

命題 15.1.1 $\kappa = (m-1)/m$, $s = m/(m-1)$ とする. $a(x,\xi) \in S_{(s)}(\langle\xi\rangle_\gamma^m, g_0)$ は $|\alpha| > 0$ に対して $|x| \leq R$ の外では $\partial_x^\alpha a(x,\xi) = 0$ を満たしているとする. このとき $e^{t\langle D\rangle_\gamma^\kappa} a(x,D) e^{-t\langle D\rangle_\gamma^\kappa} = b(x,D)$ とすると $b(x,\xi)$ は

$$b(x,\xi) = \sum_{|\alpha| < m} \frac{1}{\alpha!} D_x^\alpha a(x,\xi) (t\nabla_\xi \langle\xi\rangle_\gamma^\kappa)^\alpha + R(x,\xi)$$

で与えられる. ここで R は $|t|$ が小なら $R(x,\xi) \in S(\langle\xi\rangle_\gamma^{m-1}, g_0)$ である. 特に $a(x,\xi) \in S_{(s)}(\langle\xi\rangle_\gamma^{m-1}, g_0)$ なら $|t|$ が小のとき

$$e^{t\langle D\rangle_\gamma^\kappa} a(x,D) e^{-t\langle D\rangle_\gamma^\kappa} \in \text{Op} S^{m-1}$$

である.

［証明］ $\phi(\xi) = t\langle\xi\rangle_\gamma^\kappa$ とおく. 補題 15.1.3 より

$$b(x,\xi) = \int e^{-iy\eta} e^{\phi(\xi + \frac{\eta}{2}) - \phi(\xi - \frac{\eta}{2})} a(x+y, \xi) dy d\eta \tag{15.1.4}$$

である.

$a(x+y, \xi)$
$$= \sum_{|\alpha| < m} \frac{1}{\alpha!} D_x^\alpha a(x,\xi)(iy)^\alpha + \sum_{|\alpha| = m} \frac{m}{\alpha!} (iy)^\alpha \int_0^1 (1-\theta)^{m-1} D_x^\alpha a(x + \theta y, \xi) d\theta$$

を (15.1.4) に代入して

$$b(x,\xi) = \sum_{|\alpha| < m} \frac{1}{\alpha!} \int e^{-iy\eta} e^{\phi(\xi + \frac{\eta}{2}) - \phi(\xi - \frac{\eta}{2})} D_x^\alpha a(x,\xi)(iy)^\alpha dy d\eta$$

$$+ \sum_{|\alpha| = m} \frac{m}{\alpha!} \int e^{-iy\eta} e^{\phi(\xi + \frac{\eta}{2}) - \phi(\xi - \frac{\eta}{2})} (iy)^\alpha dy d\eta \tag{15.1.5}$$

$$\times \int_0^1 (1-\theta)^{m-1} D_x^\alpha a(x + \theta y, \xi) d\theta$$

を得る．$e^{-iy\eta}(iy)^\alpha = (-\partial_\eta)^\alpha e^{-iy\eta}$ より (15.1.5) の右辺第 1 項は

$$\sum_{|\alpha|<m} \frac{1}{\alpha!} \partial_\eta^\alpha e^{\phi(\xi+\frac{\eta}{2})-\phi(\xi-\frac{\eta}{2})}\Big|_{\eta=0} D_x^\alpha a(x,\xi) \tag{15.1.6}$$

に等しい．ところで $\partial_\eta^\alpha e^{\phi(\xi+\frac{\eta}{2})-\phi(\xi-\frac{\eta}{2})}\Big|_{\eta=0}$ は

$$\partial_\xi^{\alpha_1}\phi(\xi)\cdots\partial_\xi^{\alpha_s}\phi(\xi), \quad \sum_{j=1}^s \alpha_j = \alpha, \ |\alpha_j| \geq 1$$

の 1 次結合である．ある j について $|\alpha_j| \geq 2$ とすると，$s \leq |\alpha|-1$ であるから $s\kappa - |\alpha| \leq -(1-\kappa)|\alpha| - \kappa \leq -2+\kappa = -1-1/m$ より

$$\partial_\xi^{\alpha_1}\phi(\xi)\cdots\partial_\xi^{\alpha_s}\phi(\xi) \in S(\langle\xi\rangle_\gamma^{-1-1/m}, g_0)$$

となり，$|\alpha_j|=1$ の項のみを集めて残りを r とすると (15.1.6) は

$$\sum_{|\alpha|<m} \frac{1}{\alpha!} D_x^\alpha a(x,\xi)(t\nabla_\xi\langle\xi\rangle_\gamma^\kappa)^\alpha + r, \quad r \in S(\langle\xi\rangle_\gamma^{m-1-1/m}, g_0)$$

である．次に

$$H_\alpha(\xi,\eta) = \frac{1}{\alpha!}\partial_\eta^\alpha e^{\phi(\xi+\frac{\eta}{2})-\phi(\xi-\frac{\eta}{2})}$$
$$= 2^{-|\alpha|}\sum_{\beta+\gamma=\alpha}\frac{1}{\beta!\gamma!}\partial_\xi^\beta e^{\phi(\xi+\frac{\eta}{2})}(-\partial_\xi)^\gamma e^{-\phi(\xi-\frac{\eta}{2})}$$

とおくと (15.1.5) の右辺第 2 項は定数倍を除いて

$$\sum_{|\alpha|=m}\int e^{-iy\eta}H_\alpha(\xi,\eta)dyd\eta\int_0^1(1-\theta)^{m-1}D_x^\alpha a(x+\theta y,\xi)d\theta$$
$$= \sum_{|\alpha|=m}\int\int_0^1 e^{ix\eta}(1-\theta)^{m-1}H_\alpha(\xi,\theta\eta)d\eta d\theta\int e^{-iy\eta}D_x^\alpha a(y,\xi)dy$$

に等しい．$A_\alpha(\eta,\xi) = \int e^{-iy\eta}D_x^\alpha a(y,\xi)dy$ とおくと，さらに

$$R_m = \sum_{|\alpha|=m}\int\int_0^1 e^{ix\eta}(1-\theta)^{m-1}H_\alpha(\xi,\theta\eta)A_\alpha(\eta,\xi)d\eta d\theta \tag{15.1.7}$$

となる．

補題 15.1.4 正数 $c>0$ が存在して任意の $\delta \in \mathbb{N}^n$ に対して

$$|\partial_\xi^\delta A_\alpha(\eta,\xi)| \leq C_{\alpha\delta}\langle\xi\rangle_\gamma^{m-|\delta|}e^{-c\langle\eta\rangle^\kappa}$$

が成立する．

［証明］ 部分積分より

$$\eta^\nu\partial_\xi^\delta A_\alpha(\eta,\xi) = \int e^{-iy\eta}\partial_\xi^\delta D_x^{\alpha+\nu}a(y,\xi)dy$$

であるから

$$|\partial_\xi^\delta A_\alpha(\eta,\xi)| \leq C_\delta \langle\xi\rangle_\gamma^{m-|\delta|} A^{|\alpha+\nu|} |\alpha+\nu|!^s \langle\eta\rangle^{-|\nu|}$$
$$\leq C_{\alpha\delta} \langle\xi\rangle_\gamma^{m-|\delta|} A^{|\nu|} |\nu|!^s \langle\eta\rangle^{-|\nu|}$$

が成り立つ．ここで $A^{|\nu|}|\nu|!^s \langle\eta\rangle^{-|\nu|}$ を最小にするように ν を選べばよい． □

さて $H_\alpha(\xi,\eta)$ は

$$\partial_\xi^{\beta_1} \phi\left(\xi+\frac{\eta}{2}\right) \cdots \partial_\xi^{\beta_s} \phi\left(\xi+\frac{\eta}{2}\right) \partial_\xi^{\gamma_1} \phi\left(\xi-\frac{\eta}{2}\right) \cdots \partial_\xi^{\gamma_t} \phi\left(\xi-\frac{\eta}{2}\right) e^{\phi(\xi+\frac{\eta}{2})-\phi(\xi-\frac{\eta}{2})}$$
$$= h_{\beta_1,\ldots,\beta_s,\gamma_1,\ldots,\gamma_t}(\xi,\eta) e^{\phi(\xi+\frac{\eta}{2})-\phi(\xi-\frac{\eta}{2})}$$

の形をした項の 1 次結合である．ただし $\sum \beta_j = \beta$, $\sum \gamma_j = \gamma$ および $|\beta_j| \geq 1$, $|\gamma_j| \geq 1$, $\beta+\gamma = \alpha$ である．ここで $\langle\xi\pm\eta/2\rangle_\gamma^r \leq C_r \langle\xi\rangle_\gamma^r \langle\eta\rangle^{|r|}$ より

$$|\partial_\xi^\delta h_{\beta_1,\ldots,\beta_s,\gamma_1,\ldots,\gamma_t}(\xi,\eta)| \leq C_\delta \langle\xi\rangle_\gamma^{-|\alpha|(1-\kappa)-|\delta|} \langle\eta\rangle^{|\alpha|+|\delta|} \tag{15.1.8}$$

であることは容易に分かる．一方で $0 < \theta < 1$ が存在して

$$\partial_\xi^\alpha \left(\phi\left(\xi+\frac{\eta}{2}\right) - \phi\left(\xi-\frac{\eta}{2}\right)\right)$$
$$= \sum_{k=1}^n \frac{1}{2} \eta_k \left(\partial_\xi^\alpha \partial_{\xi_k} \phi\left(\xi+\frac{\theta\eta}{2}\right) + \partial_\xi^\alpha \partial_{\xi_k} \phi\left(\xi-\frac{\theta\eta}{2}\right)\right) \tag{15.1.9}$$

であるから $\langle\xi\pm\theta\eta/2\rangle_\gamma^{\kappa-1-|\alpha|} \leq \langle\xi\pm\theta\eta/2\rangle_\gamma^{-|\alpha|} \leq C_\alpha \langle\xi\rangle_\gamma^{-|\alpha|} \langle\eta\rangle^{|\alpha|}$ に注意すると

$$\left|\partial_\xi^{\alpha_1}\left(\phi\left(\xi+\frac{\eta}{2}\right)-\phi\left(\xi-\frac{\eta}{2}\right)\right) \cdots \partial_\xi^{\alpha_t}\left(\phi\left(\xi+\frac{\eta}{2}\right)-\phi\left(\xi-\frac{\eta}{2}\right)\right)\right|$$
$$\leq C_\alpha \langle\xi\rangle_\gamma^{-|\alpha|} \langle\eta\rangle^{2|\alpha|}, \quad \alpha = \alpha_1 + \cdots + \alpha_t$$

が成立するので

$$\left|\partial_\xi^\delta e^{\phi(\xi+\frac{\eta}{2})-\phi(\xi-\frac{\eta}{2})}\right| \leq C_\delta \langle\xi\rangle_\gamma^{-|\delta|} \langle\eta\rangle^{2|\delta|} e^{\phi(\xi+\eta/2)-\phi(\xi-\eta/2)} \tag{15.1.10}$$

が従う．ここで $c_1 > 0$ が存在して

$$|\phi(\xi+\eta/2) - \phi(\xi-\eta/2)| \leq c_1 t \langle\eta\rangle^\kappa$$

が成立する．実際 $\gamma + |\xi| \geq |\eta|$ なら $|\theta| \leq 1$ に対し $\langle\xi\rangle_\gamma \approx \langle\xi\pm\theta\eta/2\rangle_\gamma$ であるから (15.1.9) より

$$|\phi(\xi+\eta/2) - \phi(\xi-\eta/2)| \leq Ct \langle\eta\rangle \langle\xi\pm\theta\eta/2\rangle_\gamma^{\kappa-1} \leq C't\langle\eta\rangle\langle\xi\rangle_\gamma^{\kappa-1} \leq C''t\langle\eta\rangle^\kappa$$

である．一方 $\gamma + |\xi| \leq |\eta|$ なら $\langle\xi\pm\eta/2\rangle_\gamma \leq C\langle\eta\rangle$ より明らかである．(15.1.8) および (15.1.10) から

$$|\partial_\xi^\delta H_\alpha(\eta,\eta)| \leq C_{\alpha,\delta} \langle\xi\rangle_\gamma^{-|\alpha|(1-\kappa)} \langle\xi\rangle_\gamma^{-|\delta|} \langle\eta\rangle^{|\alpha|+2|\delta|} e^{c_1 t\langle\eta\rangle^\kappa} \tag{15.1.11}$$

が成り立つ．ゆえに補題 15.1.4 および (15.1.11) から

$$|\partial_\xi^\delta(H_\alpha(\xi,\eta)A_\alpha(\eta,\xi))| \leq C_{\alpha,\delta}\langle\xi\rangle_\gamma^{m-|\delta|-|\alpha|(1-\kappa)}\langle\eta\rangle^{|\alpha|+2|\delta|}e^{-(c-c_1t)\langle\eta\rangle^\kappa}$$

である．ここで $c > 0$ は補題 15.1.4 のそれである．以上より $c - c_1 t > 0$ ならば

$$|\partial_x^\alpha \partial_\xi^\delta R_m(x,\xi)| \leq C_\delta \langle\xi\rangle_\gamma^{m-|\delta|-m(1-\kappa)}$$

となり $m(1-\kappa) = 1$ であるから結論が従う． □

ここで定義 1.2.2 の条件を少し変更した Gevrey クラスを導入しよう．

定義 15.1.2 $s \geq 1$ とし V を $\mathbb{R}^n$ の開集合とする．このとき $f(x) \in C^\infty(V)$ が Gevrey クラス $\langle s \rangle$ であるとは，任意のコンパクト集合 $K \subset V$ および任意の $A > 0$ に対して正数 C が存在して

$$|\partial_x^\alpha f(x)| \leq CA^{|\alpha|}|\alpha|!^s, \quad x \in K$$

がすべての $\alpha \in \mathbb{N}^n$ について成立することとする．V 上で Gevrey クラス $\langle s \rangle$ の関数全体を $\gamma^{\langle s \rangle}(V)$ で表すことにする．また $\gamma_0^{\langle s \rangle}(V) = \gamma^{\langle s \rangle}(V) \cap C_0^\infty(V)$ とおく．

補題 15.1.1 の証明から次は明らかであろう．

補題 15.1.5 $u(x) \in \gamma_0^{\langle s \rangle}(\mathbb{R}^n)$ とする．このとき任意の $L > 0$ に対して $C > 0$ が存在して

$$|\hat{u}(\xi)| \leq Ce^{-L|\xi|^{1/s}} \tag{15.1.12}$$

が成立する．逆に任意の $L > 0$ に対して $C > 0$ が存在し u の Fourier 変換 $\hat{u}$ が (15.1.12) を満たせば $u \in \gamma^{\langle s \rangle}(\mathbb{R}^n)$ である．

定義 15.1.1 も少し変更して次のクラスを導入しよう．

定義 15.1.3 $1 < s$, $m \in \mathbb{R}$ とする．任意の $A > 0$ に対して γ によらない正数 $C > 0$ が存在して任意の $\alpha, \beta \in \mathbb{N}^n$ に対して

$$|\partial_x^\beta \partial_\xi^\alpha a(x,\xi;\gamma)| \leq CA^{|\alpha+\beta|}|\alpha+\beta|!^s \langle\xi\rangle_\gamma^{m-|\alpha|}$$

を満たす $a(x,\xi;\gamma) \in C^\infty(\mathbb{R}^n \times \mathbb{R}^n)$ の全体を $S_{\langle s \rangle}(\langle\xi\rangle_\gamma^m, g_0)$ で表す．

このシンボルクラスを利用すると命題 15.1.1 は次のように改良される．

命題 15.1.2 $\kappa = (m-1)/m$, $s = m/(m-1)$ とする．$a(x,\xi) \in S_{\langle s \rangle}(\langle\xi\rangle_\gamma^m, g_0)$ は $|\alpha| > 0$ に対して $|x| \leq R$ の外では $\partial_x^\alpha a(x,\xi) = 0$ を満たしているとする．このとき $e^{t\langle D\rangle_\gamma^\kappa} a(x,D) e^{-t\langle D\rangle_\gamma^\kappa} = b(x,D)$ とすると $b(x,\xi)$ は

$$b(x,\xi) = \sum_{|\alpha|<m} \frac{1}{\alpha!} D_x^\alpha a(x,\xi)(t\nabla_\xi \langle\xi\rangle_\gamma^\kappa)^\alpha + R(x,\xi)$$

で与えられる．ここで任意の t について $R(x,\xi) \in S(\langle\xi\rangle_\gamma^{m-1}, g_0)$ である．特に $a(x,\xi) \in S_{\langle s \rangle}(\langle\xi\rangle_\gamma^{m-1}, g_0)$ のとき

$$e^{t\langle D\rangle_\gamma^\kappa} a(x,D) e^{-t\langle D\rangle_\gamma^\kappa} \in \mathrm{Op}S^{m-1}$$

である．

15.2　合成シンボルの評価

$\mathbb{R}^n$ で定義された m 階の微分作用素

$$P = \sum_{|\alpha| \leq m} a_\alpha(x) D^\alpha = D_1^m + \sum_{\alpha_1 < m, |\alpha| \leq m} a_\alpha(x) D^\alpha$$

を考える. $p(x,\xi)$ をその主シンボルとし θ 方向に双曲型で係数 $a_\alpha(x)$ はある

$$1 < s \leq \frac{m}{m-1}$$

について $a_\alpha(x) \in \gamma^{\langle s \rangle}(\mathbb{R}^n)$ で, さらに適当な $R > 0$ について $|x| \geq R$ では定数であるとする. P の Weyl シンボルを $P(x,\xi) = \sum_{k=0}^{m} P_k(x,\xi)$ とする. したがって $P = P(x,D)$ である. $P_k(x,\xi)$ は ξ の k 次斉次多項式で $P_k(x,\xi) = \sum_{j=0}^{k} A_{k,k-j}(x,\xi')\xi_1^j$ と書ける. 特に $p(x,\xi) = P_m(x,\xi)$ を

$$p(x,\xi) = \sum_{j=0}^{m} a_{m-j}(x,\xi')\xi_1^j$$

と書こう. さて $T > 1$ を任意に固定し $x_1 < 0$ で 0 となる f に対して

$$\begin{cases} Pu = f, & x \in \mathbb{R}^n, \ |x_1| < T-1, \\ u = 0, & x_1 \leq 0 \end{cases} \quad (15.2.13)$$

を満たす $u(x)$ を求めよう. この問題を $\mathbb{R}^n$ 全空間で考察できるように $p(x,\xi)$ の代わりに $0 \leq \chi_1(t) \in \gamma_0^{\langle s \rangle}(\mathbb{R})$ を $|t| \leq T-1$ では 1 で $|t| \geq T$ では 0 なるものとし, $h \geq 1$ は大きな正のパラメーターとして

$$\sum_{j=0}^{m} a_{m-j}(x,\xi')(\xi_1 - i(1-\chi_1(x_1))\langle\xi'\rangle_{h+\gamma})^j$$

を考える. このシンボルは $|x_1| \leq T-1$ では元の $p(x,\xi)$ に一致し, $|x_1| \geq T$ では $p(x, \xi_1 - i\langle\xi'\rangle_{h+\gamma}, \xi')$ に一致している. 以下このシンボルを同じ $p(x,\xi)$ で表す. 次に $b(x_1) \in C^\infty(\mathbb{R})$ として $\mathbb{R}$ 上で $b'(x_1) \geq 0$ で

$$b(x_1) = x_1, \quad |x_1| \leq T$$

を満たし, さらに $|x_1| \geq T+1$ では定数となるものを選び

$$P_h(x,D) = e^{-hb(x_1)} P e^{hb(x_1)} = \sum_{j=0}^{m} P_j(x,D,h) \quad (15.2.14)$$

とおく. ここで $P_j(x,D,h) = e^{-hb(x_1)} P_j(x,D) e^{hb(x_1)}$ とおいた. これらの擬微分作用素のシンボルの記述を容易にするために $\mathbb{R}^n \times \mathbb{R}^n$ 上の metric g を

$$g_{(x,\xi)}(y,\eta) = |y|^2 + \langle\xi'\rangle_\gamma^{-2} |\eta|^2$$

で定義しよう. $g_{(x,\xi)}$ は x, ξ_1 にはよらず $g_{(x,\xi)}(y,\eta) \geq |y|^2 + \langle \xi \rangle_\gamma^{-2} |\eta|^2$ であることに注意しよう.

$$a_{m-j}(x,\xi') \in S_{\langle s \rangle}(\langle \xi' \rangle_\gamma^{m-j}, g)$$

であるから $a_{m-j}(x,\xi')\xi_1^j \in S_{\langle s \rangle}(\langle \xi \rangle_\gamma^m, g)$ は明らかである. ここで一般に

$$a(x,\xi')\xi_1^\ell = \sum_{k=0}^\ell \frac{1}{(2i)^{\ell-k}} \binom{\ell}{k} (\partial_{x_1}^{\ell-k} a(x,\xi')) \# \xi_1^k$$

であるから

$$\mathrm{Op}(a(x,\xi')\xi_1^\ell) = \sum_{k=0}^\ell \frac{1}{(2i)^{\ell-k}} \binom{\ell}{k} (\partial_{x_1}^{\ell-k} a)(x,D') D_1^k \quad (15.2.15)$$

と書けることを注意しておく. また

$$\xi_1 - i(1-\chi_1(x_1))\langle \xi' \rangle_{h+\gamma} - ihb'(x_1) \in S_{\langle s \rangle}(\langle \xi \rangle_{h+\gamma}, g) \quad (15.2.16)$$

は明らかゆえ, (15.2.15) と $e^{-ihb(x_1)} a_{m-j}(x,D') D_1^j e^{ihb(x_1)} = a_{m-j}(x,D')(D_1 - ihb'(x_1))^j$ に注意して

$$p_h(x,\zeta) = p(x,\zeta_1 - i(1-\chi_1(x_1))\langle \xi' \rangle_{h+\gamma} - ihb'(x_1), \xi')$$

とおくとき $p_h(x,\xi) \in S_{\langle s \rangle}(\langle \xi \rangle_{h+\gamma}^m, g)$ であり $P_m(x,\xi,h) = p_h(x,\xi) + Q$ と書ける. ここで $Q \in S_{\langle s \rangle}(\langle \xi \rangle_{h+\gamma}^{m-1}, g)$ である. また $P_j(x,\xi,h) \in S_{\langle s \rangle}(\langle \xi \rangle_{h+\gamma}^j, g)$ も明らかである. ここで $v = e^{-hb(x_1)} u$ とおくと (15.2.13) は

$$P_h(x,D)v(x) = e^{-hb(x_1)} f(x), \quad v(x) = 0, \ x_1 \leq 0 \quad (15.2.17)$$

に帰着される. さらにこの問題を Sobolev 空間 $H^k(\mathbb{R}^n)$ での問題に帰着させよう. 小さな正のパラメーター $\epsilon_1 > 0$ を含む $\rho(x_1) \in \mathcal{B}^\infty(\mathbb{R})$ で条件

$$\begin{cases} 0 < \inf_{x_1 \in \mathbb{R}} \rho(x_1), \ \rho'(x_1) < 0, \ x_1 \in \mathbb{R}, \\ \rho'(x_1) = -\epsilon_1^{-1} \rho(x_1), \ |x_1| \leq T, \\ |\rho'(x_1)/\rho(x_1)| \leq \epsilon_1^{-1} C, \ x_1 \in \mathbb{R}, \\ |\rho^{(n)}(x_1)| \leq C_n \epsilon_1^{-n+1} |\rho'(x_1)|, \ x_1 \in \mathbb{R}, \ n = 1, 2, \ldots \end{cases} \quad (15.2.18)$$

を満たすものをとろう. 例えば $0 < \chi(t) \in C^\infty$ を $|t| \leq T$ では 1 で $|t| \geq 2T$ ではある $\alpha > 1$ について $\langle 2T \rangle^\alpha \langle t \rangle^{-\alpha}/2$ に一致するものとして

$$\rho(x_1) = e^{-F(x_1)/\epsilon_1}, \quad F(x_1) = \int_0^{x_1} \chi(t) dt \quad (15.2.19)$$

と定義する. $|F^{(n+1)}(x_1)| = |\chi^{(n)}(x_1)| \leq C_n \chi(x_1) = F'(x_1)$, $n = 0, 1, \ldots$ などに注意すれば ρ が (15.2.18) を満たすことは容易に確かめられる. いま正数 $c > 0$ が与えられているとしよう. (15.2.18) は正数倍に関して不変であるからこの ρ を適当に (ただし ϵ_1 には依存する) 正数倍すれば

$$c < \rho(x_1) < c_1 = c_1(\epsilon_1), \quad x_1 \in \mathbb{R}$$

が成立しているとしてよい．

$$\kappa = (m-1)/m \tag{15.2.20}$$

として $\phi(x_1, \xi')$ を

$$\phi(x_1, \xi') = \rho(x_1)\langle \xi' \rangle_\gamma^\kappa \tag{15.2.21}$$

とおく．このとき $\phi \in S(\langle \xi' \rangle_\gamma^\kappa, g)$ は明らかである．$\mathrm{Op}(e^{\pm \phi}) = e^{\pm \phi}$ と書くことにして

$$\tilde{P}_h(x, D) = e^\phi P_h(x, D) e^{-\phi}$$

とおくと (15.2.17) はさらに

$$\tilde{P}_h(x, D) u = e^\phi e^{-hb(x_1)} f$$

に帰着される．次に $\tilde{P}_h(x, \xi)$ を擬微分作用素として扱うために $\mathbb{R}^n \times \mathbb{R}^n$ 上の正の小さなパラメーター $\epsilon_1 > 0$ を含む (x_1, ξ_1) にはよらない metric

$$\bar{g}_{(x,\xi)}(y, \eta) = \epsilon_1 \langle \xi' \rangle_\gamma^{2(1-\kappa)} |y|^2 + \epsilon_1 \langle \xi' \rangle_\gamma^{-2\kappa} |\eta|^2$$

を考えよう．ここで $1/2 \leq \kappa < 1$ とする．$\gamma^{1-\kappa} \geq \epsilon_1^{-1/2}$ のときは $\bar{g}_{(x,\xi)}(y, \eta) \geq g_{(x,\xi)}(y, \eta)$ であることに注意しよう．このとき次が成立する．

命題 15.2.1 $\bar{g}$ は admissible metric である．$r(\epsilon_1) > 0$ が存在し $h, \gamma \geq r(\epsilon_1)$ のとき $|\tilde{P}_h(x, \xi)|^{\pm 1}$ は $\bar{g}$ admissible weight である．さらにこのとき

$$\tilde{P}_h(x, \xi)^{\pm 1} \in S(|\tilde{P}_h(x, \xi)|^{\pm 1}, \bar{g})$$

である．

以下何段階かにわたってこの命題を証明しよう．

$$\lambda(x_1, \xi', h) = (1 - \chi_1(x_1))\langle \xi' \rangle_{h+\gamma} - \rho'(x_1)\langle \xi' \rangle_\gamma^\kappa + hb'(x_1)$$

とおき，x_1 をパラメーターとみると $\mathbb{R}^{n-1} \times \mathbb{R}^{n-1}$ 上のシンボルとして $a_j(x, \xi') \in S_{\langle s \rangle}(\langle \xi' \rangle_\gamma^j, g_0)$ であるから，命題 15.1.2 を適用すると

$$e^\phi a_{m-j}(x, D')(D_1 - i(1 - \chi_1(x_1))\langle D' \rangle_{h+\gamma} - ihb'(x_1))^j e^{-\phi}$$
$$= e^\phi a_{m-j}(x, D') e^{-\phi} (D_1 - i\lambda(x_1, D', h))^j$$
$$= \tilde{a}_{m-j}(x, D')(D_1 - i\lambda(x_1, D', h))^j + Q_1$$

と書ける．ここで (15.2.16) より $Q_1 \in S(\langle \xi \rangle_{h+\gamma}^{m-1}, g)$ でありまた $\tilde{a}_{m-j}(x, \xi')$ は

$$\tilde{a}_{m-j}(x, \xi') = \sum_{|\alpha| \leq m} \frac{1}{\alpha!} \partial_x^\alpha a_{m-j}(x, \xi') \big(-i\rho(x_1) \nabla_{\xi'} \langle \xi' \rangle_\gamma^\kappa \big)^\alpha$$

である．以上のことから (15.2.15) を考慮すると次のことが従う．

補題 15.2.1 $e^\phi p_h(x,D)e^{-\phi} = \tilde{p}_h(x,D)$ とおくと $\tilde{p}_h(x,\xi)$ は

$$\tilde{p}_h(x,\xi) = \sum_{|\alpha| \le m} \frac{1}{\alpha!} p_{(\alpha)}(x, \xi - i\lambda\theta)\big(-i\rho(x_1)\nabla_{\xi'}\langle\xi'\rangle_\gamma^\kappa\big)^\alpha + Q$$

で与えられる．ここで $Q(x,\xi) \in S(\langle\xi\rangle_{h+\gamma}^{m-1}, g)$ である．

次に

$$\tilde{p}(x,\xi) = \sum_{|\alpha| \le m} \frac{1}{\alpha!} p_{(\alpha)}(x, \xi - i\lambda\theta)\big(-i\rho(x_1)\nabla_{\xi'}\langle\xi'\rangle_\gamma^\kappa\big)^\alpha$$

を評価しよう．

補題 15.2.2 $h, \gamma \ge r(\epsilon_1)$ のとき

$$\begin{cases} \lambda \ge |\rho'(x_1)|\langle\xi'\rangle_{h+\gamma}^\kappa, & |x_1| \le T, \\ \lambda \ge \langle\xi'\rangle_{h+\gamma} \ge \gamma^{1/m}\langle\xi'\rangle_{h+\gamma}^\kappa, & |x_1| \ge T \end{cases} \quad (15.2.22)$$

が成立する．特に正数 $c > 0$ が存在して

$$|p(x, \xi - i\lambda\theta)| \ge c\,\epsilon_1^{-m/2} \langle\xi\rangle_{h+\gamma}^{m-1} \quad (15.2.23)$$

が成り立つ．また $\epsilon_1 > 0$ を十分小さく選ぶと

$$|p(x,\xi - i\lambda\theta)|/2 \le |\tilde{p}(x,\xi)| \le 3|p(x,\xi - i\lambda\theta)|/2 \quad (15.2.24)$$

が成立する．

［証明］$|x_1| \le T$ のとき $\lambda \ge h + |\rho'|\langle\xi'\rangle_\gamma^\kappa$ で，また $\kappa < 1$ ゆえ $h \ge r(\epsilon_1)$ なら $h \ge h^\kappa|\rho'|$ としてよいから (15.2.22) は明らか．$|x_1| \ge T$ のときは明らかゆえ (15.2.22) が成り立つ．$|p(x,\xi-i\lambda\theta)| = \prod_{j=1}^m |\xi_1 - \lambda_j(x,\xi') - i\lambda| \ge |\lambda|^m$ は明らかであり，$|\xi_1| + \lambda \ge \epsilon_1^{-1/2\kappa}\langle\xi'\rangle_\gamma$ のときは $\epsilon_1 > 0$ が十分小なら $|\xi_1 - \lambda_j(x,\xi') - i\lambda| \ge (|\xi_1|+\lambda)/2$ が成り立つから，$\lambda \ge h$ に注意すると $c > 0$ が存在して

$$|p(x,\xi - i\lambda\theta)| \ge (|\xi_1|+\lambda)^m/2^m \ge c\langle\xi\rangle_{h+\gamma}^m \ge c\gamma\langle\xi\rangle_{h+\gamma}^{m-1} \quad (15.2.25)$$

が成り立ち，$\gamma \ge \epsilon_1^{-m/2}$ と選べば (15.2.23) が従う．$\langle\xi'\rangle_\gamma \ge \epsilon_1^{1/2\kappa}(|\xi_1|+\lambda)$ のときは $|\rho'| \ge c\epsilon_1^{-1}$ より $|\rho'|\langle\xi'\rangle_{h+\gamma}^\kappa \ge c\epsilon_1^{-1/2}(|\xi_1|+\langle\xi'\rangle_{h+\gamma})^\kappa$ であるから，(15.2.22) の右辺は下から $c\epsilon_1^{-1/2}\langle\xi\rangle_{h+\gamma}^\kappa$ で評価され (15.2.23) が得られる．次に

$$\tilde{p}(x,\xi) = p(x,\xi - i\lambda\theta)\left\{1 + \frac{\sum_{1 \le |\beta| \le m}(1/\beta!)p_{(\beta)}(x,\xi - i\lambda\theta)(-i\rho(x_1)\nabla_{\xi'}\langle\xi'\rangle_\gamma^\kappa)^\beta}{p(x,\xi - i\lambda\theta)}\right\}$$

と書こう．$|\xi_1| + \lambda \ge \epsilon_1^{-1/2}\langle\xi'\rangle_\gamma$ のときは (15.2.25) が成り立ち $\gamma \ge r(\epsilon_1)$ なら

$$|\rho(x_1)\nabla_{\xi'}\langle\xi'\rangle_\gamma^\kappa| \le |\rho(x_1)|\gamma^{-1/m} \le C\epsilon_1 \quad (15.2.26)$$

と仮定できる．ゆえに

$$|p_{(\beta)}(x,\xi-i\lambda\theta)||(\rho(x_1)\nabla_{\xi'}\langle\xi'\rangle_\gamma^\kappa)^{|\beta|}|/|p(x,\xi-i\lambda\theta)|\leq C_\beta\epsilon_1^{|\beta|}$$

が成立する．次に $|\xi_1|+\lambda\leq\epsilon_1^{-1/2}\langle\xi'\rangle_\gamma$ とする．このとき $\langle\xi\rangle_\gamma\leq C\epsilon_1^{-1/2}\langle\xi'\rangle_\gamma$ である．

$$p_{(\beta)}(x,\xi-i\lambda\theta)=\lambda^m p_{(\beta)}(x,\xi/\lambda-i\theta)$$

と表すと命題 11.2.2 より $|p_{(\beta)}(x,\xi/\lambda-i\theta)|/|p(x,\xi/\lambda-i\theta)|\leq C_\beta(1+|\xi/\lambda|)^{|\beta|}$ である．$1+|\xi/\lambda|\leq 2$ のときは (15.2.26) を利用すると $\gamma\geq r(\epsilon_1)$ のとき上式の右辺は $C\epsilon_1^{1/2}$ 以下と仮定できる．次に $1+|\xi/\lambda|\geq 2$ すなわち $1+|\xi/\lambda|\leq 2|\xi|/\lambda\leq C\epsilon_1^{-1/2}\langle\xi'\rangle_\gamma/\lambda$ のときを考える．$|x_1|\leq T$ とする．(15.2.22) より $\lambda\geq|\rho'(x_1)|\langle\xi'\rangle_{h+\gamma}^\kappa$ であるから

$$\begin{aligned}&|p_{(\beta)}(x,\xi-i\lambda\theta)||(\rho(x_1)\nabla_{\xi'}\langle\xi'\rangle_\gamma^\kappa)^{|\beta|}|/|p(x,\xi-i\lambda\theta)|\\&\leq CC_\beta|\rho(x_1)/\rho'(x_1)\epsilon_1^{-1/2}|^{|\beta|}\leq CC_\beta\epsilon_1^{|\beta|/2}\end{aligned} \qquad(15.2.27)$$

が成り立つ．一方 $|x_1|\geq T$ なら $\lambda\geq\gamma^{1/m}\langle\xi'\rangle_\gamma^\kappa$ より

$$|\epsilon_1^{-1/2}\langle\xi'\rangle_\gamma\rho(x_1)\nabla_{\xi'}\langle\xi'\rangle_\gamma^\kappa|/\lambda\leq\epsilon_1^{-1/2}|\rho(x_1)|\gamma^{-1/m}$$

の右辺は $\gamma\geq r(\epsilon_1)$ のとき $C\epsilon_1^{1/2}$ 以下と仮定できる．したがって $\epsilon_1>0$ を十分小さく選ぶと

$$\sum_{1\leq|\beta|\leq m}\left|\frac{p_{(\beta)}(x,\xi-i\lambda\theta)(-i\rho(x_1)\nabla_{\xi'}\langle\xi'\rangle_\gamma^\kappa)^\beta}{p(x,\xi-i\lambda\theta)}\right|\leq\frac{1}{2}$$

とでき，これより (15.2.24) が従う． □

次に $p(x,\xi-i\lambda\theta)$ の導関数を評価しよう．

補題 15.2.3 $h,\gamma\geq r(\epsilon_1)$ とする．$|\nu|\leq m$ とするとき

$$\begin{aligned}&|\partial_x^\beta\partial_\xi^\alpha p_{(\nu)}(x,\xi-i\lambda\theta)|/|p(x,\xi-i\lambda\theta)|\\&\leq\epsilon_1^{|\alpha+\beta|/2}C_{\alpha\beta}\langle\xi'\rangle_\gamma^{-\kappa|\alpha|+(1-\kappa)|\beta|}(1+\epsilon_1^{-1/2}\langle\xi'\rangle_\gamma/\lambda_1)^{|\nu|}\end{aligned}$$

が成り立つ．ここで $\lambda_1=\lambda(x_1,\xi',1)$ である．また

$$\begin{aligned}&|\partial_x^\beta\partial_\xi^\alpha p(x,\xi-i\lambda\theta)^{-1}||p(x,\xi-i\lambda\theta)|\\&\leq\epsilon_1^{|\alpha+\beta|/2}C_{\alpha\beta}\langle\xi'\rangle_\gamma^{-\kappa|\alpha|+(1-\kappa)|\beta|}\end{aligned}$$

が成立する．

[証明] $|\xi_1|+\lambda\geq\epsilon_1^{-1/2}\langle\xi'\rangle_\gamma$ のときは $c>0$ が存在して $\epsilon_1>0$ が十分小なら (15.2.25) が成立する．$\gamma\geq r(\epsilon_1)$ なら $|\rho'|\langle\xi'\rangle_\gamma^\kappa\leq\langle\xi'\rangle_\gamma$ と仮定してよいので $|\partial_x^\beta\partial_\xi^\alpha p_{(\nu)}(x,\xi-i\lambda\theta)|\leq C_{\alpha\beta}\langle\xi\rangle_{h+\gamma}^m\langle\xi'\rangle_\gamma^{-|\alpha|}$ より

$$\begin{aligned}&|\partial_x^\beta\partial_\xi^\alpha p_{(\nu)}(x,\xi-i\lambda\theta)|/|p(x,\xi-i\lambda\theta)|\\&\leq C_{\alpha\beta}\langle\xi'\rangle_\gamma^{-|\alpha|}\leq C_{\alpha\beta}\langle\xi'\rangle_\gamma^{-\kappa|\alpha|+(1-\kappa)|\beta|}(\langle\xi'\rangle_\gamma^{-(1-\kappa)|\alpha+\beta|})\end{aligned}\qquad(15.2.28)$$

が従う．$\langle \xi' \rangle_\gamma^{-(1-\kappa)|\alpha+\beta|} \leq \gamma^{-|\alpha+\beta|/m}$ より $\gamma \geq \epsilon_1^{-m/2}$ として主張は明らかである．次に $|\xi_1| + \lambda \leq \epsilon_1^{-1/2} \langle \xi' \rangle_\gamma$ の場合を考える．まず

$$\left| \lambda^{(\alpha)}_{(\beta)} \right| / \lambda \leq C_{\alpha\beta} \epsilon_1^{|\alpha+\beta|/2} \langle \xi' \rangle_\gamma^{-\kappa|\alpha|+(1-\kappa)|\beta|} \tag{15.2.29}$$

が成立することをみよう．$h \leq \epsilon_1^{-1/2} \langle \xi' \rangle_\gamma$ から $\langle \xi' \rangle_{h+\gamma} \leq C \epsilon_1^{-1/2} \langle \xi' \rangle_\gamma$ であるから $\lambda \geq c \epsilon_1^{-1} \langle \xi' \rangle_\gamma^\kappa$ に注意すると

$$\left| ((1-\chi_1) \langle \xi' \rangle_{h+\gamma})^{(\alpha)}_{(\beta)} \right| / \lambda \leq C_{\alpha\beta} \epsilon_1^{1/2} \langle \xi' \rangle_\gamma^{-\kappa|\alpha|+(1-\kappa)|\beta|} (\langle \xi' \rangle_\gamma^{-(1-\kappa)(|\alpha+\beta|-1)})$$
$$\leq \epsilon_1^{|\alpha+\beta|/2} C_{\alpha\beta} \langle \xi' \rangle_\gamma^{-\kappa|\alpha|+(1-\kappa)|\beta|}$$

は容易に分かる．$hb'(x_1)$ の評価も同様である．次に (15.2.18) を考慮して $\lambda \geq |\rho'|\langle \xi' \rangle_\gamma^\kappa$ に注意すると $\gamma \geq \epsilon_1^{-3m/2}$ として

$$\left| (\rho' \langle \xi' \rangle_\gamma^\kappa)^{(\alpha)}_{(\beta)} \right| / \lambda \leq C_{\alpha\beta} |\rho^{(|\beta|+1)}| \langle \xi' \rangle_\gamma^{\kappa-|\alpha|} / \lambda \leq C'_{\alpha\beta} \epsilon_1^{-|\beta|} \langle \xi' \rangle_\gamma^{-|\alpha|}$$
$$= C'_{\alpha\beta} \epsilon_1^{-|\beta|} \langle \xi' \rangle_\gamma^{-\kappa|\alpha|+(1-\kappa)|\beta|} (\langle \xi' \rangle_\gamma^{-(1-\kappa)|\alpha+\beta|})$$
$$\leq C'_{\alpha\beta} \epsilon_1^{|\alpha+\beta|/2} \langle \xi' \rangle_\gamma^{-\kappa|\alpha|+(1-\kappa)|\beta|}$$

が成立する．以上で (15.2.29) の成立することが示せた．(15.2.29) より

$$\left| (\lambda^{-1})^{(\alpha)}_{(\beta)} \right| \leq C_{\alpha\beta} \epsilon_1^{|\alpha+\beta|/2} \langle \xi' \rangle_\gamma^{-\kappa|\alpha|+(1-\kappa)|\beta|} \lambda^{-1} \tag{15.2.30}$$

が容易に従う．$|\xi_1| + \lambda \leq \epsilon_1^{-1/2} \langle \xi' \rangle_\gamma$ および $\lambda \geq c\epsilon_1^{-1} \langle \xi' \rangle_\gamma^\kappa$ を考慮すると (15.2.30) より $i = 1, \ldots, n$ として

$$\left| (\xi_i/\lambda)^{(\alpha)}_{(\beta)} \right| \leq C_{\alpha\beta} \epsilon_1^{|\alpha+\beta|/2} \langle \xi' \rangle_\gamma^{-\kappa|\alpha|+(1-\kappa)|\beta|} \tag{15.2.31}$$

が成立する．さて

$$p_{(\nu)}(x, \xi - i\lambda\theta) = \lambda^m p_{(\nu)}(x, \xi/\lambda - i\theta)$$

と書き $p_{(\nu)}(x, \xi/\lambda - i\theta)$ を $p_{(\nu)}(x, \xi - i\theta)$ と ξ/λ の合成関数として評価しよう．合成関数に対する連鎖律から

$$\left| p^{(\mu)}_{(\nu+\tilde{\beta})}(x, \xi/\lambda - i\theta) \right| \left| (\xi_{i_1}/\lambda)^{(\alpha_1)}_{(\beta_1)} \right| \cdots \left| (\xi_{i_s}/\lambda)^{(\alpha_s)}_{(\beta_s)} \right| / |p(x, \xi/\lambda - i\theta)|$$

を評価すればよい．ここで $\alpha_1 + \cdots + \alpha_s = \alpha$, $\beta_1 + \cdots + \beta_s = \beta - \tilde{\beta}$, $|\alpha_i + \beta_i| \geq 1$, $s = |\mu|$ である．命題 11.2.2 によると $p_{(\nu)}(x, \xi - i\theta)$ は

$$|\partial_x^\beta \partial_\xi^\alpha p_{(\nu)}(x, \xi - i\theta)| / |p(x, \xi - i\theta)| \leq C_{\alpha\beta}(1 + |\xi|)^{|\beta|+\nu|} \tag{15.2.32}$$

を満たす．(15.2.31) および (15.2.32) より $|\partial_x^\beta \partial_\xi^\alpha p_{(\nu)}(x, \xi/\lambda - i\theta)|$ は

$$C_{\alpha\beta} \epsilon_1^{(|\alpha|+|\beta-\tilde{\beta}|)/2} (1 + \langle \xi \rangle_\gamma/\lambda)^{|\nu+\tilde{\beta}|} \langle \xi' \rangle_\gamma^{-\kappa|\alpha|+(1-\kappa)|\beta-\tilde{\beta}|}$$
$$\leq C_{\alpha\beta} \epsilon_1^{(|\alpha|+|\beta-\tilde{\beta}|)/2} \{(1 + \langle \xi \rangle_\gamma/\lambda) \langle \xi' \rangle_\gamma^{-(1-\kappa)}\}^{|\tilde{\beta}|} \langle \xi' \rangle_\gamma^{-\kappa|\alpha|+(1-\kappa)|\beta|} (1 + \langle \xi \rangle_\gamma/\lambda)^{|\nu|}$$

で評価される．$\langle \xi \rangle_\gamma / \lambda \leq C\epsilon_1^{1/2} \langle \xi' \rangle_\gamma^{1-\kappa}$ より $\gamma^{-1/m} \leq \epsilon_1^{1/2}$ と選ぶとこれはさらに
$$C_{\alpha\beta} \epsilon_1^{|\alpha+\beta|/2} \langle \xi' \rangle_\gamma^{-\kappa|\alpha|+(1-\kappa)|\beta|} (1 + \langle \xi \rangle_\gamma / \lambda)^{|\nu|}$$
で評価される．一方 (15.2.29) より $|\partial_\xi^\alpha \lambda^m| \leq C_\alpha \epsilon_1^{|\alpha|/2} \langle \xi' \rangle_\gamma^{-\kappa|\alpha|} \lambda^m$ が成り立つので，$\langle \xi \rangle_\gamma \leq C\epsilon_1^{-1/2} \langle \xi' \rangle_\gamma$ より $\langle \xi \rangle_\gamma / \lambda \leq \epsilon_1^{-1/2} \langle \xi' \rangle_\gamma / \lambda_1$ に注意して結論を得る．第2式を示すには第1式の評価を
$$(\partial_x^\beta \partial_\xi^\alpha p^{-1})p = -\sum_{\alpha'+\beta' < \alpha+\beta} C_{\alpha'\beta'} (\partial_x^{\beta'} \partial_\xi^{\alpha'} p^{-1}) \partial_x^{\beta-\beta'} \partial_\xi^{\alpha-\alpha'} p \quad (15.2.33)$$
に用いて帰納法を適用すればよい． □

補題 15.2.4 $\gamma, h \geq r(\epsilon_1)$ とする．このとき
$$|\partial_x^\beta \partial_\xi^\alpha \tilde{p}(x,\xi)^{\pm 1}| \leq \epsilon_1^{|\alpha+\beta|/2} C_{\alpha\beta} \langle \xi' \rangle_\gamma^{-\kappa|\alpha|+(1-\kappa)|\beta|} |p(x, \xi - i\lambda\theta)|^{\pm 1}$$
が成立する．

［証明］ $p_{(\beta)}(x, \xi - i\lambda\theta)$ の導関数の評価は補題 15.2.3 で得られている．$\tilde{p}(x, \xi)$ の導関数の評価を得るには補題 15.2.2 の証明と同様に考えて
$$\left(p_{(\beta)}(x, \xi - i\lambda\theta)(-i\rho(x_1)\nabla_{\xi'} \langle \xi' \rangle_\gamma^\kappa)^\beta \right) / p(x, \xi - i\lambda\theta)$$
の導関数を評価すればよい．まず $\ell \in \mathbb{N}$ に対して
$$|\partial_x^\beta \partial_\xi^\alpha (\rho \langle \xi' \rangle_\gamma^{\kappa-1})^\ell| \leq C_{\ell\alpha\beta} \epsilon_1^{|\alpha+\beta|/2} \langle \xi' \rangle_\gamma^{-\kappa|\alpha|+(1-\kappa)|\beta|} (\rho \langle \xi' \rangle_\gamma^{\kappa-1})^\ell$$
が成立することを確かめよう．$\prod_{j=1}^\ell |(\rho\langle \xi' \rangle_\gamma^{\kappa-1})_{(\beta_j)}^{(\alpha_j)}|$ を評価すればよいが，(15.2.18) より $|\rho^{(|\beta_j|)}| \leq C\epsilon_1^{-|\beta_j|+1} |\rho'| \leq C\epsilon_1^{-|\beta_j|} \rho$ であること，また $\gamma \geq \epsilon_1^{-3m/2}$ なら $\epsilon_1^{-|\beta|} \langle \xi' \rangle_\gamma^{-(1-\kappa)|\alpha+\beta|} \leq \epsilon_1^{|\alpha+\beta|/2}$ を利用すると上式が従う．これより
$$|\partial_x^\beta \partial_\xi^\alpha \left(\rho(x_1) \nabla_{\xi'} \langle \xi' \rangle_\gamma^\kappa \right)^\nu| \leq C_{\nu\alpha\beta} \epsilon_1^{|\alpha+\beta|/2} \langle \xi' \rangle_\gamma^{-\kappa|\alpha|+(1-\kappa)|\beta|} (\rho \langle \xi' \rangle_\gamma^{\kappa-1})^{|\nu|}$$
が成立する．$\gamma \geq r(\epsilon_1)$ のとき $|\rho(x_1)| \langle \xi' \rangle_\gamma^{\kappa-1} \leq C\epsilon_1^{1/2}$ としてよいので (15.2.22) より
$$(1 + \epsilon_1^{-1/2} \langle \xi' \rangle_\gamma / \lambda_1)(\rho \langle \xi' \rangle_\gamma^{\kappa-1}) \leq C\epsilon_1^{1/2}$$
が成り立つ．ゆえに補題 15.2.3 を利用して
$$|\partial_x^\nu \partial_\xi^\mu \left(p_{(\beta)}(x, \xi - i\lambda\theta)(-i\rho(x_1)\nabla_{\xi'} \langle \xi' \rangle_\gamma^\kappa)^\beta \right) / p(x, \xi - i\lambda\theta)|$$
$$\leq C_{\mu\nu} \epsilon_1^{|\mu+\nu+\beta|} \langle \xi' \rangle_\gamma^{-\kappa|\mu|+(1-\kappa)|\nu|}$$
が従い，求める結論を得る．第2式は帰納法を
$$(\partial_x^\beta \partial_\xi^\alpha \tilde{p}^{-1})\tilde{p} = -\sum_{\alpha'+\beta' < \alpha+\beta} C_{\alpha'\beta'} (\partial_x^{\beta'} \partial_\xi^{\alpha'} \tilde{p}^{-1}) \partial_x^{\beta-\beta'} \partial_\xi^{\alpha-\alpha'} \tilde{p}$$
に適用して (15.2.24) に注意すればよい． □

命題 15.1.2 によれば $e^\phi(\sum_{j=0}^{m-1} P_j(x,D,h))e^{-\phi} = Q(x,D)$, $Q(x,\xi) \in S(\langle\xi\rangle_{h+\gamma}^{m-1}, g)$ と書けるので

$$\tilde{P}_h(x,\xi) - \tilde{p}(x,\xi) \in S(\langle\xi\rangle_{h+\gamma}^{m-1}, g) \tag{15.2.34}$$

である.

命題 15.2.2 $\gamma, h \geq r(\epsilon_1)$ とする.このとき

$$|\partial_x^\beta \partial_\xi^\alpha \tilde{P}_h(x,\xi)^{\pm 1}| \leq \epsilon_1^{|\alpha+\beta|/2} C_{\alpha\beta} \langle\xi'\rangle_\gamma^{-\kappa|\alpha|+(1-\kappa)|\beta|} |p(x,\xi - i\lambda\theta)|^{\pm 1}$$

が成立する.

[証明] $\gamma \geq \epsilon_1^{-m/2}$ のとき $g \leq \gamma^{-2/m}\langle\xi'\rangle_\gamma^{2(1-\kappa)}g \leq \bar{g}$ であるから,(15.2.34) より $\tilde{P}_h$ に対する評価は (15.2.23) と補題 15.2.4 から直ちに従う.また補題 15.2.2 から正数 $C > 0$ が存在して ϵ_1 を十分小さく選ぶと

$$|p(x,\xi-i\lambda\theta)|/C \leq |\tilde{P}_h(x,\xi)| \leq C|p(x,\xi-i\lambda\theta)| \tag{15.2.35}$$

が成立する.したがって $\tilde{P}_h^{-1}$ に対する評価は,(15.2.33) で $p = \tilde{P}_h$ として帰納法を用いれば $\tilde{P}_h$ に対する評価と (15.2.35) より従う. □

15.3 解の存在定理

ここでは命題 15.2.1 の証明を完成させそれを利用して初期値問題の解の存在を示そう.まず $\bar{g}$ が admissible metric であることを確かめよう.明らかに

$$\bar{g}^\sigma = \epsilon_1^{-1}\langle\xi'\rangle_\gamma^{2\kappa}|y|^2 + \epsilon_1^{-1}\langle\xi'\rangle_\gamma^{-2(1-\kappa)}|\eta|^2 = \epsilon_1^{-2}\langle\xi'\rangle_\gamma^{2(2\kappa-1)}\bar{g}$$

である.$\bar{g}(y,\eta) < c$ なら $\gamma \geq \epsilon_1^{-m/2}$ として $|\eta'|^2 \leq |\eta|^2 < c\epsilon_1^{-1}\langle\xi'\rangle_\gamma^{2\kappa} \leq c\langle\xi'\rangle_\gamma^2$ であるから,$S_{\rho,\delta}^m$ を定義する metric のときと全く同様に c が小さければ

$$\langle\xi'\rangle_\gamma/2 \leq \langle\xi' + \eta'\rangle_\gamma \leq 2\langle\xi'\rangle_\gamma$$

が成立し,したがって $\bar{g}$ は slowly varying である.次に $\bar{g}$ が σ 緩増加であることを確かめよう.このためには $C > 0$ と $N > 0$ が存在して

$$\begin{aligned}&C\big(1 + \langle\eta'\rangle_\gamma^{-2(1-\kappa)}|\xi-\eta|^2\big)^N \\ &\geq \langle\eta'\rangle_\gamma^{-2\kappa}\langle\xi'\rangle_\gamma^{2\kappa} + \langle\eta'\rangle_\gamma^{2(1-\kappa)}\langle\xi'\rangle_\gamma^{-2(1-\kappa)}\end{aligned} \tag{15.3.36}$$

を示せばよいことは明らかである.$1/2 \leq \langle\eta'\rangle_\gamma\langle\xi'\rangle_\gamma^{-1} \leq 2$ ならば主張は明らかである.$\langle\eta'\rangle_\gamma\langle\xi'\rangle_\gamma^{-1} \geq 2$ のとき $2|\eta'|^2 \geq \langle\eta'\rangle_\gamma^2$ に注意すると

$$\begin{aligned}\langle\eta'\rangle_\gamma^{-2(1-\kappa)}|\xi-\eta|^2 &\geq \langle\eta'\rangle_\gamma^{-2(1-\kappa)}|\xi'-\eta'|^2 \\ &\geq \langle\eta'\rangle_\gamma^{-2(1-\kappa)}|\eta'|^2/4 \geq \langle\eta'\rangle_\gamma^{2\kappa}/8\end{aligned}$$

となって (15.3.36) を得る. $\langle \xi' \rangle_\gamma \langle \eta' \rangle_\gamma^{-1} \geq 2$ のときも同様に $\langle \eta' \rangle_\gamma^{-2(1-\kappa)} |\xi - \eta|^2 \geq \langle \eta' \rangle_\gamma^{-2(1-\kappa)} \langle \xi' \rangle_\gamma^2 /8 \geq \langle \xi' \rangle_\gamma^{2\kappa}/8$ に注意すると (15.3.36) の成り立つことが分かる. 以上から

補題 15.3.1 $1/2 \leq \kappa < 1$ とする. $\gamma \geq r(\epsilon_1)$ のとき $\bar{g}$ は $\mathbb{R}^n \times \mathbb{R}^n$ 上の admissible metric である.

補題 15.3.2 $1/2 \leq \kappa < 1$ とする. $h, \gamma \geq r(\epsilon_1)$ のとき $|p(x, \xi - i\lambda\theta)|^{\pm 1}$ は $\bar{g}$ admissible weight である.

［証明］ $\phi(x, \xi) = p(x, \xi - i\lambda\theta)$ とおく.

$$\phi(x+y, \xi+\eta) = \phi(x, \xi) \left\{ 1 + \frac{\sum_{1 \leq |\alpha+\beta| < m} \phi_{(\beta)}^{(\alpha)}(x,\xi) y^\beta \eta^\alpha / \alpha! \beta!}{\phi(x,\xi)} + \frac{R}{\phi(x,\xi)} \right\}$$

と書こう. ここで

$$R(x, y, \xi, \eta) = m \sum_{|\alpha+\beta|=m} \frac{1}{\alpha!\beta!} \int_0^1 (1-s)^{m-1} \phi_{(\beta)}^{(\alpha)}(x+sy, \xi+s\eta) ds y^\beta \eta^\alpha$$

である. いま $\bar{g}_{(x,\xi)}(y, \eta) < c^2$ としよう. したがって $|y| < c\epsilon_1^{-1/2} \langle \xi' \rangle_\gamma^{-(1-\kappa)}$ および $|\eta| < c\epsilon_1^{-1/2} \langle \xi' \rangle_\gamma^\kappa$ である. 補題 15.2.3 から

$$\sum_{1 \leq |\alpha+\beta| < m} \frac{1}{\alpha!\beta!} \left| \phi_{(\beta)}^{(\alpha)}(x,\xi) y^\beta \eta^\alpha \right| / |\phi(x,\xi)|$$
$$\leq \sum_{1 \leq |\alpha+\beta| < m} \frac{C_{\alpha\beta}}{\alpha!\beta!} c^{|\alpha+\beta|} \leq c \Big(\sum_{1 \leq |\alpha+\beta| < m} \frac{C_{\alpha\beta}}{\alpha!\beta!} c^{|\alpha+\beta|-1} \Big)$$

が成り立つ. 次に $R/\phi(x, \xi)$ を評価する. $p(x, \xi) - \xi_1^m$ は $\xi = (\xi_1, \xi')$ の m 次斉次多項式で ξ_1 については高々 $m-1$ 次であるから, $|\alpha+\beta| \geq 1$ のとき $|\phi_{(\beta)}^{(\alpha)}(x+sy, \xi+s\eta)| \leq C\langle \xi+s\eta \rangle_{h+\gamma}^{m-1} \langle \xi'+s\eta' \rangle_\gamma^{1-|\alpha|}$ が成立する. 一方 $|\eta'| \leq |\eta| \leq c\epsilon_1^{-1/2} \langle \xi' \rangle_\gamma^\kappa \leq c\langle \xi' \rangle_\gamma \leq c\langle \xi \rangle_\gamma$ より $\langle \xi+s\eta \rangle_{h+\gamma} \approx \langle \xi \rangle_{h+\gamma}$ および $\langle \xi'+s\eta' \rangle_\gamma \approx \langle \xi' \rangle_\gamma$ であるから補題 15.2.2 より

$$\left| \phi_{(\beta)}^{(\alpha)}(x+sy, \xi+s\eta)/\phi(x,\xi) \right| \leq C\epsilon_1^{m/2} \langle \xi' \rangle_\gamma^{1-|\alpha|} \tag{15.3.37}$$

が成立し, したがって

$$|R(x,y,\xi,\eta)/\phi(x,\xi)| \leq Cc^m \sum_{|\alpha+\beta|=m} C_{\alpha\beta} \langle \xi' \rangle_\gamma^{1-|\alpha|} \langle \xi' \rangle_\gamma^{-(1-\kappa)|\beta|+\kappa|\alpha|}$$
$$\leq c^m C' \langle \xi' \rangle_\gamma^{1-(1-\kappa)m} = c^m C'$$

が成立する. ゆえに c を十分小さく選ぶと $\bar{g}_{(x,\xi)}(y, \eta) < c$ のとき

$$|\phi(x,\xi)|/2 \leq |\phi(x+y,\xi+\eta)| \leq 3|\phi(x,\xi)|/2$$

が成り立ち $\phi(x,\xi)$ は $\bar{g}$ 連続である．次に $\phi(x,\xi)$ が $\sigma,\bar{g}$ 緩増加であることを示そう．補題 15.2.3 より $2\kappa - 1 \geq 0$ に注意して

$$\sum_{1\leq|\alpha+\beta|<m} \frac{1}{\alpha!\beta!}\left|\phi^{(\alpha)}_{(\beta)}(x,\xi)y^\beta\eta^\alpha\right|\Big/|\phi(x,\xi)|$$

$$\leq \sum_{1\leq|\alpha+\beta|<m} \frac{1}{\alpha!\beta!}C_{\alpha\beta}\langle\xi'\rangle_\gamma^{(1-\kappa)|\beta|}|y|^{|\beta|}\langle\xi'\rangle_\gamma^{-\kappa|\alpha|}|\eta|^{|\alpha|}$$

$$\leq C\sum_{1\leq|\alpha+\beta|<m}\langle\xi'\rangle_\gamma^{(1-2\kappa)|\alpha+\beta|}\left(\langle\xi'\rangle_\gamma^\kappa|y|\right)^{|\beta|}\left(\langle\xi'\rangle_\gamma^{-(1-\kappa)}|\eta|\right)^{|\alpha|}$$

$$\leq C'(1+\langle\xi'\rangle_\gamma^{2\kappa}|y|^2+\langle\xi'\rangle_\gamma^{-2(1-\kappa)}|\eta|^2)^{(m-1)/2}$$

$$\leq C'(1+\bar{g}^\sigma_{(x,\xi)}(y,\eta))^{(m-1)/2}$$

が成り立つ．次に $R(x,y,\xi,\eta)$ を調べよう．$|\eta|<c\langle\xi'\rangle_\gamma$ のときは (15.3.37) が成り立つので

$$|R(x,y,\xi,\eta)/\phi(x,\xi)| \leq C\sum_{|\alpha+\beta|=m}C_{\alpha\beta}\langle\xi'\rangle_\gamma^{1-|\alpha|}|y|^{|\beta|}|\eta|^{|\alpha|}$$

$$\leq C'\langle\xi'\rangle_\gamma^{1-\kappa m}\sum_{|\alpha+\beta|=m}\left(\langle\xi'\rangle_\gamma^\kappa|y|\right)^{|\beta|}\left(\langle\xi'\rangle_\gamma^{-(1-\kappa)}|\eta|\right)^{|\alpha|} \tag{15.3.38}$$

$$\leq C'(1+\bar{g}^\sigma_{(x,\xi)}(y,\eta))^{m/2}$$

が成立する．他方 $|\eta| \geq c\langle\xi'\rangle_\gamma$ ならば $c_1 > 0$ があって

$$\bar{g}^\sigma_{(x,\xi)}(y,\eta) \geq \langle\xi'\rangle_\gamma^{-2(1-\kappa)}|\eta|^2 \geq c^{2(1-\kappa)}|\eta|^{2\kappa} \geq c_1\langle\eta\rangle_\gamma^{2\kappa} \tag{15.3.39}$$

が成り立つので

$$\left|\phi^{(\alpha)}_{(\beta)}(x+sy,\xi+s\eta)\right| \leq C\langle\xi+s\eta\rangle_{h+\gamma}^{m-1}\langle\xi'+s\eta'\rangle_\gamma^{1-|\alpha|}$$

$$\leq C'\langle\xi\rangle_{h+\gamma}^{m-1}\langle\eta\rangle_\gamma^{m-1}\langle\xi'\rangle_\gamma^{1-|\alpha|}\langle\eta'\rangle_\gamma^{1+|\alpha|} \leq C'\langle\xi\rangle_{h+\gamma}^{m-1}\langle\eta\rangle_\gamma^{2m}\langle\xi'\rangle_\gamma^{1-|\alpha|}$$

と評価して (15.3.39) を適用すると

$$|R(x,y,\xi,\eta)/\phi(x,\xi)| \leq C(1+\bar{g}^\sigma_{(x,\xi)}(y,\eta))^{m/\kappa+1/(2\kappa)}$$

が成り立つ．したがって $|p(x,\xi-i\lambda\theta)|$ は $\sigma,\bar{g}$ 緩増加である． □

系 15.3.1 $h,\gamma \geq r(\epsilon_1)$ とする．このとき $\tilde{P}_h(x,\xi)^{\pm 1} \in S(|p(x,\xi-i\lambda\theta)|^{\pm 1},\bar{g})$ である．

系 15.3.2 $h,\gamma \geq r(\epsilon_1)$ とする．このとき $|\tilde{P}_h(x,\xi)|^{\pm 1}$ は $\bar{g}$ admissible weight である．

［証明］ (15.2.35) と補題 15.3.2 より明らかである． □

(15.2.35) に注意すると以上で命題 15.2.1 の証明が終わる.

命題 15.3.1 $\epsilon_1 > 0$ を十分小に $\gamma \geq r(\epsilon_1)$ を十分大に固定すると任意の $k \in \mathbb{R}$ に対して h によらない正数 C_k が存在して

$$C_k \|\tilde{P}_h u\|_k^2 \geq \|\langle D\rangle_h^{m-1} u\|_k^2, \quad u \in H^{k+m-1}(\mathbb{R}^n)$$

が成立する.

[証明] まず $\langle \xi \rangle_{h+\gamma}$ は $\bar{g}$ admissible weight であることを確かめよう. $\bar{g}_{(x,\xi)}(y,\eta) < c$ とすると $\gamma \geq \epsilon_1^{-1/2m}$ で $|\eta| \leq c\epsilon_1^{-1/2}\langle \xi'\rangle_\gamma^\kappa \leq c\langle \xi \rangle_\gamma$ より $\bar{g}$ 連続は明らかである. 次に $\langle \xi \rangle_\gamma \geq |\eta|$ のときは $\langle \xi + \eta \rangle_{h+\gamma} \leq 2\langle \xi \rangle_{h+\gamma}$ は明らかであり, $\langle \xi \rangle_\gamma \leq |\eta|$ ならば $\langle \xi'\rangle_\gamma \leq \langle \xi \rangle_\gamma \leq |\eta|$ から (15.3.39) が成り立ち, したがって $\langle \xi + \eta \rangle_{h+\gamma} \leq 2\langle \xi \rangle_{h+\gamma}(1 + |\eta|) \leq 2\langle \xi \rangle_{h+\gamma}(1 + \bar{g}_{(x,\xi)}^\sigma(y,\eta))^{1/2\kappa}$ と評価されるので $\bar{g}$ admissible weight であることが従う. ゆえに任意の $k \in \mathbb{R}$ に対して $\langle \xi \rangle_{h+\gamma}^k$ も $\bar{g}$ admissible weight である. さて

$$q_h(x,\xi) = \tilde{P}_h(x,\xi)^{-1}$$

とおこう.

$$\begin{cases} R_h = \tilde{P}_h(x,\xi) \# q_h(x,\xi) - 1, \\ \tilde{R}_h = q_h(x,\xi) \# \tilde{P}_h(x,\xi) - 1 \end{cases}$$

とおくと $\bar{g}/\bar{g}^\sigma \leq \epsilon_1 \langle \xi'\rangle_\gamma^{-(2\kappa-1)}$ であるから定理 9.3.1 より

$$R_h, \tilde{R}_h \in S(\epsilon_1 \langle \xi'\rangle_\gamma^{-(2\kappa-1)}, \bar{g}) \subset S(\epsilon_1, \bar{g})$$

となり, $\epsilon_1 > 0$ を十分小さく選ぶと $\|R_h(x,D)u\|_{L^2(\mathbb{R}^n)} + \|\tilde{R}_h(x,D)u\|_{L^2(\mathbb{R}^n)} \leq 2^{-1}\|u\|_{L^2(\mathbb{R}^n)}$ が成り立ち, $(I + R_h)$, $(I + \tilde{R}_h)$ の $L^2(\mathbb{R}^n)$ での逆 $(I + R_h)^{-1}$, $(I + \tilde{R}_h)^{-1}$ が存在する. 一方定理 9.4.4 によると[*1] $K_h(x,\xi)$, $\tilde{K}_h(x,\xi) \in S(1,\bar{g})$ が存在して

$$(I + R_h)^{-1} = K_h(x,D), \quad (I + \tilde{R}_h)^{-1} = \tilde{K}_h(x,D)$$

となる. いま

$$Q_h(x,\xi) = q_h(x,\xi) \# K_h(x,\xi), \quad \tilde{Q}_h(x,\xi) = \tilde{K}_h(x,\xi) \# q_h(x,\xi)$$

とおくと

$$\begin{cases} \tilde{P}_h(x,D)Q_h(x,D)u = u, \\ \tilde{Q}_h(x,D)\tilde{P}_h(x,D)u = u \end{cases} \tag{15.3.40}$$

が成立する. 補題 15.2.2 および命題 15.2.2 より $q_h \in S(\langle \xi \rangle_{h+\gamma}^{-m+1}, \bar{g})$ でもあるから Q_h,

---

[*1] この場合は定理 9.4.4 によらなくてもこの定理の起源となっている R.Beals: Characterization of pseudodifferential operators and applications, Duke Math. J. **44** (1977) 45-57 の Theorem 3.2 より従う.

$\tilde{Q}_h \in S(\langle \xi \rangle_{h+\gamma}^{-m+1}, \bar{g})$ であり，したがって任意の $k \in \mathbb{R}$ について $\langle \xi \rangle_\gamma^k \# \langle \xi \rangle_{h+\gamma}^{m-1} \# \tilde{Q}_h \in S(\langle \xi \rangle_\gamma^k, \bar{g})$ であり，ゆえに h によらない C_k が存在して

$$\|\langle D \rangle_{h+\gamma}^{m-1} u\|_k \leq C_k \|\tilde{P}_h u\|_k, \quad u \in H^{k+m-1}(\mathbb{R}^n)$$

が成立する。 □

系 15.3.3 $\epsilon_1 > 0$ を十分小に $h, \gamma \geq r(\epsilon_1)$ を十分大に固定する．このとき $u \in H^{k+m-1}(\mathbb{R}^n)$ が $\tilde{P}_h u = 0$ を満たすなら $u = 0$ である．

P に対する初期値問題の解の存在を示そう．命題 15.3.1 が成立するような $\epsilon_1 > 0$ と $\gamma \geq r(\epsilon_1)$ を 1 つ固定する．

$$0 < c < \inf \rho(x_1) \leq \sup \rho(x_1) < c_1 = c_1(\epsilon_1) \tag{15.3.41}$$

とする．ここで $c > 0$ は前もって与えられたものである．

定理 15.3.1 P は m 階の微分作用素で，主シンボル $p(x,\xi)$ は $\theta = (1,0,\ldots,0)$ 方向に双曲型で，係数 $a_\alpha(x)$ はある $1 < s \leq m/(m-1)$ について $a_\alpha(x) \in \gamma^{\langle s \rangle}(\mathbb{R}^n)$ で，さらに適当なコンパクト集合の外では定数とする．任意の $T > 0$, $c > 0$ に対して $c_1 > 0$ が存在し，$\operatorname{supp} f \subset \{x_1 \geq 0\}$ かつ $e^{c_1 \langle D' \rangle^\kappa} f \in H^k(\mathbb{R}^n)$ を満たす任意の f に対し，ある $h > 0$ について $e^{-hx_1} e^{c \langle D' \rangle^\kappa} u \in H^{k+m-1}(\mathbb{R}^n)$ で $Pu = f$ を $\{|x_1| < T\} \times \mathbb{R}^{n-1}$ で満たし $\operatorname{supp} u \subset \{x_1 \geq 0\}$ なる u が存在する．ここで $\kappa = (m-1)/m$ である．

[証明] $x_1 > 0$ で $b(x_1) > 0$ でありまた $\rho(x_1) < c_1$ であるから任意の $h > 0$ に対して $e^\phi e^{-hb(x_1)} f \in H^k(\mathbb{R}^n)$ である．$w_h = Q_h e^\phi e^{-hb(x_1)} f$ とおくと $w_h \in H^{k+m-1}(\mathbb{R}^n)$ で $\|w_h\|_{k+m-1}$ は $h > 0$ に一様に有界である．いま

$$u_h = e^{hb(x_1)} e^{-\phi} w_h = e^{hb(x_1)} e^{-\phi} Q_h e^\phi e^{-hb(x_1)} f$$

とおくと，$P = e^{hb(x_1)} e^{-\phi} \tilde{P}_h e^\phi e^{-hb(x_1)}$ であったから明らかに u_h は

$$P(x,D) u_h = f$$

を満たす．u_h がじつは h によらないことを示そう．$w_{h'} = Q_{h'} e^\phi e^{-h'b(x_1)} f$ および $u_{h'} = e^{h'b(x_1)} e^{-\phi} w_{h'}$ とおこう．いま

$$v = e^\phi e^{-h'b(x_1)} u_h = e^{-(h'-h)b(x_1)} w_h$$

とおくと $b(x_1) \in \mathcal{B}^\infty(\mathbb{R})$ であったから $v \in H^{k+m-1}(\mathbb{R}^n)$ であり

$$\tilde{P}_{h'}(x,D) v = e^\phi e^{-h'b(x_1)} P(x,D) u_h = e^\phi e^{-h'b(x_1)} f$$

が成立する．したがって系 15.3.3 より $v = w_{h'}$，すなわち $u_h = u_{h'}$ が従う．ゆえに任意の $h > 0$ に対して

$$u = e^{hb(x_1)} e^{-\phi} Q_h e^{\phi} e^{-hb(x_1)} f$$

となる．任意の $\psi \in C_0^{\infty}(\mathbb{R}^n)$ に対して

$$|(e^{-hb(x_1)}u, \psi)| \leq \|e^{-\phi} Q_h e^{\phi} e^{-hb(x_1)} f\|_{k+m-1} \|\psi\|_{-k-m+1}$$

を考えると $\|e^{-\phi} Q_h e^{\phi} e^{-hb(x_1)} f\|_{k+m-1}$ は $h > 0$ に一様に有界であるから $h \to \infty$ として supp $u \subset \{x_1 \geq 0\}$ が従う．また $w_h \in H^{k+m-1}(\mathbb{R}^n)$ であったから $e^{-hb(x_1)} e^{c\langle D'\rangle^\kappa} u_h = e^{c\langle D'\rangle^\kappa - \phi} w_h \in H^{k+m-1}(\mathbb{R}^n)$ は明らかである． □

15.4　依存領域の評価

ここでは $u(x)$ の台を評価しよう．$\zeta(x) \in \gamma_0^{(s)}(\mathbb{R}^n)$ は $x^0 \in \mathbb{R}^n$ での局所時間関数とする．すなわち

$$\zeta(x^0) = 0, \quad \nabla_x \zeta(x^0) = \tilde{\theta} \in \Gamma(p(x^0, \cdot))$$

を満たすとする．

定理 15.4.1　P は m 階の微分作用素で，主シンボル $p(x, \xi)$ は $\theta = (1, 0, \ldots, 0)$ 方向に双曲型で，係数 $a_\alpha(x)$ はある $1 < s \leq m/(m-1)$ について x^0 の近傍で $a_\alpha(x) \in \gamma^{(s)}$ とする．u は x^0 の近傍で $\gamma^{(s)}$ で

$$Pu = 0 \tag{15.4.42}$$

を満たしかつ $\zeta(x) < 0$ では $u(x) = 0$ であるとする．このとき x^0 の近傍で $u(x) = 0$ である．

定理 15.4.1 と定理 8.3.1 より次を得る．

命題 15.4.1　(10.1.2) を仮定する．$1 < s \leq m/(m-1)$ とし，P の係数は $a_\alpha(x) \in \gamma^{(s)}(\mathbb{R}^n)$ で，あるコンパクト集合の外では定数とする．Ω を原点を含む領域とし，$u \in \gamma^{(s)}(\Omega)$ が Ω で $Pu = 0$ を満たし，$\{x_1 < 0\} \cap \Omega$ では $u = 0$ とする．$D(\hat{x}) \subset \Omega$ とするとき $D(\hat{x})$ の内部で $u = 0$ である．

定理 15.4.1 の証明に入る．係数 $a_\alpha(x)$ を x^0 の近傍の外に適当に拡張して $a_\alpha(x) \in \gamma^{(s)}(\mathbb{R}^n)$ で，あるコンパクト集合の外では定数と仮定できる．$P(x, \xi) = \sum_{j=0}^{m} P_j(x, \xi)$ を P の Weyl シンボルとする．$\chi(t) \in \gamma_0^{(s)}(\mathbb{R})$ は $|t| \leq 1$ では 1, $|t| \geq 2$ では 0 なるものとする．$\psi(x_1) = \chi(16|x - x^0|/\epsilon_1)$ とおくと

$$P\psi u = [\psi, P]u = f \in \gamma_0^{(s)}(U) \tag{15.4.43}$$

である．ここで U は x^0 の適当な近傍である．次に十分小な $\mu > 0$ と十分大な $M > 0$

を選んで $b(x) \in \gamma_0^{\langle s \rangle}(\mathbb{R}^n)$ を x^0 の近くでは
$$b(x) = \zeta(x) - \epsilon_1 \mu + M|x - x^0|^2$$
となるように選んでおく．$\nabla_x b(x^0) = \tilde{\theta}$ は明らかである．
$$P_h(x, D) = e^{-hb(x)} P e^{hb(x)} = \sum_{j=0}^m P_j(x, D, h) \tag{15.4.44}$$
とおく．前節と同様 $P_j(x, D, h) = e^{-hb(x)} P_j(x, D) e^{hb(x)}$ で，このとき
$$P_j(x, \xi, h) \in S_{\langle s \rangle}(\langle \xi \rangle_{h+\gamma}^j, g)$$
は明らかである．
$$p_h(x, \xi) = p(x, \xi - ih \nabla_x b(x))$$
とおくと $P_m(x, \xi, h) - p_h(x, \xi) \in S_{\langle s \rangle}(\langle \xi \rangle_{h+\gamma}^{m-1}, g)$ である．$u \in \gamma^{(s)}(\mathbb{R}^n)$ および $\chi(t) \in \gamma_0^{\langle s \rangle}(\mathbb{R})$ であったから，$\epsilon_1 > 0$ によらない $c > 0$ が存在して $e^{c\langle D \rangle_\gamma^\kappa} f \in L^2(\mathbb{R}^n)$ と仮定してよい．正数 a を $ae^2 < c$ と選び，$\rho(x_1) \in \mathcal{B}^\infty(\mathbb{R})$ を $x_1 = x_1^0$ の近くでは $ae^{-(x_1-x_1^0)/\epsilon_1}$ に等しいものとし，$\phi(x_1, \xi')$ を
$$\phi(x_1, \xi') = \rho(x_1) \langle \xi' \rangle_\gamma^\kappa$$
とおく．前節と同様に $e^{\pm \phi} = \text{Op}(e^{\pm \phi(x_1, \xi')})$ と書き
$$\tilde{P}_h(x, D) = e^\phi P_h(x, D) e^{-\phi}$$
を考えよう．
$$\Lambda = -\rho'(x_1) \langle \xi' \rangle_\gamma^\kappa \theta + h \nabla_x b(x), \quad \lambda = |\rho'| \langle \xi' \rangle_\gamma^\kappa + h$$
および
$$\tilde{p}(x, \xi) = \sum_{|\alpha| \leq m} \frac{1}{\alpha!} p_{(\alpha)}(x, \xi - i\Lambda)(-i\rho(x_1) \nabla_{\xi'} \langle \xi' \rangle_\gamma^\kappa)^\alpha$$
とおくと $\tilde{P}_h(x, \xi) = \tilde{p}(x, \xi) + Q(x, \xi), Q \in S(\langle \xi \rangle_{h+\gamma}^{m-1}, g)$ と書ける．

補題 15.4.1 正数 $c > 0, \epsilon_0 > 0, r(\epsilon_1)$ が存在して，$0 < \epsilon_1 \leq \epsilon_0, h, \gamma \geq r(\epsilon_1)$ および $|x - x^0| < 2\epsilon_1$ に対して，
$$|p(x, \xi - i\Lambda)| \geq c \epsilon_1^{-m/2} \langle \xi \rangle_{h+\gamma}^{m-1}$$
および
$$|p(x, \xi - i\Lambda \theta)|/2 \leq |\tilde{p}(x, \xi)| \leq 3|p(x, \xi - i\Lambda \theta)|/2$$
が成立する．

［証明］任意の $\delta > 0$ に対して x が x^0 に近ければ
$$|\nabla_x b(x) - \tilde{\theta}| \leq \delta$$

が成り立つ．また $\Gamma(p(x^0,\cdot))$ は開凸錐であるから $\delta > 0$ を十分小さく選ぶと
$$\frac{1}{\lambda}\Lambda = \frac{|\rho'|\langle\xi'\rangle_\gamma^\kappa}{\lambda}\theta + \frac{h}{\lambda}\nabla_x b(x)$$
は $\Gamma(p(x^0,\cdot))$ のあるコンパクト集合に含まれる．ゆえに $C > 0$ と x^0 の近傍 U が存在して
$$\lambda/C \leq |\Lambda| \leq C\lambda, \quad x \in U, \xi \in \mathbb{R}^n \tag{15.4.45}$$
が成立する．また命題 11.2.3 より正数 $c > 0$ が存在し，$x \in U, \xi \in \mathbb{R}^n$ に対して
$$|p(x,\xi-i\Lambda)| = \lambda^m|p(x,\xi/\lambda - i\Lambda/\lambda)| \geq c\lambda^m \tag{15.4.46}$$
が成立する．$\epsilon_1 > 0$ を小さく選んで $\{x \mid |x-x^0| \leq 2\epsilon_1\} \subset U$ と仮定してよい．いま $|x_1 - x_1^0| \leq 2\epsilon_1$ なら $|\rho'|\langle\xi'\rangle_\gamma^\kappa \geq \epsilon_1^{-1}e^{-2}\langle\xi'\rangle_\gamma^\kappa$ であるから，$h \geq r(\epsilon_1)$ ならば $\lambda \geq c\epsilon_1^{-1}\langle\xi'\rangle_{h+\gamma}^\kappa$ が成り立つ．以下補題 15.2.2 の証明を繰り返せば最初の不等式が従う．次に
$$\tilde{p}(x,\xi) = p(x,\xi-i\Lambda)$$
$$\times \left\{1 + \frac{\sum_{1\leq|\beta|\leq m}(1/\beta!)p_{(\beta)}(x,\xi-i\Lambda)(-i\rho(x_1)\nabla_{\xi'}\langle\xi'\rangle_\gamma^\kappa)^\beta}{p(x,\xi-i\Lambda)}\right\} \tag{15.4.47}$$
と書く．(11.2.39) より $x \in U$ のとき
$$C|p(x,\xi/\lambda - i\Lambda/\lambda)| \geq |p(x,\xi/\lambda - i\theta)|$$
$$= \prod_{j=1}^m (\xi_1/\lambda - i - \lambda_j(x,\xi'/\lambda)) \tag{15.4.48}$$
であるが，$|\lambda_j(x,\xi'/\lambda)| \leq C\langle\xi'\rangle_\gamma/\lambda$ に注意すると，$|\xi_1| + \lambda \geq \epsilon_1^{-1/2}\langle\xi'\rangle_\gamma$ のときは ϵ_1 を小さく選べば右辺はさらに下から $(|\xi_1|+\lambda)^m/2\lambda^m$ で評価される．ここで $|p_{(\beta)}(x,\xi-i\Lambda)| \leq C_\beta(|\xi_1|+\lambda)^m$ は明らかであり $\gamma \geq \epsilon_1^{-m/2}$ なら $|\nabla_{\xi'}\langle\xi'\rangle_\gamma^\kappa| \leq C\epsilon_1^{1/2}$ を考慮して
$$|p_{(\beta)}(x,\xi-i\Lambda\theta)||(\rho(x_1)\nabla_{\xi'}\langle\xi'\rangle_\gamma^\kappa)^{|\beta|}|/|p(x,\xi-i\Lambda\theta)| \leq C_\beta\epsilon_1^{|\beta|/2} \tag{15.4.49}$$
が成立する．次に $|\xi_1| + \lambda \leq \epsilon_1^{-1/2}\langle\xi'\rangle_\gamma$ とする．命題 11.2.3 を適用すると $x \in U$ のとき
$$|p_{(\beta)}(x,\xi/\lambda - i\Lambda/\lambda)|/|p(x,\xi/\lambda - i\Lambda/\lambda)| \leq C_\beta(1+|\xi/\lambda|)^{|\beta|}$$
が成り立つ．$|x_1 - x_1^0| \leq 2\epsilon_1$ ならば $|\rho(x_1)\nabla_{\xi'}\langle\xi'\rangle_\gamma| \leq C\langle\xi'\rangle_\gamma^{\kappa-1}$ であり，また $\lambda \geq c\epsilon_1^{-1}\langle\xi'\rangle_\gamma^\kappa$ であったから $\langle\xi\rangle/\lambda \leq C\epsilon_1^{-1/2}\langle\xi'\rangle_\gamma/\lambda \leq C'\epsilon_1^{1/2}\langle\xi'\rangle_\gamma^{1-\kappa}$ が成り立ち (15.4.49) を得る．$\epsilon_1 > 0$ を小さく選んで 2 番目の不等式が従う． □

次にここでも補題 15.2.3 が成立することを確かめよう．

補題 15.4.2 正数 $\epsilon_0 > 0$, $r(\epsilon_1)$ が存在して $0 < \epsilon_1 \leq \epsilon_0$, h, $\gamma \geq r(\epsilon_1)$, $|x - x^0| < 2\epsilon_1$, $|\nu| \leq m$ のとき

$$|\partial_x^\beta \partial_\xi^\alpha p_{(\nu)}(x, \xi - i\Lambda)| \leq \epsilon_1^{|\alpha+\beta|/2} C_{\alpha\beta} \langle \xi' \rangle_\gamma^{-\kappa|\alpha|+(1-\kappa)|\beta+\nu|} |p(x, \xi - i\Lambda)|,$$
$$|\partial_x^\beta \partial_\xi^\alpha p(x, \xi - i\Lambda)^{-1}| \leq \epsilon_1^{|\alpha+\beta|/2} C_{\alpha\beta} \langle \xi' \rangle_\gamma^{-\kappa|\alpha|+(1-\kappa)|\beta|} |p(x, \xi - i\Lambda)|^{-1}$$
(15.4.50)

が成立する．

［証明］ (15.4.45) や (15.4.48) に注意して命題 11.2.2 の代わりに命題 11.2.3 を用いて補題 15.2.3 の証明を繰り返せばよい． □

次に $p(x, \xi - i\Lambda)$ を $|x - x^0| \leq 2\epsilon_1$ の外に拡張しよう．

$$X(x) = \chi(|x - x^0|/\epsilon_1)(x - x^0) + x^0$$

とおくと任意の $x \in \mathbb{R}^n$ について $|X(x) - x^0| \leq 2\epsilon_1$ である．この $X(x)$ を用いて $\hat{p}(x, \xi)$ を

$$\hat{p}(x, \xi) = p(X(x), \xi - i\Lambda(X(x), \xi))$$

と定義する．

補題 15.4.3 正数 $\epsilon_0 > 0$, $r(\epsilon_1)$ が存在して $0 < \epsilon_1 \leq \epsilon_0$, h, $\gamma \geq r(\epsilon_1)$ のとき

$$|\partial_x^\beta \partial_\xi^\alpha \hat{p}(x, \xi)^{\pm 1}| \leq \epsilon_1^{|\alpha+\beta|/2} C_{\alpha\beta} \langle \xi' \rangle_\gamma^{-\kappa|\alpha|+(1-\kappa)|\beta|} |\hat{p}(x, \xi)|^{\pm 1}$$

が成立する．

［証明］ $X(x) = (X_1(x), \ldots, X_n(x))$ とするとき $\gamma \geq \epsilon_1^{-3m/2}$ なら

$$|\partial_x^\beta X_k(x)| \leq C_\beta \epsilon_1^{-|\beta|} \leq \epsilon_1^{|\beta|/2} C_\beta \langle \xi' \rangle_\gamma^{(1-\kappa)|\beta|}$$

は明らかであるから，補題 15.4.2 と合成関数に対する連鎖律から望む評価が直ちに得られる． □

補題 15.4.4 正数 $\epsilon_0 > 0$, $r(\epsilon_1)$ が存在して，$0 < \epsilon_1 \leq \epsilon_0$, h, $\gamma \geq r(\epsilon_1)$, $|x - x^0| < 2\epsilon_1$ のとき

$$|\partial_x^\beta \partial_\xi^\alpha \tilde{P}_h(x, \xi)^{\pm 1}| \leq \epsilon_1^{|\alpha+\beta|/2} C_{\alpha\beta} \langle \xi' \rangle_\gamma^{-\kappa|\alpha|+(1-\kappa)|\beta|} |\hat{p}(x, \xi)|^{\pm 1}$$

が成立する．

［証明］ 補題 15.2.4 と命題 15.2.2 の証明を繰り返せばよい． □

補題 15.4.5 h, $\gamma \geq r(\epsilon_1)$ のとき $|\hat{p}(x, \xi)|^{\pm 1}$ は $\bar{g}$ admissible weight である．

［証明］ 補題 15.4.3 および補題 15.3.2 の証明から容易に従う． □

さて $\psi_i(x) = \chi(2^i|x-x^0|/\epsilon_1)$, $i=1,2,3$ とし，$\gamma \geq r(\epsilon_1)$ なら $|\partial_x^\beta \psi_i(x)| \leq C_{i\beta}\epsilon_1^{-|\beta|} \leq \epsilon_1^{|\beta|/2} C_{i\beta}\langle\xi'\rangle_\gamma^{(1-\kappa)|\beta|}$ に注意すると

$$\begin{cases} \psi_1(x)\tilde{P}_h(x,\xi) \in S(|\hat{p}(x,\xi)|, \bar{g}), \\ Q_h(x,\xi) = \psi_2(x)/\tilde{P}_h(x,\xi) \in S(|\hat{p}(x,\xi)|^{-1}, \bar{g}) \end{cases}$$

が成立する．したがって

$$Q_h \# (\psi_1 \tilde{P}_h) = \psi_2(x) - R_1$$

とおくと，命題 15.3.1 の証明で確かめたように $\epsilon_1 > 0$ を十分小さく選ぶと $\|R_1(x,D)u\|_{L^2(\mathbb{R}^n)} \leq 2^{-1}\|u\|_{L^2(\mathbb{R}^n)}$ が成り立ち，$(I-R_1)$ の $L^2(\mathbb{R}^n)$ での逆 $(I-R_1)^{-1}$ が存在し，ある $R(x,\xi) \in S(1,\bar{g})$ によって $R(x,D) = (I-R_1)^{-1}$ と与えられる．したがって

$$R(\psi_2 - R_1) = I - R(1-\psi_2) \tag{15.4.51}$$

である．以下このような $\epsilon_1 > 0$ を 1 つ固定し $\gamma \geq r(\epsilon_1)$ も十分大に固定する．(15.4.43) より

$$\psi_1\tilde{P}_h e^\phi e^{-hb(x)}\psi u = \psi_1 e^\phi e^{-hb(x)} f$$

である．ここで RQ_h を左から作用させて

$$(I - R(1-\psi_2))e^\phi e^{-hb(x)}\psi u = RQ_h\psi_1 e^\phi e^{-hb(x)} f$$

を得る．$e^\phi \psi = \psi_3 e^\phi \psi + [e^\phi, \psi_3]\psi$ と書くと $(1-\psi_2)\psi_3 = 0$ ゆえ

$$R(1-\psi_2)e^\phi e^{-hb(x)}\psi = R(1-\psi_2)[e^\phi,\psi_3]e^{-\phi}(e^\phi\psi e^{-hb(x)})$$

である．命題 15.1.2 より $[e^\phi,\psi_3]e^{-\phi} = e^\phi\psi_3 e^{-\phi} - \psi_3 \in S(\langle\xi'\rangle_\gamma^{-1+\kappa}, g)$ に注意すると $c > 0$, $C > 0$, $C' > 0$ が存在して

$$(c - C\gamma^{-1+\kappa})\|e^\phi\psi e^{-hb(x)}u\| \leq C'\|RQ_h\psi_1 e^\phi e^{-hb(x)}f\|$$

が成り立つ．$f = [P,\psi]u$ であったから u に対する仮定より $b(x)$ の定義における $\mu > 0$, $M > 0$ を適当に選んでおけば，ある $c_1 > 0$ が存在して f の台上で $b(x) \geq c_1$ が成り立つと仮定できる．

$\tilde{\psi} \in \gamma_0^{\langle s \rangle}(\mathbb{R}^n)$ を f の台上では $\tilde{\psi} = 1$ で $\tilde{\psi}$ の台上で $b(x) \geq c_1/2$ なるものとする．系 15.1.2 より h に一様に $e^{-hb(x)}\tilde{\psi} \in S_{\langle s\rangle}(1,g)$ であるから，命題 15.1.2 より $e^\phi e^{-hb(x)}\tilde{\psi}e^{-\phi} \in S(1,g)$ となり，$f = \tilde{\psi}f$ に注意すると h によらない $C > 0$ が存在して

$$\|RQ_h\psi_1 e^\phi e^{-hb(x)}f\| = \|RQ_h\psi_1 e^\phi e^{-hb(x)}\tilde{\psi}e^{-\phi}(e^\phi f)\| \leq C\|e^\phi f\|$$

が成立する．ここで a の選び方から $\|e^\phi f\|$ は有限である．したがって任意の $v \in \gamma_0^{(s)}(U)$ に対して

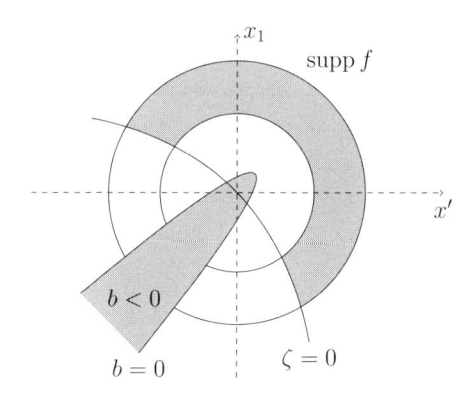

$$|(\psi e^{hb(x)}u, v)| = |(e^{\phi}\psi e^{-hh(x)}u, e^{-\phi}v)| \leq C'\|v\|$$

が成立する．ここで C' は h によらない．v は任意であるから $h \to \infty$ として $b(x) < 0$ のとき $u = 0$ が従う．$b(x^0) = -\epsilon_1 \mu < 0$ であったから定理 15.4.1 の結論を得る．

おわりに

　双曲型方程式の歴史も込めた発展の概要については [5] が要領よくまとめてあり読みやすい．[23] にも簡潔な要約がある．1980 年代までの線形双曲型方程式に関する結果や文献については [12] および [25] が大変詳しい．1990 年代以降の非実効的双曲型特性点をもつ微分作用素に対する初期値問題に関する結果については，文献も込めて [30] を参照してほしい．

　実効的双曲型特性点をもつ微分作用素の初期値問題を取り扱う方法には，擬微分積分作用素を作用させて作用素を因子分解しそれに対して通常のエネルギー評価を利用するものと，時間関数をシンボルとする擬微分作用素を荷重とする荷重つきエネルギー評価を用いるものとがあるが，本書では後者を採用し [29] に従った．本質的には [17] と同じで，そこでは Fourier 積分作用素を用いて時間関数をより簡単な形に変換するが，ここでは Fourier 積分作用素を用いず擬微分作用素だけで推論を行うこととした．したがって大きなパラメーターを含む $S_{1/2,1/2}$ クラスの擬微分作用素を扱わざるを得ずこの部分はかなり重くなった．しかしながらこの方法には同一の実効的双曲型特性点をもつ微分作用素の系を扱える利点がある．もう 1 つの相違点は時間をパラメーターとして扱うかどうかであり，パラメーターとして扱えば解の時間方向の台が保たれるという「因果律」の検証は推論の全体にわたってほとんど自明であるが，その分，擬微分作用素の取扱いは時間変数と空間変数が対称でないので注意を要する．特にその記法は煩雑になる．ここでは上に述べたように擬微分作用素の扱いが少し重くなるのでそれを軽減するためにも時空間上の擬微分作用素として扱った．そのため「因果律」の検証には少し注意が必要で存在定理の証明における台の評価は少し技巧的になってしまった．因子分解を利用する方法については [10][13][14][15] を参照してほしい．

　Gevrey クラスでの初期値問題の適切性の証明法にはパラメトリックスを構成する方法とエネルギー評価を用いる方法がある．エネルギー評価による方法では因果律の検証は容易であるが，主シンボルおよびその導関数を用いて構成する標準的なエネルギーに単に強形 Gårding 不等式を適用するだけでは最良の Gevrey クラスでの適切性が得られず，さらにエネルギーを工夫する必要があり，実際のエネルギーは少し複雑な形となる．本書で採用した方法は [17] に近いがここでは時空全空間での擬微分作用素による取扱いを徹底した．すなわち空間変数の双対変数のみに依存する荷重を

用いて作用素を変換し，変換された作用素が時間およびその双対変数には依存しない metric での Weyl-Hörmander calculus（時空全空間における）で扱えることを特性根の Lipschitz 連続性を用いて示した．Weyl-Hörmander calculus が適用できることを確認した後はこの calculus を利用して解の存在や一意性が容易に得られる．Gevrey クラスでの初期値問題の適切性のエネルギー評価による証明については [11][26] を参照してほしい．

非実効的双曲型特性点では Ivrii-Petkov-Hörmander 条件が初期値問題の適切性に必要であることの証明は [6] に従った．空間 1 次元のときは positive trace は常に 0 でありこの条件は Levi 条件に一致する．空間 2 次元以上のときに初めて固有の難しさが出てくるが空間次元が 2 次元以上ならば証明は本質的に同じであるので空間 2 次元の場合に証明を与えた．一般次元の場合には証明で用いる漸近解の族の構成において相関数を見つけるために少し準備が必要となる．一般の場合の証明に他の文献を参照する必要がないようにこの部分は別の章で解説した．

本書では実効的双曲型特性点の近くでの解の特異性伝播や Gevrey クラスでの解の特異性伝播については一切触れなかった．これらについては [12] や [25] に詳しい文献が挙げてあるのでそれらを参照してほしい．

以下に本書で参考にした文献（の一部）を挙げる．

参 考 文 献

[1] M.D.Bronshtein: Smoothness of roots of polynomials depending on parameters, Sib. Math. Zh. **20** (1979) 493-501.
[2] M.D.Bronshtein: The Cauchy problem for hyperbolic operators with characteristics of variable multiplicity, Trudy Moskov Mat. Obsc. **41** (1980) 83-99.
[3] L.Gårding: Linear hyperbolic partial differential equations with constant coefficients, Acta Math. **85** (1951) 1-62.
[4] L.Gårding: Cauchy's Problem for Hyperbolic Equations, Univ. Chicago (1957).
[5] L.Gårding: Hyperbolic equations in the twentieth century, In: Matériaux pour l'histoire des mathématiques au XX^c siècle, Semin. Congr. **3**. Soc. Math. France, Paris (1998) 37-68.
[6] L.Hörmander: The Cauchy problem for differential equations with double characteristics, J. Analyse Math. **32** (1977) 118-196.
[7] L.Hörmander: The Analysis of Linear Partial Differential Operators I, Springer, Berlin (1983).
[8] L.Hörmander: The Analysis of Linear Partial Differential Operators III, Springer, Berlin (1985).
[9] V.Ja.Ivrii and V.M.Petkov: Necessary conditions for the Cauchy problem for non-strictly hyperbolic equations to be well posed, Uspehi Mat. Nauk. **29** (1974) 3-70.
[10] V.Ja.Ivrii: Sufficient conditions for regular and completely regular hyperbolicity, Trans. Moscow Math. Soc. **33** (1978) 1-65.

[11] V.Ja.Ivrii: Well-posedness of the Cauchy problem in Gevrey classes for non-strictly hyperbolic operators, Math. USSR. Sb. **25** (1975) 365-387.
[12] V.Ja.Ivrii: Linear Hyperbolic Equations, In: Partial Differential Equations IV, Encyclopaedia of Mathematical Sciences **33** Springer (1988) 149-235.
[13] 岩崎 敷久: 実効的双曲型方程式の初期値問題, 数学 **36** (1984) 227-238.
[14] N.Iwasaki: The Cauchy problem for effectively hyperbolic equations (standard type), Publ. RIMS Kyoto Univ. **20** (1984) 551-592.
[15] N.Iwasaki: The Cauchy problem for effectively hyperbolic equations (general case), J. Math. Kyoto Univ. **25** (1985) 727-743.
[16] J.L.Joly: G.Métivier and J.Rauch, Hyperbolic domains of determinacy and Hamilton-Jacobi equations, J. Hyperbolic Differ. Equ. **2** (2005) 713-744.
[17] K.Kajitani and T.Nishitani: The Hyperbolic Cauchy Problem, Lecture Notes in Math. **1505**, Springer (1991).
[18] コルモゴロフ・フォーミン: 函数解析の基礎, 第2版, 岩波書店 (1970).
[19] 熊ノ郷 準: 擬微分作用素, 岩波書店 (1974).
[20] J.Leray: Hyperbolic Differential Equations, Inst. Adv. Study Princeton (1953).
[21] N.Lerner: Metrics on the Phase Space and Non-Selfadjoint Pseudo-Differential Operators, Birkhäuser (2010).
[22] A.Martinez: An Introduction to Semiclassical and Microlocal Analysis, Universitext, Springer (2002).
[23] R.Melrose: The Cauchy problem and propagation of singularities, In: Seminar on Nonlinear Partial Differential Equations (Birkeley, Calif., 1983), Math. Sci. Res. Inst. Publ. **2**, Springer (1984) 185-201.
[24] 溝畑 茂: 偏微分方程式論, 岩波書店 (1965).
[25] S.Mizohata, Y.Ohya and M.Ikawa: Comments on the development of hyperbolic analysis, In: Hyperbolic Equations and Related Topics (Katata/Kyoto, 1984), Academic Press, Boston, MA (1986) ix-xxxiv.
[26] T.Nishitani: Energy inequality for non strictly hyperbolic operators in the Gevrey classes, J. Math. Kyoto Univ. **23** (1983) 739-773.
[27] T.Nishitani: Local energy integrals for effectively hyperbolic operators I, II, J. Math. Kyoto Univ. **24** (1984) 623-658 and 659-666.
[28] T.Nishitani: On the Cauchy problem for effectively hyperbolic operators, In: Nonlinear variational problems (Isola d'Elba, 1983), Res. Notes in Math. **127**, Pitman, Boston, MA (1985) 9-23.
[29] T.Nishitani: Effectively Hyperbolic Cauchy Problem, In: Phase Space Analysis of Partial Differential Equations, vol. **II**, Publ. Cent. Ric. Mat. Ennio Giorgi, Scuola Norm. Sup., Pisa (2004) 363-449.
[30] T.Nishitani: Cauchy Problem for Noneffectively Hyperbolic Operators, MSJ Memoirs **30**, 日本数学会 (2013).
[31] S.Wakabayashi: Singularities of solutions of the Cauchy problem for symmetric hyperbolic systems, Comm. P.D.E. **9** (1984) 1147-1177.

索　　引

あ 行

依存領域　129
1 の分解　136
一様有界　123
一般化固有空間　106
因果律　4

エネルギー評価　15, 71, 82
エネルギー不等式　20

横断的　90

か 行

解作用素　62
開錐集合　218
解析関数　31
解析接続　36
開凸錐　276
解の一意性　5
解の一意存在　3
解の特異性　47
関数の微分の評価に関する補間定理　174

擬微分作用素　48
　　——の荷重　162
基本解　117
基本対称式　24
急減少関数の空間　2
狭義双曲型　8
狭義双曲型作用素　8
狭義双曲型多項式　8
狭義の最大値　252
共形　146

強形 Gårding 不等式　56, 147
強双曲型　9
行列値シンボル　56
極限点　89
局所化　28
　　——の双曲錐　38, 166
局所化 $P_{z^0}(x, \xi)$　86
局所時間関数　118
局所双曲型エネルギー評価　149
局所的な作用素　133
局所的に可解　12
局所有限　48
局所 Lipschitz 連続　44

空間的　118
空間的曲面　99, 118
空間的超曲面　129

形式的冪級数　248
決定領域　129

交換関係　68
広義特性曲線　118
広義陪特性帯　119
高次冪をシンボルとする擬微分作用素　181
合成　188
合成関数に対する連鎖律　267
合成シンボル　163
交代式　24
固有関数　236
固有値　92
固有値問題　235
根の重複度　16
根の Lipschitz 連続性　43

コンパクト凸集合　197, 218

さ　行

最高次部分　50
最小固有値　235
最小の閉錐　117
差積　24
座標系の2次の変換　112

実解析的な関数　13
実効的双曲型　93
実効的双曲型特性点　93
実対称行列　79
弱収束　74
弱連続　140
弱連続な双線形写像　144
弱連続な汎関数　140
主シンボル　8
剰余項　141
初期値　3
初期値問題　2
　　──の局所一意性　129
初期超平面　3
シンボルのクラス　137

錐近傍　57
随伴作用素　5

正規直交基底　116
斉次性　64, 169, 170
斉次正準変換　66
斉次Darbouxの定理　68
正準座標系　66
正準変換　66
正則化　181
正則関数　40
正定値対称行列　23, 26
正定値2次形式　114
積分作用素　54
セミノルム　4, 47
零点の重複度　17
0-量子化　234
漸近解の構成　250

漸近的座標変換　7
漸近展開　87, 181
漸近表現　188

相関数　162
双曲型　12
双曲型多項式　12
双曲型2次形式　92
双曲錐　34
双対空間　6
双対錐　88
双対性　6

た　行

対角行列　23, 24
対角線集合　142
対称　116, 190
対称式　23
対称部分　56
多重指数　1
多重特性点　84
単純根　17

稠密　4, 54
超局所時間関数　89
超局所双曲型エネルギー評価　156, 158
超局所台　88
直交和　108

低階部分　50
伝播錐　88

同型写像　64
同等連続　123
同伴する双線形形式　92, 95
同符号　165
特異性の伝播　69
特異台　57
特性曲面　118
特性根　9
特性点　84
特性方程式　13
凸　122

凸包　39

な 行

2 次形式　18
2σ の表現行列　133

ノルム　4

は 行

陪特性帯　67
波面集合　57
　　――の伝播　66
反線形形式　61
半双線形形式　5
反対称　116, 190
半連続　38

非実効的双曲型　93
非実効的双曲型特性点　93
非自明な解　246
非退化　104
非退化反対称双線形形式　104
非特性的　1, 59
非負定値対称行列　24
非負定値 2 次形式　111
微分同相写像　66
微分 2 次形式　18

副主表象　93
複素化　106

閉錐集合　57
冪級数　31
冪零　109, 110

包合的　164

や 行

余因子行列　24

ら 行

連結成分　34
連続線形汎関数　6

欧 文

A 緩増加　137
admissible metric　144
A, g 緩増加　137
Ascoli-Arzela の定理　123

$\mathcal{B}^\infty(\mathbb{R}^n)$　149
Beals-Fefferman metric　143
Bézout 形式　19
Bony-Schapira の定理　14
Borel の補題　3
Bronshtein の結果　254

Cauchy 列　62
Cauchy-Kowalevsky の定理　11
Cauchy-Riemann 作用素　10
Cauchy-Schwarz の不等式　22, 54
closed graph theorem　4
χ に同伴する Fourier 積分作用素　87, 96

Dirac の δ　88

Fefferman-Phong の不等式　56, 148
Fourier 積分作用素　163
Fourier 変換　2
Fréchet 空間　4

g 連続　136
g admissible weight　144
Gårding の意味で双曲型　86
Gevrey クラス $\langle s \rangle$　261
Gevrey クラス s　12
Glaeser の不等式　43
$\Gamma(p, \theta)$ は凸　35

Hahn-Banach の定理　6
Hamilton 写像　92
Hamilton ベクトル場　67
Hamilton 方程式　63
Hamilton 流　70
Hamilton-Jacobi 方程式　127
Hermite 非負定値　56

Hesse 行列　92
Hessian　85
Hilbert 空間　2
Holmgren の定理　235
H_p の特異点　92

Ivrii-Petkov の必要条件　86
Ivrii-Petkov-Hörmander 条件　95, 234

Kronecker のデルタ　66

L^2 型の Sobolev 空間　2
L^2 有界　55
$L^2(\mathbb{R}^n)$ で可逆　148
Lagrange の補間公式　21
Lax-Mizohata の定理　9
Leibniz の公式　133
Levi 条件　95
linearity　89
Lorenz 形式　107
Lucas の定理　15

Malgrange の予備定理　38
metric　132
Morse の補題　98

Parseval の公式　134
Plancherel の定理　74
Poisson 括弧式　52
positive trace　93
Puiseux 級数　30

Q に関して直交　106

$q(\zeta)$ は $p(\zeta)$ を分離　20

r 次特性点　84
Rademacher の定理　127
Riemann 和　124
Rouché の定理　27

Schwartz 核　51
slowly varying　132
$S_{\rho,\delta}^m$ クラス　143
Sobolev の埋め込み定理　5
Stirling の公式　199
Sylvester 行列　23
symmetrizer　15, 23
symplectic 基底　68, 105
symplectic 形式　65
symplectic 同型写像　104, 238
symplectic ベクトル空間　104
σ 緩増加　142
σ, g 緩増加　143

t–シンボル　49
t–量子化　49
Taylor 展開　28

Vandermonde 行列　23

Weierstrass の予備定理　29
Weyl シンボル　49
Weyl 量子化　49
Weyl-Hörmander calculus　144

x_1 方向に C^∞ 適切　2

著者略歴

西谷 達雄(にしたに たつお)

- 1950 年　鳥取県に生まれる
- 1976 年　京都大学大学院理学研究科修士課程修了
- 現　在　大阪大学大学院理学研究科教授
  理学博士
- 主　著　The Hyperbolic Cauchy Problem（共著，Springer，1991）
  Hyperbolic Systems with Analytic Coefficients（Springer，2013）

朝倉数学大系 10
線形双曲型偏微分方程式
―初期値問題の適切性―

定価はカバーに表示

2015 年 9 月 15 日　初版第 1 刷

著　者	西　谷　達　雄
発行者	朝　倉　邦　造
発行所	株式会社 朝倉書店

東京都新宿区新小川町 6-29
郵便番号　162-8707
電　話　03(3260)0141
Ｆ Ａ Ｘ　03(3260)0180
http://www.asakura.co.jp

〈検印省略〉

© 2015 〈無断複写・転載を禁ず〉　　中央印刷・渡辺製本

ISBN 978-4-254-11830-8　C 3341　　Printed in Japan

JCOPY ＜(社)出版者著作権管理機構 委託出版物＞

本書の無断複写は著作権法上での例外を除き禁じられています．複写される場合は，そのつど事前に，(社)出版者著作権管理機構（電話 03-3513-6969，FAX 03-3513-6979，e-mail: info@jcopy.or.jp）の許諾を得てください．

日大 本橋洋一著 朝倉数学大系1 **解析的整数論 I** ―素数分布論― 11821-6 C3341　　A5判 272頁 本体4800円	今なお未解決の問題が数多く残されている素数分布について、一切の仮定無く必要不可欠な知識を解説。〔内容〕素数定理／指数和／短区間内の素数／算術級数中の素数／篩法I／一次元篩I／篩法II／平均素数定理／最小素数定理／一次元篩II
日大 本橋洋一著 朝倉数学大系2 **解析的整数論 II** ―ゼータ解析― 11822-3 C3341　　A5判 372頁 本体6600円	I巻(素数分布論)に続きリーマン・ゼータ函数論に必須な基礎知識を綿密な論理性のもとに解説。〔内容〕和公式I／保型形式／保型表現／和公式II／保型L-函数／Zeta-函数の解析／保型L-函数の解析／補遺(Zeta-函数と合同部分群)／未解決問題
東北大 浦川 肇著 朝倉数学大系3 **ラプラシアンの幾何と有限要素法** 11823-0 C3341　　A5判 272頁 本体4800円	ラプラシアンに焦点を当て微分幾何学における数値解析を詳述。〔内容〕直線上の2階楕円型微分方程式／ユークリッド空間上の様々な微分方程式／リーマン多様体とラプラシアン／ラプラス作用素の固有値問題／等スペクトル問題／有限要素法他
早大 堤 正義著 朝倉数学大系4 **逆問題** ―理論および数理科学への応用― 11824-7 C3341　　A5判 264頁 本体4800円	応用数理の典型分野を多方面の題材を用い解説〔内容〕メービウス逆変換の一般化／電気インピーダンストモグラフィーとCalderonの問題／回折トモグラフィー／ラプラス方程式のコーシー問題／非適切問題の正則化／カルレマン型評価／他
学習院大 谷島賢二著 朝倉数学大系5 **シュレーディンガー方程式 I** 11825-4 C3341　　A5判 344頁 本体6300円	自然界の量子力学的現象を記述する基本方程式の数理物理的基礎から応用まで解説〔内容〕関数解析の復習と量子力学のABC／自由Schrödinger方程式／調和振動子／自己共役問題／固有値と固有関数／付録：補間空間, Lorentz空間
学習院大 谷島賢二著 朝倉数学大系6 **シュレーディンガー方程式 II** 11826-1 C3341　　A5判 288頁 本体5300円	自然界の量子力学的現象を記述する基本方程式の数理物理的基礎から応用までを解説〔内容〕解の存在と一意性／Schrödinger方程式の基本解／散乱問題・散乱の完全性／散乱の定常理論／付録：擬微分作用素、浅田・藤原の振動積分作用素
前愛媛大 山本哲朗著 朝倉数学大系7 **境界値問題と行列解析** 11827-8 C3341　　A5判 272頁 本体4800円	境界値問題の理論的・数値解析的基礎を紹介する入門書。〔内容〕境界値問題ことはじめ／2点境界値問題／有限差分近似／有限要素近似／Green行列／離散化原理／固有値問題／最大値原理／2次元境界値問題の基礎および離散近似
阪大 鈴木 貴・金沢大 大塚浩史著 朝倉数学大系8 **楕円型方程式と近平衡力学系(上)** ―循環するハミルトニアン― 11828-5 C3341　　A5判 312頁 本体5500円	物理現象をはじめ様々な現象を記述する楕円型方程式とその支配下にある近平衡力学系モデルの数理構造・数学解析を扱う。上巻ではボルツマン・ポアソン方程式の解析を中心に論じる。〔内容〕爆発解析／解集合の構造／平均場理論／他
阪大 鈴木 貴・金沢大 大塚浩史著 朝倉数学大系9 **楕円型方程式と近平衡力学系(下)** ―自己組織化のポテンシャル― 11829-2 C3341　　A5判 324頁 本体5500円	下巻では主に半線形放物型方程式(系)の検討を通して、定められた環境下での状態(方程式解)の時間変化を考える。〔内容〕近平衡力学系／量子化する爆発機構／空間均質化／場と粒子の双対性／質量保存反応拡散系／熱弾性／他
前京大 吉田敬之著 朝倉数学大系11 **保型形式論** ―現代整数論講義― 11831-5 C3341　　A5判 392頁 本体6800円	全体の見通しを重視しつつ表現論的な保型形式論の基礎を論じ、礎となる書〔内容〕ゼータ函数／Hecke環／楕円函数とモジュラー形式／アデール／p進群の表現論／$6L(n)$上の保型形式／L群と函手性／モジュラー形式とコホモロジー群／他

上記価格(税別)は2015年8月現在